U0304223

中国果树科学与实践

荔 枝

主　　编　李建国
副 主 编　王惠聪　陈厚彬
编　　委　(按姓氏笔画排序)
习平根　王家保　王祥和　王惠聪　乔　方　齐文娥
李云昌　李伟才　李松刚　李建国　李敦松　吴振先
张承林　张树飞　张昭其　张惠云　陈立松　陈厚彬
陈炳旭　陈洁珍　罗心平　周碧燕　赵　飞　胡卓炎
胡桂兵　钟　声　姜子德　姚丽贤　莫振勇　黄旭明
彭宏祥　蔡建兴　廖美敬　潘介春

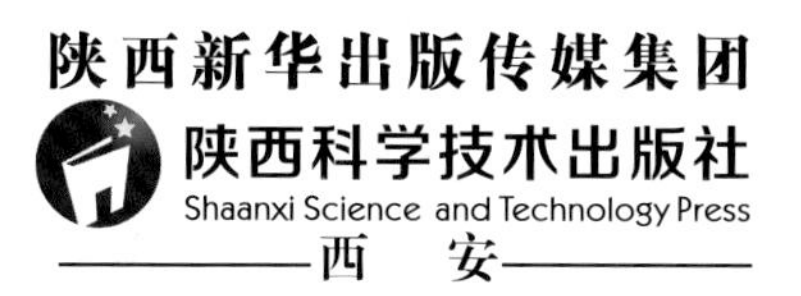

图书在版编目（CIP）数据

中国果树科学与实践．荔枝/李建国主编．—西安：陕西科学技术出版社，2022.3

ISBN 978-7-5369-8045-7

Ⅰ.①中…　Ⅱ.①李…　Ⅲ.①荔枝—果树园艺　Ⅳ.①S66

中国版本图书馆 CIP 数据核字（2021）第 056283 号

中国果树科学与实践　荔枝
ZHONGGUO GUOSHU KEXUE YU SHIJIAN LIZHI
李建国　主编

出 版 人　崔　斌
责任编辑　杨　波
责任校对　秦　延
封面设计　曾　珂
监　　制　张一骏

出 版 者　陕西新华出版传媒集团　陕西科学技术出版社
西安市曲江新区登高路 1388 号陕西新华出版传媒产业大厦 B 座
电话（029）81205187　传真（029）81205155　邮编 710061
http：//www.snstp.com
发 行 者　陕西新华出版传媒集团　陕西科学技术出版社
电话（029）81205180　81206809
印　　刷　西安牵井印务有限公司
规　　格　720mm×1000mm　16 开本
印　　张　26.5
字　　数　475 千字
版　　次　2022 年 3 月第 1 版
2022 年 3 月第 1 次印刷
书　　号　ISBN 978-7-5369-8045-7
定　　价　135.00 元

版权所有　翻印必究
（如有印装质量问题，请与我社发行部联系调换）

总　序

中国农耕文明发端很早，可追溯至远古 8 000 余年前的“大地湾”时代，华夏先祖在东方这块神奇的土地上，为人类文明的进步作出了伟大的贡献。同样，我国果树栽培历史也很悠久，在《诗经》中已有关于栽培果树和采集野生果的记载。我国地域辽阔，自然生态类型多样，果树种质资源极其丰富，果树种类多达 500 余种，是世界果树发源中心之一。不少世界主要果树，如桃、杏、枣、栗、梨等，都是原产于我国或由我国传至世界其他国家的。

我国果树的栽培虽有久远的历史，但果树生产真正地规模化、商业化发展还是始于新中国建立以后。尤其是改革开放以来，我国农业产业结构调整的步伐加快，果树产业迅猛发展，栽培面积和产量已位居世界第一位，在世界果树生产中占有举足轻重的地位。2012 年，我国果园面积增至约 1 134 万 hm^2，占世界果树总面积的 20%多；水果产量超过 1 亿 t，约占世界总产量的 18%。据估算，我国现有果园面积约占全国耕地面积的 8%，占全国森林覆盖面积的 13%以上，全国有近 1 亿人从事果树及其相关产业，年产值超过 2 500 亿元。果树产业良好的经济、社会效益和生态效益，在推动我国农村经济、社会发展和促进农民增收、生态文明建设中发挥着十分重要的作用。

我国虽是世界第一果品生产大国，但还不是果业强国，产业发展基础仍然比较薄弱，产业发展中的制约因素增多，产业结构内部矛盾日益突出。总体来看，我国果树产业发展正处在由“规模扩张型”向“质量效益型”转变的重要时期，产业升级任务艰巨。党的十八届三中全会为今后我国的农业和农村社会、经济的发展确定了明确的方向。在新的形势下，如何在确保粮食安全的前提下发展现代果业，促进果树产业持续健康发展，推动社会主义新农村建设是目前面临的重大课题。

科技进步是推动果树产业持续发展的核心要素之一。近几十年来，随着我国果树产业的不断发展壮大，果树科研工作的不断深入，产业技术水平有了明显的提升。但必须清醒地看到，我国果树产业总体技术水平与发达国家相比仍有不小的差距，技术上跟踪、模仿的多，自主创新的少。产业持续发展过程中凸显着各种现实问题，如区域布局优化与生产规模调控、劳动力成本上涨、产地环境保护、果品质量安全、生物灾害和自然灾害的预防与控制等，都需要我国果树科技工作者和产业管理者认真地去思考、研究。未来现代果树产业发展的新形势与新变化，对果树科学研究与产业技术创新提出了新的、更高的要求。要准确地把握产业技术的发展方向，就有必要对我国近几十年来在果树产业技术领域取得的成就、经验与教训进行系统的梳理、总结，着眼世界技术发展前沿，明确未来技术创新的重点与主要任务，这是我国果树科技工作者肩负的重要历史使命。

陕西科学技术出版社的杨波编审，多年来热心于果树科技类图书的编辑出版工作，在出版社领导的大力支持下，多次与中国工程院院士、山东农业大学束怀瑞教授就组织编写、出版一套总结、梳理我国果树产业技术的专著进行了交流、磋商，并委托束院士组织、召集我国果树领域20余位知名专家于2011年10月下旬在山东泰安召开了专题研讨会，初步确定了本套书编写的总体思路、主要编写人员及工作方案。经多方征询意见，最终将本套书的书名定为《中国果树科学与实践》。

本套书涉及的树种较多，但各树种的研究、发展情况存在不同程度的差异，因此在编写上我们不特别强调完全统一，主张依据各自的特点确定编写内容。编写的总体思路是：以果树产业技术为主线和统领，结合各树种的特点，根据产业发展的关键环节和重要技术问题，梳理、确定若干主题，按照“总结过去、分析现状、着眼未来”的基本思路，有针对性地进行系统阐述，体现特色，突出重点，不必面面俱到。编写时，以应用性研究和应用基础性研究层面的重要成果以及生产实践经验为主要论述内容，有论点，有论据，在对技术发展演变过程进行回顾总结的基础上，着重于对现在技术成就和经验教训的系统总结与提炼，借鉴、吸取国外先进经验，结合国情及生产实际，提出未来技术的发展趋势与展望。在编写过程中，力求理论联系实际，既体现学术价值，也兼顾实际生产应用价值，有解决问题的技术路线和方法，以期对未来技术发展有现实的指导意义。

本套书的读者群体主要为高校、科研单位和技术部门的专业技术人员，以及产业决策者、部门管理者、产业经营者等。在编写风格上，力求体现图文并茂、通俗易懂，增强可读性。引用的数据、资料力求准确、可靠，体现科学性和规范性。期望本套书能成为注重技术应用的学术性著作。

在本套书的总体思路策划和编写组织上，束怀瑞院士付出了大量的心血和智慧，在编写过程中提供了大量无私的帮助和指导，在此我们向束院士表示由衷的敬佩和真诚的感谢!

对我国果树产业技术的重要研究成果与实践经验进行较系统的回顾和总结，并理清未来技术发展的方向，是全体编写者的初衷和意愿。本套书参编人员较多，各位撰写者虽力求精益求精，但因水平有限，书中内容的疏漏、不足甚至错误在所难免，敬请读者不吝指教，多提宝贵意见。

编著者

2015年5月

前 言

荔枝是原产于我国南方的大宗特色水果，营养丰富、味甜肉脆、品质极优，素享“中华之珍品”美誉，深受消费者的喜爱。荔枝在我国的栽培历史虽已超过 2 300 年，但直到 17 世纪才开始陆续向国外传播，目前有 20 多个国家有商业种植。中国是世界第一大荔枝生产国和消费国，2018 年荔枝种植面积和产量分别为 55.2 hm^2 和 302.81 万 t，分别约占世界的 67%和 70%。新中国成立后，荔枝产业的发展大致可划分为恢复发展（1952—1980 年）、面积快速扩张（1981—2000 年）、结构优化调整（2001—2013 年）和产业提质增效（2014 年至今）4 个阶段。

回顾过去，特别是 20 世纪 80 年代以来，我国不但在荔枝生产方面取得了快速发展，而且在荔枝种质资源与新品种选育、生物技术与基因组、栽培生理与技术、病虫害综合防控、采后贮运与加工等研究领域也取得了令人瞩目的成绩，为荔枝产业发展和科技进步发挥了重要的引领与推动作用。展望未来，我国荔枝产业要跟上时代步伐，走高质量发展的道路，也面临着不少困难，比如规模化果园少、组织化程度低、机械化应用少、数字化水平极低等。未来现代荔枝产业发展的新形势、新变化，对其科学研究与产业技术创新提出了新要求。要准确地把握产业技术发展的方向，有必要对我国近几十年来在荔枝产业技术领域取得的成就、经验与教训进行系统的梳理和总结。

基于上述考虑，在陕西科学技术出版社的积极倡议下，在中国工程院院士、山东农业大学束怀瑞教授的大力支持下，我们组织国家荔枝龙眼产业技术岗位科学家和综合试验站站长及其团队成员，承担了“中国果树科学与实践”套书荔枝分册的编写任务。编写时，按照“中国果树科学与实践”套书的总体要求，以荔枝产业技术为主线，针对我国荔枝产业发展中存在的重要技术问题，按照“总结过去、分析现状、着眼未来”的基本思路，以应用性研究层面的重要成果和生产实践经验为主要论述内容，在对技术发展演变过程回顾总结的基础上，着重对近年来的技术成就和经验教训进行归纳总结，探索未来技术的发展趋势。编写的内容力求突出重点、体现特色，注重理论联系实际，结合中国国情，借鉴、吸取国外的先进经验，以期对未来技术发展有指导意义和参考价值。

本书共计 15 章。第一章由齐文娥和陈厚彬编写；第二章由陈厚彬编写；第三章的第一节、第二节和第三节分别由陈洁珍、王家保和胡桂兵编写；第四章由周碧燕编写；第五章的第一节、第二节、第三节由李建国编写，第四节由王惠聪编写，第五节由李建国、王惠聪编写；第六章第一节由陈立松编写，第二节和第三节由姚丽贤编写；第七章的第一节由李建国编写，第二节由张承林编写；第八章由黄旭明编写；第九章的第一节由彭宏祥编写，第二节由黄旭明编写；第十章由李建国编写；第十一章的第一节由陈炳旭、第二节由姜子德和习平根、第三节由李敦松编写；第十二章由吴振先和张昭其编写；第十三章的第一节由王惠聪编写，第二节、第三节和第四节由胡卓炎编写；第十四章由赵飞编写；第十五章各节分别由王祥和、李松刚、罗心平和张惠云、李伟才、钟声、乔方和张树飞、李云昌、潘介春、莫振勇、蔡建兴、廖美敬编写。李建国负责全书编写提纲的拟定和初稿的审定，以及最后的统稿。王惠聪负责全书文字和体例的规范，并为统稿做了大量工作。

本书主要面对高校、科研单位和技术部门的专业技术人员以及产业部门的决策者和经营者等群体，因此，内容上既力求体现学术价值又兼顾实际生产应用的需要，风格上尽量做到图文并茂、通俗易懂。各位撰写者虽竭力精益求精，但因水平有限，书中疏漏和不足之处在所难免，敬请读者不吝指教，多提宝贵意见。

最后，特别感谢山东农业大学教授、中国工程院束怀瑞院士，华南农业大学林顺权教授对本书编写工作的关心和支持！感谢陕西科学技术出版社杨波编审对本书的辛勤付出！感谢国家出版基金、国家荔枝龙眼产业技术体系(CARS-32-09)和国家重点研发计划(2020YFD 1000103)等项目的支持！

李建国

2021 年 12 月 5 日

目　录

第一章 荔枝产业发展概况

荔枝原产于华南热带亚热带地区。中国荔枝栽培历史悠久，有记载的历史达 2 000 多年。因其果品营养丰富、味道香甜可口，荔枝深受人们的喜爱，自西汉起直至清代一直是我国南方地区的特色贡果，素有“百果之王”的美誉。荔枝以鲜食为主，中国是世界第一大生产国和消费国。20 世纪 80 年代以来，中国荔枝产业规模快速增长，产业化水平进一步提高，产业素质逐步增强，产业的发展逐步从生产导向转变为市场导向，加工已具备一定的规模，文旅融合也逐步发展起来。

第一节 世界荔枝产业发展概况

一、中国荔枝向世界传播

中国是荔枝的起源中心，荔枝文化源远流长。千百年来文人墨客诗以咏之、歌以赞之、文以记之、画以绘之，荔枝可算是文化积淀最为深厚的中国果品之一。自西汉时期司马相如在《上林赋》始提荔枝后，仅北宋至清代道光年间的 800 多年里，就有超过 15 种《荔枝谱》面世(成善汉，2013)。葡萄牙人科鲁兹(G. Cruz)1570 年出版的《中国志》，最早向西方世界介绍了荔枝。荔枝自此被纷至沓来的西方传教士、探险家和科学家们持续地关注、介绍，并传播到世界各地。国外最早成功引种荔枝的史料记载在 17 世纪末期。300 多年来，荔枝已经遍布全球亚热带地区，在 30 多个国家和地区开花结果。

(一)荔枝在北半球的传播

1. 亚洲

荔枝最早由我国传入与云南省接壤的缅甸。大约 100 年后，1798 年荔枝从缅甸传到了印度，并随后传播到其邻国尼泊尔。荔枝深受当地人的青睐，很快成为这些国家的重要果树，特别是近代印度已经成为世界第二大荔枝生产国。

同样在18世纪末，中国移民将荔枝果实带到泰国中部，当地人对实生树进行驯化、选育和栽培，逐步形成本地的所谓热带品种群，也称低地品种群，有Khom、Samphao Kaeo、Krathou Thong Phrarang等共18个品种。而泰国北部主要产区的荔枝栽培则始于1890年，来自云南的中国移民携带圈枝苗到达清迈种植(Boonrat，1984)，逐步形成所谓亚热带品种群，也称高地品种群，主要有Hong Huai(也叫Tai So，即大造)、Kim Cheng(也叫Wai Chee，即怀枝)、O'Hia(也叫Bai Dam，即黑叶)。

1916年菲律宾从中国引进荔枝，但到1931年才有开花的记录。由于地处热带，缺乏诱导成花的冷凉条件，荔枝栽培在菲律宾未能成为产业(Sotto，2002)。20世纪30年代，以色列分别从南非引进了Mauritius，从美国加利福尼亚引进了Floridian，从印度引进了Bengal，其商业栽培则始于1970年代(Goren等，2001)。斯里兰卡、柬埔寨、老挝、马来西亚、印度尼西亚等亚洲国家也有少量荔枝种植。

2. 北美洲

1775年，克拉克(T. Clarke)将荔枝从中国引种到了英属殖民地牙买加的植物园(W. Fawcett，1897)。约1853年，曾在第一次鸦片战争中扮演重要角色、时任总督的英国人义律(C. Elliot)将荔枝带到了位于北美洲的英属殖民地百慕大(H. B. Lefroy，1884)。

1873年广东香山县籍著名华侨首领陈芳(C. A Fong)在美国夏威夷引种荔枝成功。该树被当地人称作“A Fong树”。1880年前荔枝被引入佛罗里达。1897年荔枝首次从印度引种至加利福尼亚(Groff，1921)。1898年美国农业部成立植物引种处，有计划地组织大批农业探险家前往世界各地搜集农作物资源(Hyland，1977)。其中，莱斯罗普(B. Lathrop)和费尔柴尔德(D. Fairchild)于1901年11月20日在广州购买黑叶和糯米糍荔枝苗木(引种编号：9802、9803)运到美国栽培(Galloway，1905)。而美国传教士普鲁士(W. N. Brewster)也先后于1903年和1906年两次将福建陈紫(引种编号：21204)船运到美国，先被种植于华盛顿的温室，之后被美国农业部先后送到加利福尼亚、佛罗里达和夏威夷等地种植。这些种苗及其繁育的后代被称为“普鲁士荔枝”。截至1921年，陈紫、黑叶、香荔、桂味、糯米糍、三月红、怀枝、尚书怀等超过11个中国荔枝品种被引入美国。

目前在古巴、洪都拉斯、危地马拉、波多黎各、特立尼达和多巴哥、巴拿马等加勒比海国家也有少量荔枝种植，可能大多由美国佛罗里达引进。

3. 欧洲

根据1827年在法国巴黎出版的《帕克斯顿植物学杂志与花卉名录（第15卷）》中记载，早在1786年荔枝就被引进欧洲，但是荔枝作为亚热带作物，在欧洲进行规模化种植显然并不可行。1816年，英国人奈特（J. Knight）使用一种“火炉”装备，在英国基德明斯特城附近成功地使引种自中国南方的荔枝结了果实，记载此事的《爱德华兹植物学名录（第7卷）》中明确指出这是“欧洲独有的一个案例”。

目前欧洲南部西班牙和意大利的地中海沿岸等地有少量荔枝种植，果实在9月底成熟，是已知北半球荔枝露地栽培最迟熟的产地之一（Farina等，2017）。

（二）荔枝在南半球的传播

1. 非洲

18世纪下半叶，法国人普瓦弗尔（P. Poivre）最早将中国荔枝引种到南半球法属留尼汪岛（罗桂环，2005）。18世纪末，荔枝被引种到了法属殖民地毛里求斯（Bretschneider，1881）。1802年荔枝从印度传播到了马达加斯加。

最早在1875年，南非记录Natal市有2棵6年生荔枝树，说明在此之前，荔枝就被引种到南非。1876年以后，南非从毛里求斯引进更多的荔枝（Milne，1999）。

目前非洲的加蓬、刚果、莫桑比克和津巴布韦等国也有少量荔枝种植。

2. 大洋洲

1854年，中国移民将荔枝果实（种子）带入澳大利亚，而最早的压条苗则是1930年由Wah Day从中国引入的大造和怀枝品种，其商业栽培则始于19世纪70年代。

新西兰、法属新喀里多尼亚等国也有少量的荔枝种植。

3. 南美洲

18世纪末荔枝被引种到了荷属殖民地圭亚那（Bretschneider，1881）。巴西从20世纪70年代开始商业化的荔枝栽培，90年代开始推广种植。

1970年代墨西哥引入荔枝品种，并在普埃布拉（Puebla）、韦拉克鲁斯（Veracruz）等地进行小规模种植。随着荔枝市场商机显现，特别是2000年之后，很多墨西哥人将原本要挂果的橙树挖掉，改造成荔枝园。墨西哥是目前拉丁美洲最大的荔枝生产国。

二、世界荔枝产业规模与分布格局

荔枝是典型的亚热带树种，其成花要求严格的低温条件（昼温20℃以下），同时又对低温敏感，接近0℃的低温便会引起冷害。因此荔枝适宜种植区域主要集中在南纬和北纬17°～26°之间的狭长地带。而当前大约96%的荔枝生产于北半球，南半球产量仅占4%左右。除中国外，其他主要荔枝生产国包括印度、越南、泰国、马达加斯加、孟加拉国、尼泊尔、澳大利亚、南非、巴西、以色列、美国、墨西哥、加那利群岛、毛里求斯、巴基斯坦、津巴布韦、莫桑比克等。

在世界范围内荔枝属小宗果品。根据各国的数据估计(表1-1)，2018年世界荔枝种植面积大约为81.9万 hm^2，产量接近430万t。尽管荔枝产业利用品种、纬度、海拔和小气候条件等因素，在一定程度上延长和均衡了荔枝产期，但基于荔枝生产区域的集中性导致其产期也相对集中，北半球主要在4～8月，南半球在11月至翌年2月。

表1-1 世界荔枝主产国荔枝种植面积、产量

国家	面积/hm^2	产量/t	年份
中国(含台湾省)	561 539	3 106 446	2018
印度	92 300	677 500	2018
越南	58 300	380 600	2018
马达加斯加	25 000	>150 000	2017
孟加拉国	5 598	56 687	2014
泰国	22 000	48 000	2018
南非	1 730	11 000	2017
澳大利亚	1 000	3 500	2017
美国	530	2 800	2008
巴西	350	2 120	2017
以色列	150	1 500	2018

数据来源：中国国家统计局、台湾农委会、泰国农业合作部、印度国家园艺协会、孟加拉国统计局(BBS)、国际园艺协会等。

三、世界各主栽国荔枝产业发展现状

1. 印度

荔枝在印度已有200多年的栽培历史。20世纪90年代以来，在各种有利因素的引导下，印度荔枝产业实现了长足发展。1992—2018年，荔枝种植面积从4.93万 hm^2 增至9.23万 hm^2，产量从2.44万t增加到67.75万t，成为仅次于中国的世界第二大荔枝生产国和消费国。

印度荔枝产区主要分布于印度东北部，形成了北阿坎德邦(Uttarakhand)、西孟加拉(West Bengal)、比哈尔(Bihar)、阿萨姆(Assam)、旁遮普(Punjab Pradesh)、北方邦(Uttar Pradesh)、贾坎德(Jharkhand)和特里普拉(Tripura)等荔枝分布带，这些产区的荔枝种植面积占全国荔枝种植总面积的90%以上。

印度荔枝品种资源较丰富。据不完全统计，目前印度栽培的荔枝品种超过50个，栽培面积较大的品种有Shahi、China、Gulabi、Late Large Red、Bombai、Culcuttia、Kasba、Purbi、Dehra Dun、Swarna Roopa、Elachi、Early Seedless及Late Seedless，其中Shahi和China因品质优良、高产稳产、适应能力强而成为印度分布最广、栽培面积最大的品种。印度荔枝的收获季节在4～6月和12月至翌年1月。

印度荔枝大部分供国内消费，出口量很少，在1%以下，进口量也极低，以鲜荔枝为主，同时也有少量(不到0.5%)的荔枝罐头和荔枝汁产品出口。印度荔枝主要出口阿联酋、尼泊尔、泰国、孟加拉国、比利时、荷兰和英国等。

2. 越南

荔枝是越南十大主要作物之一。2018年越南荔枝种植面积5.83万hm^2，产量38.06万t，位列世界第三。

越南荔枝栽培历史悠久，品种超过30个。目前商业种植的品种有7个，其中Thieu约占总面积的82%。越南55%～60%的荔枝用于鲜食，40%～45%用于加工成果汁、罐头等。Binh Khe、U Trung、U Hong、Lai Thanh Ha、Lai Phu Cu、Phuc Hoa等6个属早熟品种，约占总面积的18%。越南荔枝的收获季节集中在5～7月。

北江省和海阳省是越南最主要的荔枝产区，两省的荔枝面积约占全国的66%。兴安、永富、广宁、谅山、太原等省也有荔枝种植。

越南荔枝产业竞争力逐步提高，2018年荔枝出口值4 454万美元，出口份额约占全球的19%，成为世界第二大荔枝出口国。

3. 马达加斯加

马达加斯加是非洲最大荔枝生产国和出口国，荔枝是该国主要果树之一，种植面积仅次于香蕉。马达加斯加东海岸从南部的Tolanato到北部的Inarana约1 500 km的海岸线都有荔枝分布，以Toamasina地区最多。2017年荔枝种植面积已达2.5万hm^2。

马达加斯加荔枝品种单一，基本为Mauritius品种，采收季节从11月中旬持续到翌年的1月末。10多年前马达加斯加从澳大利亚等地引入许多新品种进行试栽，包括妃子笑、怀枝、桂味、糯米糍和挂绿等，这些品种在当地均能正常开花和挂果，但目前尚不成规模。马达加斯加农业部的统计数据显示，马达加斯加全国荔枝产量逾15万t。

尽管种植规模较小，但马达加斯加是世界最大的荔枝出口国。根据国际园艺学会(ISHS)会议交流数据，马达加斯加荔枝年出口量2万～3.5万t，约占全球出口量的35%，超过90%的荔枝出口至法国、荷兰、比利时等欧洲国家，少量出口到美国、加拿大以及非洲大陆的一些国家。

4. 孟加拉国和尼泊尔

孟加拉国的荔枝种植最早可追溯到19世纪，从缅甸引种而来。20世纪初印度栽培的荔枝品种如Mujaffarpuri和Bombai等也被陆续引进。良好的农业气候使得孟加拉国全国范围适宜荔枝种植。近10多年来，孟加拉国商业化荔枝种植的规模逐步扩大，部分木菠萝地、水稻田地、豆类作物地以及蔬菜地等逐渐被转换来种植荔枝。2014年孟加拉国荔枝种植面积5 598 hm^2，产量56 687 t。按照该国农业部规划，到2018年全国荔枝种植面积将达到8 000 hm^2，产量将超过10万t。

荔枝是尼泊尔的第四大作物，产区遍布全国，主要分布在低海拔的平原和丘陵地区。尼泊尔荔枝的主栽品种分为平原品种和山地品种两类。其中平原品种主要由印度引进，包括Muhafpuri、China、Calcuttia和Raja Saheb等，采收季节在5月中旬至6月中旬；山地品种包括Pokhara、Udaipur、Tanahu、Chitwan、Kalika和Gorkha等，采收季节在5月下旬至6月下旬。1999年尼泊尔荔枝栽培面积为2 380 hm^2，产量达到13 875 t。近期的荔枝生产规模数据尚未确知。

5. 泰国

泰国荔枝品种来源于中国，17世纪由中国移民带入。经过当地的驯化和选育，荔枝商业化种植已超过100年，形成了亚热带和热带两个品种群，其中，Hong Huai、Kim Cheng、O'Hia等亚热带生态型品种生产面积约占95%，主要种植在北部清迈、清莱、Nan和Phayao等地；Khom、Samphao Kaeo、Krathou Thong Phrarang等18个热带生态型品种，主要种植在中部平原。泰国荔枝的采收季节从3月中旬持续到6月中旬。

近年来泰国的荔枝生产规模有所萎缩，2018年泰国荔枝种植面积2.2万hm^2，产量4.8万t。泰国荔枝每年约有20%出口，其中鲜荔枝主要出口中国、印度尼西亚、新加坡和马来西亚，荔枝罐头主要出口美国、马来西亚和印度尼西亚，而荔枝干主要出口美国、越南和加拿大等国。

6. 南非

南非荔枝自1876年从毛里求斯引进，迄今已有200多年的种植历史。南非的荔枝生产集中于其北部地区和东部印度洋沿岸地区，种植面积约1 730 hm^2。荔枝主产区包括Onderberg(约占50%)、Tzaneen(约占31%)、Nelspruit(约占10%)及Natal和Levubu(占6%)等地。2017年南非荔枝产量达到 1.1 万 t。

南非的荔枝品种主要是 Mauritius，其产量占全国总产量的 90%，其他品种还包括 McLean's Red、Third Month Red、Early Delight、Wai Chee、Fay Zee Siu 等。南非荔枝的采收季节从 10 月下旬持续到翌年的 3 月上旬。

南非是南半球主要的荔枝出口国之一，其总产量的 2/3 用于出口，其中 99%出口到欧盟，少量出口到加拿大、中国香港等地。

7. 澳大利亚

澳大利亚荔枝产区主要分布于东部沿海地区，北起南纬 16°昆士兰州的 Cooktown，南至南纬 30°新南威尔士州的 Coffs Harbour，60%分布于昆士兰中部以北的亚热带地区。

澳大利亚荔枝的主要品种有 Kwai Mai Pink、Tai So、Fay Zee Siu、Salathial、Souey Tung、Wai Chee、Sah Keng。澳大利亚荔枝采收季节从 10 月到翌年 3 月。

目前澳大利亚有大约 250 个荔枝果园，种植面积约 1 000 hm^2，2017 年荔枝总产量约为 3 500 t。其中，超过 20%的产量用于出口，出口地主要包括中国香港、新加坡、马来西亚、英国、法国、阿联酋、新西兰、美国、加拿大等地。

8. 美国

美国 20 世纪 40～50 年代开始荔枝的商业化栽培，主要分布在夏威夷和佛罗里达。主栽品种包括 Mauritius 和 Brewster，Early Large Red、Emperor、Kwai May Pink 和 Sum Yee Hong 等品种也有少量种植。由于商业化品种较少，美国荔枝的采收季节较短，主要在 5 月底到 6 月底。2008 年美国荔枝商业化栽培面积 530 hm^2，产量 2 800 t，全部以鲜果内销。近期的相关数据未获知。

9. 巴西

巴西从 20 世纪 70 年代开始荔枝商业化栽培，90 年代开始推广种植。荔枝主产区包括圣保罗州（约占 70%）、米纳斯吉拉斯州（约占 15%）和巴拉州（约占 5%）等地，业戈亚斯州、联邦特区、圣埃斯皮里图州以及里约热内卢等地也有少量分散种植。

巴西荔枝的主要品种有 Bengal、Americana、Wai Chee、Salathiel、Feizixiao、Souey Tung，采收季节从 11 月末持续到翌年 2 月中旬。

目前巴西荔枝种植面积约为 350 hm^2，产量约为 2 120 t。巴西荔枝以内销鲜食为主，2017 年荔枝出口量约为 1.8 t。

10. 以色列

以色列拥有小规模的荔枝商业化种植，主要分布于北部海拔 200～300 m 的地区。以色列荔枝老种植园的品种通常为 Mauritius，新种植园的荔枝品种则呈多样化，包括 Hong Long、Kaimana、Wai Chee、Brewster、Yellow Red

等。以色列荔枝收获季节在 7～9 月。

由于气候原因，以色列荔枝产量不稳定，种植效益下降，种植面积已由 2005 年的 350 hm^2 缩减到 2018 年的约 150 hm^2，产量约 1 500 t。

第二节　中国荔枝产业发展简史与现状

一、中国荔枝发展历史回顾

我国早在公元前 2 世纪（西汉时期）就已有荔枝栽培的记载，主要种植区域分布在海南岛、粤西和桂东。隋朝时福建已有荔枝种植。汉武帝时期传入四川地区。台湾的荔枝是清朝时由福建传入。云南荔枝栽培的记载始于唐朝。

新中国成立前，我国有记载的荔枝最高产量是 1936 年的 9 万 t。抗日战争期间荔枝树被大量砍伐，再加上连年战事果树疏于管理，到 1952 年时荔枝产量仅有 2.14 万 t。现广州黄埔、深圳南山、福建龙海等地被划为荔枝公园的荔枝树多种植于抗日战争前，树龄在 80 年以上。

新中国成立后我国荔枝生产得到了长足发展，目前荔枝是华南地区种植面积最大的亚热带作物。全国（不含台湾省）荔枝面积从 1952 年的 6 667 hm^2 扩展到 2018 年的 551 746 hm^2，增长了 81.75 倍；产量从 2.14 万 t 增加到 302.81 万 t，增长了 140.5 倍（图 1-1），2018 年全国荔枝园总产值达到 300 多亿元。

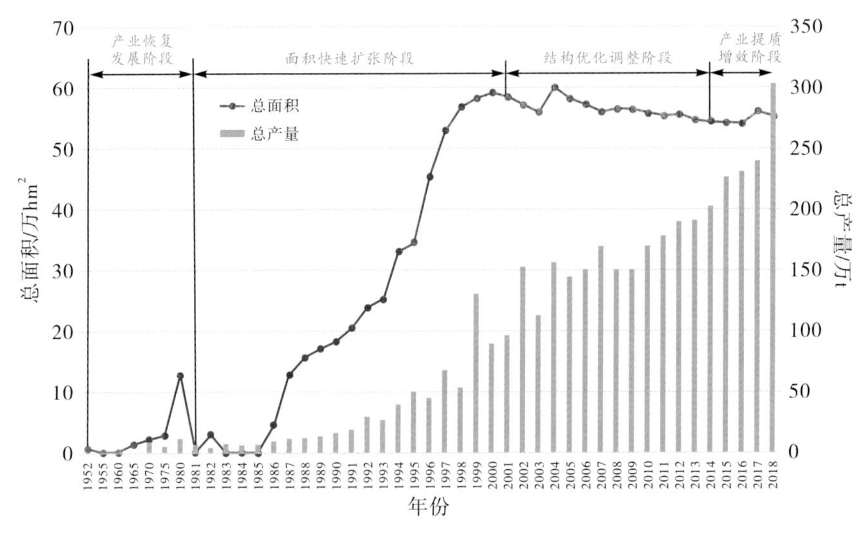

图 1-1　1950—2018 年我国荔枝面积和产量

新中国成立后荔枝产业的发展大致可划分为4个阶段：

(1)产业恢复发展阶段(1952—1980年)。历史产区荔枝逐步恢复生产、扩大种植，主要是珠三角及周边地区，品种主要有三月红、黑叶、糯米糍、桂味、怀枝等。此期间，在1962—1965年出现过种植高潮，可惜发展势头很快就被中断。经过近30年的发展，1980年荔枝总面积达到3.5万hm^2，总产量达到6.8万t。

(2)面积快速扩张阶段(1981—2000年)。随着我国经济体制改革的深入，生产热情被极大地激发出来。各地政府采取一系列措施推动农户发展荔枝生产。1980年广东“十年绿化广东、消灭宜林荒山”政策出台，鉴于荔枝树良好的生态适应性、荔枝产业明显的经济效益，以及可规模开发的山坡地和产业链的高度关联性，广东各荔枝产区政府在苗圃建设、规范化种植、市场营销、产业链配套等方面对荔枝产业发展给予了有力的支持。1982年广东省荔枝科技协作组和全国荔枝科技协作组相继成立，协作组就荔枝幼树投产迟、产量低且不稳等课题开展科技协作攻关。在我国最大的荔枝产区茂名，市委市政府1984年提出了“山上茂名”工程，号召农户大量种植荔枝等水果。时任茂名市市长的黄光才亲自担任茂名市荔枝良种场名誉场长，采取领导挂点办荔枝场的方式推进荔枝生产发展。1993—1996年广西也大力发展荔枝产业，也提出过打造“山上玉林”和“山上钦州”。

至2000年，荔枝种植面积达到近60万hm^2，平均每年新增2.78万hm^2，年均增长率达78.7%，其中收获面积增长至26万多hm^2；产量达到近90万t(1999年荔枝大年，产量高达130万t)，年均递增4.12万t，年均增长率达60.0%。荔枝产业的快速发展带动了产区经济的全面发展，荔枝上市季节各地客商纷沓而至，荔枝产区到处是车水马龙的繁忙景象。作为深受人们喜爱的岭南佳果，荔枝呈现出“一果上市，百果让路”的霸气态势。荔枝种植户因荔致富，生活条件也得到了很大的改善，粤西、粤东和桂东等地出现了成片的“荔枝楼”(即种植、经营荔枝致富后盖的楼)。此期荔枝投产面积不足一半，生产潜力尚未充分发挥。

(3)结构优化调整阶段(2001—2013年)。由于前期种植规模扩张过快，可选择品种少，产期和上市期过度集中，加上流通和消费领域的拓展相对滞后，荔枝市场价格出现了较大幅度的回落，部分产区出现了“卖果难”“增产不增收”，甚至“果贱伤农”的现象，给产业发展带来了较大的打击。在有关部门的统筹规划下，2008年年底国家荔枝龙眼产业技术体系启动建设，来自24个科研院所的专家团队形成全国一盘棋，聚力开展了一系列的科研、试验和示范工作，引导完善了全国范围内的荔枝生产区划布局和品种改良升级。荔枝生产从追求规模发展逐步转变为优化产业结构。2011年荔枝产业逐步走出“十年低迷”状态。至 2013 年，我国已基本形成海南特早熟荔枝优势区、粤西早中熟荔枝优势区、粤中桂东南和闽南晚熟荔枝优势区、闽东特晚熟荔枝优势区的区域布局。在此期间，荔枝种植面积出现过小幅下滑，从 584 371 hm^2减少至557 236 hm^2，其中收获面积出现明显的“大小年”增减波动；而产量则稳步增长，由 2001 年的近 96 万 t 上升至 2013 年的近 170 万 t。

(4)产业提质增效阶段(2014 年至今)。2014 年以来，全国荔枝种植面积稳定在约 55 万 hm^2，其中广东、广西和海南的种植面积稳中略减，四川、云南的种植面积显著扩大，在农业农村部近期的发展规划中，分别把四川荔枝产区作为长江上游特晚熟优势区，把云南荔枝产区作为高原立体生产优势区。全国荔枝产量屡创纪录、出现较大幅度提升，2014 年第一次迈上 200 万 t 台阶，2018 年产量更是超过了 300 万 t。每公顷产量由 2013 年的 2.96 t增长至 4.77 t，增幅达 61%。各产区通过引种试种、高接换种等方法逐步实现了区域品种优化升级以及品种结构多元化，荔枝产期更趋均衡，先进的果园生产技术和果园机械逐步推广普及，生产专业化、规模化、规范化水平进一步提高，三产融合速度进一步加快。荔枝生产已步入稳定发展、提质增效阶段。

未来我国荔枝面积将会长期保持相对稳定，因为：经过精心管理的荔枝园大多有利可图，且随着单产提升和品质改善，效益明显提升；荔枝园大多位于山坡地，并无其他经济效益更高的作物可以替代；荔枝树有利于环境的绿化、美化，有益于建设美丽乡村。

二、中国荔枝发展的主要成就与教训

(一)中国荔枝发展的主要成就

1. 产业规模显著提升，品种结构不断优化

首先是荔枝栽培区域显著扩大，从 20 世纪 80 年代的以广东、广西和福建为主，扩大到当前的广东、广西、福建、海南、四川、云南、重庆等多个省区。其次是产业规模显著增长，从 1987 年的面积 12.76 万 hm^2、产量 11.68 万 t，上升到 2018 年的 55.1 万 hm^2、302.81 万 t，面积和产量分别增长了 3.3 倍和 24.9 倍。产值从 1987 年的 4.79 亿元，提高到 2018 年的约 300 亿元，增长了 61.6 倍。主产省区 2010 年和 2016 年荔枝栽培面积与产量情况见表 1-2。

表 1-2 2010 年和 2016 年中国大陆荔枝主产省区栽培面积与产量

区域	面积/万 hm^2		面积占比/%		产量/t		产量占比/%	
	2010 年	2016 年	2010 年	2016 年	2010 年	2016 年	2010 年	2016 年
广东	273.1	274.1	49.01	48.97	1 008 276	1 246 276	59.46	52.05
广西	208.9	204.3	37.49	36.5	465 806	667 478	27.47	27.88
福建	34.1	27.9	6.12	4.98	147 281	181 614	8.69	7.59
海南	24.6	21	4.41	3.75	134 969	153 533	7.96	6.41
云南	3.5	7.4	0.63	1.32	11 603	27 755	0.68	1.16
四川	3	6.7	0.54	1.2	5 515	18 229	0.33	0.76
全国	557.2	559.75	100	100	1 695 586	2 394 300	100	100

数据来源：《中国农业年鉴》。

20 世纪 60 年代以来，各产区政府、科研院所和生产单位致力于荔枝种质资源的发掘和培育，伴随着苗木繁殖和高接技术的改进，很多荔枝新品种推广种植，包括海南的鹅蛋荔、紫娘喜、无核荔等，广东的三月红、白糖罂、妃子笑、井岗红糯、仙进奉、岭丰糯、马贵荔等，广西的三月红、鸡嘴荔、灵山香荔、钦州红荔等，福建的下番枝和及第等迟熟品种。通过原有果园高接换种和新增引种果园，荔枝栽培品种结构不合理、季节性供求不平衡和优质鲜食品种占比偏低的现象得到显著改善。在此期间，2009—2018 年全国高接换种荔枝面积达到 5.36 万 hm^2。黑叶和怀枝生产面积近 10 年来减少约 4 万 hm^2，其产量占全国总产量的比例也由 2011 年的五成多下降到 2018 年的四成多，同时妃子笑、桂味、糯米糍、鸡嘴荔、井岗红糯、仙进奉等优质品种和新品种的生产规模不断扩大。我国荔枝上市期不断延长，2018 年自 4 月中旬至 9 月底长达 159 d。

2. 优化产业区域布局，发展形成优势产区

经过几十年的发展，我国荔枝生产已逐步形成海南特早熟优势区、粤西早中熟优势区、粤中和桂中晚熟优势区、闽南晚熟优势区、长江上游和闽东特晚熟优势区以及云南高原立体生产优势区的区域布局。各荔枝生产优势区都有其区域品种特色和熟期特色，逐步形成了协同联合、共同发展的良性格局。

3. 科技进步支撑荔枝生产，管理水平和经营效益显著提高

20 世纪 80 年代各荔枝主产省区先后成立了荔枝科技协作组。1985 年全国荔枝科技协作组成立，2005 年农业部启动公益性行业（农业）科技专项，2008 年国家荔枝龙眼产业技术体系开始创立，支撑了荔枝基础与应用基础研究、技术研发及技术试验示范与推广。荔枝生产新技术不断涌现，例如在建园方面改传统稀植为计划密植；克服大小年结果的综合调控技术，如结果母枝培养技术、控冬梢促进花芽分化和控花穗小叶技术、花期放蜂和人工授粉技术、综合保花保果技术、螺旋环剥技术、病虫害综合防治技术等；针对不同品种特点的管理技术，如妃子笑荔枝控穗疏花技术、糯米糍等易裂品种的保果防裂综合技术等；针对密闭和老龄荔枝园的回缩修剪和间伐技术；以及果园喷灌、滴灌、施肥和荔枝食品安全生产技术等。这些技术的示范推广，大大提升了荔枝生产管理水平和经营效益。据国家荔枝龙眼产业技术体系测算，2019 年我国大陆荔枝园平均每 667 m^2 的现金收益约为 3858.15 元(约 5.79 万元/hm^2)。

4. 产业化水平显著提高，产业素质不断增强

从荔枝种植区域看，荔枝生产已从“遍地开花”向集中区域发展；由从业人员结构看，也从兼业化生产转向专业化生产。小规模生产的农户在逐步退出市场，通过非农收入弥补家庭开支，荔枝生产逐步转向规模化、专业化生产。近年来，荔枝分散经营、单打独斗的格局逐步改变，各产区荔枝协会、农民专业合作社、家庭农场和龙头企业等新型经营主体不断涌现，产业组织化程度不断提升。2017 年，农业部荔枝标准化生产示范园联盟在广州宣告成立，力求联合各成员单位把全产业链经营作为主要途径，通过联合销售、抱团经营，提升示范园的话语权、谈判权和主动权，实现安全生产、品牌打造与诚信经营，促进荔枝产业链与价值链的融合发展。2018 年广东省荔枝产业联盟成立，旨在引导各主产区资源优势互补、产业共建共享、行业共治共管、品牌共创共推。

随着荔枝生产规模化水平的提升，荔枝经营的社会化、专业化服务水平也在不断增强。主产区陆续出现专业化服务队伍，在重要的生产和流通环节提供技术的社会化专业服务。例如，在阳江、湛江、茂名、钦州、玉林等地涌现出一些荔枝农机具共享和产业技术服务平台。社会化专业服务的发展不仅能充分发挥服务规模优势，缓解单个荔枝园的劳动力需求压力，降低其经营成本，更重要的是会促进荔枝产业的标准化、规范化发展。这是典型的产业需求驱动下的市场供给行为。国家荔枝龙眼产业技术体系 2017 年对广东、广西的调研数据显示，93.3%的荔枝果农存在生产环节外包行为，其中打药、摘果、施底肥、整形修剪、追肥等生产环节的外包比例分别达到 84.0%、79.3%、78.7%、75.3%和 72.7%。

随着荔枝品牌建设的不断推进、产业经营人才职业化水平的不断提升、流通体系的逐步建立健全，荔枝产业素质在不断提升。

5. 一、二、三产业加快融合，产业链不断拓宽延长

经过几十年的发展，荔枝产业链在产前、产中和产后环节都在不断拓宽，荔枝产业由过去单一的传统生产形态逐步呈现多元化、综合性经营业态。特别是靠近都市圈的部分荔枝果园，已经从单纯的荔枝生产园转型为集荔枝文化、生态、采摘、休闲、餐饮为一体的农业产业园区。广州市增城区仙村镇和从化区温泉镇等地打造“荔枝特色小镇”，将荔枝生产与当地乡村文化、旅游、民宿、购物多维互动、多元整合，创新了荔枝销售形态，通过一、二、三产业融合发展，全面提升了荔枝产业的经济价值、社会价值、生态价值和文化价值，同时“以荔为媒”，为乡村注入人流、商流和资本等要素，带动了当地经济发展，促进农民增收，助力乡村振兴。

加工业由过去单家独户小作坊分散简单加工形态，逐步转变为规模化、多元化和层级化的荔枝加工业态。荔枝干、荔枝肉、荔枝罐头、荔枝酒等传统荔枝加工品规模化和专业化生产水平不断提升；富GABA(γ-氨基丁酸)荔枝混合果汁产品、含荔枝果肉(酱)的焙烤休闲食品、荔枝酸奶、果粉及泡腾片系列产品等多元化新型加工品不断推向市场；荔枝果肉和荔枝核提取物的营养保健功能甚至药用价值得到广泛研究。荔枝产业链向产后环节不断延长，已经形成了年产40万t以上的加工能力。

随着产业的快速发展，多样化的专业产业服务团队，如策划团队、信息服务团队以及金融服务团队等不断加入产业中来。各种联盟的建立，力求实现生产者组织化，辐射带动周边产业发展，创新产前、产中、产后技术服务机制，建立共享平台和提供生产性技术服务，为产业共享信息、联合开展市场形势分析研判、市场营销和品牌打造等提供了很好的平台。

(二)中国荔枝产业发展的主要经验与教训

1. 坚持市场导向、政府引导、科技支撑，推动产业可持续良性发展

在20世纪80年代末至90年代初，受荔枝生产良好经济效益的驱动，荔枝种植规模迅速扩大，但产业发展欠缺整体规划，产业配套的生产技术体系和流通体系建设相对迟缓。生产技术跟不上，加上“重栽轻管”，出现果品质量下降、“卖果难”“增产不增收”，甚至“果贱伤农”的现象，在很大程度上挫伤了果农的生产积极性，对产业发展带来严重打击。2000年后，荔枝产业发展进入结构优化调整阶段。

2006年我国正式取消农业税。因荔枝种植不再能为地方直接带来税收，部分产区政府宏观引导热情有所下降，一些地方出现了放任不管的现象。荔枝产业的科技研发和技术推广出现断层，荔枝生产管理水平出现下滑。荔枝流通体系建设停滞不前，果农的市场风险加大。

近10年来，各级政府对荔枝产业的重视程度不断增强。在市场逐步成为资源配置决定性要素的大环境下，政府逐渐加强荔枝生产、流通、消费产业链的规划和建设。2017年广东省颁布了第一个产业保护法律条例——《广东省荔枝产业保护条例》，将荔枝产业定位为广东省区域优势特色产业，希望通过立法，完善政府扶持政策，加强对荔枝种植、加工、营销等相关活动的规范，加强对荔枝优良品种资源、种植基地、品牌的保护，并加强政府质量监管，提升荔枝的产品质量和品牌特色，促进产业持续健康发展。该条例中规定省人民政府和荔枝产区县级以上人民政府应当对荔枝产业发展进行系统合理规划。荔枝产业面临前所未有的良性发展环境，提质增效，促进农户增收，步入可持续良性发展的快车道。

2. 加大市场导向的供给侧改革力度，激发产业活力，引领产业健康发展

一段时间以来，荔枝产业重生产发展而轻市场培育。科研院所的种质创新、技术研发与满足产业需求尚有距离。各产区的产业规模、品种结构发展存在盲目性。包括政府部门、科研院所、经营主体等产业相关利益群体的市场意识较为淡薄，产业组织化程度较低，质量标准和市场信息体系建设滞后。我国荔枝生产长期面临经营粗放、单产水平低、果品质量差、市场风险大的问题。

市场终究是产业发展成败的最终检验者，其决定着产业资源的配置。生产导向、经营模式在现代市场竞争的经济环境中受到严重冲击，荔枝生产经济效益不断下降，极大地打击了果农和其他产业相关群体的积极性。痛则思变，荔枝产业供给侧改革由单个个体的自觉自发，到有组织有计划地推动，各个领域由点到面不断铺开。满足生产实践和市场消费需求的荔枝新品种不断推广种植，合力对接市场的协会、农民专业合作社和龙头企业不断涌现，产中、产后的品质管控技术得到广泛应用，市场流通体系日益健全。2011年起我国荔枝产业逐步走出"十年低迷"。2013年开始，优势产业区逐步形成。

在消费升级的大环境下，荔枝产业的供给侧改革力度进一步加强。随着预冷、分级、冷藏、冷链运输技术的日益普及，我国荔枝产业的物流处理能力和冷链贮运能力显著提升，荔枝销售的电子商务发展迅速。而多种模式电子商务的日益完善和活跃，进一步推动了荔枝产业的市场化导向发展，倒逼产业升级，主要表现在：①生产组织化水平进一步提升。稳定、及时、连续和成规模的货源供给满足了电商顺利发展的需要，多种形式的果农整合机制或组织将发挥更大的作用。②生产标准化、规范化程度进一步提升，产品的品质水平提高。③加快产品分级推广应用步伐。④产业内外资本进入冷链物流设施建设，提升了产业的冷链物流水平。⑤进一步提高了荔枝从业人员市场意识，驱动产品的品牌化发展。

3. **优化果园生态环境，坚持绿色生产提升果品质量**

在我国荔枝生产过程中，管理过度与不足的情况兼有，化肥施用量偏大而有机肥施用量少，有的甚至滥用农药和生长调节物质，导致果园土壤、微生态环境恶化。而大多数果园种植密度偏高，果园荫蔽，光照条件差，病虫害发生严重。加上部分果园管理粗放，树势衰弱，严重影响果园的经济产量和树体寿命。荔枝果实质量不能很好地满足市场需求，无法在消费升级的国内市场中获取应有的经济收益，也制约了产品的出口。

近年来，市场驱动下的果园生态环境优化工作有序开展。一系列绿色生产技术被试验、示范甚至推广应用。例如，针对树高、枝密、叶弱、病虫多的问题，通过回缩、间伐、开心修剪等处理技术，降低树高和植株、枝叶密度，改善光照和湿度条件；建立荔枝园分区隔离网，减少蒂蛀虫和荔枝蝽等害虫转移为害；果园地面实行生草制；注重预测预报，在蒂蛀虫成虫发生与产卵的高峰期喷药，加强防控效果；应用平腹小蜂寄生卵块防控荔枝蝽，以保护天敌和蜜蜂免受药剂的伤害，有利于维持生态平衡；通过土壤和叶片营养诊断指导平衡施肥。这些技术减少了化学农药的施用，优化了养分管理和避免过量施肥，降低了环境污染，坚持绿色生产，优化了果园的生态环境，从而也提升了果实品质。针对当前荔枝生产中登记农药种类较少的现实，专家正在进行暴露性风险评估，开展最大残留限量（MRL）的制定工作，加快小作物农药登记进度，通过技术标准的制定来引导果农安全合理地使用农药。

三、荔枝主产省产业现状

我国荔枝品种资源丰富，其中规模化商品化种植的荔枝品种超过 30 个。多样化的品种和广阔的产区，大大延长了荔枝的产期和上市期，满足了鲜食和加工的需求。从全国的总体情况来看，荔枝产业的集中度较高，除台湾外，主要集中在广东、广西、海南、福建、四川和云南六大产区，重庆和贵州目前的种植规模尚小。

1. **广东**

广东是中国乃至世界荔枝最重要的产区。广东荔枝栽培范围广，除粤北部分县外，90 多个县（市、区）都有荔枝分布；栽培规模大，2017 年年末荔枝栽培面积 245 387 hm^2，约占全国总面积的 43.84%；产量达 117.47 万 t，占全国总产量的 49.06%，广东 1990—2018 年荔枝生产面积与产量见图 1-2；品质资源丰富且优良，记载于《中国果树志・荔枝卷》中的品种及优稀单株有 83 个。

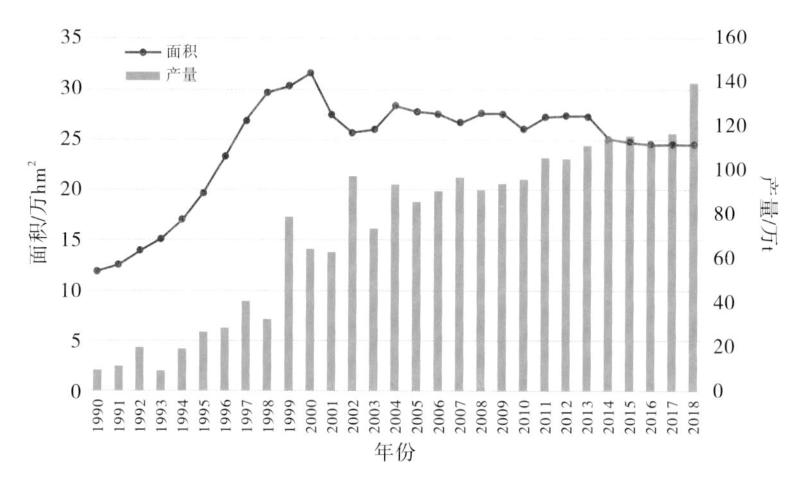

图 1-2 广东 1990—2018 年荔枝生产面积与产量

按照荔枝的自然地理分布，广东荔枝大致可分为三大产区：

(1)粤西产区。位于广东西南部，包括湛江市的徐闻、雷州、遂溪、廉江、吴川，茂名市的高州、茂南、电白、信宜、化州，阳江市的阳东、阳西和阳春。粤西产区是中国荔枝起源地之一，栽培历史悠久，是广东省第一大荔枝产区和中国最大的优质早中熟荔枝商品基地。2017 年该产区荔枝面积 12.73 万 hm^2，产量 69.91 万 t，分别占全省的 51.88%和 59.51%。该产区品种资源丰富，白糖罂和白蜡是著名的早中熟品种，其他主栽品种还有黑叶、妃子笑、桂味、鸡嘴荔、双肩玉荷包、高州进奉和鉴江红糯等。

(2)粤中及珠三角产区。位于广东中部偏南，包括广州、深圳、珠海、惠州、东莞、江门、佛山、中山、肇庆、云浮和清远。该产区目前是广东第二大荔枝产区，2017 年荔枝面积 7.50 万 hm^2，产量 25.58 万 t，分别占全省的 30.57%和 21.78%。该产区早、中、晚熟品种俱全，主栽品种包括怀枝、黑叶、妃子笑、桂味、糯米糍、三月红等，还有井岗红糯、仙进奉、岭丰糯、冰荔、塘厦红、观音绿等地方特色品种。

(3)粤东产区。位于广东东部，包括汕尾市的陆丰、海丰、陆河及汕尾城区和红海湾，汕头市的潮阳、澄海、南澳及汕头市郊等，揭阳市的惠来、普宁、揭西、揭东，潮州市的饶平、潮安和湘桥区，河源市的紫金、源城、东源和龙川，梅州市的五华、丰顺、兴宁、梅县、大埔和梅江。2017 年该产区荔枝面积 4.31 万 hm^2，产量 21.98 万 t，分别占全省的 17.55%和 18.71%。该产区的主栽品种包括怀枝、黑叶、糯米糍、桂味、妃子笑、小糯等。

2. 广西

广西是仅次于广东的我国第二大荔枝产区。2017 年荔枝栽培面积约 20 万 hm^2，约占全国总面积的35.73%；产量达到68.13万t，占全国总产量的28.46%，广西1990—2017年荔枝产量情况见图1-3。钦州和玉林两市是广西最重要的荔枝产区，年产量占到全省产量的接近七成。广西主栽荔枝品种包括黑叶、禾荔(怀枝)、大造、三月红、白糖罂、妃子笑、鸡嘴荔、桂味、糯米糍、灵山香荔、博白糖驳、钦州红荔、贵妃红等。早、中、晚熟品种所占比例为20∶70∶10。

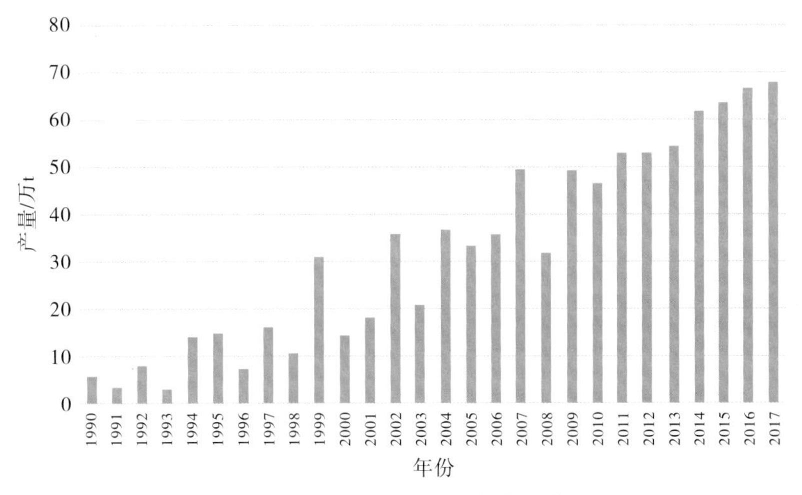

图1-3　广西1990—2017年荔枝产量

按照自然地理分布，广西荔枝大致可分为五大产区。

(1)桂南产区。该产区是广西最大的荔枝产区，包括南宁市的横县、武鸣、邕宁，钦州市的灵山、浦北、钦北、钦南，防城港市的防城区，北海市的合浦。桂南产区荔枝栽培历史悠久，栽培品种有三月红、黑叶、灵山香荔、妃子笑、白糖罂、桂味、糯米糍、鸡嘴荔、钦州红荔等。2017年栽培面积117 044 hm^2，约占广西栽培总面积的58.52%；产量335 538 t，占广西总产量的49.25%。

(2)桂东南产区。该产区包括玉林市的北流、陆川、博白、福绵、兴业、玉州以及贵港市的港南、港北、覃塘。栽培品种主要有怀枝、黑叶、妃子笑、白糖罂、白蜡、桂味、糯米糍和鸡嘴荔等。2017年栽培面积48 399 hm^2，约占广西栽培总面积的24.20%；产量247 312 t，占广西总产量的36.30%。

(3)桂东产区。该产区地处广西东部，包括梧州市的苍梧、藤县、岑溪，贵港市的平南、桂平，玉林市的容县。桂东产区栽培历史悠久，主栽品种为怀枝及其芽变品种如“沙头迟熟小核荔”和“江口迟熟小核荔”，其次是妃子笑和白糖罂等。2017年荔枝栽培面积30 786 hm^2，约占广西栽培总面积的

15.39%；产量 90 246 t，占广西总产量的 13.25%。

(4)桂西南产区。该产区地处广西的西南部，包括崇左市的扶绥、龙州、宁明、江州、凭祥，南宁市的隆安，防城港市的上思。栽培品种主要有三月红、妃子笑、怀枝、灵山香荔等。2017 年荔枝栽培面积 2 657 hm^2，约占广西栽培总面积的 1.33%；产量 5 936 t，占广西总产量的 0.87%。

(5)桂西右江河谷产区。该产区包括百色市的右江、田东和田阳。主栽品种为三月红、妃子笑等早熟品种。2017 年荔枝栽培面积约 1 114 hm^2，约占广西栽培总面积的 0.56%；产量 2 268 t，占广西总产量的 0.33%。

3. 海南

海南位于中国最南端，自然资源得天独厚，全省 18 个县(市)均有荔枝分布，是中国优质荔枝最早规模上市的区域。2017 年海南荔枝栽培面积约 2.08 万 hm^2，约占全国总面积的 3.72%；产量达到 15.80 万 t，占全国总产量的 6.60%。海南 1990—2017 年荔枝生产面积与产量见图 1-4。其中，主栽品种妃子笑生产面积约占 90%，其次为白糖罂、紫娘喜、大丁香、无核荔等。

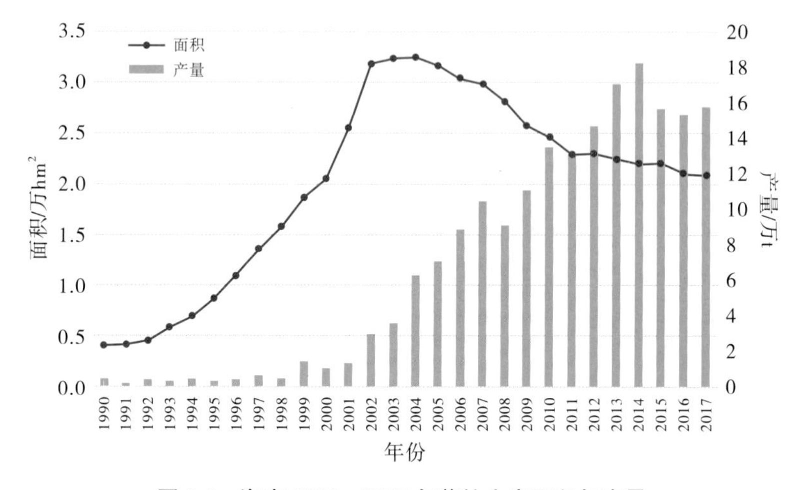

图 1-4　海南 1990—2017 年荔枝生产面积与产量

1990—2002 年是海南荔枝种植面积快速扩张期，年新增种植面积从 1990 年的 40 hm^2 增加到 2002 年的 5 900 hm^2。全省栽培面积在 2004 年到达顶峰 32 382 hm^2 后逐渐缩减，近年稳定在 20 000 hm^2 左右。而随着果园管理技术提升，单产增加，荔枝产量则出现稳定增长，近 5 年来保持在 15 万～18 万t。

4. 福建

福建共有 37 个县市有荔枝栽培。其中，以漳州为主产区，而广泛分布在东北自福鼎以下，南至诏安的沿海各县、市。福建荔枝主栽品种有乌叶（黑叶）、兰竹、元红，以及早红、下番枝、糯米糍、紫娘喜、双肩玉荷包、乌叶舅、陈紫、大丁香等。

近年来，随着工业化进程加快，当地荔枝生产面积有所萎缩。2017 年荔枝栽培面积约 1.57 万 hm^2，约占全国总面积的 3%；产量 12.87 万 t，占全国总产量的 5.38%。福建 1990—2018 年荔枝生产面积与产量见图 1-5。

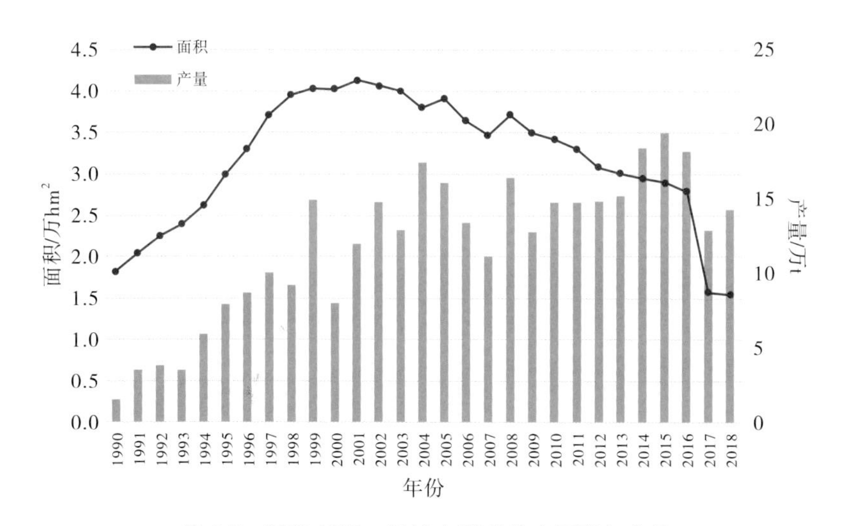

图 1-5 福建 1990—2018 年荔枝生产面积与产量

5. 四川

四川是我国晚熟及特晚熟荔枝生产区域。当前荔枝商业化生产区域主要在以合江县为中心的泸州地区，包括合江、江阳、龙马潭、泸县，其次为宜宾和乐山等地。当地传统主栽品种是大红袍（大造）、绛沙兰、泸州妃子笑、楠木叶、带绿等，其中大红袍一度占到总栽培面积的 80%以上。近年从沿海地区引入和推广了不少优质新品种，进一步优化了当地荔枝品种结构。大红袍的面积占比逐步减少，而妃子笑、桂味、糯米糍、仙进奉、马贵荔等优质荔枝品种的面积占比不断提升。荔枝的市场供应期也不断被拉长，规模上市期从 7 月中旬至 8 月中、下旬。

四川 2001—2017 年荔枝生产面积与产量见图 1-6。2009 年之后在经济效益的驱动下四川荔枝种植面积快速增长。2017 年四川荔枝栽培面积2 万 hm^2，总产量 2.26 万 t，分别是 2009 年的 6.9 倍和 2.5 倍。

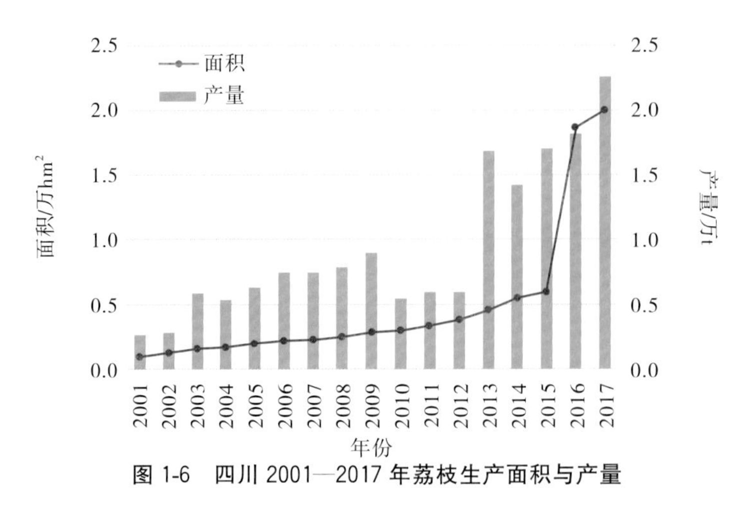

图 1-6 四川 2001—2017 年荔枝生产面积与产量

6. 云南

云南是中国荔枝的起源地和传统产区，栽培历史悠久。云南荔枝主要分布在红河州的屏边、元阳，玉溪市的新平、元江，保山市的隆阳，临沧市的永德，德宏州的盈江；西双版纳州、普洱市、昭通市、楚雄州、怒江州、文山州、大理州等有零星分布。主栽品种有妃子笑、褐毛荔、水东、大红袍和桂味等。荔枝成熟期从 4 月中旬至 9 月上旬。

广阔的热区面积以及气候立体多样性是云南荔枝产业发展的优势所在。近 10 来年，云南荔枝生产快速发展，已成为云南石漠化地区、边疆少数民族地区脱贫致富的重要支柱产业之一。云南 2001—2017 年荔枝生产面积与产量见图 1-7。2017 年云南荔枝栽培面积 0.77 万 hm²，是 2011 年的 2.66 倍；2017 年总产量 2.48 万 t，比 2011 年增加 84.25%；2017 年总产值约 2.6 亿元，是 2011 年的 3.86 倍。

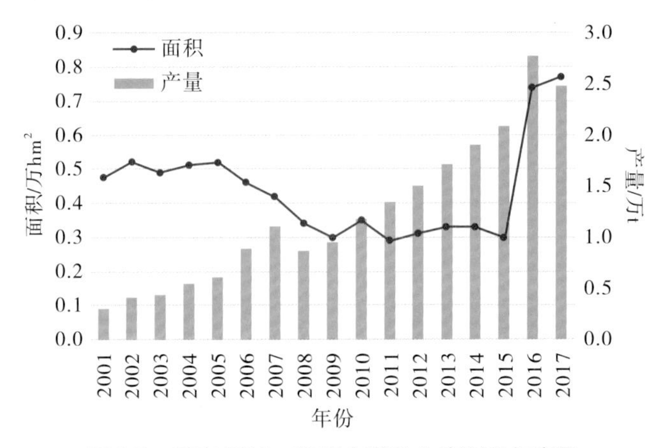

图 1-7 云南 2001—2017 年荔枝生产面积与产量

7. 台湾

台湾荔枝生产主要分布于新竹以南、高屏以北的狭长低海拔地区。高雄、台中、南投、台南、台东、彰化、嘉义和屏东等地是荔枝的主产区。台湾荔枝约有30多个品种，主要种植的品种共有10个，包括三月红、黑叶、沙坑种、玉荷包(妃子笑)、糯米糍、桂味、台农1号(翠玉)、台农2号(旺荔)、台农3号(玫瑰红)和台农4号(吉荔)等。台农1号至台农5号及沙坑种均是台湾当地选育的品种，三月红、黑叶、玉荷包、糯米糍和桂味都是来自大陆的品种。主栽品种中以中熟品种黑叶种植面积最广，约占总面积的70%，其次为早熟品种玉荷包，第三为晚熟的糯米糍，其他品种如三月红、楠栖早生、高雄早生、沙坑小核、桂味、怀枝等规模比较小。台湾荔枝成熟上市时间在5月中旬至7月中、下旬，主要集中在6月。

近年来台湾荔枝生产发展有下滑趋势。根据台湾农业委员会2019年的农业统计年报，2018年台湾荔枝生产面积9 807 hm^2，产量78 668 t，较2006年生产面积缩减两成左右。

第三节　我国荔枝产业高质量发展展望

一、新形势下荔枝产业高质量发展面临的问题与挑战

1. 气候变化加大荔枝生产的不确定性和风险性

荔枝是典型的亚热带果树，其营养生长、开花和坐果对自然生态条件要求较高，气候变化或异常对产量具有决定性的影响。荔枝生产周期中面临的主要自然灾害有高温干旱、低温冷害、台风灾害、阴雨天等，不同地区不同年份自然灾害的发生种类和影响程度难以预知。近年来气候异常已具有常态性和无法预测性的特点，这加剧了荔枝生产的不确定性风险。国家荔枝龙眼产业技术体系的调研资料显示，2011—2013年，50%左右的农户遭受过不同程度的气候异常影响。从发展趋势看，受自然灾害影响的农户比例在逐年上升，绝收的农户比例增长最为明显。2011年，绝收农户比例为3.06%，2012年增长到4.37%，2013年绝收农户的比例较大，达到10.48%。

产量、品质的不稳定，导致了价格的不稳定和难以预测，这将严重打击果农的生产积极性。同时，如果“大小年”现象频发，则打造品牌、发展贮运销售业及加工业、文旅产业就无从谈起，这严重制约着荔枝产业的持续健康发展。

2. 果园基础设施较为薄弱

我国有大约30%的荔枝园建在坡度超过20°的坡地甚至是山地上，交通不便，荔枝园灌溉、施肥、喷药、运输、采后保鲜、预冷和冷链运输设施都严重缺乏。而平缓地的荔枝园大多在1990—2000年间建成，株、行距在6 m以下，几乎都处于密闭状态，导致光照不足、管理不便、树势衰弱、结果力降低，产量低且不稳定，品质变差。

在国家荔枝龙眼产业技术体系的科研院所和产区政府相关部门的协力推进下，近10多年来全国荔枝园已完成间伐改造12.04万 hm^2，回缩改造16.79万 hm^2。尽管如此，由于立地条件和果园基础条件差的原因，荔枝果园基础设施总体落后的局面尚无根本改观，机械化水平提升较慢，修剪、采收、施肥等主要管理工作仍依赖人工作业，导致常规技术运用不够到位。小农户的荔枝果园距离农业现代化经营管理还有一段较长的路要走。

3. 劳动力短缺导致生产成本持续上涨

随着社会经济的快速发展，我国城镇化步伐加快，农村人口加速向城镇转移，农业劳动力短缺的问题日益凸显，“雇工难、工价高”逐渐成为制约我国农业生产的重要因素。

国家荔枝龙眼产业技术体系的调研数据显示，荔枝果农中50岁以上人群占比较高，一方面农村年轻劳动力大多进城务工，另一方面留在农村的年轻劳动力参与传统高强度农事劳动的意愿下降。人工费用在生产要素投入中的占比持续走高，直接挤压果农的获利空间。目前荔枝生产要素投入中人工费用占比已高达40.38%。而在采摘、打药等关键荔枝生产环节中，部分产区还出现了雇工难甚至是无工可雇的局面。这些都威胁着荔枝产业劳动密集型生产方式的可持续性发展，迫使荔枝产业逐步向资本技术型生产方式变革。

4. 龙头企业与合作社组织的实力和产业影响力有待提升

荔枝产业目前仍属于离散竞争市场，产业集中度较低。尽管近年来龙头企业、行业协会、农民专业合作社和家庭农场不断涌现，很大程度上提升了荔枝产业的组织化、规模化水平，但是这些企业或组织大都规模较小、实力偏弱，辐射示范效应和带动引领能力亟待加强。不管是生产环节还是流通环节，都需要成规模的组织带动，特别是兼具生产、流通领域市场影响力的农民专业合作社或龙头企业。分散经营的产业现实制约了荔枝生产与市场的密切对接，生产技术的推广应用受到制约，急需提升规范化和标准化生产的推进速度，提升抵抗市场风险的能力，快速整合产业链资源。

5. 东盟荔枝产品的冲击

自2004年中国—东盟“早期收获计划”对果蔬产品实施零关税以来，中国荔枝产业所受到的冲击较大。中国荔枝市场价格信息监测与分析系统2011年以来的监测数据显示，进口荔枝特别是越南荔枝凭借其价格等优势在我国市场所占份额持续扩大，表现在：①入市时间早，市场供应期长。2019 年越南荔枝供应我国市场的时间提早到 5 月 16 日，至 7 月 25 日持续销售 71 d。②销售区域持续拓展，逐步深入内地市场。自 2013 年起，在系统监测的华北市场(北京、郑州)、华东市场(上海、嘉兴和南京)、西南市场(重庆和成都)、华中市场(长沙和合肥)和东北市场(沈阳)，都有越南荔枝销售。③销售的荔枝品种持续增加。在我国市场售卖的越南荔枝从最初的红花 1 个品种到白蜡、桂味、糯米糍、红花等多个品种。④市场销售量进一步提升。我国是越南荔枝的最大进口国，中国海关信息网的数据显示，自 2016 年以来越南出口到我国的鲜荔枝每年基本都超过 6 万 t。

二、荔枝产业高质量发展展望

1. 做好顶层设计，夯实经营主体运营的制度环境和基础舞台

政策是推动荔枝产业发展的强大动力和方向引领。各产区应以市场为导向，结合产业发展实际，统筹分析，高起点制定前瞻性、系统性荔枝产业发展规划。支持种质资源开发和生产技术研发与推广，扶持产业经营主体发展壮大，制定荔枝种植政策性保险制度，健全产业流通体系建设，通过一系列举措理顺整个产业链发展的制度架构，为荔枝产业发展提供良好的制度环境，并在产业实践中具体贯彻落实。

2. 构建并不断完善以市场需求为导向的产业链整合系统

品牌化经营是农业现代化的重要标志之一。荔枝产业高质量发展应以市场需求为目标，推行品牌化经营战略，进行整合、规划，从而拉动产前、产中、产后各产业链环节的发展。

(1)产前环节。构建高效、有活力的技术研发体系和高效的农资供应体系。应构建以市场为导向的现代农业技术研发和推广体系，建立区域性的品种研发和改良中心，关注特优品种培育，加强荔枝品种专利保护，提升荔枝果实品质和科技含量。农资价格逐年上涨以及农资质量缺乏保障，已成为影响果农收入的重要因素。通过村村通工程以及农村社区农资供应店＋网上农资商店及相应的配送系统，降低农资价格，保障农资质量。

(2)产中环节。推动安全优质高效生产。优化区域荔枝品种结构，推动荔枝品种的改良更替。继续以建设高标准示范果园为契机，鼓励土地流转，推动实现果园规模化、品种优良化和管理机械化。重视荔枝生产过程的规范化和标准化，做好品控管理。建立健全生产技术社会化服务平台，初期可以采用由政府购买服务的方式来推动运行。

(3)产后环节。在做好采后品控管理的基础上，构建多元化销售渠道，开拓多元化市场，促进荔枝加工业多元化、纵深性发展，农旅、农文融合发展，拓宽和延长产业链条，提升产业附加价值。

3. 强化科技支撑，促进绿色生产技术战略性升级

(1)加快培育品质优异、特早特晚熟、高抗性新品种。一是要收集与深度挖掘利用种质资源，开展特早熟、特晚熟、焦核、稳产等重要经济性状的分子标记和基因鉴定研究，应用于育种新材料的早期鉴定以辅助育种，加强育种成效。以高品质、特早特晚熟、高抗性(耐高温、花芽分化对低温的低需求、易成花坐果、抗病虫、耐贮运等)为目标，研究芽变选种、杂交育种、诱变育种和分子育种技术。

(2)探明“大小年”结果的形成机制和调控技术。通过对全球气候变化下荔枝生殖生物学响应机制、“大小年”的碳素营养代谢特征、树体与土壤营养需求原理等进行深入研究，探明其形成机制，研发和运用适宜的调控方法，实现稳定生产。

(3)加强机械机具的研发和节本增效技术的集成应用。加快荔枝园开沟施肥、喷药、灌溉、修剪、环割(剥)、疏花、除草、采收、果实去梗、分级、去果皮去果核机械及包装新设备等关键环节的适用机械机具的研发、引进和选型。同时推进与农机具相适应的果园农艺条件研究和行距及树形改造。探索小农户经营与荔枝机械化和现代化结合的有效模式。通过节本增效技术的集成应用，降低劳动力短缺对产业发展带来的制约，提升产业经济效益。

(4)加强绿色生产科技研发以提高产品品质和质量安全水平。深入研究病虫灾害发生成灾规律，研发病虫灾害预测预报技术，服务精准施药，完善病虫灾害的综合防控技术等，建立以生态调控为核心的病虫害综合防治技术体系。

(5)加强采后贮运保鲜、加工增值技术研发。研发解决荔枝采后变色、变味和变质等问题的保鲜新技术、新材料和新工艺，增加加工品种类，充分利用加工副产物提升产业链价值。

4. 培育新型经营主体，提升产业经营群体素质

要唱好一台戏，舞台搭建、场景布局、舞美道具、音响灯光固然重要，但最关键的还是演员。荔枝产业现代化和高质量发展必须培育出一批高质量的经营主体和专业人才。荔枝龙头企业、农民专业合作社、专业大户等新型农业经营主体是荔枝产业发展的主力军，他们承担着果农生产带动者、农业科技推广者、荔枝市场开拓者以及荔枝产业标准化生产先行者的社会责任，是连接小农户与大市场的桥梁与纽带。

一方面技术应用对推动荔枝产业发展至关重要，对农户等产业经营主体的生产技能培训必不可少。而另一方面，按照市场消费升级背景下的农业产业供给侧改革要求，农户等产业经营主体仅仅具备生产技能是远远不够的。商海弄潮，必须具备一定的市场意识和经营管理技能。从这方面来看，荔枝产业经营群体的整体素质还有待提升。因此，在传统的技术培训和技术支持之外，应进一步加强对产业经营人员市场知识与管理技能的培训与培养。例如，整合各方资源开设生产管理、财务管理、人员管理、市场营销等方面的课程培训，由点带面从而到全局，提升整个产业的经营水平。

5. 逐步完善产业发展配套服务支撑体系

荔枝产业高质量发展不仅需要政府层面在投融资机制、土地生产要素供给机制、科技与人才服务支撑机制、配套财政扶持政策、利益协调与分配管理机制等方面的支撑，也需要科研院所的技术指导和扶持，还离不开各专业领域的专业服务支撑。现代化荔枝产业链的打造，离不开产业各环节专业队伍、专业人才的合力推进。

这包括提供农技服务、采摘和高接换种等生产服务的社会化专业队伍，提供安全快捷经济物流服务的专业实体，提供包装设计、策划推广、品牌塑造、价值提升的营销咨询专业团队，提供资金融通的金融服务商，提供经营管理中专项咨询指导的专业团队，等等。

6. 产业大数据建设与信息全产业链的纵向传递、横向整合分享

荔枝产业现代化高质量发展离不开产业大数据建设。一方面需要着力打造服务于安全、优质、丰产、高效的产业发展目标，聚焦于荔枝生产环节，基于物联网和云计算的“智慧农业”。整合产地环境生态大数据、生长发育大数据、生产管理大数据，构建其关联分析模型，链接科技专家系统，为荔枝生产提供智能化决策、精准化种植、可视化管理，甚至能够提供预测预警。另一方面还需要构建产业环境与资源、产业管理和产业市场大数据。特别是市场供求情况、价格行情、市场分布、服务支撑体系变动等信息。

通过产业大数据，将生产资料供应、荔枝果品生产、加工、贮运、销售等环节联结成一个有机整体，并对其中人、财、物、信息、技术等要素的流动进行组织、协调和控制，实现产销纵向联动，同一产业链环节中不同产业主体的横向协作，从而促进荔枝产业链价值增值。

参考文献

[1]李建国．荔枝学[M]．北京：中国农业出版社，2008.
[2]齐文娥，陈厚彬，罗滔，等．中国大陆荔枝产业发展现状、趋势与对策[J]．广东农业

科学，2019，46(10)：132-139.
[3]欧阳曦，齐文娥. 福建省荔枝产业发展状况——基于2011—2016年的数据分析[J]. 中国热带农业，2018(1)：19-23.
[4]齐文娥，陈厚彬，李伟文，等. 中国荔枝产业发展现状、趋势与建议[J]. 广东农业科学，2016，43(6)：173-179.
[5]齐文娥，庄丽娟，陈厚彬. 2014年我国荔枝龙眼产业发展趋势及政策建议[J]. 中国果业，2014，31(4)：21-23.
[6]齐文娥. 2013年我国荔枝市场形势特征及其影响因素分析[J]. 中国热带农业，2014(2)：33-35.
[7]赵飞. 西方国家对中国荔枝的关注与引种(1570—1921)[J]. 中国农史，2019，38(2)：26-36.
[8]张惠云，高贤玉，王跃全，等. 云南荔枝龙眼产业发展思考[J]. 热带农业科学，2019，39(3)：115-119.
[9]张生. 中国古代荔枝的地理分布及其贡地变迁[J]. 中国历史地理论丛，2019，34(1)：98-107.
[10]汪懋华. 把握实施乡村振兴战略机遇 推动广东荔枝产业创新发展[J]. 现代农业装备，2018(4)：17-21.
[11]陈厚彬. 荔枝产业发展报告[J]. 现代农业装备，2018(4)：22-24.
[12]张国. 中国农业品牌与特色农业发展[J]. 现代农业装备，2018(4)：25-28.
[13]叶贞琴. 推动荔枝产业高质量发展 打造广东金字招牌[J]. 现代农业装备，2018(4)：10-12.
[14]邓秀新. 中国水果产业供给侧改革与发展趋势[J]. 现代农业装备，2018(4)：13-16.
[15]陈厚彬. 我国荔枝产业发展情况——在2018年中国国际荔枝产业大会开摘节暨新闻发布会上的讲话[J]. 中国热带农业，2018(3)：6-7，5.
[16]惠富平，王昇. 奇果标南土——中国古代荔枝生产史[J]. 农业考古，2016(4)：182-189.
[17]廖世纯，王凤英，黎柳锋，等. 广西荔枝产业现状与发展对策[J]. 农业研究与应用，2015(6)：47-50，53.
[18]徐炯志，潘介春，黄永祥，等. 四川省泸州市荔枝龙眼生产考察报告[J]. 广西农学报，2013，28(6)：25-29.
[19]程泽南，庐喻辰，叶冉. 我国荔枝产业竞争力现状及提升策略[J]. 中国热带农业，2010(6)：16-19.
[20]杨茂. 中国荔枝历史[J]. 南方论刊，2008(S1)：76-78.
[21]陈建波. 我国荔枝产业发展现状与展望[J]. 中国热带农业，2005(6)：14-17.
[22]黄治远，张义刚. 我国西南地区荔枝生产调查[J]. 中国热带农业，2005(5)：12-14.
[23]陈慧，Ghosh S P. 荔枝栽培历史及出口现状[J]. 世界热带农业信息，2002(10)：15.
[24]蓝勇. 中国西南荔枝种植分布的历史考证[J]. 中国农史，1988(3)：68-76.
[25]Farina V，Gianguzzi G，D'Asaro A，et al. Fruit production and quality evaluation of four litchi cultivars（*Litchi chinensis* Sonn.）grown in Mediterranean climate[J]. Fruits，2017，72(4)：203-211.
[26]中国农业年鉴编辑委员会. 中国农业年鉴(1983—2018)[M]. 北京：中国农业出版社.

第二章　我国荔枝的生态环境和区划

荔枝作为典型的亚热带常绿果树，对生态条件总的要求是营养生长期高温、降水充足，花芽分化期冷凉干燥、日照充足，花期天气温和、温暖无雨，果实发育期晴朗和短时阵雨天气。了解荔枝的生态适宜性有助于进行荔枝的科学区划。不过需要指出的是，新中国成立后尤其是改革开放以来，我国荔枝种植区域发生了很大的变迁，荔枝大幅度向南、北延伸。一些地区曾经被规划为荔枝的次适宜区，如海南自1989年之后、四川(合江县)自2008年之后、云南(屏边县)自2013年之后，荔枝得到大面积发展。荔枝在这些地区的扩展并不意味着其生态适应性指标有任何变化，而是因为，种植荔枝的收入远大于用于克服不利生态影响的技术经济代价。海南地区的高强度成花调控技术、四川荔枝的轮换结果技术都起了很大作用，而云南屏边县则仍需探索减少花期阴雨和春季冰雹灾害影响的措施，这与沿海地区需探索荔枝抗台风和克服大小年结果的技术有相似之处。

第一节　荔枝与各生态因子的关系

环境温度、水分供应、光照条件、风的情况、土壤情况等是影响荔枝生长的主要生态因子，适宜的生态环境是荔枝生长发育的基础，是优质高产的前提。

一、温度

温度是影响荔枝营养生长和生殖生长的主要生态因子。

枝叶生长要求高温条件，据阮少唐(1984)研究，在年均温21～25℃地区荔枝生长良好。早熟品种在4℃、迟熟品种在0℃时营养生长停止，8～10℃

时开始恢复生长，10～12℃时生长缓慢，13～18℃时加快生长，21℃以上生长良好，23～26℃时生长最盛。多位研究者通过控制条件实验和建模分析，研究了荔枝枝叶生长、花芽分化和开花坐果对温度的要求（表 2-1），其趋势与观测经验大体是一致的。

表 2-1 荔枝各器官生长发育对温度的要求 单位：℃

器 官	最低气温	最高气温
叶生长	12.0～12.5	34.4～34.8
新梢生长	10.4～10.9	28.8～30.0
气孔	＜10	36
叶片非结构性碳素积累	—	20
茎干、根部非结构性碳素积累	—	＜15
花诱导	＜10	＜20，数周
花分化	—	11～14 或昼温＞20，夜温＜20
花粉萌发	14.5	28
花粉管生长	11	25
受精	13～14.5	20～22

数据源自：彭镜波，1975；孙谷畴，1987；Batten 等，1992；Batten 等，1994；Menzel 等，1994；Menzel 等，1996；Chen 等，2005。

荔枝花芽诱导期要求低温条件。经验认为，在不会造成冷害或冻害的温度范围内，冬季越冷次年成花越好。在绝对最低温 2.7℃时，三月红、白蜡、白糖罂等早熟品种和妃子笑等部分中熟品种成花良好，而晚熟品种可能成花差；在绝对最低温 1.5℃时，早、中、晚熟品种均成花良好。Groff（1943）对华南地区荔枝的研究结果认为，荔枝要求冬季平均最低气温达到 5～14℃，绝对最低温－1.1～4.4℃。印度 Shukla 等（1974）提出，Rose Scented 要求日最低气温达到 10℃维持 3～4 周。在美国佛罗里达州，冬春季反复出现 0～7.2℃的低温，且 7.2℃以下低温达 200 h 以上，有利于成花（Young，1970）。我们在广东对中晚熟品种桂味、糯米糍连续多年的观测分析表明，冬季低于 10℃的气温须达到 160 h（Chen 等，2005）。冬季老熟充分的荔枝树在气温降至 0℃时不会受冷害，短时间降至－1.5℃时无明显受伤害，但降至－2℃时叶层将变色，降至－2.6℃时秋梢干枯死亡。

荔枝花器官发育也与温度有关。如黑叶，在始花前 50 d 内，0℃以上的活动积温须达到 824.5℃。

低温对荔枝的生理效应主要是诱导枝梢进入休眠状态（O'Hare 等，2004），同时促使各器官积累更多有利于成花的光合同化物。桂味荔枝枝条和叶片的淀粉浓度在见花穗原基前达到最高（Nakata 等，1966）。高温天气条件下，枝梢的淀粉积累量是很少的，在昼/夜温度 30℃/20℃ 下不足 3%，随着气温下降，枝梢不同部位积累的淀粉量都有提高，如在昼/夜温度 15℃/5℃ 下新梢、大枝、叶片和根的淀粉浓度分别比在 25℃/20℃ 下高 3～7 倍、5～8 倍、2～6 倍和 4～5 倍，最高淀粉浓度可达到接近 20%（Menzel 等，1989，1995）。Chen 等（2004）的研究也表明，在低温诱导成花期间 1 cm 粗度枝条中的淀粉浓度最高，然后是新梢和叶片，形成明显的浓度梯度。

华南地区秋冬季低温以寒潮方式出现，寒潮的强度与出现早晚、每次寒潮持续的时间以及寒潮之间的升温强度与持续时间等，都对荔枝花芽诱导有影响。根据对低温强度要求的高低，荔枝可划分为低需冷量品种和高需冷量品种（表 2-2）。一般而言，低需冷量品种具早花早熟性，最适宜低纬度和低海拔地区栽种；而高需冷量品种适宜高纬度和高海拔地区栽种，它们在低纬度和低海拔地区会存在成花诱导障碍。

表 2-2　荔枝成花诱导对低温的需求

类　别	品　种	需　求
低需冷量品种	三月红（Zhou 等，2010），大造（Batten 等，1981），妃子笑（Ding 等，2015）	秋末昼温降至 20℃ 以下，并持续一段时间
高需冷量品种	黑叶（Batten 等，1981），怀枝、Salathiel、水东（Menzel 等，1988），桂味（Nakata 等，1966；Batten 等，1981；Menzel 等，1988），糯米糍（陈厚彬，2002）	秋末、冬初昼温降至 15℃ 以下、夜温降至 10℃ 以下，并持续一段时间

观察表明，花期长短与花期平均气温呈负相关关系，在 20℃ 以下时开花总日数明显延长，高于 22℃ 时花期明显缩短。荔枝在气温 10℃ 以上时开始开花，18～24℃ 开花最盛，29℃ 以上开花迅速。花粉发芽最适宜温度为 20～28℃，高于 30℃ 时花粉发芽率下降。

荔枝果实发育受温度影响：一是不同年份间发育进度差异较大，以 5 月 31 日前、6 月和 7 月 1 日后作为早、中、晚熟期划分标准，2010—2012 年 3 年间全国荔枝成熟期的比例分别为 30∶34∶36、6∶54∶40 和 18∶55∶27，2010 年荔枝成熟期比常年提早 15 d 以上，海南妃子笑最早成熟期为 4 月中旬，而一般年份在 4 月下旬至 5 月初。二是近成熟期大范围的高温天气可加快中、晚熟荔枝果实的成熟，导致各地的荔枝上市期重叠，如 2018 年 5～6

月粤东、粤中、粤西及桂南、桂东南普发35℃以上的高温天气，中熟品种与早熟品种、晚熟品种与中熟品种同期成熟，加大了荔枝销售的难度，尤其是桂味品种。同年8月，四川合江遭遇高温，不同荔枝品种同样出现同期成熟影响销售的情况。分析表明，这与日平均气温15℃以上的有效积温有关，如糯米糍约为860～880℃。有效积温越高，果实发育越快，历期越短，否则果实生长速度降低，历期延长。

二、水分

水分是植物光合同化的重要原料。

我国荔枝产区年降水量在800～1 800 mm之间，一般有明显的干湿季节。荔枝幼树、成年结果树在枝梢生长和花穗分化阶段喜温暖湿润，而花芽诱导期要求一定的土壤水分胁迫和空气干燥条件，这大致与季节性气候是匹配的。实验表明，秋冬季干旱条件可降低花诱导对低温的要求，低温和干旱共同诱导有利于成花的基因表达(Shen等，2017)。

荔枝不算深根性植物，根管监测表明，主要吸收根在＜60 cm的土层内。包括枝梢生长、花穗发育、坐果与果实发育在内的大部分时期，荔枝园根际土壤水分含量一般在20%以上，大气相对湿度在75%以上。而秋梢成熟与花芽诱导期如遇连续干旱(如2019年10月初至12月中旬末期，粤东和粤中地区连续80 d无降雨)，土壤含水量降至10%以下时，可致幼龄树叶片黄化脱落。开花期和果实发育期，最好是土壤水分充足而空气湿度较低。

花芽诱导期忌“湿冬”，如降水偏多，可加强果园排水和采取断根措施，以减少根系对水分的吸收。花穗发端与分化期要求湿润条件，冬末、春初最好有适当的降水，如无降水，须在预期现“白点”期之前15 d进行果园灌水。

荔枝花期忌雨，同时也忌过分干燥。早熟品种常在雨季来临前开花，虽容易授粉和坐果，但在极度干燥条件下荔枝花泌蜜量减少，不利于授粉蜜蜂活动。

荔枝果实发育早期，适量的降水尤其是阵雨有利于幼果果皮快速发育，形成大果皮和大果实，糯米糍、白糖罂等在果皮由绿转黄期久旱骤雨，果肉快速生长超过果皮应力时极易诱发大量裂果。

华南沿海地区夏、秋季雨热同期，平缓地果园雨季易积水成涝；山坡地如地面裸露，储水保水能力低下，大部分雨水则通过地表径流流失。高纬度产区包括云南干热河谷地带气候干旱，必须通过建设提水、储水和输水设施，确保季节性的“天旱地不旱，土旱树不旱”。

值得指出的是，在不密闭的荔枝园，地面采用生草覆盖和定期刈割的方式，有利于保持常态化的土壤水分平衡(图 2-1)。经常使用除草剂杀草的果园，不仅土壤结构持续恶化，而且每次除草后有 20(春夏季)～100 d(秋冬季)以上的时间地面是裸露的，不利于保持土壤湿度。夏季即使短时裸露的地面也极易流失水、土和肥料，冬季则容易造成树体过度的干旱胁迫。因此，建议华南地区荔枝园在任何季节都应保持绿色覆盖，自远处见不到行间地面的黄土。

图 2-1　生草栽培荔枝园要定期刈割(陈厚彬 提供)

三、光照

植物利用光能，将二氧化碳和水合成碳水化合物，进行形态结构建成和积累有机物质。农谚有“当日荔枝”之说，意思就是荔枝喜阳。荔枝要求年日照时数在 1 800 h 以上。在平缓地新建荔枝园，建议采用宽行距、窄株距，行向一般应为南北向；在山地新建果园，一般应选择朝南、东和西坡方向，且行向与等高线一致。已建成投产的成年果园，应通过适当控制树高和树冠宽度，避免行间树冠交接。原则上，在纬度 23°附近地区，保持树高与行间距离比为 0.7 以下，可以确保树冠各部位在一天中至少有一个时间段能够受到日光的直接照射(图 2-2)。理想荔枝树形是，在正午时分树冠顶部的阳光要能够较均匀地投射到地面形成分散光斑，往上能够望到“金钱眼”(图 2-3)。

早上日光照射到树冠东面下部　中午应在树冠正下部投下光斑

傍晚应照射到树冠西面下部

图 2-2　广州荔枝园冬季光照情况(陈厚彬 提供)

正午时分有光斑投射到地面

内部可接受到漫射光

图 2-3 成年荔枝园适宜的日照条件(陈厚彬 提供)

荔枝树枝叶生长量大。在已建成荔枝园，随着树龄的增长，植株长高、枝梢变密，最突出的问题是果园郁闭造成光照不足。“避阴效应”使枝梢直立向上徒长，叶片寿命短，枝条纤细并容易干枯死亡。末端枝长成刷状，不可能分化形成健壮的花穗和果穗。

荔枝成花和坐果需要大量的光合产物积累，充足的阳光有利于促进光合同化作用。树冠表面投射光谱为全波段光，而树冠内部红光迅速减少，主要是远红光，造成光合作用的“红降现象”，光合效能大幅降低(Taiz 等，2015)。华南地区秋末与冬季，秋梢叶片已转绿成熟，降水减少，日照充足，是一年中光合产物积累的主要时期，也是积蓄花芽诱导动能的关键时期及为开花坐果积累贮藏营养的关键时期。研究表明，秋冬季树体的淀粉物质积累处于高峰，是其他季节淀粉浓度的 10 倍以上(邓义才等，1994；Menzel 等，1985)。枝梢在短弱、过密状态下难以分化和形成强壮的花穗。

荔枝开花期一般气候温和，偶尔出现长时间低温寡照，或阴雨绵绵，日照不足，妨碍花粉散发和授粉受精。在树体较弱、贮藏积累很少的情况下，极易出现严重落花落果的“花而不实”现象。花期日照过强时往往伴随高温、干燥，蒸发量大，造成花蜜浓度大，花蕾密集时容易黏结在一起，对于坐果也不利。

郁闭荔枝园光照不足，树冠内通气条件差，湿度加大，病虫容易滋生，桂味品种果实的“麻点病”多由此引发。

四、风

风能够调节气温和大气湿度，缓和高温和低温霜冻的影响，还能促进果园内部大气流通，平衡二氧化碳供给，因此荔枝喜微风环境。保持荔枝树适当的株行距与密度、控制大枝数和枝梢数，有利于改善果园的通风条件。

荔枝是风媒花和虫媒花，风对荔枝的影响主要在开花期，晴天微风有助于花粉的扩散传播。静风时花粉主要是垂直降落，微风时荔枝花粉可传播到树冠周围 10 m 的范围内。研究表明，即使焦核、无核品种，授粉对于荔枝坐果也是必需的。多年的观测记载表明，荔枝单花穗上的雄花、雌花一般是依次开放无重叠的，而同株、同果园不同单株间雄、雌花开放期可有不同程度的重叠，故荔枝花粉的良好传播条件是重要的。

花期忌干热风(云南干热河谷地带)、西北风(华南内陆地带)和过夜南风(华南沿海地带)。干热风和西北风干燥，易致柱头迅速干枯，影响花粉管萌发生长；过夜南风潮湿闷热，容易造成沤花(又称“焗花”)和落花。云南干热河谷地带，早春和初夏干热风往往带来强对流天气和冰雹，对开花期和坐果期荔枝树会带来毁灭性破坏。

位处山口地带的荔枝园，常年的大风会对枝梢、花果生长造成破坏，因此，应尽量避开这样的地形位置建园。位于东南沿海地区的荔枝园，果实发育期台风极易造成果皮擦伤、落果，秋梢生长期台风损伤嫩梢和幼叶。海南的文昌、海口、琼海，福建的漳州，广东的汕尾、茂名、阳江、湛江，广西的北海、钦州等地，均是台风多发地带，经常遭遇台风，造成秋梢受损、大枝断裂或整株倒伏。晚秋、初冬的迟台风可能造成次年停止开花结果，形成不能开花结果的“小年”。

建设防护林带是预防大风、台风危害的有效途径。防护林建设主要考虑林带的方位、透风性、高度、长度、宽度和形态。华南地区台风多来自东南方和南方，选择适宜地带建园，并将防护林建在荔枝园的东南面和南面，与主风向垂直。防风林带应有一定的透风性，完全封闭的林带防护范围较窄。防护林带当然越高越好，平地荔枝园林带的防护距离一般可以达到林带高度的 25 倍，林带后部 5～15 倍距离处的防护效果最好，就是说 4 m 高的防护林可保护的距离达 20～60 m。防护林带越长，防风效果越好，一般应在 200 m 以上，若其长度降低 1/2，防护范围将减少至 1/4。空间允许的话，建议防护林带植树 2～3 行。对于现有已建成荔枝园，不得已情况下至少要种植 1 行防护林，但不应有缺株。果农反映，荔枝园间伐改造变稀后容易因台风吹袭而受损，尤其是在有缺株以及行较短的情况下。因此，沿海地区建议更多地采用回缩修剪压低树冠，这将有利于降低台风的危害。

五、土壤

土壤生态涉及结构与通气两个方面。荔枝对土壤适应性较强，红壤、黄壤、沙壤、砾石土、沙质土、紫色土等质地的土壤均可种植荔枝。丘陵山地与平缓地，一般只要土层深厚，荔枝均可生长良好。但沙质土缺乏有机质和钾，保水性能较差，应增施有机肥改土并注意灌溉；红壤、黄壤易缺钙、镁和硼，应注意补充；紫色土的 pH 值偏高，须多施有机肥进行改良。

澳大利亚的资料（Lychee Information Kit，2002）表明，经认真耕作和深翻改造后的土壤应达到以下的营养标准：有机质（Walkley-Black 法）达到 2%以上，pH 值在 5.5～6.0 之间，电导率（1∶5 水溶液）小于 2 dS/m，氯含量小于 250 mg/kg，钠低于 10 mEq/100g，硝态氮 10～50 mg/kg，磷（Colwell 法）100～300 mg/kg，交换性钾 0.5～1.0 mEq/100g，交换性钙 3～5 mEq/100g，交换性镁 2～4 mEq/100g，铜（DPTA 法）1～3 mg/kg，锌（DPTA 法）2～15 mg/kg，锰（DPTA 法）10～50 mg/kg，硼（氯化钙热提法）1～2 mg/kg。在这样的土壤上，新植幼树生长速度快，挂果早，荔枝树根群分布深而广，植株生长势中等，开花结果正常，果实皮较厚，色泽鲜红，果肉质地紧实，甜度高，酸度适中，口感爽脆，耐贮运性好。

近年来果农对荔枝园土壤管理的重视程度有所下降。主要表现在，一些果农误认为荔枝为浅根性作物，或浅根有助于生长调控，因此新植荔枝园不挖定植穴或定植壕沟，不施有机质和底肥即种树。此后出于节省劳力的考虑，大部分适龄结果荔枝园高度依赖化肥和根外肥，从未进行过任何深翻改土，土壤酸化和板结现象普遍。

在未耕作的板结土壤上，荔枝需要通过露出地面的大根进行呼吸。种植于山地、庭院或水边的数十年生老荔枝树，常可见到板状根和大根外露地面。一些地区出于保护古树的初衷，对地面进行围闭、填土和种植草坪，之后就出现了大树逐渐衰退和突然死亡的现象（图 2-4）。

图 2-4 荔枝树浮出地面的大根（左）和覆土并铺上草坪濒临死亡的荔枝树（右）
（陈厚彬 提供）

幼年树偏施氮肥后容易直立性徒长，如整形跟不上，主枝分枝角度会太小，结果后负载加大或遇风吹极易造成大枝劈裂。

近年来土壤缺素造成的影响日渐增加。紫色土缺铁会导致荔枝新梢生长短缩，嫩叶叶脉间失绿黄化。干热地区一些荔枝树也发现缺镁导致典型的叶片倒V形失绿现象。微量元素的缺乏会导致花发育不良、落果加重和幼果生理病害日渐增多，如酸性土壤缺硼、锌、铜、钼等元素会导致果皮皮下坏死等症状。

我国荔枝产区土壤种类多，荔枝品种也多。统计表明，不同区域、不同品种的单产参差不齐，结果稳定性表现不一致，低产和“大小年”现象比较突出，更不用说品质差异了。

生草覆盖是荔枝园土壤管理的最佳方式之一。一般选择豆科和禾本科植物，自然生草也可达到很好的覆盖效果。不管是人工种植还是自然生草，均应定期刈割。经过刈割的自然生草的果园地面，草种会逐步转变为单一的、覆盖性较好的多年生草。

第二节 我国荔枝分布的气候区和生态区划

一、我国荔枝分布的气候条件

历史上尤其是新中国成立后，我国荔枝种植区域发生了很大的变化。实践表明，荔枝生产首先受自然生态条件制约，其次受品种适应性影响，再就是产业发展政策推动的影响。生态气候条件是进行区划的主要依据和前提。生产区划是以生态区划为基础，合理利用自然条件，发挥品种的适应性优势，辅以恰当的管理技术，以实现最佳经济效益、社会效益和生态效益为目标。

我国荔枝分布区自海南陵水到台、闽、粤、桂、滇地区，自东向西，主产区有台湾的台南、屏东、嘉义，福建的莆田、泉州、漳州，广东的汕头、揭阳、汕尾、惠州、深圳、东莞、广州、珠海、阳江、云浮、肇庆、茂名、湛江，广西的北海、玉林、梧州、贵港、钦州、防城、南宁，云南的红河、玉溪、德宏、保山，在纬度18～24°、海拔1 100 m以下的地区。四川攀枝花地区的干热河谷地带如果有水源灌溉，也适合荔枝种植。长江上游自四川的乐山、宜宾、泸州到重庆的永川、涪陵，以及福建东部福州至霞浦的北缘地带，纬度虽高达28～29°，在海拔300 m以下的地区也有荔枝生产。

根据对各产区气象资料的分析，荔枝经济栽培的适宜生态指标是：年平均气温21～23℃，1月平均气温13～17℃，冬季绝对最低温度＞－1℃，≥10℃的年积温7 500～8 300℃，10月至翌年2月≥10℃的积温2 500～

2 800℃，年平均霜日少于 5 d。年降雨量 1 500～2 100 mm，年日照时数 1 800～2 100 h，12 月～翌年 1 月日照时数 240 h 以上、降雨量 70 mm 以下。以红壤、沙质或黏质土为佳，pH 值 5～6，有机质含量在 2%以上。

二、荔枝生态区划指标和生态区划

（一）荔枝生态区划原则

根据生态最适宜区、适宜区、次适宜区和不适宜区确定生态区划指标。

在生态最适宜区，无明显自然灾害，在常规管理下荔枝树能够充分发挥品种特性，枝梢生长节奏性强，成花较稳定，产量较高且稳定，品质优良。

在生态适宜区，温、光、水等条件能够满足荔枝树生长发育需要，在常规管理下树体生长发育正常，开花、结果阶段受自然因素影响较明显，产量可能较不稳定，要求有较高的技术条件才能克服自然生态的不良影响。

在生态次适宜区，常有极端天气如极端高温、冷害或冻害，荔枝树常出现枝梢生长节奏紊乱，一些年份开花、结果可能不正常，需要有较完善的设施和有力的技术调控才能获得有经济意义的产量与品质。

在生态不适宜区，或周年气候炎热，或冬季严寒，开花结果期低温阴雨持续时间长，荔枝树可能出现营养生长壮旺但不能成花，或短周期性的冷害、冻害，荔枝无法实现商业种植。

（二）荔枝生态区划指标

荔枝的果实成熟特性在遗传上是相当稳定的，即早熟品种在低纬度、低海拔地区一定是早开花和早成熟的，晚熟品种在高纬度、高海拔地区一定是晚开花和晚成熟的。每个品种自南往北移栽时，其开花期与成熟期均会梯次延后。在大的产区，一般倾向于早、中熟品种配合及中、晚熟品种配合种植，以适当延长荔枝上市期和均衡市场供给。

下文从全国布局高度提出区划指标，总的出发点是在最适宜区域发挥早、中、晚熟品种的熟期优势。从目前的实践看，早熟品种在全国各荔枝产区基本均可栽种，而中晚熟品种因严格的冬季低温需求，在低纬度、低海拔地区的适应性不佳，需要引起种植者注意。从列举的品种看，早熟和晚熟品种数量不少，而真正中熟品种并不多。但全国荔枝在 6 月成熟上市量最大，在 5 月之前的早熟季节和 7 月之后的晚熟季节上市量偏小，主要是中熟产区偏大所致。

区划中提到的生态指标主要参照广东省农业区划办公室和华南农业大学园艺系 1990 年编印的《广东省果树区划 荔枝》（30～42 页）和李建国主编的《荔

枝学》(167～172 页)。

1. 最适宜区

早熟产区：年均温 22.6～23℃，10℃以上年积温 8 000～8 200℃，年总日照时数 1 900～2 000 h，年降水量 1 770～2 440 mm，11 月下旬至翌年 2 月为旱季。1 月平均气温 15.1℃，极端最低气温－1.4～3℃，秋冬季干燥、低温有利于枝梢成熟和花诱导，无冷害或冻害；2 月平均气温 16℃，3 月平均气温 19.4℃，有利于花穗发育；春季低温阴雨总天数在 10 d 以下，雌、雄花开花期持续 20 d 左右，这样不至于对授粉受精和坐果产生影响。虽然本区域是台风登陆最多地区，但多在 6 月果实采收之后登陆。适宜三月红、褐毛荔、妃子笑、大造(大红袍)、桂早荔、白糖罂、水东(圆枝)等早熟品种商业化种植。9 月枝梢成熟，10～11 月花芽诱导，11 月中旬开始花穗分化，2 月中旬～3 月上旬开花，4 月下旬至 6 月上旬成熟。

中熟产区：大体上在年极端最低气温 0℃线以北、－2℃线以南的区域。年平均气温 21.6～22.4℃，10℃以上年积温 7 300～7 900℃，1 月平均气温 13～14.4℃，3 月和 4 月花期月平均气温分别为 16.6～18.5℃和 20.5～22.5℃，月降雨量分别为 60～80 mm 和 160 mm 以下，春季低温阴雨总天数 6～10 d，月平均日照时数 120 h 左右。冬季低温充足，花期阴雨天少，有利于中熟品种的花芽分化和开花坐果。5～6 月台风登陆机会较小。适宜妃子笑、黑叶、白蜡等中熟品种大规模商业化种植。10～11 月秋梢老熟，11 月至翌年 1 月下旬花芽诱导，1 月下旬开始花穗分化，3 月中旬至 4 月上旬开花，6 月中旬至 7 月上旬果实成熟。

晚熟产区：年平均气温 19.6～21℃，10℃以上年积温 7 400℃。11 月至翌年 1 月降水少，月均降雨量少于 50 mm，日照足，1 月平均气温 12.2℃，极端最低气温－2.5℃，历年平均无霜期 345～350 d，10℃以下天数 15～18 d，能较好地满足晚熟品种花芽分化对低温的需求，且冬末春初无霜冻。大部分在 4 月下旬之前开花，受低温阴雨影响较小。适宜桂味、糯米糍、仙进奉、井岗红糯、岭丰糯、怀枝、雪怀子等晚熟品种大规模商业化种植。10～11 月秋梢老熟，11～12 月花芽诱导，翌年 1 月下旬开始花穗分化，3 月中旬至5 月上旬开花，6 月底至 8 月中旬或更迟成熟采收。

2. 适宜区

早熟产区：年均温 21.8～22.4℃，10℃以上年积温 7 700～7 900℃，年总日照时数 1 700～2 100 h，年降水量 1 770～2 440 mm，11 月下旬至翌年 2 月为旱季。1 月平均气温 13.3～14.4℃，极端最低气温－1.9℃，秋冬季干燥、低温有利于枝梢成熟和花诱导，无冻害；2～3 月平均气温 15～18℃，降雨量 40～60 mm，有利于花穗发育；日照时数 95～110 h，低温阴雨总天数一般在

10 d以下，一些年份或地区可达20～30 d，会对授粉受精和坐果产生一定影响。5～6月台风登陆机会较小。

中熟产区：年均温21.1～21.9℃，10℃以上年积温7 500～7 800℃，1月平均气温12.7～13.6℃；3月和4月开花期月平均气温分别为17.7～18.3℃和21.7～22.4℃，降雨量分别为80 mm和180 mm以下，日照时数分别为110 h和115 h。5～6月台风登陆机会较小。

晚熟产区：极端最低气温－2～0℃，12月平均气温16℃，1月平均气温14℃，3月平均气温在18℃以上，4月平均气温20～22.4℃，晚秋梢一般较有利于避开阴雨天气对开花坐果的影响。

3. 次适宜区

早熟产区：年极端最低气温0℃以下、冬季花蕾期有低温冷害或冻害风险，开花期早，气温低，授粉昆虫难以活动，故开花坐果困难。一般年均温21.2～21.8℃，10℃以上年积温7 400～7 900℃，1月均温12.2～14.1℃，2月和3月平均气温分别为13.9～14.5℃和17.3～18.2℃，日照时数80～120 h。早熟荔枝花期受天气影响，坐果不稳定。

中熟产区：华南南部冬季11月至翌年1月平均气温在21℃以上、且降水较丰富的地区，难以满足中、晚熟品种控梢、促花需求，荔枝难成花；华南北部地区，年均温21℃以下、10℃以上年积温7 500～8 200℃，大部分在年极端最低气温－2～0℃。一些地区花期阴雨天10～20 d，个别年份可达30 d，难以满足坐果条件。海南及湛江、茂名南部以南地区，11月至翌年1月降雨量虽少但气温较高，11～12月平均气温在15℃以上，中、晚熟品种难以控制冬梢生长，难以成花。

晚熟产区：华南南部冬季日最高气温偶有20℃以下、华南北部冬季低温霜冻频发地区。

4. 不适宜区

华南南部冬季日最高气温从未降低到20℃以下、华南北部冬季低温霜冻高发地区，均不适宜荔枝商业性栽种。

（三）荔枝生产区划

1. 最适宜区

早熟品种：以广东的阳西、信宜为界的我国南部地区，包括台湾的台南与屏东，海南全省，广东的湛江、雷州、廉江，茂名市各县市区，阳江市的阳东、阳西等，云南的元阳、屏边、元江等海拔400 m以下河谷地区。目前，海南是我国早熟品种最适宜区之一，全省荔枝面积约2万 hm^2，其中妃子笑面积占90%左右，果园大多建立在平地和缓坡地上（图2-5）。

图 2-5 海南的妃子笑荔枝园(陈厚彬 提供)

中熟品种：包括台湾的嘉义，广东的饶平、潮州、揭阳南部、普宁、陆河南部、陆丰、海丰、惠东南部、惠阳南部、深圳、东莞、珠海，广西的合浦、钦南、浦北、钦北、防城等，云南海拔 400～800 m 以下的产区。比如，作为早中熟荔枝最适宜生态区的云南屏边县 2013 年把荔枝作为扶贫产业开始发展，荔枝面积从 533 hm^2 左右扩大到 2018 年的逾 4 466 hm^2，屏边县的荔枝园主要建立在坡度大于 25°的山地上(图 2-6)。

图 2-6 云南屏边县的荔枝园(陈厚彬 提供)

晚熟品种：广东、广西以北回归线附近的产区为主，包括广东的博罗、增城、从化、信宜南部等，广西的苍梧、北流、容县、兴业、桂平、灵山、浦北等，福建的诏安、漳浦、龙海、泉州、莆田等南部沿海地区，云南海拔800～1 100 m的产区。

2. 适宜区

早熟品种：广东的阳东、恩平以东，江门、增城、惠阳一线以南地区，广西的灵山、浦北一线以南地区。

中熟品种：广东的惠阳北部、江门、台山、开平，广西的陆川、灵山、北流等产区。

晚熟品种：广东、广西以北回归线附近的产区为主，包括广东的博罗、惠阳、增城、从化、东莞、深圳、珠海、新兴，广西的容县、北流、兴业、桂平、灵山、浦北等产区，以及福建南部沿海的部分产区。

3. 次适宜区

早熟品种：广东的阳春、新兴、惠东、汕尾一线以北与云浮、肇庆、花都、从化南部、博罗、揭阳以南的区域，广西的灵山、浦北一线以北与北流、福绵区以南的区域。

中熟品种：在最适宜区与适宜区以北，包括广东的云浮、肇庆、花都、从化、增城，广西的陆川、灵山以北的产区。

晚熟品种：在适宜区北线以北，以及广东的五华、河源、清远、郁南以南，广西的梧州、平南、武鸣、大新，长江上游的涪陵、合江、宜宾海拔300 m以下的长江沿岸地区。四川合江县荔枝(图 2-7)大规模种植始于 2010 年前后，2018 年面积近 2 万 hm^2，为全国最晚熟荔枝产区，7 月下旬至 8 月底成熟。偶有冷害，大部分植株自然隔年结果。

图 2-7　四川合江县的荔枝园(陈厚彬 提供)

参考文献

[1]李建国. 荔枝学[M]. 北京：中国农业出版社，2008：160-175.

[2]Batten D J，Lahav E. Base temperatures for growth processes of lychee，a recurrently flushing tree，are similar but optima differ[J]. Aust. J. Plant Physiol.，1994，21：589-602.

[3]Chen H B，Huang H B. Low temperature requirements for floral induction in lychee[J]. Acta Hort，2005，665：195-202.

[4]Huang H B，Chen H B. A phase approach towards floral formation in lychee[J]. Acta Hort，2005，665：185-194.

[5]Menzel C M，Paxton B F. The effect of temperature on growth and dry matter production of lychee seedlings[J]. Scientia Horticulturae，1985，26：17-23.

[6]Menzel C M，Simpson D R. Effect of temperatures on growth and flowering of litchi(*Litchi chinensis* Sonn.) cultivars [J]. Journal of Horticultural Science，1988，63：349-360.

[7]Menzel C M，Rasmussen T S，Simpson D R. Effects of temperature and leaf water stress on growth and flowering of litchi (*Litchi chinensis* Sonn.)[J]. Journal of Horticultural Science，1989，64：739-752.

[8]Menzel C M，Simpson D R. Temperatures above 20℃ reduce flowering in lychee (*Litchi chinensis* Sonn.)[J]. Journal of Horticultural Science，1995，70(6)：981-987.

[9]Shukla R K，Bajpai P N. Studies on vegetative growth in litchi (*Litchi chinensis* Sonn.) [J]. Indian J. Hortic.，1974，31：148-153.

[10]Stern R B A，Adato I，Goren M，et al. Effects of autumnal water stress on litchi flowering and yield in Israel[J]. Scientia Horticulturae，1993，54：295-302.

[11]Taiz L，Zeiger E，Moller I M，et al. Plant Physiology and development (sixth edition) [M]. Sunderland，Massachusetts，USA，Sinauer Associates，Inc.，2015：245-268.

第三章　种质资源与新品种选育

荔枝原产中国，有史料记载的中国荔枝种植已有2 300多年。在悠久的栽培历史中，经多样化的生态环境影响，孕育了丰富的种质资源。古代对荔枝种质资源的观察、鉴别等可追溯至宋代蔡襄的《荔枝谱》(1059)，其中描述了产自福建的荔枝共32个品目，分别摘要列举了各自的特征，其中所记载的“宋公荔枝”其时已“三百岁”，“而今仍枝叶繁茂、开花结果”。16世纪徐㶿的《荔枝谱》中描述了当时福建四郡所种植的荔枝达105个。自20世纪50年代以来，我国对荔枝种质资源开展了持续的调查、收集保存、鉴定评价与开发利用，在此基础上，通过实生选种和人工杂交育种，选育了一批荔枝新品种。本章重点介绍我国荔枝的种质资源、育种方法和技术，以及在新品种选育方面的现状和进展。

第一节　荔枝种质资源

一、资源收集和保存现状

1. 荔枝种质资源多样性调查

自20世纪50年代起，我国各荔枝分布省(自治区)持续开展了荔枝种质资源的普查，对各自区域内的荔枝种质资源进行了系统的调查，70年代后各省(自治区)先后整理出各自所拥有的荔枝种质资源数量。1998年吴淑娴等对全国各地的荔枝种质资源进行了综合整理、鉴定和分类，其出版的《中国果树志·荔枝卷》中所述的中国荔枝种质资源有222份。该书中所述的种质资源当时并未被全部收集、集中保存，一些未被收集的资源由于各种原因现或已丢失。但在20多年持续的资源调查与收集工作中，更多的种质资源被发现并被收集保护起来。由于自然界中荔枝的不同类型的资源可相互授粉、果实(种子)从树上掉落即可发芽繁殖，未来将会有更多的资源被发现。

在荔枝分布的各省(自治区)中，海南除了拥有野生资源外，其原生的种质资源在特征特性方面非常丰富。果实大小的变化幅度大，小的10 g以下，大的可达70 g以上；果实皮色有绿、白、黄、红、紫等多种色泽；无核荔枝、特大果荔枝也是海南的特色荔枝资源。此外，海南还有异季开花挂果的资源。云南荔枝的原生资源为特早熟、早熟资源，其资源最明显的特征是花穗、小花着生浓密的褐毛。广东的荔枝资源很丰富，从特早熟到特晚熟，栽培品种多，优质品种多。广西的荔枝资源丰富，野生资源中有特早熟、特晚熟的，栽培品种也很多。福建的荔枝资源也不少，陈紫类资源是其一大特色，宋家香、元红、桂林、上番枝、状元红等与陈紫都很像。四川发现的资源较少，分布区域窄，但种植荔枝的历史久远，现存的古荔枝树有唐、宋年代种植的。

2. 荔枝种质资源的收集与保存

种质资源的保存保护有原生境保护和异地集中保存两种方式。荔枝资源的原生境保护为各地荔枝资源分布区的自然保护区保护，1982年经广东省人民政府同意并专门发文，将海南霸王岭的金鼓岭约46.7 hm^2荔枝原始林划为禁伐区加以保护。后期成立的海南霸王岭自然保护区也包括了野生荔枝资源的保护，但这一方面的研究极少。近年一些地方也开展了荔枝古树资源的保护，如广州市对荔枝古树进行登记，规定不得随意砍伐。异地集中保存就是把资源收集、集中到统一的资源圃中保存。收集、异地保存是种质资源研究的基础，也是防止珍贵种质流失的有效措施。“六五”期间，广东省农业科学院果树研究所承担了农牧渔业部下达的科研任务，于1988年建立了“国家果树种质荔枝资源圃(广州)”，该圃已成为我国荔枝种质资源保护和研究的基地，也是世界上最完整的荔枝种质基因库。到目前为止，该圃共保存了包括海南、广东、广西、福建、云南、四川、台湾等地的野生、半野生和栽培品种及少量国外资源，共计700多份。2017年该圃获“国家种子工程项目”资助进行改扩建，改扩建后将可安全保存荔枝资源1 000多份。此外，华南农业大学保存了150份，广西壮族自治区农业科学院园艺所保存了136份，广西壮族自治区亚热带作物研究所保存了50份，四川省泸州市农业科学研究院荔枝龙眼资源圃保存了50份，云南省农业科学院热带亚热带经济作物研究所保存了40份，中国热带农业科学院、海南省农业科学研究院及琼山水果研究所等单位共种植保存了100多份，海南省农业科学院热带果树研究所保存了60份海南原生荔枝资源，广东省茂名市水果科学研究所保存了50份。福建则在20世纪90年代在漳州龙海市九湖镇建立了荔枝资源圃，当时保存了从各地收集的荔枝资源80余份，但因缺乏维持经费及维护人员，资源圃现已荒废。各单位保存的资源侧重点不同，互有重复，也存在同名异物或同物异名的现象。

二、资源的评价和利用现状

（一）种质资源描述、鉴定评价的规范和标准

制定种质资源描述、鉴定评价的规范和标准，可以为全国甚至全球提供收集、保存、鉴定评价种质资源的“共同语言”，使资源描述、鉴定评价的数据具有统一可比性、科学精准性，便于种质资源的收集、保存、交流和利用。1990年蒲富慎主编的《果树种质资源描述符——记载项目及评价标准》，包括了荔枝等18个树种，为近代有关荔枝种质资源描述、鉴定评价最早的规范和标准；2002年国际植物遗传资源研究所（IPGRI）制定了《Descriptors for Litchi（*Litchi chinensis*）》；2006年广东省农业科学院果树研究所基于长期荔枝种质资源的研究，并参考上述2个描述规范，制定了《荔枝种质资源描述规范和数据标准》，在此基础上2013年进一步制定了行业标准《农作物种质资源鉴定评价技术规范　荔枝》（NY/T 2329—2013）；中国热带农业科学院南亚热带作物研究所2009年制定了《荔枝、龙眼种质资源描述规范》（NY/T 1691—2009）；陈业渊等2009年主编的《热带作物种质资源数据标准》包括了“荔枝种质资源数据标准”；华南农业大学2014年制定了《植物新品种特异性、一致性和稳定性测试指南　荔枝》（NY/T 2564—2014）。以上规范和标准各有千秋，其中《荔枝种质资源描述规范和数据标准》中的描述、鉴定项目最多，完成一份资源所有信息的工作量大，该规范包括3部分：“荔枝种质资源描述规范”中规定了荔枝种质资源的描述符及其分级标准，以便对荔枝种质资源进行标准化整理和数字化表达；“荔枝种质资源数据标准”中规定了荔枝种质资源各描述符的字段名称、类型、长度、小数位、代码等，以便建立统一、规范的荔枝种质资源数据库；“荔枝种质资源数据质量控制规范”中规定了荔枝种质资源数据采集全过程中的质量控制内容和质量控制方法，以保证数据的系统性、可比性和可靠性。

此外，中国热带农业科学院环境与植物保护研究所2009年制编了《热带作物种质资源抗病虫性鉴定技术规程》，其中包括了荔枝炭疽病、荔枝蝽象、荔枝蒂蛀虫和荔枝瘿螨的抗性鉴定技术规程。

（二）种质资源鉴定评价的进展

1. 基于以资源鉴别为目的的基本性状的鉴定和描述

任何种质资源在被利用前须为人们所认识，对资源基本性状进行鉴定和描述，就是揭示资源特征特性的最基本信息，以便于人们对其有基本认识、

区分，鉴定、描述的组织器官包括了枝、叶、花、果的特征特性，以及果实的风味口感等品质特性和糖、酸含量等，当然也包括了各器官特征特性图像的采集，以图、文相结合的形式反映资源的特征特性。目前国家果树种质广州荔枝圃已对410份荔枝资源采集了特征特性信息和图像。信息采集项见表3-1，特征图像采集如图3-1至图3-5所示。

表3-1 荔枝种质资源数据采集表

1 基本情况描述信息			
全国统一编号(1)		种质圃编号(2)	
引种号(3)		采集号(4)	
种质名称(5)		种质外文名(6)	
科名(7)		属名(8)	
学名(9)		原产国(10)	
原产省(11)		原产地(12)	
海拔(13)		经度(14)	
纬度(15)		来源地(16)	
保存单位(17)		保存单位编号(18)	
系谱(19)		选育单位(20)	
育成年份(21)		选育方法(22)	
种质类型(23)	1. 野生资源；2. 地方品种；3. 选育品种；4. 品系；5. 遗传材料；6. 其他		
图像(24)		观测地点(25)	
2 形态特征和生物学特性			
树形(26)	1. 圆头形；2. 椭圆形；3. 伞形；4. 不规则		
树姿(27)	1. 直立；2. 半开张；3. 开张；4. 下垂	树势(28)	1. 弱；2. 中等；3. 强
树干表面颜色(29)	1. 黄；2. 灰；3. 青褐；4. 黄褐；5. 灰褐；6. 褐；7. 黑褐		
树干表面光滑度(30)	1. 光滑；2. 粗糙		
1年生枝条颜色(31)	1. 黄；2. 灰；3. 青褐；4. 黄褐；5. 灰褐；6. 褐；7. 黑褐		
1年生枝条皮孔密度(32)	0. 无；1. 疏；2. 中等；3. 密		
1年生枝条皮孔形状(33)	1. 短圆形；2. 椭圆形；3. 长条形		

续表

1年生枝条粗度(34)	cm	1年生枝条复叶数(35)	张
1年生枝条节间长度(36)	cm	复叶主轴长度(37)	cm
小叶间距(38)	cm	复叶柄粗度(39)	mm
复叶柄颜色(40)	1. 绿；2. 绿褐；3. 红褐；4. 褐		
复叶柄形状(41)	1. 半圆形；2. 圆形；3. 扁圆形；4. 心形	小叶对数(42)	对
小叶着生方式(43)	1. 平面对生；2. 平面互生；3. 立面对生；4. 立面互生		
小叶形状(44)	1. 披针形；2. 长椭圆形；3. 椭圆形；4. 卵圆形；5. 倒卵圆形		
小叶柄颜色(45)	1. 浅绿；2. 绿；3. 褐绿；4. 褐		
小叶柄形状(46)	1. 扁平；2. 带浅沟；3. 带深沟		
小叶枕(47)	1. 小；2. 中等；3. 大		
叶基形状(48)	1. 圆形；2. 阔楔形；3. 楔形；4. 偏斜形		
叶姿(49)	1. 外翻；2. 平展；3. 浅内卷；4. 深内卷		
叶缘姿态(50)	1. 平直；2. 波浪状		
叶尖形状(51)	1. 钝尖；2. 突尖；3. 渐尖；4. 长尾尖		
叶片厚度(52)	1. 薄；2. 中等；3. 厚		
小叶柄长度(53)	cm	小叶柄粗度(54)	1. 细；2. 中等；3. 粗
小叶长(55)	cm	小叶宽(56)	cm
小叶长宽比(57)		叶面光泽度(58)	0. 无；1. 中等；2. 强
叶面颜色(59)	1. 浅绿；2. 绿；3. 深绿	叶背颜色(60)	1. 灰绿；2. 褐绿
主脉颜色(61)	1. 黄；2. 黄绿；3. 绿；4. 褐绿	主脉粗度(62)	1. 细；2. 中等；3. 粗
侧脉明显度(63)	0. 不明显；1. 明显	嫩枝颜色(64)	1. 红绿；2. 黄绿；3. 褐
嫩叶颜色(65)	1. 黄白；2. 浅绿；3. 浅红绿；4. 红；5. 砖红		
小花密度(66)	1. 稀疏；2. 中等；3. 密集	始花期(67)	
终花期(68)		开花历期(69)	d
总花量(70)	朵/穗	雌花量(71)	朵/穗
雄花量(72)	朵/穗	雄能花量(73)	朵/穗

续表

两性花量(74)	朵/穗	畸形花量(75)	朵/穗		
雌花比例(76)	%	雌雄花开放类型(77)	1. 单性异熟型；2. 单次同熟型；3. 多次同熟型		
雌花历期(78)	d	雌雄花相遇期(79)	d		
花序形状(80)	1. 短圆锥形；2. 中圆锥形；3. 长圆锥形；4. 疏散形				
花序轴颜色(81)	1. 黄绿；2. 绿；3. 深绿；4. 褐绿				
花序轴褐毛(82)	0. 无；1. 疏短；2. 疏长；3. 密短；4. 密长				
花序轴皮孔(83)	0. 无；1. 疏；2. 密	花序长(84)	cm		
花序宽(85)	cm	花序长宽比(86)		侧花序间距(87)	cm
侧花序轴粗度(88)	mm	雄花花柄颜色(89)	1. 黄绿；2. 绿；3. 褐绿		
雄花花萼形状(90)	1. 杯状，紧包花盘；2. 碗状，紧包花盘；3. 碟状，紧包花盘；4. 碟状，半展开；5. 平展而边缘反卷				
雄花花萼颜色(91)	1. 黄；2. 黄绿；3. 浅绿；4. 绿；5. 褐绿				
雄花花萼褐毛(92)	0. 无；1. 疏短；2. 疏长；3. 密短；4. 密长				
雄花花萼白毛(93)	0. 无；1. 疏短；2. 疏长；3. 密短；4. 密长				
雄花花丝开张度(94)	1. 直立；2. 半开张；3. 开张				
雄花花盘颜色(95)	1. 浅黄；2. 黄；3. 深黄；4. 橙黄				
退化雌蕊形状(96)	1. 仅有痕迹；2. 短小突起；3. 长形突起				
退化雌蕊顶部颜色(97)	1. 黄白；2. 浅红；3. 红；4. 黄绿；5. 黄褐；6. 褐				
退化雌蕊基部颜色(98)	1. 黄白；2. 浅红；3. 红；4. 黄绿；5. 黄褐；6. 褐				
雄花高(99)	mm	雄花宽(100)	mm		
雄花花柄长度(101)	mm	雄花雄蕊数(102)	枚		
雄花雄蕊长度(103)	mm	雄花花盘直径(104)	mm		
花粉发芽率(105)	%	雌花花柄颜色(106)	1. 黄绿；2. 绿；3. 褐绿		
雌花花萼形状(107)	1. 杯状，紧包花盘；2. 碗状，紧包花盘；3. 碟状，紧包花盘；4. 碟状，半展开；5. 平展而边缘反卷				
雌花花萼颜色(108)	1. 黄；2. 黄绿；3. 浅绿；4. 绿；5. 褐绿				
雌花花萼褐毛(109)	0. 无；1. 疏短；2. 疏长；3. 密短；4. 密长				

续表

<table>
<tr><td>雌花花萼白毛(110)</td><td colspan="5">0. 无；1. 疏短；2. 疏长；3. 密短；4. 密长</td></tr>
<tr><td>雌花花盘颜色(111)</td><td colspan="5">1. 浅黄；2. 黄；3. 深黄；4. 橙黄</td></tr>
<tr><td>子房颜色(112)</td><td colspan="5">1. 黄；2. 黄绿；3. 绿；4. 褐绿；5. 褐</td></tr>
<tr><td>子房褐毛(113)</td><td colspan="5">0. 无；1. 疏短；2. 疏长；3. 密短；4. 密长</td></tr>
<tr><td>花柱褐毛(114)</td><td colspan="5">0. 无；1. 疏短；2. 疏长；3. 密短；4. 密长</td></tr>
<tr><td>子房柄(115)</td><td colspan="2">1. 短；2. 中等；3. 长</td><td>子房室(116)</td><td colspan="2">0. 两室不明显；
1. 两室明显</td></tr>
<tr><td>二裂柱头形状(117)</td><td colspan="5">1. 弧形；2. 卷曲；3. 不规则</td></tr>
<tr><td>柱头开裂程度(118)</td><td colspan="5">1. 浅裂；2. 中等裂；3. 深裂</td></tr>
<tr><td>退化雄蕊开张程度(119)</td><td colspan="5">1. 紧贴子房；2. 半开张；3. 开张；4. 近水平状</td></tr>
<tr><td>雌花高(120)</td><td>mm</td><td>雌花宽(121)</td><td>mm</td><td>雌花花柄长度(122)</td><td>mm</td></tr>
<tr><td>退化雄蕊数(123)</td><td colspan="2">枚</td><td>退化雄蕊长度(124)</td><td colspan="2">mm</td></tr>
<tr><td>雌花花盘直径(125)</td><td>mm</td><td>子房直径(126)</td><td>mm</td><td>花柱长度(127)</td><td>mm</td></tr>
<tr><td>果实成熟期(128)</td><td colspan="5"></td></tr>
<tr><td>果形(129)</td><td colspan="5">1. 近圆球形；2. 椭圆形；3. 长椭圆形；4. 卵圆形；5. 心形；6. 长心形；7. 歪心形；8. 纺锤形</td></tr>
<tr><td>果皮颜色(130)</td><td colspan="5">1. 红带绿；2. 淡红带微黄；3. 浅红；4. 鲜红；5. 浅紫红；6. 深紫红；7. 暗红；8. 暗红带墨绿</td></tr>
<tr><td>果肩形状(131)</td><td colspan="5">1. 平；2. 双肩斜；3. 一平一斜；4. 一平一隆起；5. 一斜一隆起；6. 双肩隆起</td></tr>
<tr><td>果顶形状(132)</td><td colspan="5">1. 尖圆；2. 钝圆；3. 浑圆</td></tr>
<tr><td>龟裂片形状(133)</td><td colspan="5">1. 锥尖状突起；2. 乳头状突起；3. 隆起；4. 平滑；5. 微凹</td></tr>
<tr><td>龟裂片大小(134)</td><td colspan="5">1. 小；2. 中等；3. 大</td></tr>
<tr><td>龟裂片排列(135)</td><td colspan="5">1. 整齐均匀；2. 整齐不均匀；3. 不整齐</td></tr>
<tr><td>裂片峰形状(136)</td><td colspan="5">1. 锐尖；2. 毛尖；3. 楔形；4. 钝；5. 平滑</td></tr>
<tr><td>缝合线(137)</td><td colspan="2">0. 不明显；1. 明显</td><td>缝合线深度(138)</td><td colspan="2">1. 浅；2. 中等；3. 深</td></tr>
<tr><td>缝合线宽度(139)</td><td colspan="2">1. 窄；2. 中等；3. 宽</td><td>缝合线颜色(140)</td><td colspan="2">1. 浅绿黄；2. 绿黄；3. 红；4. 褐</td></tr>
<tr><td>龟裂纹(141)</td><td colspan="2">0. 不明显；1. 明显</td><td>龟裂纹深度(142)</td><td colspan="2">1. 浅；2. 中等；3. 深</td></tr>
<tr><td>龟裂纹宽度(143)</td><td colspan="2">1. 窄；2. 中等；3. 宽</td><td>龟裂片放射(144)</td><td colspan="2">0. 不明显；1. 明显</td></tr>
<tr><td>龟裂片放射纹位(145)</td><td colspan="2">1. 近裂片峰；2. 近裂纹处</td><td>单果重(146)</td><td colspan="2">g</td></tr>
</table>

续表

果实纵径(147)	cm	果实横径(148)	cm	果实侧径(149)	cm
种座长度(150)	mm	种座宽度(151)	mm	果肉厚度(152)	cm
果皮厚度(153)	mm	果皮重(154)	g	皮重百分率(155)	%

无核率(156)	%	种皮颜色(157)	1. 黄褐；2. 浅褐；3. 深褐
核重百分率(158)	%	焦核率 (159)	%
饱满种子形状(160)	1. 近圆球形；2. 椭圆形；3. 长椭圆形		
败育种子形状(161)	1. 椭圆形；2. 圆锥形；3. 鸡嘴形；4. 不规则		
饱满种子核纹(162)	0. 无；1. 有	饱满种子单核重(163)	g
饱满种子纵径(164)	cm	饱满种子大横径(165)	cm
饱满种子小横径(166)	cm	败育种子单核重(167)	g
败育种子纵径(168)	cm	败育种子大横径(169)	cm
败育种子小横径(170)	cm		
3　品质性状			
果肉颜色(171)	1. 乳白；2. 白蜡；3. 黄蜡	流汁情况(172)	0. 无；1. 有
果肉内膜褐色程度(173)	0. 无；1. 少；2. 中等；3. 多		
肉质(174)	1. 爽脆；2. 细软；3. 粗糙	汁液(175)	1. 少；2. 中等；3. 多
风味(176)	1. 浓甜；2. 清甜；3. 酸甜适度；4. 酸；5. 极酸		
香气(177)	0. 无；1. 微香；2. 蜜香；3. 特殊香味		
涩味(178)	0. 无；1. 微涩	可食率(179)	%
可溶性固形物含量(180)	%	还原糖含量(181)	%
蔗糖含量(182)	%	总糖含量(183)	%
可滴定酸含量(184)	%	固酸比(185)	
糖酸比(186)		维生素 C 含量(187)	$\times 10^{-2}$mg/ml
制罐性能(188)	0. 不适宜；1. 中度适宜；2. 适宜		
制干性能(189)	0. 不适宜；1. 中度适宜；2. 适宜；3. 很适宜		
4　其他特征特性			
核型(190)			
分子标记(191)			
备注(192)			

填表人：　　　　审核：　　　　日期：

图 3-1　20 世纪荔枝特征图像（陈洁珍 摄）

图 3-2　白皮荔特征图像(陈洁珍 摄)

图 3-3 扁荔特征图像（陈洁珍 摄）

图 3-4　野生荔枝 10 号特征图像（陈洁珍 摄）

图 3-5　昌文荔枝特征图像(陈洁珍 摄)

2. 以应用为目的的评价

(1)产量性状评价。荔枝产量除受栽培管理技术、环境气候影响外，还与品种本身的特性密切相关。广东省农业科学院果树研究所进行了品种对受精能力、坐果能力(坐果率)及单位面积挂果量、最大果穗重和穗果数等产量影响因子、构成因子的研究。在43份资源的雌花受精与坐果评价中，单穗雌花数量最大和最小的品种分别是妃子笑和脆香荔，分别为449.33朵/穗和69朵/穗；受精率最高和最低的品种分别是陈紫和妃子笑，分别为60.20%和11.63%；最终坐果率最高和最低的品种分别是增埗早黑叶和紫娘喜，分别为26.06%和1.03%。聚类分析将参试材料分为3类：第1类群7份种质，均为高坐果率资源；第2类群10份种质，为低坐果率类资源；第3类群26份种质，坐果率介于第1类和第2类之间。每个类群的动态坐果率变化与最终坐果率保持一致。

(2)果实耐贮性鉴定评价。广东省农业科学院果树研究所于2016年、2017年以褐变指数和腐烂率为评价指标对55份种质资源的果实进行了常温耐贮性评价，初步筛选出吴俊2号、新兴香荔、琼山31号共3份抗褐变和抗腐烂能力强的种质资源。把55份资源的耐贮藏性能聚为4类，对果皮厚度、果皮含水量、可溶性固形物、维生素C含量、可滴定酸含量、果皮相对电导率及果皮色泽的L^*值、a^*值、b^*值与褐变指数、腐烂率的相关性进行了分析，结果表明，除果皮含水量、可滴定酸含量、b^*值外，其余性状与腐烂率和褐变指数的相关性都达到了显著相关。对4份种质资源进行果实成熟度和耐贮性关系研究，结果表明，在果实酸度大幅度下降前采收，其耐贮藏性最高。

(3)加工特性评价。傅玲娟等(1987)对荔枝果实的罐藏特性进行了评价，筛选出适宜罐藏的品种雪怀子和青皮甜。近年的研究关注果实特性对加工性能的影响，研究主要集中于现有的主栽品种，如徐玉娟等(2010)通过果实出汁率、可溶性固形物含量、可食率、总酸含量、糖酸比等指标，比较了25个荔枝品种的加工特性，认为糯米糍、圆枝、黑叶、中山状元红、白糖罂和惠东红岩适于果汁和果酒的加工。广东省农业科学院果树研究所对156份荔枝种质的酿酒特性进行了初步鉴定评价，结果表明，大部分品种的果实出酒率在40～55 ml/100g，占88.64%；果实出酒率在55 ml/100g以上的资源极少，只占3.79%。对其中141份资源酿造的荔枝酒中的芳香物质进行了分析，结果显示，不同品种的荔枝酒中芳香类物质的种类、数量不同，最少的只有11个，最多的达74个，约77%的酒样芳香类物质在13～23个。

3. 抗病虫、抗逆的评价

霜疫霉病、炭疽病是荔枝生产上的主要病害。荔枝种质资源的抗病性评价起步较晚，近10年才有少数科研工作者开展这方面的研究且集中在抗霜疫霉病，陶挺燕(2010)对13份荔枝资源进行荔枝霜疫霉病的抗病性评价后认为，大丁香、农美9号、青皮和荔枝13为中抗种质，白糖罂、妃子笑、鹅蛋荔、紫娘喜等为高感种质。朱若鑫(2011)对7份资源的霜疫霉病抗病性鉴定认为，乌叶和桂味是抗病种质，元红和兰竹为高感种质。曹璐璐等(2017)对15份资源的多年鉴定后认为，黑叶为抗病品种、桂味为感病品种。姜子德等(2018)对来自国家果树种质广州荔枝圃的115份荔枝资源采用发病率和病程指数两种评价标准鉴定荔枝资源对霜疫霉病的抗病性，筛选出大丁香、安福鸡蛋、椒攀荔、琼山23号、黄皮荔、安多蜜荔、旺公荔、琼山3号、佳圆蜜荔、黑叶、义桥蜜荔、黑枝共12份发病率和病程指数皆为高抗的种质。

4. 种质资源的分子鉴定、评价

运用RAPD、AFLP、ISSR、SSR、EST-SSR、SNP等多种分子标记手段，集中在对野生荔枝、半野生荔枝、栽培品种、古荔枝树进行遗传多样性分析和亲缘关系远近的分析研究。从相关的研究结果可以看出：

(1)野生荔枝和半野生荔枝资源的遗传多样性高于栽培荔枝品种间的遗传多样性，从野生、半野生到栽培品种基因型逐渐趋向单一，显示了3个类型的荔枝种质之间的逐步演化和遗传多样性水平逐渐降低，且野生荔枝资源的分类带有明显的不同生态区域特点(姚庆荣，2004；邓穗生等，2006；罗海燕，2007；凡强，2007)。其原因是，在优胜劣汰过程中人类根据自身的喜好、经济商品的需求选择了较好的性状而淘汰了劣性性状，伴随性状的基因则被保留或丢失了。

(2)在DNA水平上，荔枝的遗传多样性不及形态学所体现的那样丰富(丁晓东等，2000；易干军等，2003；陈业渊等，2004；魏守兴，2006)。

(3)用分子标记技术对荔枝种质资源进行分类，其结果与传统形态学上的分类结果不尽相同。邓穗生等(2006)、陈业渊等(2004)、王家保等(2006)的研究结果都表明，RAPD聚类与果实类型、与传统的按照果皮性状进行分类有一定的相关性。而高爱平等(2006)同样用RAPD技术聚类的结果却表明，果实成熟期较果皮龟裂片的特征更能客观地反映品种间的亲缘关系；易干军等(2003)用AFLP、凡强等(2007)用SSR得出了同样的结论。向旭等(2010)利用EST-SSR核心引物对96份荔枝种质进行遗传聚类分析，将其分成了8大类群，且每一类中的资源与生态类型和成熟期相关；Liu等(2015)进一步用155个SNPs标记对上述96份荔枝种质进行SNP分型，结果表明，荔枝种质的亲缘关系和成熟期具有很好的一致性，据此认为，成熟期可以作为荔枝种质分类的首要标准。Hoa等(2019)用14个SSRs标记对45个越南荔枝品种进行了遗传多样性和群体结构分析，以上荔枝种质被划分为3个亚群，其中极早熟和中晚熟性状的荔枝种质，分别处在第1和第2亚群中，具有杂合性的早熟和中熟材料在第1和第2类之间有不同程度的渗入，认为在杂交过程中亲本的来源存在驯化时间差异。

不同的研究者根据各自的目的选用不同的分子标记技术做分类研究，且大部分都采用单一的分子标记技术，所得的结果差异较大。如易干军等(2003)与丁晓东等(2000)研究的种质有8个是一样的，但结果却相反。同一研究者对同一批材料采用不同的分子标记技术进行聚类则结果相似。如Panie等(2002)利用14个RAPD标记和7个AFLP标记分别对泰国47份荔枝品种进行聚类分析，二者的分类结果相似。

(三)种质资源的编目与登记

依据《农作物种质资源管理办法》，国家对每一种作物的每一份种质赋予唯一标识号，即"全国统一编号"，以编号进行编目、登记。根据"七五"期间农业部的统一安排，荔枝种质资源的全国统一编号由LZO加4位顺序号组成。资源保存单位对已完成2年以上鉴定数据、剔除重复的资源依据上述原则进行登记(表3-2)，目前国家果树种质广州荔枝圃的依托单位——广东省农业科学院果树研究所承担着荔枝种质资源的编目、登记任务。

(四)种质资源利用现状

种质资源的利用主要体现在科学研究、生产直接应用和作为杂交亲本培育新品种三大方面。

1. 科学研究

荔枝种质资源被作为各类荔枝科学研究的材料和对象，支撑着各类荔枝科研项目的开展，支撑着荔枝产业领域科学的发展，国家果树种质广州荔枝圃向国内的科研、教学单位提供了荔枝种质资源的实物共享利用。

2. 直接利用

在20世纪的80～90年代，荔枝产业处于起步阶段，主栽品种少，当时通过荔枝品种特性及其对气候的反应的研究，筛选出了各地适宜发展的优良品种，从而形成了荔枝的商品生产基地。如发现白糖罂、电白白蜡、妃子笑等品种在冬季气温较高的地区可以成花且早熟，解决了海南原生荔枝品种难成花的难题，使海南成为我国荔枝最早熟的大产区；对妃子笑特性的研究，也使其成为海南栽培面积最大的品种。

通过现有种质资源的鉴定、评价和优选，从中筛选出适宜生产发展的优良品种或株系。如早期海南选出鹅蛋荔、紫娘喜(蟾蜍红)等优良品种或单株26个，广东选出鉴江红糯、焦核怀枝及焦核桂味等品种或株系。近年来，各地加强了荔枝优稀种质的挖掘利用工作，挖掘出井岗红糯、马贵荔、贵妃红、红绣球、脆绿、荷花大红荔、岭丰糯、庙种糯、观音绿、冰荔、唐夏红、钦州红荔、双肩玉荷包、草莓荔、桂糯、大丁香、英山红、南岛无核荔、北通红、凤山红灯笼、仙进奉、岵山晚荔、桂早荔、御金球、新球蜜荔、玉潭蜜

表 3-2 荔枝种质资源编目登记表

编目年份	统一编号	品种名称	外文名	原产地	保存单位	科名	属名	学名	果实成熟期/(月.日)	成熟期评价	单果质量/g	果实大小评价	果形	整齐度	色泽	外观评价	果实肉质	果实汁液	风味	果实香气	内质评价	可溶性固形物/%	含酸量/%	维生素C/(mg/100g)	可食率/%	特异及用途
2014	LZO0253	2-5-7	2-5-7	不详	广东省农科院果树所	Sapindaceae（无患子科）	*Litchi*（荔枝属）	*Litchi chinensis* Sonn.（荔枝）	6.26	迟熟	23.45	中	卵圆形	整齐	浅紫红	中上	细嫩	多	甜	微香	中	17.05	0.3	20.5	71.48	
2014	LZO0254	紫娘鞋	Zi Niang Xie	海南永兴	广东省农科院果树所	Sapindaceae（无患子科）	*Litchi*（荔枝属）	*Litchi chinensis* Sonn.（荔枝）	6.27	迟熟	35.74	大	心形	整齐	浅紫红	中	爽脆	中等	甜	微香	中	16.32	0.2	35.2	71	
2014	LZO0255	凤鸡头	Feng Ji Tou	广东电白	广东省农科院果树所	Sapindaceae（无患子科）	*Litchi*（荔枝属）	*Litchi chinensis* Sonn.（荔枝）	6.25	迟熟	31.63	大	长心形	较整齐	鲜红	上	爽脆	多	甜	蜜香	中	17.71	0.1	8.7	71.32	
2014	LZO0256	蜂糖罂	Feng Tang Ying	广东廉江	广东省农科院果树所	Sapindaceae（无患子科）	*Litchi*（荔枝属）	*Litchi chinensis* Sonn.（荔枝）	6.21	中熟	20.8	中	歪心形	整齐	淡红带微黄	中	细韧	中等	甜	微香	中	17.5	0.14	10.6	75.26	
2014	LZO0257	大肉	Da Rou	广东高州	广东省农科院果树所	Sapindaceae（无患子科）	*Litchi*（荔枝属）	*Litchi chinensis* Sonn.（荔枝）	6.15	中熟	22.7	中	卵圆形	整齐	淡红带微黄	中	细韧	多	酸甜	微香	中下	15.4	0.25	2.7	71.05	
2014	LZO0258	9-8-3-3	9-8-3-3	不详	广东省农科院果树所	Sapindaceae（无患子科）	*Litchi*（荔枝属）	*Litchi chinensis* Sonn.（荔枝）	6.25	迟熟	20.99	中	卵圆形	整齐	淡红带微黄	中上	细嫩	多	甜	蜜香	中	15.86	0.2	12.3	68.83	
2014	LZO0259	鸭姆笼	Ya Mu Long	海南永兴	广东省农科院果树所	Sapindaceae（无患子科）	*Litchi*（荔枝属）	*Litchi chinensis* Sonn.（荔枝）	7.01	迟熟	27.67	大	心形	较整齐	淡红	中上	细嫩	多	甜	蜜香	中上	18.66	0.06		69.3	
2014	LZO0260	海南红荔	Hai Nan Hong Li	海南永兴	广东省农科院果树所	Sapindaceae（无患子科）	*Litchi*（荔枝属）	*Litchi chinensis* Sonn.（荔枝）	6.29	迟熟	23.42	中	近圆球形	整齐	深紫红	中上	爽脆	中等	甜	微香	中	16.61	0.07		73.53	
2014	LZO0261	10-11-3-3	10-11-3-3	不详	广东省农科院果树所	Sapindaceae（无患子科）	*Litchi*（荔枝属）	*Litchi chinensis* Sonn.（荔枝）	6.19	中熟	20.74	中	心形	整齐	鲜红	上	细韧	中等	甜	微香	中	17.65	0.32	11.6	63.65	
2014	LZO0262	早红	Zao Hong	福建漳州	广东省农科院果树所	Sapindaceae（无患子科）	*Litchi*（荔枝属）	*Litchi chinensis* Sonn.（荔枝）	6.14	中熟	20.38	中	卵圆形	较整齐	鲜红	中	细韧	中等	酸甜	微香	中	17.67	0.67	21.7	69.22	

荔、琼荔1号、桂荔1号、桂荔2号、翡脆荔枝等，丰富了我国荔枝的生产栽培品种。

3. 育种利用

种质资源是农作物新品种培育的基础，杂交育种是创制新品种的手段之一。根据育种目标选用不同的种质作为亲本，以其亲本的特异性状、优良性状经过重组能在子代中形成符合预期目标的组合，进而培育出新的优良品种应用于生产。荔枝的杂交育种起步于20世纪90年代，在近10年得到了长足发展，广东、广西、海南等地的科研和教学单位均开展了荔枝杂交育种工作。

三、资源保护和开发存在的问题与建议

1. 种质资源的同名异物、同物异名、一物多名问题

种质资源具流动性，当某种资源迁移到一个新的地方后往往会被赋予新的名称，久而久之造成了同名异物、同物异名、一物多名。如怀枝别名禾枝(广东增城、东莞、宝安)、禾荔(广西桂平麻垌)、凤花(广东惠来)、古凤荔(广西苍梧古凤)、新丰黑叶(广西北流新丰)、镇奉(广西北流民乐)、迟荔(广西贵港东津)、凤荔(广西横县南乡)等，合江妃子笑、合江糯米糍则与广东的妃子笑、糯米糍不是同一品种。同名异物、同物异名、一物多名现象对种质资源的收集、保存以及研究、利用都有影响，会造成资源的重复保存、收集遗漏及研究信息利用的无法借鉴参考等。目前除了国家圃保存荔枝种质资源外，各地方圃也保存有荔枝资源，在发现、收集资源的时候应尽可能详细记录资源的信息(包括原始来源地)，地方资源圃收集到新的资源应归档到国家圃并提供材料(包括信息)，国家圃在收到材料后给予地方圃证明，并在资源经鉴定后把信息反馈回提供资源的地方圃，国家圃对资源完成统一编目与登记，做到每份资源只有唯一标识号，便于研究利用及研究信息数据的共享。

2. 资源外流问题

荔枝原产中国，属于国家主权保护类作物种质资源。但随着国际交流的逐渐增多，荔枝资源外流的风险增大，须做好资源尤其是重点特色资源的保护工作。

3. 加强野外资源的收集与入圃保存

随着工业化、城镇化、现代化进程的加速以及人们对品种优胜劣汰的选择，野外资源生境屡遭破坏，野外资源丢失情况严重。应加强野外资源的收集与入圃保存工作，尤其应加强工业开发区周边、城镇郊区、村落周边等地野生资源的收集与入圃保存工作。

4. 加强野生资源、古树资源的原生境保护

我国是荔枝原产地，海南中南部、广西东南部、云南南部至今还保存有成片或零星分布的野生荔枝林。广东、福建、广西等地荔枝产区还生长有大量200年以上的古树。这些野生荔枝和古树资源是自然界留给我们的重要宝库，如果不加以重点保护，就有被砍伐和永远丢失的危险。2017年5月1日起施行的《广东省荔枝产业保护条例》是全国第一部农作物单品种保护法律法规，它对促进广东荔枝的高质量发展必将起到积极的促进作用。建议参考广东的做法，根据有关法律、行政法规，结合各地实际，制定国家或各地方荔枝产业保护和促进的相关条例，以便规范全国荔枝产业发展的相关活动，提升荔枝产品质量和品牌特色，促进荔枝产业的持续健康发展。

图3-6 广东高州根子镇的荔枝古树(陈洁珍 摄)

5. 加强种质资源的鉴定与特异资源的开发利用

目前，荔枝种质资源的鉴定评价较粗浅，方法方式单一，各种评价手段互不联系，表型评价未能与分子水平的基因评价相结合。未来的发展应是表型鉴定评价更深入、精准，多学科结合、多形式结合，表型鉴定与基因型鉴定相结合。随着大规模资源基因组重测序的开展与表型性状的精准鉴定评价，将会发掘出越来越多的优异种质和新基因以满足生产、功能开发、加工利用及育种的需求。在此基础上，尤其应加强下列3类特异资源的开发利用：

(1)单性结实种质资源。这类资源极少，目前只发现了3份——无核荔、禾虾串和厚叶。该类资源的果实具有无核、焦核和大核3种类型，花期若遇上阴雨天授粉受精不良则可结成无核型果实，其中无核荔是单性结果能力最强的品种。这些资源是荔枝育种中不可多得的种质资源。

(2)特大果种质资源。鹅蛋荔、紫娘喜、俣仙、昌文、牛心荔等品种的果实特别大，平均单果质量达45 g以上。这类品种的品质一般，鲜食品质属于中下，但其或可成为加工类的优良品种。

(3)可异季结果(非正造结果)资源。据报道，广东惠东的四季荔和增城的四季果、广西合浦的四季荔都可一年多次开花，以及近年发现的12月至翌年1月成熟的岭腰1号，均为研究荔枝成花机制及育种不可多得的种质资源。

第二节 荔枝育种技术与方法

确定育种目标是荔枝育种的关键。丰产、稳产性是商业化栽培荔枝品种必须具有的基本属性。我国荔枝依熟期可分为早熟、中熟和晚熟3个类群，目前主栽品种以中晚熟品种居多，这导致了荔枝产期集中和季节性过剩，采收、贮运保鲜、销售、加工压力巨大，严重影响了荔枝的市场价格。因此，荔枝育种的重要目标一是选育特早、特晚熟荔枝新品种，二是选育不同品质风味、焦(无)核型、耐贮型、加工型、矮化型、适于机械化操作或者轻简化栽培的荔枝品种。荔枝育种的方法主要有实生和芽变选种、杂交育种和生物技术育种3种，还未见应用辐射等方法诱变育种的报道。

一、实生和芽变选种

实生选种是对实生繁殖的变异群体进行选择，从而改进群体的遗传组成或将优异单株经无性繁殖建立营养系品种。荔枝的遗传背景十分复杂，基因型高度杂合，实生苗容易产生丰富多样的遗传分化，能够从中选出优良单株。我国是荔枝原产国，种质资源丰富，海南、云南、广东、广西等多地都曾存在大规模的实生荔枝群体，荔枝实生选种历史悠久，目前几乎所有品种都是通过实生选种方法获得的。广东的冰荔、观音绿、唐夏红、翡脆、岭丰糯、红绣球、仙进奉、马贵荔、井岗红糯，广西的桂早荔、贵妃红、英山红、桂荔1号、桂荔2号、钦州红荔，海南的新球蜜荔、玉谭蜜荔、南岛无核，云南的元阳2号和南曼荔枝都是从荔枝实生单株中选出来的。美国的格罗夫(Groff)、以色列的DB15-70、DB17-70和泰国的旺地等荔枝品种也都是实生选育获得的。陈洁珍等(2012)通过调查37 082株母本的荔枝自然授粉后代，发现了2年成花特短童期的实生后代27株，约占实生总群体的0.07%；有成花后代的母本8份。通过母本选择，2年童期单株的比率提高到0.85%，育种效率可以提高11倍以上。初步认为水东可能是荔枝特短童期的理想育种母本材料。

荔枝实生选种首先要制定选种目标及选择标准，然后经过预选、初选、复选和决选来选育新品种。一般来讲，早结果、丰产、稳产、优质、抗性强、耐贮运及株形矮化等是育种的共同目标。预选通常有报优和踏查 2 种方式，对可能符合要求的预选单株标记编号。初选时对标记编号的预选树进行调查评比，填写初选优株调查表。对表现优良且稳定的定位初选单株，在不影响母树生长和结果的前提下，可以剪取接穗高接，从而使其提早结果并进行鉴定。复选和决选主要在营养系选种圃中进行。对初选树的营养系后代进行比较鉴定，经专业人员和有经验的果农鉴评，作出比较客观的评价，将复选出优异的营养系向各级品种审定委员会推荐进行决选，以决选为推广品种。决选后应及时培育能提供大量优质繁殖材料的接穗母树。

芽变是体细胞突变的一种，突变发生在芽的分生组织细胞中，当芽萌发长成枝条，并在性状上表现出与原类型不同时即为芽变。芽变选种是指对由芽变发生的变异进行选择，从而育成新品种的选择育种法。由于荔枝顶端分生组织是无限生长的组织，因此一旦细胞的遗传基础发生了突变，其性状也会随着改变。芽变主要在无性繁殖后代中产生，因此这种育种方法也有人称为营养系选种。荔枝芽变的原因主要是外界因素的诱发，主要是来自如温度、光照、热能、化学因素和物理因素等自然条件的剧烈变化，如辐射、机械损伤、重修剪、连续摘心等高强度的刺激，诱使细胞发生遗传上的突变。

芽变选种主要是从原有优良品种中进一步选择更优良的变异，尤其是针对存在的缺点通过选择而使其得到改善。初选时要判断是芽变还是饰变，是实生变异还是其他荔枝品种的无性单株。对初选单株进行高接复选，高接时无论是基砧还是中间砧都要一致，以排除砧木对性状的影响。复选时如发现综合性状欠佳，但突变性状优良的优系也不要立即淘汰，应继续保留观察或者间接利用。决选后的荔枝优系可控制性扩大繁育苗木，有意识地选择一些荔枝产区进行生产性试验示范。在获得 3 年以上生产试验结果后，可向省级或以上农作物品种审定委员会申请新品种审（认）定。审（认）定后的荔枝新品种应通过快速繁殖尽早应用到生产中。

二、杂交育种

杂交育种是指按照特定的育种目标选配亲本，通过杂交获得种子，播种后在杂种后代中选择育成符合育种目标的新品种。荔枝基因组杂合度较高，杂种后代性状分离十分广泛，且选出的优株可以用无性繁殖的方式给予固定，因此，荔枝杂交育种仍是十分重要的育种途径。

刘成明等于 1998—1999 年配置了“马贵荔×焦核三月红”和“马贵荔×无核荔枝”2 个组合，目前已初步选出若干优良单株。欧阳若等从 1999 年开始进行荔枝杂交育种，已选出 4 个特早熟单株、1 个特早熟荔枝新优系 D13 和贮备初选优系 D11。台湾已选育出品质优良、可食率高、易栽培、丰产稳产的翠玉和极早熟、优质的台农 2 号旺荔。Dixon 等通过对几个荔枝品种进行正反杂交，选出了 1 个高产、大果单株。2008 年农业部启动了国家荔枝产业技术体系，体系专家加强了荔枝杂交育种及新品种选育工作，取得了一定的进展。目前主要开展了荔枝品种间杂交的研究，如"特早熟荔枝品系 991×三月红"的杂交组合，"紫娘喜×无核荔枝"的杂交组合等；也开展了无患子科属间的杂交育种工作，如赵玉辉等(2008)曾报道通过荔枝×龙眼的属间杂交获得 2 株真杂种苗。

在杂交育种时，有以下 6 个初选步骤：

(1)根据育种目标选择育种亲本。一般而言，用于杂交育种的亲本要具有育种目标性状，父本和母本要优良性状多、缺点少，且优点互促、缺点互补，遗传距离较远。亲本既可选择已有的主栽品种、优良的地方品种，也可以选择未形成品种的优良单株、野生、半野生资源及人工创造的新种质。

(2)确定育种亲本后，要选择用于育种的亲本树。亲本树应选择品种纯正、生长健壮、结果母枝粗壮、花序分布均匀、树体便于操作的结果树。

(3)收集父本花粉和选择适宜的雌蕊授粉时期。要收集保存父本花粉，保证父、母本花期不遇时杂交工作能够开展。李焕苓等(2016)以紫娘喜、白糖罂和妃子笑 3 个海南荔枝主栽品种为对象，研究了 5 个花期及 3 种不同类型花的花药散粉量和花粉萌发率，发现从雄花的铃铛花期至完全开放阶段(花药褐变之前)的花粉散粉量和花粉萌发率最高。收集的花粉要密封干燥保存，最好置于冰箱内低温贮藏。Wang 等(2015)报道了一种简单的荔枝花粉收集和长期贮藏的方法，即在 35℃条件下干燥 6 h 后，在－86℃的低温条件下干燥贮藏。用该方法贮藏 2 年的荔枝花粉，萌发率高于 70%，可用于人工杂交育种。

为探讨荔枝雌蕊不同发育状态及盛开不同时间的柱头的可容授性，王丽敏等(2014)开展了花柱开裂程度与柱头可容授性关系的研究。当花柱开裂夹角为 45°～90°时，部分柱头已经具有可授性；当花柱完全打开，开裂角度为 120°～180°时，处于最佳可授状态。以柱头颜色判断，当雌花完全盛开后，柱头颜色为白色时处于最佳可授状态，微变褐时仍处于可授状态，当柱头全变褐时则不具可授性。雌花柱头可授状态可维持至少 3 d。

(4)进行隔离与授粉。一般选树冠外围中上部的花序进行授粉，授粉前宜疏花，去掉花序顶部和底部未开或较弱的小花，抹掉交叉、细弱花枝，留下 4～5 条粗壮且小花花期相对集中的花枝。每花序一般留 20～30 朵雌花，在雌花未开放前套硫酸纸袋隔离，每天检查花朵的开放情况。在雌蕊柱头开裂达最佳授粉时期时进行授粉。授粉应选在晴天的上午进行，用软毛刷子或小的毛笔蘸取花粉，涂抹柱头。涂抹花粉时要注意不要损伤柱头。授粉后及时套袋隔离、挂牌标记，重点标记授粉的杂交组合名称、授粉日期、授粉花数等。杂交花朵的雌蕊柱头枯萎变褐时，须及时去除套袋，让其在自然光下生长。

为提高荔枝的杂交育种效率，蔡秉宇等(2019)研究了不同授粉隔离方式对荔枝杂交育种效率的影响，发现在100目防虫网的网室内单株隔离母本树，不进行单花穗套袋隔离而直接进行授粉是最有效的授粉方式，荔枝坐果率最高。这种方式虽然杂种率最低，但单位时间内获得的杂种植株最多。具体做法是：当父母本的花期相遇时，用100目防虫网设置网室，每室隔离1株父本和1株母本，每室放1箱蜂进行虫媒传粉，可以获得大量真杂种后代，效率最高。没有单穗隔离的杂交授粉方式，虽然操作简单，效率较高，但真杂种率低，真假杂种的早期鉴定工作尤为重要。刘伟等(2016)利用SNP标记对“白糖罂×禾虾串”“禾虾串×白糖罂”“白糖罂×无核荔枝”3个荔枝杂交组合的共131个F_1代单株的真实性进行了鉴定，只利用1对纯合共显性SNP标记即成功完成鉴定，真杂种率分别为93.6%、96.8%和72.5%。也有学者应用SSR引物和InDel引物对杂交后代进行了真假杂种鉴定。

(5)进行种子播种和实生苗定植。杂交授粉后，要对杂交母本树进行精细管理，以获得最大数量的杂交果实。在母本果实达到固有形态特征时采收。采收时记录采收日期、每个组合采收果实数量等信息。剥取杂交果实的种子，记录每个组合获得的大核种子数量。种子先于室内保湿催芽，每天挑取种脐开裂、胚根即将露出或已露出的种子，逐粒播种于遮阴棚内的沙床或营养钵中。待实生苗长至2～4片叶片时，移栽至育苗袋。苗长至30～50 cm或更长时即可移栽至大田。移栽时如果土地充足，可以按照2m×3m以上的株行距定植，直至观察到初选株结束；如果土地较少，也可以采用宽行距、窄株距定植，按照20～30 cm株距，30～50 cm小行距，80～120 cm大行距，每2个大行距之间种4～8行实生苗的方式定植。这种定植方式，需要待各植株开花后取接穗嫁接至大树，以进一步进行性状观察。另外，如果没有足够的土地定植杂交后代，也可以待袋装的实生苗长至0.5 cm以上粗度时，取接穗嫁接在成年树上，成年树上的每个大枝可嫁接1个杂交单株，每株成年树可以嫁接20～30株甚至更多的杂交单株，这样可以提高土地的利用效率。

(6)选择优株。优株选择分为初选、复选和决选3个阶段。初选一般在杂交实生苗定植圃中进行。初选首先应突出考虑育种目标性状，如成熟期性状、矮化性状、产量性状(丰产、稳产、易成花坐果)、品质性状(大小、色泽、风味)、耐贮性及抗病虫性等。杂种后代中第一次选择就出现优良品质的单株的概率很低，尤其是在甜度方面，对于一些次要性状的选择不宜要求过严，以免错失潜在的优株。最好坚持3～5年时间的观察，以表现的综合性状来评价单株的优劣。对于出现的一些非目标性状的特异性状类型，也要妥善保存，继续观察，以便直接或者间接利用。杂种单株挂果后经 3 年的连续观察，就可以选择综合性状优良、符合育种目标的单株为初选优良杂种单株。

对通过初选的优良杂种单株，要嫁接在复选圃中进行复选，每个单株至少要嫁接 5 株以上，继续考察优株的优良性状的稳定性和一致性。选择复选过程中连续 3～5 年表现优异的单株进入决选阶段。

决选阶段，每个优株株系的定植或嫁接面积至少要在 667 m^2 以上，以充分评价优株株系的丰产性、稳产性等综合性状。通过决选的优株株系，可进行区域性试验和生产性试验，以研究确定其适栽区域及配套栽培技术。在确定了适栽区域及配套栽培技术后，可以向有关主管部门申请品种审(认)定。为了缩短育种周期，也可直接对初选确定的性状特别优良的单株进行区域性试验，在不同生态区的小规模栽培中进行复选和决选。对选出的优株进行生产性试验，然后进行品种审(认)定。

目前国内已开展了大量荔枝杂交育种工作，选择合适的亲本和提高杂交育种效率是杂交育种的关键。另外，如何充分利用已获得的大批杂交后代实生苗，以最终获得优良砧木或者培育出荔枝新品种，也是杂交育种的重要内容。

三、生物技术育种

荔枝是多年生木本植物，童期长、遗传背景复杂，上述实生选种与杂交育种周期长、选择效率低、进程缓慢。随着现代生物技术的发展，细胞工程和基因工程为加速荔枝育种提供了强有力的手段，但目前仍处于技术和方法研究阶段，尚未见通过生物技术育种途径获得荔枝新品种的报道。

(一)组织培养

荔枝组织培养技术的研究始于 20 世纪 60 年代，1983 年傅莲芳等(1983)首先报道了通过组织培养获得完整荔枝植株，之后邓朝军(2005)、王果(2013)、Simon(2007)也分别获得了荔枝再生植株并移栽，但均无后续研究报道。

荔枝离体培养选用的外植体主要是花药和幼胚，其次是茎段、成熟胚、叶片、种子、花序轴及未受精的子房等(表 3-3)。从已有的报道来看，体胚较易诱导成苗的品系有下番枝、糯米糍，植株萌发率约为(22±5)%。荔枝离体培养的过程首先是使用添加了适宜浓度的蔗糖、琼脂(或卡拉胶)、生长调节剂(2,4-D 等)的 MS 培养基诱导愈伤组织并增殖，然后选择继代 18 d 左右的胚性愈伤组织接种到添加适量生长调节剂(KT、NAA、IAA、IBA、GA)、蜂王浆、活性炭、谷氨酰胺的MS或改良B5培养基，经过30 d左右分化出体胚，最后经体胚成熟、萌发后获得具根茎叶器官的完整植株并移栽。

表 3-3 荔枝组织培养及植株再生

外植体	组织培养结果	参考文献
幼胚	体胚形态不一致，含联体、多极、无极玻璃化胚等，体胚成苗转换率22.3%	周丽侬，邝哲师．农业生物技术学，1996(2)：61-65
子房	子房愈伤组织诱导率33.33%，愈伤组织活性较弱，逐渐褐变死亡	苏明申，林顺权．中国南方果树，2004(06)：62-63
花药	获得不同形态体胚，体胚萌发率6.67%	王果，李焕苓．African Journal of Biotechnology，2016(22)：1026-1034
叶片	愈伤诱导率分别为16.53%和19.08%；Brewster体胚诱导率11.71%，成活率约38%；Mauritius未得体胚，愈伤生长快	Raharjo S H，Litz R. Plant Cell，Tissue and Organ Cult.，2007，89：113-119
胚性愈伤	得体胚905个/g，体胚长势好	邓朝军，易干军．福建果树，2007(02)：9-11
茎段	萌芽率71.7%，正常芽率90.9%；生根率2.9%	秦献泉，郭绍云．中国南方果树，2016，45(03)：78-82
种子	可诱导出多个芽，经IBA处理生根率约为80%	Das D K，Shiva Prakash N. Plant Cell Reports.，1999，18：691-695

（二）原生质体培养和细胞融合

优良的植物悬浮细胞系，在原生质体分离、培养和融合、基因转移、人工种子制作和次生物质生产等研究方面具有愈伤组织或其他外植体无可比拟的优越性，建立荔枝胚性悬浮细胞系是荔枝细胞工程的重要基础工作。

俞长河等(1998)以幼胚为材料建立了生长快、胞质浓的胚性悬浮细胞系。随后，又摸索出液—固交替培养的继代方法，该方法可使悬浮细胞系保持稳定良好的状态。赖钟雄等(2001)成功地筛选到高质量的不含原胚的松散型荔枝胚性愈伤组织，快速建立了分散性良好的荔枝胚性悬浮细胞系，并通过体胚发生方式获得了再生植株。谢玉明等(2006)以花药为外植体也建立了荔枝细胞悬浮培养系。郑启发等(2005)研究发现，IBA、6-BA、GA_3和CM均可显著地提高悬浮培养系的产量，但GA_3导致细胞的快速生长和褐变，而CM

的作用最好。

俞长河(1996)以胚性悬浮培养物为起始材料，成功地获得了原生质体，首次实现了无患子科荔枝属植物经原生质体培养再生成完整植株，但再生频率很低。此后，又发现悬浮培养物在酶解前经预高渗处理，可保持原生质体的完整性，并提高了产量和活力(俞长河等，1998)。在龙眼和荔枝的原生质体培养可获得完整再生植株的基础上，赖钟雄(2001)进行了龙眼、荔枝属间原生质体电融合及初步培养研究，但未获得龙眼、荔枝的体细胞杂种。马新业(2012)选择桂味和妃子笑2个荔枝品种的花药胚性细胞悬浮系来源的原生质体作融合亲本，获得了20%以上的双元异核融合率。有关荔枝原生质体培养及细胞融合的报道见表3-4。

表3-4 荔枝原生质体培养及细胞融合

外植体	组织培养结果	参考文献
幼胚	原生质体得率 $10\times10^6\sim15\times10^6$，成活率92%~97%	俞长河，陈振光．热带作物学报，1998(3)：16-20
幼胚	获得原生质体，融合率达20%以上，融合产物形成了多细胞团	赖钟雄，陈振光．福建农业大学学报，2001(3)：347-352
花药	获得原生质体	梅新．华中农业大学硕士学位论文，2004
愈伤组织	获得荔枝悬浮系	郑启发，胡桂兵．果树学报，2005(2)：125-128
幼胚	获得悬浮细胞系，体胚数量每克鲜重1万个以上，体胚成熟明显增大，75%萌发成完整植株	赖钟雄，黄浅．中国农学通报，2007(1)：28-32
悬浮愈伤	获得悬浮系	谢玉明，曾继吾．热带作物学报，2008，29(5)：622-625
花药	获得20%以上的双元异核融合率。在亲本原生质体混合前，以0.02%的中性红10min染色桂味原生质体，有助于双元异核融合体的有效确认	马新业，曾继吾．热带作物学报，2012，33(6)：1030-1033

(三)转基因技术

到目前为止，国内外虽已有有关荔枝遗传转化系统的建立及转基因再生植株的获得的报道，但整体研究基础仍然较薄弱，转化效率不高。主要有如下3种转化方法，相关研究报道见表3-5。

表 3-5　荔枝转基因技术研究

品种	受体	菌株	方法	目的基因	结果	参考文献
乌叶	幼嫩枝条	C58、B3/73、T37、ACH5	农杆菌介导	胭脂碱基因	由诱导的瘤组织分化出的愈伤组织中均检测到胭脂碱基因	欧阳曙，郑晓英．遗传学报，1985，12(1)：42-45
元红	胚性愈伤组织	EHA105	农杆菌介导	LEAFY	建立了稳定转化体系，并获得导入 LEAFY 基因的转基因植株	曾黎辉．福建农林大学博士学位论文，2001
Tai So	胚性愈伤组织	LBA4404	农杆菌介导	GFP	未获得转基因植株，但初步验证通过 GFP 是理想的标记基因	Puchooa. Journal of Applied Horticulture，2004，6：11-15
妃子笑	胚性愈伤组织	LBA4404	农杆菌介导	AP1、AP-D	成功将 AP1 和 AP-D 基因转入胚性愈伤组织	郑启发，胡桂兵．果树学报，2005，22(2)：125-128
Bedana	合子胚	LBA4404	农杆菌介导	ChiB	获得抗拟茎点霉菌的转基因植株	Das，Rahman. Current Trends in Biotechnology and Pharmacy，2010，41：820-833
Bedana	合子胚	LBA4404	农杆菌介导	RCC11	获得几丁质酶活性较高，对枯梢病、叶斑病和枯萎病的病原菌具有抗性的转基因植株	Das，Rahman. Plant Cell Tissue and Organ Culture，2012，109：315-325
Brewster	胚性愈伤组织	EHA105	农杆菌介导	PI cDNA	获得 PISTILLATA cDNA 获得反向插入目的基因后沉默表达的转基因植株	Padilla，Perez. In Vitro Cellular & Developmental Biology Plant，2013，49(5)：510-519
妃子笑	胚性愈伤组织	EHA105	农杆菌介导	GUS	建立转化技术体系，获得阳性体胚	王树军．海南大学硕士学位论文，2015
下番枝	胚性愈伤组织		基因枪	GUS	建立、优化基因枪转化技术体系，获得转基因植株	桑庆亮，赖钟雄．热带作物学报，2014，35(11)：2223-2229
紫娘喜、新球蜜荔	雌花	LBA4404、EHA105	花粉管通道	GUS	初步建立转化技术体系，获得阳性植株	王树军，王家保．热带作物学报，2019，1-6

1. 农杆菌介导法

欧阳曙等(1985)将4种农杆菌分别注入荔枝嫩枝诱导瘤组织，在由其分化出的愈伤组织中均检测到胭脂碱基因，证明农杆菌介导法适用于荔枝转基因研究。曾黎辉(2001)以元红荔枝胚性愈伤组织为受体，建立并优化了农杆菌介导转化技术体系，后期还利用该体系将LEAFY基因导入元红并获得了3株转基因植株。Puchooa(2004)通过农杆菌介导法，将绿色荧光蛋白基因(GFP)导入Tai So荔枝胚性愈伤组织，虽然未获得转基因植株，但证明GFP是适用于荔枝转基因检测的理想标记基因。郑启发等(2005)通过农杆菌介导法将AP1和AP-D基因转入胚性愈伤组织细胞悬浮系。Das等(2010；2012)通过农杆菌介导法先后将细菌几丁质酶基因(ChiB)和水稻几丁质酶基因(RCC11)转入Bedana荔枝合子胚，获得对拟茎点霉菌和枯梢病、叶斑病、枯萎病病原菌具有抗性的转基因植株。Padilla等(2013)通过农杆菌介导法，将雌蕊基因(PI)cDNA反向插入荔枝品种Brewster的胚性愈伤组织，获得基因沉默的转基因植株。王树军(2015)通过农杆菌介导法将GUS基因转入妃子笑荔枝胚性愈伤组织，获得GUS基因稳定表达的胚性愈伤组织和体胚。

2. 基因枪法

桑庆亮(2001；2014)、赖钟雄(2002)、黄枝英(2006)先后以下番枝荔枝的胚性愈伤组织为受体，建立、优化了基因枪遗传转化体系，并获得了GUS基因表达的转基因植株。

3. 花粉管通道法

王树军等(2019)以紫娘喜和新球蜜荔荔枝的雌花为受体，借助花粉管通道，利用农杆菌重悬液侵染的方法，获得GUS基因表达的转基因植株。

(四)分子标记辅助育种

1. 分子标记的类型及原理

分子标记(molecular markers)是以个体间遗传物质内核苷酸序列变异为基础的遗传标记，是DNA水平遗传多态性的直接反映。与其他几种遗传标记、形态学标记、生物化学标记、细胞学标记相比，DNA分子标记具有无可比拟的优越性。根据不同标记的检测手段，DNA分子标记大致可以分为下述5类：

(1)基于Southern杂交为基础的分子标记技术，有RFLP(restriction fragment length polymorphism)和VNTR等。常用的是RFLP技术，全称为限制性片段长度多态性标记。基因组DNA经某一种限制性内切酶完全酶解后，会产生分子量不同的同源等位片段，或称限制性等位片段。RFLP标记技术的基本原理就是通过电泳的方法分离，然后通过放射自显影检测这些片段。凡是可以引起酶解位点变异的突变，如点突变(新产生和去除酶切位点)和一段DNA的重新组织(如插入和缺失造成酶切位点间的长度发生变化)等均可导致限制性等位片段的变化，从而产生RFLP。

(2)基于PCR技术的标记，包括RAPD(random amplification polymorphism DNA)、SSR(simple sequence length polymorphism)、EST-SSR、ISSR、DAF、SCAR、STS等。这一类技术较为常用。

RAPD为随机扩增多态性DNA标记：使用1个(或2个)随机引物(一般8～10个碱基)非定点地扩增基因组DNA，然后用凝胶电泳分开扩增片段。遗传材料的基因组DNA如果在特定引物结合区域发生DNA片段插入、缺失或碱基突变，就有可能导致引物结合位点的分布发生相应的变化，导致PCR产物增加、缺少或发生分子量变化。若PCR产物增加或缺少，则产生RAPD标记。

SSR为简单序列长度多态性标记：植物的基因组存在大量微卫星DNA，是一类由几个(多为1～5个)碱基组成的基序(motif)串联重复而成的DNA序列，其长度一般较短，广泛分布于基因组的不同位置，如(CA)*n*、(AT)*n*、(GGC)*n*等重复。不同遗传材料重复次数的可变性，导致了SSR长度的高度变异性，这一变异性正是SSR标记产生的基础。

(3)基于PCR与酶切相结合的标记，包括AFLP(amplified fragment length polymorphism)和CAPS技术等。常用的有AFLP技术，全称为扩展片段长度多态性标记：通过选择性扩增基因组DNA酶切片段所产生的扩增产物的多态性，其实质也是显示限制性内切酶酶切片段的长度多态性，只不过这种多态性是以扩增片段的长度不同被检测出来。该技术结合了RFLP的稳定性和PCR技术的简便高效性，同时又能克服RFLP带型少、信息量小以及RAPD技术不稳定等缺点。

(4)基于单个核苷酸多态性的DNA标记，如SNP(single nuleotide polymorphism)标记、InDel标记等。SNP为单核苷酸多态性标记，是指基因组水平上由单个核苷酸的变异而引起的一种DNA序列多态性。在基因组上单个核苷酸的变异，包括转换、颠换、插入和缺失，形成的遗传标记数量很多，多态性丰富，有些SNP位点直接影响基因功能，从而导致生物性状改变。

(5)基于反转录转座子的分子标记技术，包括S-SAP、IRAP、REMAP、RBIP。这一类技术在荔枝上尚未见应用报道。

2. 分子标记在荔枝育种上的应用

分子标记主要应用于种质鉴定、遗传多样性及亲缘关系分析、遗传图谱构建和分子标记开发等方面。

在种质鉴定方面，孙清明等(2013)利用自主开发的荔枝SNP和EST-SSR

两种分子标记技术对御金球进行分子鉴定，发现御金球与363份荔枝种质的演化分化系数介于0.043～1.924之间，遗传相似性系数介于0.123～0.877之间，证实御金球为一份全新荔枝种质。曾淇等(2010)利用22对SSR引物对46份荔枝材料进行遗传多样性分析，相似系数在0.163～0.195之间，说明亲缘关系较近，并发现广东淮枝与海南淮枝可能为同名异物品种。

在遗传多样性及亲缘关系分析方面，王家保等(2006)用RAPD技术分析22份海南荔枝的遗传距离在0.000～0.618之间，平均为0.3732，说明海南栽培荔枝遗传多样性丰富，并证实部分种质存在同名异物现象。易干军等(2003)应用AFLP技术对39个荔枝品种进行了遗传多样性分析及分类研究，发现荔枝品种的遗传多样性并非形态学性状所体现的那样丰富。

在荔枝遗传连锁图谱构建方面，高密度遗传连锁图谱不仅能够应用于育种过程中的早期预选，缩短育种年限，还可应用于目标性状的基因定位和定点克隆。与传统的遗传图谱相比，分子标记遗传图谱位点多、构建速度快、效率高，且不受发育阶段及环境条件的影响，但现阶段对荔枝遗传图谱的构建研究还相对较少。2001年以“马贵荔×焦核三月红”杂交后代中的76个单株为作图群体，通过107对多态性RAPD标记绘制出第一张荔枝遗传图谱。该图谱覆盖总图距1 982.5 cM，平均图距24.18 cM，标记间距离较大。后来，刘睿(2005)、张斌(2008)、周佳(2009)、赵玉辉(2010)分别使用RAPD、AFLP、SRAP等标记对该图谱进行加密，最终获得的图谱覆盖总图距1 096.59 cM，平均图距4.61 cM，分布于荔枝的15个连锁群，但是标记数量依然较少，图距较大，研究结果尚未应用于实际的育种当中。2014年，孙清明等构建了2个作图群体，“雪怀子×桂味”和“雪怀子×焦核三月红”，分别包含113个和46个F_1单株(孙清明等，2014)。研究发现，在群体单株具有偏母遗传，但是遗传作图的研究还未开展。

在分子标记辅助育种方面，主要用于杂交亲本的选配、杂种实生苗的早期选择、染色体片段去向的追踪、基因检测、雌雄异株果树幼苗的性别鉴定以及多种抗病性状的直接筛选。Chundet等(2007)利用高退火温度随机扩增DNA多态性(HAT-RAPD)的方法对自然授粉的杂种后代进行检测，发现只要有足够多的初始条带数据，就能够利用该方法检测到任何想要的杂交后代。赵玉辉等(2008)利用SRAP标记从35株荔枝和龙眼的属间杂种苗中鉴定出2株真杂种苗。傅嘉欣(2010)综合“马贵荔×焦核三月红”(MS)和“马贵荔×无核荔”(MW)2个F_1群体的成熟期和品质性状，初步筛选出6个优异单株。田婉莹(2015)等对11个杂交组合利用5对SSR标记和3对InDel标记引物从F_1代中鉴定出真杂种。发现不同组合杂交效率存在差异，平均真杂种率为71.9%。

刘成明(2001)找到20个与成熟期性状密切相关的RAPD标记，黄天林(2006)对其中的6个RAPD标记进行测序，开发了2个SCAR标记。赵志常(2006)又从410个RAPD标记中筛选出10个与早熟性状有关的标记。此外，刘成明等(2002)通过对怀枝、桂味、三月红和火灰荔4个荔枝品种及其18个不同来源的焦核突变株系的RAPD分析，找到2个与焦核突变密切相关的RAPD标记，可用于焦核突变性状的鉴别或筛选。但韩胜利(2004)发现，井岗红糯和糯米糍的焦核性状与这2个标记并不相关。Cutler(2006)开发了2个SCAR标记，1个用于区分成花诱导时低温敏感与不敏感品种，另1个只在商品价值高的品种中出现。

四、展望

荔枝产业正在世界范围内蓬勃发展，对于易成花、丰产、优质、多抗、极端熟期品种的需求日益迫切。优化现有育种技术、提高资源利用和种质创制效率、加快选育新品种是产业对科技发展的迫切要求。在现有基础上，未来一个时期对荔枝优异性状发育和形成的分子机制研究进展将加快，对功能基因的挖掘将加速，分子育种所需的功能基因数量将急剧增加，如何提高离体再生和转基因效率，以利用基因编辑等技术定向改良现有优异品种、创制新种质是亟须攻关的重要方向。利用已测序完成的基因组数据开发分子标记，利用连锁不平衡作图和遗传连锁图谱等技术开发优异性状相连锁的分子标记，对杂种后代进行基于基因组选择的分子标记辅助选择育种，是提高育种效率的另一努力方向。

第三节　荔枝新品种选育

一、我国荔枝品种现状

我国拥有丰富的荔枝种质资源，但随着全球经济一体化进程的不断加快和生物技术的迅猛发展，国际间的种业竞争也越来越激烈，呈现出从种质资源主权保护到基因资源产权保护的发展态势。因此，加快推进荔枝种业发展与科技创新，培育和推广具有自主知识产权的优良品种，已成为继续保持我国荔枝种业国际领先地位、促进我国荔枝产业可持续发展的迫切需要。我国荔枝品种选育取得了突破性进展，2000年以来，有36个荔枝新品种通过省级以上审定、认定或登记，另有一批新品种在申请植物新品种权保护。

二、我国荔枝新品种选育取得的成绩和存在的问题

（一）主要成绩

1. 品种选育水平显著提高

广东、广西、云南、海南、四川等省区对荔枝种质资源进行了系统的调查，加强了对荔枝种质资源的收集保存和鉴定评价工作，获得了一大批特早熟或特晚熟、特大果、耐贮藏、品质优、有香气、抗逆性强的优异资源，并对种质资源中营养和功能成分进行了系统的分析与评价，建立了高密度分子遗传图谱和种质的SNP分子条码，开展了全基因组测序，为深入发掘与利用各类基因资源以及分子标记辅助育种技术平台的建立与应用奠定了良好的基础。

通过实生选种和人工杂交育种，育成荔枝新品种36个。其中的红巨人是国内第一个通过有性杂交途径育成的荔枝新品种，具有特大果、特晚熟、品质优良、耐贮藏等特点。新选育的部分品种既有糯米糍、桂味的品质，同时又拥有怀枝的丰产、稳产特性，能够有效地解决传统荔枝品种“高产不高价，高价不高产”的突出问题，为荔枝新一轮的品种结构调整提供了很好的品种基础。

在重视荔枝常规杂交育种的同时，我国的育种工作者积极开展了荔枝、龙眼的远缘杂交育种、诱变育种和倍性育种研究，获得了大量的属间杂种后代及各种诱变材料。特别是，以龙眼华农早为母本、荔枝紫娘喜为父本进行的杂交，获得了世界上首例“果肉带有红色”的龙眼新种质，这一成果对龙眼、荔枝的遗传育种将产生深远的影响。

2. 品种结构逐步优化

为了更好地发挥国家荔枝龙眼产业技术体系综合试验站和国家荔枝良种重大科研攻关联合体成员单位的区域优势，在海南、广东、广西、福建、四川、云南、贵州建立了区试点，通过筛选获得了适宜在各主产区推广应用的荔枝主推品种，初步实现了全国荔枝的品种区域化布局。

利用高接换种技术，在荔枝各主产区大力开展品种结构调整工作。2009年以来，全国荔枝新品种换种面积超过2万hm^2，极大地提高了优质品种的种植面积，优质品种的覆盖率稳步提升，已超过45%，显著促进了荔枝的品种结构调整、产业升级和科技进步，社会、经济和生态效益明显。

为了更好地发挥优势区域对荔枝产业的推动作用，农业农村部发布了《荔

枝优势区域布局规划(2016—2020)》，随着该规划的实施，我国各产区的荔枝逐渐向优势区域发展，形成了各具特色的荔枝产区。

3. 新品种保护体系和法律法规逐步完善

华南农业大学和中国热带农业科学院热带作物品种资源研究所分别建立了荔枝DUS测试中心，承担荔枝新株系(品系)的DUS测试工作，为荔枝新品种保护提供了技术平台。

2017年，广东省公布实施了全国第一部农作物单品种保护法律法规《广东省荔枝产业保护条例》，为荔枝产业规范发展提供了法律保障。广东省还成立了广东荔枝产业联盟，联盟成员涉及荔枝全产业链，涵盖了教学科研、技术推广、生产经营、营销、物流、电商、金融、保险等涉荔枝产业的企事业单位，为荔枝产业发展和各主产区沟通交流搭建了新的平台。2018年，启动了国家荔枝良种重大科研联合攻关项目，集聚了行业内的优势力量，为提升荔枝种业自主创新能力提供了科技支撑。

(二)存在的问题

1. 品种遗传改良技术方法落后

“十三五”期间选育的荔枝新品种绝大多数是通过实生选种途径获得的，但继续通过实生选种定向改良品种的潜力已近枯竭。近年来，荔枝杂交育种等定向育种技术虽然取得了较大的进展，但对重要性状的遗传规律及QTL定位、重要功能基因的挖掘与育种应用仍然缺乏深入系统的研究。荔枝诱变育种、倍性育种、细胞工程育种、基因编辑与聚合育种等分子育种方面的研究工作开展甚少，技术方法体系尚未成熟，研究基础还较薄弱。

2. 品种结构仍不合理，产期集中问题突出

“十三五”期间，我国荔枝品种结构虽有很大改善，但仍然不尽合理，从而制约了产业效益的提升。具体表现在：一是品种结构单一，荔枝品种中黑叶高达近11.6万hm^2，怀枝也有近4.7万hm^2，二者占总面积的50%左右，果贱价低的问题非常突出。二是主栽品种在熟期性状上层次不分明，中熟偏多，早熟和晚熟品种偏少，导致产期非常集中，如大部分荔枝品种集中于6月中旬至7月中旬成熟，在不足1个月内要将上百万吨荔枝鲜果销售完毕实非易事，因此，产期集中导致季节性过剩的问题十分突出，“果贱伤农”事件屡有发生。

3. 品种品质的稳产性差，对栽培技术要求高

我国多数荔枝品种的稳产性差，对气候的依赖性强，存在明显的大小年现象，如荔枝品种白蜡、桂味等成花不稳定，白糖罂、糯米糍等落花落果严重、易裂果，造成大部分荔枝品种单位面积产量较低。许多优良品种对栽培管理技术要求较高，如桂味、糯米糍等，急需研发配套的标准化生产技术，只有在确保满足其成花坐果营养需求的水肥科学管理的前提下，其优良的品种特性才能充分发挥和体现。

4. 种业企业缺失，尚未建立商业化育种体系

现有荔枝企业主要集中于产后的下游环节，如贮运、加工、贸易环节的企业，上游新品种研发企业严重缺失，科研单位仍是开展种业研究的主体，尚未建立商业化育种体系。

三、我国荔枝新品种选育的目标与品种结构的调整

1. 选育目标

(1)特早熟优质。成熟期与三月红相当或比三月红早 10 d 以上，平均单果质量 25 g 以上，形正色靓，可溶性固形物含量 16%～18%，可食率稳定在 70%以上。

(2)中熟特优质。熟期与黑叶相当，平均单果质量 25 g 以上，形正色靓，可溶性固形物含量 18%以上，可食率稳定在 70%以上，肉质爽脆。

(3)晚熟特晚熟优质。和怀枝熟期相当或比怀枝迟 10 d 以上，平均单果质量 30 g 以上，形正色靓，可溶性固形物含量 17%～19%，可食率稳定在 70%以上。

(4)特异性状。特大果形，平均单果质量 50 g 以上；耐贮运，常温贮藏 1 周以上；病虫害抗性强，抗荔枝霜疫霉病、炭疽病、蒂蛀虫中的 1 种或以上；特殊风味(如香味等)。

(5)加工型。丰产稳产性好，出汁率高，糖酸比适宜，适宜机械化去皮、去核等。

2. 品种结构调整思路

(1)用优质品种替代大宗低效品种，提高优质品种的比例。

(2)增加早熟、特早熟荔枝的比例，降低中熟品种的比例。

(3)优化区域布局。建设海南特早熟、早熟优势区，粤西早中熟优势区，粤中桂东南中晚熟优势区，粤东闽南晚熟优势区，长江上游特晚熟优势区，云南高原立体生产优势区。

四、主栽品种和新品种

(一)主栽品种

目前年产量在 1 万 t 以上的主栽品种有 13 个，按其成熟期先后简单介绍

如下。

1. 三月红

三月红原产于广东中山市，最早记载于1278年。现种植于广东的中山、增城和广西南部等地。树形直立，树势壮旺，枝条粗壮，叶面平或略外翻，叶片深绿色。广州地区结果母枝在10月中旬老熟，12月上、中旬开始出现花序原基，花序大而粗壮，小花大而密集，花枝和花蕾表面密生黑褐色茸毛。翌年2～3月开花，成熟期在4月下旬(海南)至5月中旬(广东、广西)。三月红是我国最早上市的荔枝品种。果实歪心形，完全成熟的果皮鲜红色，果肉蜡白色，近果核处具褐色。汁多，味甜酸，肉质稍粗，微涩。单果质量25～40 g，果径39～42 mm，多数种子发育不全，半焦核或焦核，平均果核质量2 g，已选育了焦核品系。可食率62%～68%，可溶性固形物含量15%～20%，酸含量0.25%～0.4%。

2. 妃子笑

妃子笑是中国古老而著名的荔枝品种，产于华南各地。树势壮旺，枝条粗壮，树冠略疏散，树皮灰褐色，叶片较宽大。在广州地区，结果母枝于11月上旬前老熟，12月至翌年1月现花序，2～4月开花，5月上旬(海南)至7月下旬(四川)果实成熟。果大，单果质量23～32 g，果实横径36.2～37.2 mm，近圆形或卵圆形。果皮薄，果皮厚度(1.9±0.3)mm，颜色淡红，龟裂片突起，裂片峰细密，锐尖刺手。果肉厚，白蜡色，汁多，蜜甜，清香。种子多不饱满，种子质量0.5～1.4 g，平均(0.98±0.33)g。可食率(80.2±2.1)%，可溶性固形物含量17%～20%，酸含量0.25%～0.35%。早中熟，品质优良，较耐贮藏运输，既适宜鲜食，也适合制干加工等。

3. 白糖罂

白糖罂主要产于广东高州、电白等地。树势中等，树冠紧凑，幼年树略直立，成年树树冠圆头形，枝条节密，小叶叶缘波浪状。结果母枝于10月下旬至11月上旬老熟，翌年2月中旬至3月开花，5月中旬至6月上旬成熟。果实歪心形或短歪心形，中等大，单果质量(21.0±3.2)g，果实横径31～33 mm。果皮鲜红色，皮薄，龟裂片呈较明显的多角形，稍隆起，大部分平滑，裂片峰钝，果肩一边高一边低。果肉厚，半透明，肉质爽脆，果汁中等，味甜微香。大核为主，种子质量(2.42±0.30)g，可食率(68.5±3.5)%，可溶性固形物含量18%～20%，酸含量0.05%。品质上等，是比三月红和白蜡更有市场竞争力的早熟品种。耐肥，但不够丰产稳产，果实较不耐贮运。

4. 白蜡

白蜡主要产于广东的电白、高州等地。树势中等，树冠半圆形，枝条疏长而硬，叶片披针形，钝尖或短尖，叶面特别有光泽。结果母枝于11月中旬老熟，翌年1月中、下旬现花序，3月中、下旬开花。花穗较大，花朵密集。5月下旬至6月上旬成熟。果实心形或卵圆形，鲜红色，单果质量(22.0±3.0)g，果横径(32.8～34.6)mm。果肉蜡白色，质脆清甜，汁多。种子大，种子质量(1.8±0.9)g。可食率(78.9±5.0)%，可溶性固形物含量17%～20%，酸含量0.12%。为早熟品种，较丰产，但不够稳产。

5. 大红袍

大红袍是四川荔枝产区的主栽品种，在国内虽然分布较广，但栽培面积不大。该品种也是南非、马达加斯加、澳大利亚、泰国等国的荔枝主栽品种。植株高大壮旺，树姿开展，因主枝分枝角度小而容易劈裂。叶片大，深绿色，上卷。在福建漳州于3月中、下旬开花，花序大。常常开花不良，或雌花量少导致坐果差。果实6月成熟。果实长卵圆形或椭圆形，中等大，单果质量22～26 g，果径28～34 mm。果皮鲜红至暗红色，龟裂片小，裂片峰尖锐，缝合线不明显。果肉乳白色，肉质稍粗韧，味甜微酸，微香。种子大而饱满。可食率61%～75%，可溶性固形物含量15%～18%，酸含量0.25%。适应性广，较丰产稳产，耐贮藏运输，品质中等，制干和鲜食皆宜。

6. 黑叶

黑叶广泛分布于广东的茂名、惠州、汕尾、汕头，广西南部，福建的漳州和台湾等地。树体高大，枝条疏长。叶片长，叶色浓绿，叶尖渐尖微歪斜。结果母枝于10月中、下旬老熟，翌年2月现花序，花期3月中旬至4月上旬，广东6月上中旬、福建6月下旬、四川7月下旬果实成熟。结果能力强，常成串结果。果实心形，紫红色，中等大，单果质量(22.8±2.0)g，果径32.0～34.2 mm。皮薄而软，龟裂片大而平滑，无裂片峰突起，缝合线明显。果肉乳白色，近果核处具褐色。味甜，软滑，微香。90%以上大核，种子平均质量(2.4±0.8)g，果皮厚(1.34±0.19)mm。可食率(71.0±3.4)%。可溶性固形物含量16%～20%，酸含量0.35%～0.40%。适应性广，耐湿，丰产，稳产，但抗风力较弱。果实品质较好，较耐贮运，既可鲜食，也可用于加工，但加工的果干品质不如怀枝等品种。因果肉内面具褐色物质，故罐藏品质略差。

7. 桂味

桂味分布于华南各地，为广东主栽品种之一。植株高大，树势健壮，枝条细而硬，略直立。叶片边缘稍向内卷，先端短尖。在珠江三角洲地区，结果母枝于11月底前老熟，翌年1月下旬开始现花序，多带叶花序，3月下旬至4月中旬开花。果实成熟期6月下旬至7月中旬。果实粉红色，单果质量(18.1±1.2)g，果径30.7～33.2 mm。龟裂片突起，裂纹明显，缝合线明显，裂片峰尖锐。果肉乳白色，肉厚，质地结实爽脆，清甜多汁，有桂花香味。

小核一般占 90%以上，平均种子质量(0.7±0.7)g，一些年份大核多。可食率(77.8±3.8)%，可溶性固形物含量 18%～21%，酸含量 0.15%～0.20%。产量高，不够稳产。为品质最佳品种之一，适合鲜食，但不耐贮藏运输。

8. 糯米糍

糯米糍主要产于广东广州、东莞、深圳等地，为著名良种。树势中等，树冠半球形，枝条细密略下垂。叶小而薄，披针形，叶缘微波浪状，新梢嫩叶淡黄色。结果母枝在 11 月底前老熟，翌年 1 月中旬至 2 月上旬现花序，花序短小、黄绿色，3 月下旬至 4 月中旬开花，果实成熟期 6 月下旬至 7 月上旬。果实鲜红色，较大，单果质量(26.5±3.3)g，果实横径 34.1～37.5 mm，果形指数 0.98±0.02，扁心形，果肩一边隆起。龟裂片隆起，裂片峰平滑，缝合线明显。果肉半透明，软滑多汁，味浓甜微带香气。种子多退化，种子质量 0.5～2.1 g，平均(1.33±0.60)g。果皮厚(1.05±0.04)mm。可食率(78.0±2.9)%，可溶性固形物含量 18%～21%，酸含量 0.15%～0.25%。品质特优，适合鲜食和制干。适应范围较窄，落果和裂果严重，产量较低而不稳定，不耐贮藏运输。可能有多个品系，其中“红皮大糯”综合性状优于“白皮小糯”，果大，裂果较少。

9. 鸡嘴荔

鸡嘴荔产于广西的合浦，又称香山鸡嘴荔。树势健壮高大，枝条粗硬，略开展。叶片长椭圆形，深绿色，叶面平整，先端渐尖。3 月开花，花序分枝多，花蕾密集，6 月下旬果实成熟。果实暗红色，单果质量(17.9±2.8)g，果实横径 29.1～33.7 mm，歪心形或扁圆形。龟裂片中等大，平坦或乳头状突起，裂片峰尖锐，缝合线不明显。果肉白蜡色，爽脆清甜微香。多为大核，平均种子质量(2.65±1.35)g，可食率 79.3%，可溶性固形物含量 18%，酸含量 0.35%。适于山地栽培，果大质优，适于鲜食、制罐和制干。

10. 灵山香荔

灵山香荔主要产于广西灵山等地。植株高大，树形开展，枝条细密下垂。叶片披针形，叶面有光泽，先端渐尖，叶缘微波浪状。花枝疏长。果实成熟期 6 月中旬至 7 月上旬。果实鲜红色，中等大，单果质量 21 g，果实横径 28～33 mm，卵圆形。果皮龟裂片隆起，大小不一，裂片峰乳头状突起，缝合线明显。果肉白蜡色，清甜爽脆，有香气，果汁量中等。种子大，平均质量(3.25±0.31)g，可食率 73%，可溶性固形物含量 20%，酸含量 0.3%。品质上等，适合鲜食、制罐和制干，但丰产不稳产。

11. 兰竹

兰竹是福建南部广泛栽培的著名荔枝品种。植株较矮，树形开展。叶片近长卵圆形，先端渐尖。4 月中、下旬开花，花序中等大。果实成熟期 6 月下旬至7月中旬。果皮红色(裂纹处)带黄绿色(龟裂片处)，果大，单果质量23～30 g，心形至近圆形。龟裂片中等大，乳状突起，裂片峰微尖，微具刺，缝合线不明显。果肉乳白色，肉质软滑多汁，味甜酸。多焦核。可食率71%～80%。可溶性固形物含量17%。较丰产稳产，适于山地栽种。品质中等，适于鲜食、制汁、制罐和制干等。

12. 怀枝

怀枝是广东、广西栽培历史久、栽培范围最广、产量最高的主栽品种。其植株较矮，树形紧凑，枝条短而节密，尤其是顶部叶片密集成丛生状。叶片短椭圆形，质地厚硬，钝尖。在广州地区，结果母枝于12月上旬老熟，翌年1月下旬至2月中旬现花序，3月下旬至4月中旬开花，花穗短小，广东7月上、中旬成熟。果实暗红色，中等大，单果质量(23.1±1.4)g，果径34.5～35.2 mm，圆球形或近圆球形。龟裂片大而平，排列不规则，裂片峰平滑。果肉白蜡色，软滑多汁，味甜，可溶性固形物含量17%～21%，酸含量0.15%～0.35%。种子中等大，平均质量(2.3±0.5)g，多数大而饱满。果皮厚(1.32±0.24)mm。可食率(72.4±2.0)%。适应性较广，高产，稳产，品质良好，耐贮藏和运输，是良好的制罐、制干等加工品种，大核类型适合作为大部分品种的砧木。也有焦核单株。

13. 双肩玉荷包

双肩玉荷包产于广西的博白和广东的阳江、珠海等地。树冠半圆形，开展，枝条较粗壮。叶质厚硬，颜色深绿。3月下旬至4月上旬开花，花序较紧凑，果实成熟期7月上、中旬。果皮紫红色，果中等大，单果质量(25.1±3.4)g，果实横径34.7～37.3 mm，龟裂片较大，楔形突起，排列不整齐，裂片峰钝尖，缝合线明显。果肉淡黄蜡色，软滑多汁，味甜带微酸。大核为主，果核质量(2.2±0.3)g，果皮厚(0.96±0.11)mm。可食率(74.3±2.3)%，可溶性固形物含量19%，酸含量0.3%。适应性强，耐旱，耐瘦瘠，丰产稳产。品质中上，适于加工和鲜食，但不适于制罐。

(二)新品种

通过实生选种和人工杂交育种途径，已育成荔枝新品种36个，其中通过全国热带作物品种审定委员会审定的品种有7个(品种审定编号为“热品审+审定年份+编号”)，通过省级农作物品种审定委员会审定、登记或认定的品种有26个[品种审定编号为“省审(认)果+审定年份+编号”]。下面简要介绍2014年以来新选育的品种及2014年之前审定并在生产中推广面积超过333 hm^2的新品种。

1. 贵妃红

贵妃红(图3-7)由广西壮族自治区农业科学院园艺研究所选育，热品审

2014003。树势较强，树冠圆头形，树姿开张，主干灰白色、表皮质地光滑。嫩梢黄绿色，枝梢斜生、粗壮，枝梢节密度中等，皮孔竖长形、中等大、密。小叶2～3对，叶片长椭圆形，叶尖渐尖，叶基短楔形，叶缘微波浪。果实心形，果肩一边隆起一边平、梗洼突出，果顶钝圆，果皮鲜红色，龟裂片大、排列不整齐、平坦或隆起。果实大，平均单果质量35.4 g，纵径、大横径和小横径分别为3.59 cm、4.24 cm、4.08 cm。果实硬，果皮很厚，为0.23 cm。果肉半透明，味甜，香气中等，质地细嫩、多汁，可溶性固形物含量18.7%，果肉厚，可食率73.5%。种子不规则，长椭圆形或椭圆形，黑褐色，有核纹，焦核率46.0%，种子质量占果实质量的4.6%。

图3-7　**贵妃红**（彭宏祥 提供）

2. 井岗红糯

井岗红糯（图3-8）由华南农业大学园艺学院选育，热品审2015004。迟熟，

图3-8　**井岗红糯**（胡桂兵 提供）

成熟期比怀枝迟 7～10 d。果实外观好，呈心形，果皮鲜红，果肉厚，爽脆，味清甜，兼有糯米糍和桂味的肉质优点。可溶性固形物含量 19.2%，可食率 77.3%，焦核率 80%左右。平均单果质量 23.5 g，裂果少，商品性好。在生产上表现较抗荔枝霜霉病。

3. 马贵荔

马贵荔(图 3-9)由华南农业大学园艺学院选育，热品审 2015005。迟熟，熟期多在 8 月中旬前后，比怀枝迟熟 10～15 d。树势生长较壮旺，树冠半圆头形，树干灰褐色。叶片椭圆形，叶较宽，急尖，叶片两缘较平滑，叶脉较突出，主脉稍带浅黄绿色。果实正心形，果色鲜红，龟裂片较平。果大，平均单果质量 39.6 g，果实纵径 4.09 cm、横径 4.24 cm、侧径 3.98 cm。果肉蜡白色，肉厚 1.06 cm，肉质嫩滑，汁多味较甜，可溶性固形物含量16.5%～18.2%，可食率 72.9%，酸含量 0.197%(果汁)。种子浅黑褐色，果核质量 3.4 g。

图 3-9　马贵荔(胡桂兵 提供)

4. 红绣球

红绣球(图 3-10)由广东省农业科学院果树研究所选育，热品审 2015006。树冠半开张，树势中等。开花期 4 月上、中旬，成熟期 7 月上旬。果实短心形，龟裂片乳状隆起，峰钝，裂纹深、窄，缝合线宽、浅，果肩耸起，果梗较粗，果顶浑圆。果皮颜色鲜红，较厚。果肉蜡黄色，汁多，有蜜香味。平均单果质量 32～35 g，可食率 75%～80.5%，可溶性固形物含量 18.1%～21.5%，焦核率 70%～80%。裂果少，丰产稳产，属果大、质优、少裂品种。

图 3-10 红绣球(欧良喜 提供)

5. 岭丰糯

岭丰糯(图 3-11)由东莞市农业科学研究中心选育，热品审 2018004。树势旺盛，新稍分枝少。羽状复叶，主轴长度 4～6 cm，叶面光泽明显。复总状花序，主轴长约 15 cm。果实外观与糯米糍非常相似，心形，平均单果质量 22.3 g。果皮鲜红色，龟裂片峰钝尖或钝圆，略扎手。几乎全部焦核，种子质量 0.5～0.8 g。珠三角产区果实成熟期 6 月下旬至 7 月上旬。鲜果品质优，可食率 74.5%～82.0%，可溶性固形物含量 17.9%～19.2%，焦核率 90%以上，肉厚清甜，无渣，风味佳。早结、丰产、稳产，可采收期长达 15～20 d，抗裂果、抗霜疫霉病，耐贮性优于糯米糍。但坐果多时果实小于糯米糍，果肉内层稍带褐色。高接后 1 年即可结果，3 年进入盛果期。

图 3-11 岭丰糯(赵杰堂 提供)

6. 观音绿

观音绿(图 3-12)由华南农业大学园艺学院选育，热品审 2019001。树姿开张，树势较强。叶片长椭圆形，较糯米糍宽大，叶缘平直，叶面平展，叶尖短钝尖，叶片主侧脉明显。长圆锥形花序，主轴长度 13～20 cm。果实卵圆形，龟裂片排列规则，裂片峰无明显峰突，果实较大，平均单果质量 24.5 g。果皮红色带有黄绿色时食用最佳，果肉细嫩，肉厚清甜，带蜜香味，可食率 81.5%，焦核率 93%以上，可溶性固形物含量 18.5%，可滴定酸含量低，固酸比极高，风味极佳。果实成熟期一般比晚熟品种糯米糍迟熟 7～10 d，在珠三角产区于 6 月下旬至 7 月上旬成熟。具有早结、晚熟、果实品质特优、可采摘期长等优点，但也存在采前落果和裂果现象比较严重的缺点。

图 3-12 观音绿(李建国 提供)

7. 桂早荔

桂早荔(图 3-13)由广西壮族自治区农业科学院园艺研究所选育，热品审 2019002。树势旺盛，树干表面光滑，呈灰褐色。小叶立面互生 2～3 对，多为 3 对。花序为大花序，长约 30 cm，宽约 21 cm。果实卵圆形，果皮鲜红色，龟裂片峰平滑或锐尖，果实成熟时多数花丝不脱落。平均单果质量 26.7 g，可食率 67.2%，可溶性固形物含量 15.9%，总糖含量 14.6%，可滴定酸含量 1.73%，维生素 C 含量 53.1 mg/100g。在海南陵水产区果实成熟期为 4 月中、下旬，较妃子笑早约 15 d。在广东、广西产区果实成熟期为 5 月底至6月初，较三月红晚约7 d，较妃子笑早约15 d。早结，早熟，丰产，稳产。种核相对较大，品质中等，但优于三月红。

图3-13 桂早荔(彭宏祥 提供)

8. 凤山红灯笼

凤山红灯笼(图3-14)由广东省农业科学院果树研究所选育，粤审果2011005。树势旺盛，枝梢较长，树冠开张。果实6月下旬成熟。果实正心形，中等大，平均单果质量25.5 g，皮色鲜红，果肉爽脆细嫩、味清甜，品质优良。可溶性固形物含量15.8%，总糖含量14.0%，维生素C含量14.9 mg/100g,焦核率82%以上，可食率80%。果皮较厚，裂果率低。

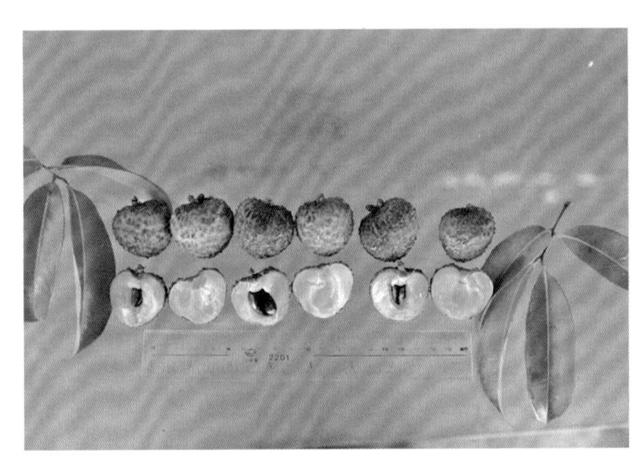

图3-14 凤山红灯笼(欧良喜 提供)

9. 仙进奉

仙进奉(图3-15)由广东省农业科学院果树研究所选育，粤审果2011009。树形半圆头形，较开张，树势中等。迟熟，果实在7月上、中旬成熟，比糯米糍迟熟 7～10 d。果实扁心形和心形，果肩耸起，果皮颜色鲜红，皮厚而韧，裂果少。果较大，平均单果质量 25 g。果肉厚，蜡黄色，有蜜香味，味清甜。可溶性固形物含量 19.1%，总糖含量 16.2%，维生素 C 含量 30 mg/100 g，可食率 79%，焦核率 85%。

图 3-15 仙进奉(欧良喜 提供)

10. 御金球

御金球(图 3-16)由广东省农业科学院果树研究所选育，粤审果 2014001。果实 6 月下旬成熟。果实中等大，圆球形，果皮鲜红、微带金黄色，小核率 25%～80%。品质优，肉质嫩滑，风味浓郁。可溶性固形物含量 19.9%～20.3%，总糖含量 15.7%～16.9%，维生素 C 含量 35.3～37.3 mg/100g。

图 3-16 御金球(向旭 提供)

11. 琼荔 1 号

琼荔 1 号(图 3-17)由海南省农业科学院热带果树研究所选育，琼认荔枝

2014001。树姿半开张，树干灰褐色，表皮较光滑。新梢黄绿色，老熟后黄褐色至灰褐色。小叶 3 对，叶片椭圆形，嫩叶紫红色至淡红色，成熟叶片深绿色；叶对生，叶片比对照荔枝品种紫娘喜略大；叶基钝形，叶缘平直无波浪，叶尖急尖。圆锥形花穗，花枝较细，花穗轴绿色，侧穗多呈蝶翅状对生，也有部分互生；雄蕊 5～7 枚，子房呈淡绿色，子房室明显，柱头浅裂，呈羊角形。果实心形或歪心形，纵径 43.06 mm，大横径 44.59 mm，小横径 42.26 mm，果形指数 0.97。平均单果质量 37.1 g，成熟果实黄绿色，完熟后逐渐转为深红色；果顶浑圆，果基微凹，果肩一平一耸；龟裂片呈不规则多边形突起，裂片峰无明显尖突，多为钝形；龟裂纹较宽，纹路清晰，缝合线较深。种子呈棕褐色，平均单粒种子质量 3.87 g，焦核率低于 10%。果肉蜡白色，肉厚 1.2～1.5 cm，肉质爽脆、细嫩，风味浓甜，并具有较浓郁的特殊香气；可溶性固形物含量 19.50%，总糖含量 16.8%，可食率 70.8%。

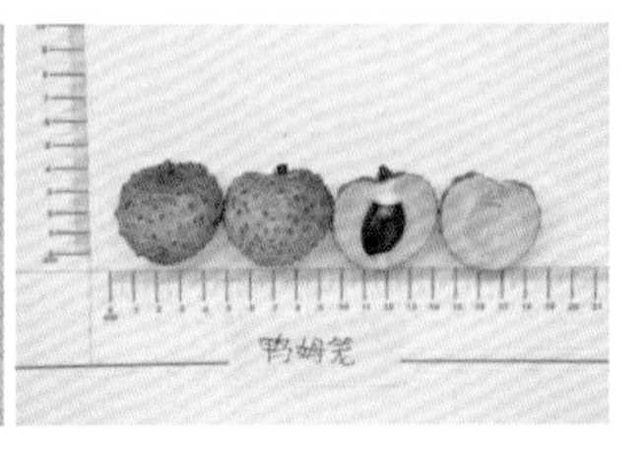

图 3-17 琼荔 1 号(鸭姆笼)(王祥和 提供)

图 3-18 唐夏红(李建国 提供)

12. 唐夏红

唐夏红(图 3-18)由华南农业大学园艺学院选育，粤审果 2015008。6 月下旬成熟，果实短心形，果皮红色，肉厚、质软滑，味清甜、香气浓郁，平均单果质量 27.1 g，可食率 76.4%，焦核率 51%，可溶性固形物含量 18.5%，总糖含量 15.6%，可滴定酸含量 0.14%，维生素 C 含量 22.5 mg/100g。

13. 桂荔 1 号

桂荔 1 号(图 3-19)由广西壮族自治区农业科学院园艺研究所选育，桂审果 2015009 号。树冠圆头形，树干表面光滑，呈灰褐色。小叶立面对生、对数 3 对，复叶柄横断面心形；小叶长椭圆形，叶尖长尾尖，叶基楔形，叶缘呈平直状，侧脉不明显。花序长圆锥形，有雄花、雌花 2 种。花期 4 月上、中旬，成熟期为 7 月上、中旬。果实心形，果肩双肩隆起，果顶浑圆。果皮鲜红，厚度 1.91 mm，果皮缝合线浅，龟裂片排列整齐不均匀、较大，裂片峰形状平滑。果肉质地软滑，蜡白色，色泽均匀，无杂色，干苞。平均单果质量 29.0 g，纵径 31.99 mm，大横径 37.73 mm，小横径 33.72 mm。可食率 68.0%，可溶性固形物含量 18.0%。

图 3-19 桂荔 1 号(彭宏祥 提供)

14. 桂荔 2 号

桂荔 2 号(图 3-20)由广西壮族自治区农业科学院园艺研究所选育，桂审果 2016029 号。树冠圆头形，树干表面光滑，呈灰色。小叶立面互生，复叶柄横断面扁心形；小叶椭圆形，叶尖渐尖，叶基楔形，叶缘呈平直状。花序长圆锥形，雄花花萼形状为碟状，半展开；雌花雌蕊 1 枚，二裂柱头深裂；雌花花萼形状为碟状，半展开。花期 3 月下旬至 4 月上旬，果实成熟期 6 月下旬至7 月上旬。果实近圆球形，果肩平，果顶浑圆。果皮鲜红，果皮缝合线明

图 3-20 桂荔 2 号(彭宏祥 提供)

显，龟裂片排列整齐不均匀、较大，裂片峰形状楔形。果肉质地软滑，蜡白色，色泽均匀，味清甜。平均单果质量 38.0 g，可食率 75.8%，可溶性固形物含量 19.5%。

15. 翡脆

翡脆（图 3-21）由广东省农业科学院果树研究所选育，粤审果 20170002。易成花、花量适中，果实于 6 月中、下旬成熟。果实中等大，心形。果皮红带黄色，果肩平，果顶浑圆，龟裂片平，排列不整齐，裂片峰钝尖，裂纹浅而窄，缝合线明显。果肉爽脆，蜡白色，平均单果质量 22.2 g，小核率 93% 以上。可溶性固形物含量 18.3%，可食率 80.5%，总糖含量 15.0%，维生素 C 含量 27.0 mg/100g，可滴定酸含量 0.10%。

图 3-21 翡脆（向旭 提供）

16. 北园绿

北园绿（图 3-22）由广东省农业科学院果树研究所选育，粤审果 20180002。在增城果实成熟期为 6 月下旬至 7 月上旬。果实歪心形或扁歪心形，果皮红中带黄绿色。平均单果质量 26.3 g，可食率 77.3%，肉质爽脆，味清甜、微香。可溶性固形物含量 17.2%，总糖含量 14.1%，维生素 C 含量 18.1 mg/100g，可滴定酸含量 0.11%。

图 3-22 北园绿（向旭 提供）

17. 红巨人

红巨人(图 3-23)由华南农业大学园艺学院选育，粤审果 20190002。为国内审定的第一个人工有性杂交新品种。在广州地区 7 月上、中旬成熟。果实正心形，果皮鲜红。果肉蜡黄色，肉质细嫩化渣、酸甜适中。平均单果质量 54.6 g，可食率 71.3%，可溶性固形物含量 18.1%，可滴定酸含量 0.309%，总糖含量 15.8%，维生素 C 含量 31.9 mg/100g。

图 3-23　红巨人(刘成明 提供)

18. 红脆糯

红脆糯(图 3-24)由华南农业大学园艺学院选育，粤审果 20190003。在粤东产区 7 月上、中旬成熟。果实长心形，果皮鲜红。果肉蜡黄色，肉质较爽脆，清甜多汁，有香气。平均单果质量 23.6 g，焦核率 85%，可食率 76.6%，可溶性固形物含量 17.6%，可滴定酸含量 0.274%，总糖含量 17.0%，维生素 C 含量 18.2 mg/100g。

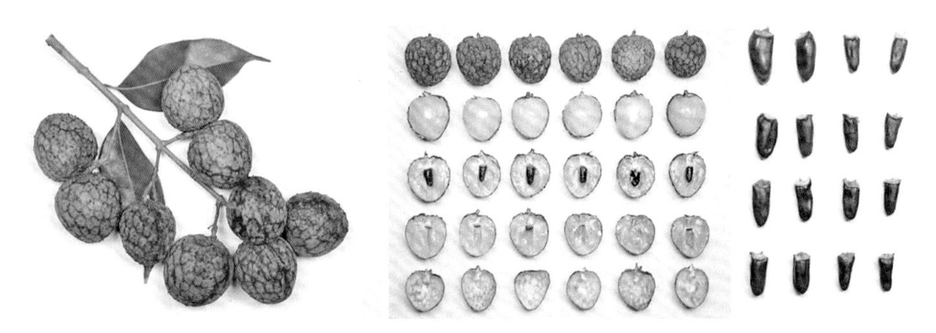

图 3-24　红脆糯(胡桂兵等 提供)

参考文献

[1]Chundet T，Cutler R W. Hybrid Detection in Lychee(*Litchi chinensis* Sonn.) Cultivars using HAT-RAPD Markers[J]. Science Asia，2007(33)：307-311.

[2]Das D K，Rahman A. Expression of a rice chitinase gene enhances antifungal response in transgenic litchi(cv. Bedana)[J]. Plant Cell Tissue and Organ Culture，2012，109：315-325.

[3]Hoa T，Shinya K，Ludwig T. Analysis of genetic diversity of lychee(*Litchi chinensis* Sonn.) and wild forest relatives in the Sapindaceae from Vietnam using microsatellites [C]. Genet Resour Crop EV66，2019：1653-1669.

[4]Jones M，Zee F T，Moore P H，et al. Genetic diversity of litchi germplasm assessed by AFLP marker[C]. Plant Animal and Microbe Genomes Conference XIV，2006：489-223.

[5]Liu W，Xiao Z D，Bao X L，et al. Identifying litchi(Litchi chinensis Sonn.) cultivars and their genetic relationships using single nucleotide polymorphism (SNP) markers [C]. PLoSONE 10：e013539 2015.

[6]Padilla G，Perez J A. Agrobacterium tumefaciens-mediated transformation of 'Brewster' ('ChenTze') litchi (*Litchi chinensis* Sonn.) with the PISTILLATA cDNA in antisense [J]. In Vitro Cellular & Developmental Biology Plant，2013，49(5)：510-519.

[7]Panie T，Salaha P，Eerasak S，et al. Determination of genetic diversity and relationship among Thai Litchi accessions by RAPD and AFLP markers[J]. Kasetsart J，2002，36：370-380.

[8]Puchooa. In vitro regeneration of lychee(*Litchi chinensis* Sonn.)[J]. African Journal of Biotechnology，2004，3(11)：576-584.

[9]Wang L M，Wu J F，Chen J Z，et al. A simple pollen collection，dehydration，and long-term storagemethod for litchi(*Litchi chinensis* Sonn.)[J]. Scientia Horticulturae，2015，188：78-83.

[10]蔡秉宇，孙进华，李焕苓，等．不同授粉隔离方式对荔枝杂交育种效率的影响[J]．中国果树，2019(1)：58-60.

[11]曹璐璐．荔枝果实对霜疫霉侵染抗性机制的初步研究[D]．海口：海南大学，2017.

[12]陈洁珍，欧良喜，蔡长河，等．荔枝特短童期的遗传分析[J]．中国果树，2012(3)：21-25.

[13]陈业渊，邓穗生，张欣，等．海南部分荔枝种质的 RAPD 分析[J]．园艺学报，2004，31(2)：224-226.

[14]陈业渊，李琼，李文华．热带作物种质资源数据标准[M]．北京：中国农业出版社，2009.

[15]邓穗生，陈业渊，张欣．应用 RAPD 标记研究野生荔枝种质资源[J]．植物遗传资源学报，2006，7(3)：288-291.

[16]丁晓东，吕柳新，陈晓静，等．利用 RAPD 标记研究荔枝品种的亲缘关系[J]．热带亚热带植物学报，2000，8(1)：49-54.

[17]凡强．中国野生荔枝的遗传多样性及栽培荔枝的起源研究[D]．广州：中山大学，2007.
[18]傅玲娟，袁沛元，莫锦棠，等．荔枝罐藏优良品种‘青皮甜’‘雪怀子’[J]．中国果树，1987(3)：6-8.
[19]高爱平，李建国，刘成明，等．利用RAPD技术鉴定海南荔枝品种光明[J]．植物遗传资源学报，2006，7(4)：455-458.
[20]李焕苓，方星星，王家保，等．海南不同荔枝优株花粉生物学特性研究[J]．中国南方果树，2016，45(6)：69-73.
[21]李建国．荔枝学[M]．北京：中国农业出版社，2008.
[22]罗海燕．海南野生荔枝种质资源遗传多样性及与半野生栽培荔枝亲缘关系ISSR分析[D]．儋州：华南热带农业大学，2007.
[23]欧良喜，陈洁珍．荔枝种质资源描述规范和数据标准[M]．北京：中国农业出版社，2006.
[24]彭兵，刘爱丽，何业华，等．荔枝茎段愈伤组织诱导与增殖培养[J]．经济林研究，2013，31(2)：125-129.
[25]陶挺燕．海南荔枝种质资源对荔枝霜疫霉病抗性鉴定及霜疫霉病防治药效筛选[D]．海口：海南大学，2010.
[26]田婉莹，孙进华，李焕苓，等．利用分子标记技术鉴定荔枝杂交后代的研究[J]．植物分子育种，2015，13(5)：1045-1052.
[27]王家保，邓穗生，刘志媛，等．海南荔枝(*Litchi chinensis* Sonn.)主要栽培品种的RAPD分析[J]．农业生物技术学报，2006，14(3)：391-396.
[28]王丽敏，陈洁珍，欧良喜，等．荔枝雌蕊柱头可授性研究[J]．江苏农业学报，2014，30(3)：619-622.
[29]王树军，孙进华，李焕苓，等．花粉管通道法转化荔枝的初步研究[J]．热带作物学报，2020，41(2)：252-257.
[30]魏守兴．海南栽培荔枝与半野生荔枝种质的ISSR分析[D]．儋州：华南热带农业大学，2006.
[31]吴淑娴．中国果树志·荔枝[M]．北京：中国林业出版社，1998.
[32]向旭，欧良喜，白丽军，等．利用EST-SSR分子标记鉴别荔枝新品种红灯笼[J]．广东农业科学，2010，12：130-133.
[33]谢艺贤，符悦冠．热带作物种质资源抗病虫性鉴定技术规程[M]．北京：中国农业出版社，2009.
[34]徐玉娟，温靖，肖更生，等．不同品种果实加工特性比较研究[J]．食品科学，2010，31(1)：33-37.
[35]许珊珊，赖钟雄．福州部分荔枝古树花药胚性愈伤组织的诱导与保持[J]．亚热带农业研究，2013，9(2)：123-126.
[36]严倩，吴洁芳，姜永华，等．43份荔枝种质资源的雌花受精与坐果评价[J]．广东农业科学，2019，46(1)：28-35.
[37]姚庆荣．用SSR标记对中国荔枝(*Litchi chinensis* Sonn.)野生种质资源的遗传多样性分析[D]．儋州：华南热带农业大学，2004.
[38]易干军，霍合强，陈大成，等．荔枝品种亲缘关系的AFLP分析[J]．园艺学报，

2003，30(4)：399-403.
[39]昝逢刚，吴转娣，曾淇，等．荔枝种质遗传多样性SRAP分析[J]．分子植物育种，2009(7)：562-568.
[40]赵玉辉，胡又厘，郭印山，等．荔枝、龙眼属间远缘杂种的获得及分子鉴定[J]．果树学报，2008(6)：950-952，971.
[41]朱若鑫．福建主栽荔枝品种的果实对霜疫霉的抗病性及机理初探[D]．福州：福建农林大学，2011.

第四章　荔枝成花生物学及其调控

荔枝属于顶端成花类型，顶部的芽必须充实并有足够的养分积累才能接受成花诱导，这就要求其所在的末端枝梢（通常是秋梢）在诱导性低温来临前能够停止生长，叶片充分成熟。因此，培养适时健壮的秋梢结果母枝是荔枝成花调控的关键技术环节。荔枝成花诱导需要一定的内在条件和外在因素。树体必须通过童期才可以进行花芽分化，而碳素营养和激素水平是影响荔枝成花诱导的内在因素；合适的温度是荔枝成花诱导所必需的环境因子，光照条件也会影响花芽分化，适度的干旱有利于花芽分化。荔枝的花为大型圆锥花穗，但在同一穗花中，雌、雄花不同时开放，这种开花特性对授粉受精不利。荔枝需要借助昆虫才能进行良好的授粉，蜜蜂是主要的传粉昆虫。

第一节　荔枝成花过程与阶段性

一、荔枝花芽分化过程

荔枝花芽分化过程分为生理分化（physiological differentiation）和形态分化（morphological differentiation）前后两个阶段。生理分化阶段是指生长点内细胞发生改变、出现代谢方式以及生化成分方面变化的时期，形态分化阶段是指芽的解剖形态以至于组织、细胞等方面出现花芽标记的时期（周碧燕，2011）。进入形态分化后，按照分化的次序，又分为分化初期、花序分化期和花器官各部分原基分化期。

在分化初期及花序分化期，主要表现为生长点增大变圆，又逐渐变平变宽，生长点进一步发育，在中央和周边产生突起，产生花序分枝的原基，以后进一步发育成侧花序。在花器官各部分原基分化期，当花或花序分枝的原基出现后，生长点在顶端变平的基础上，中心相对凹入，周围由外向内依次产生花萼、雄蕊和雌蕊原基。荔枝的花缺失花瓣，因此没有花瓣原基的分化。

荔枝属于顶端成花类型，多在枝端顶芽或近顶腋芽成花，这些芽必须充实并有足够的养分积累才能接受成花诱导，这就要求其所在的枝梢停止生长，叶片充分成熟。从末次梢的生长到花器官的分化完成，其间所经历的枝梢生长、顶芽形成与枝叶成熟、花诱导、花发端(花序原基分化)、花穗和花分化及开花过程，表现出明显的阶段性、季节性和节奏性(陈厚彬等，2014)。黄辉白和陈厚彬(2003)指出了荔枝成花过程的顺序性和阶段性(图 4-1)。首先，营养生长的停止是秋梢进入成熟过程必不可少的前提，茎端分生组织自此开始感受低温的诱导，而“白小米粒”(俗称“白点”)的出现标志着茎端进入了细胞分裂的活跃状态，“白小米粒”实际上是荔枝叶腋里缓慢生长中的小米粒状、披白色茸毛的花序原基(图 4-2)，花穗发端发育期气温过高会导致花穗上叶原基的进一步发育，造成花序原基的萎缩，即俗称的“冲梢”，若诱导期所经受的低温不足，则此情况会更甚。

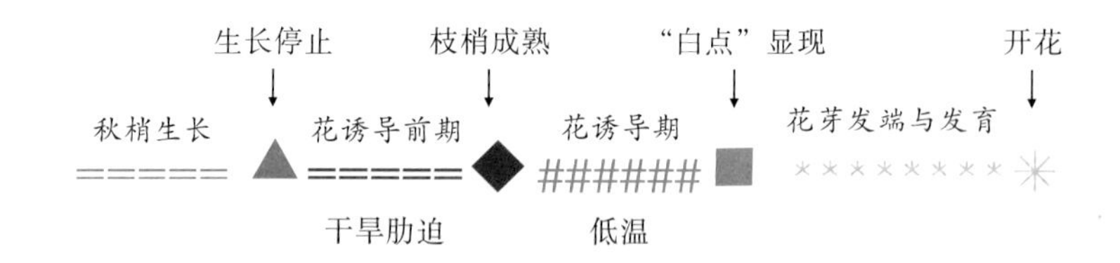

图 4-1 荔枝成花进程的顺序与阶段变化(源自黄辉白等，2003)

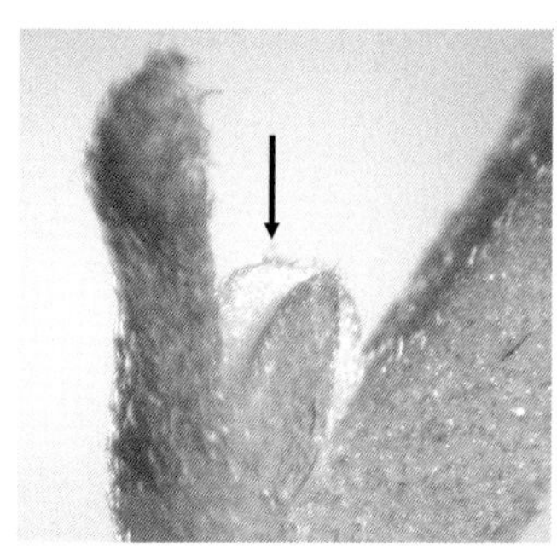

花序原基（周碧燕 摄）

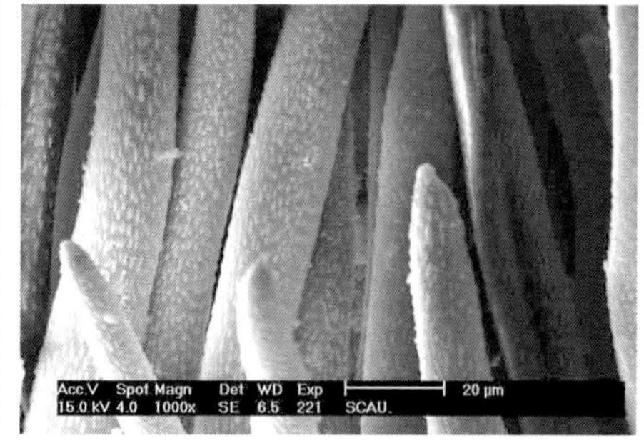

花序原基外面密披的茸毛（源自鲁勇等，2013）

图 4-2 荔枝的花序原基和花序原基外面密披的茸毛

二、花芽分化的时期

花芽分化的时期与品种、地区、气候条件及结果母枝的发育状态有关。在广州的气候条件下，最早熟的三月红品种在9月中、下旬开始可接受成花诱导，10月下旬至11月上、中旬可观察到“白点”即肉眼可辨的花序原基的出现，至12月中、下旬可完成花芽分化；中晚熟的黑叶、糯米糍、桂味等花芽分化期在11月上、中旬接受低温的诱导，至1月中、下旬可观察到“白点”，之后进入花序轴和花器官的分化阶段，在3月中、下旬完成花芽分化。中晚熟品种花芽分化的时期，很大程度上取决于当年低温出现的时间，如降温早，则进入成花诱导期也早。结果母枝的发育状态也会影响花芽分化的时间，同一品种同一地区，在诱导性低温来临前，结果母枝成熟越早，“白点”出现的时间也越早。

第二节 荔枝成花调控机理

一、影响荔枝成花的外界因素

1. 温度

荔枝的花芽分化被认为需要低温的诱导，这种观点来自对荔枝起源和栽培分布的研究。荔枝起源于中国，分布在热带亚热带地区，但荔枝栽培的适宜区是在冬季没有霜冻而又有低温的地区。在热带地区，冬季温度高，荔枝的营养生长旺盛，如果没有采取栽培措施控制其营养生长，则不能开花结果(周碧燕，2011)。如印度南部属于热带地区，没有冬季的季节性低温条件，在低海拔区域荔枝不能正常开花结果，但在高海拔区域有冷凉条件，荔枝可以开花结果(Menzel，1983)。

温度影响荔枝成花的直接证据来自控温试验。早在20世纪80年代，澳大利亚的Menzel和Simpson(1988)已经开展相关研究，他们在控温条件下研究了昼/夜温度为30℃/25℃、25℃/20℃、20℃/15℃和15℃/10℃等处理对Tai So、Bengal、Souey Tung、Kwai May Pink、Kwai May Red、Salathiel和Wai Chee等7个荔枝品种生长和成花的影响，结果表明，昼夜温度为30℃/25℃、25℃/20℃处理的植株都不能成花，而20℃/15℃和15℃/10℃处理的植株可以成花，其中15℃/10℃处理的植株成花率为100%。陈厚彬(2002)利用控温室研究了糯米糍荔枝花芽分化对温度的反应，结果表明，15℃/8℃的低温处理 60 d 后在 25℃/20℃的条件下生长，可以使糯米糍荔枝成花枝率达到 94.8%。有证据证明，低温诱导荔枝成花，只需要局部低温处理即可完成。Zhang 等(2017)把盆栽妃子笑置于 25℃控温室中，利用可以控温的叶室，对植株部分的成熟叶片进行 15℃低温处理，发现处理 21～30 d 后可诱导妃子笑荔枝成花。Menzel 和 Simpson(1988)的研究表明：低温有诱导荔枝顶芽休眠和诱导成花两方面的作用；成花诱导所需要的低温不会高于使枝梢停止生长进入休眠所要求的低温；在一定的温度范围内，温度越低，枝梢停止生长的时间越长，越有利于荔枝的花芽分化。多年的温度记录与成花状况的关联分析也证明了温度对荔枝成花的影响。邓万刚等(2004)指出，冬季日平均气温在 11～14℃时有利于花芽分化和花穗形成；日平均气温在 14℃以上时，温度越高、时间越长，小叶的生长越迅速，消耗的有机养分越多，花穗发育越不良。温度在 18～19℃时，可形成带叶花穗；温度在 20～25℃时花的原始体消失。

温度对荔枝花的质量也有影响。在 Menzel 和 Simpon(1988)的控温试验中，20℃/15℃和 15℃/10℃处理的各个荔枝品种均可以成花，但低温的程度不同，花穗的质量也不同，低温(15℃/10℃)增加不带叶花穗的比率(表 4-1)，这种不带叶的纯花穗，其花的发育比带叶的花穗好，坐果率也高。周碧燕等(2010)利用控温室对盆栽三月红荔枝进行不同的温度处理，结果表明：诱导期较低温(15℃/8℃，昼 12 h/夜 12 h)或者中度低温(18℃/13℃)处理，转移到高温(28℃/23℃)条件下，植株成花枝率低，而且也减少了每穗花的小花数和雌花质量。诱导期 18℃/13℃时，形态分化期 15℃/8℃有利于成花(表 4-2)。进一步分析花穗的内源激素和成花相关基因 *LEAFY* 的同源基因(*LcLFY*)，与 18℃/13℃和 15℃/8℃下发育的花芽相比，28℃/23℃下发育的花芽玉米素(ZRs)含量较低，而生长素(IAA)含量较高。高温处理下花芽中 *LcLFY* 的表达明显弱于低温处理。这一结果表明，这种不同温度下花量和花质的差异与激素水平和成花相关基因的表达有关。

表 4-1 温度对荔枝不同品种成花枝率的影响 单位：%

品 种	15℃/10℃			20℃/15℃		
	营养梢	带叶花穗	不带叶花穗	营养梢	带叶花穗	不带叶花穗
Tai So	0	93.0 c	7.0 a	50.0	49.8 b	0
Bengal	0	70.7 bc	29.4 ab	49.2	32.0 ab	8.6 a
Souey Tung	0	39.4 ab	60.7 bc	58.3	3.2 a	28.3 ab

续表

品　种	15℃/10℃			20℃/15℃		
	营养梢	带叶花穗	不带叶花穗	营养梢	带叶花穗	不带叶花穗
Kwai May Pink	0	54.5 b	45.6 b	20.0	68.7 c	8.2 a
Kwai May Red	0	7.0 a	93.0 c	80.0	3.0 a	5.3 a
Salathiel	0	0	100	16.5	19.5 ab	58.1 bc
Wai Chee	0	0	100	4.0	13.5 ab	80.5 c

引自 Menzel 和 Simpson (1988)。

注：数值为7株树的平均值，字母不同表示差异显著($P=0.05$)，其中的 Tai So 为大造，Souey Tung 为水东，Kwai May Pink 为粉红桂味，Kwai May Red 为红桂味，Wai Chee 为怀枝。

表 4-2　不同温度处理对三月红荔枝成花的影响

处理	末次梢成花枝率/%	每穗花数/个	雌花率/%	单雌花鲜样质量/mg
18℃/13℃→28℃/23℃	32.2±10.7 b	109.2±31.8 b	36.3±6.5 a	18.9±0.4 b
18℃/13℃→18℃/13℃	72.8±10.0 a	389.0±35.0 ab	30.7±5.5 a	24.6±1.8 ab
18℃/13℃→15℃/8℃	65.1±9.3 a	639.5±70.2 a	24.9±4.0 a	27.2±2.9 a
15℃/8℃→28℃/23℃	5.4±3.9 b	140.6±30.6 b	32.3±0.4 a	20.1±1.6 b
15℃/8℃→18℃/13℃	70.2±9.9 a	314.2±20.4 ab	43.0±7.8 a	27.7±0.8 a
15℃/8℃→15℃/8℃	20.0±8.6 b	299.7±26.8 ab	27.5±5.7 a	27.9±2.2 a

引自周碧燕等(2010)。

注：同一列中不同字母表示邓肯氏新复极差测验 $P<0.05$ 水平差异显著。

当荔枝完成成花诱导后，进入发端期，即花芽分化进入到形态分化期，此时适度的低温有利于花序原基的继续发育而不利于花穗上的雏形叶/小叶的发育。如果环境温度过高，雏形叶会迅速生长，使得花序原基的发育处于劣势，最后形成带叶的花穗甚至完全转变成为营养梢(Zhou 等，2008)。

2. 光照

光是自然界中影响植物生长发育最重要的环境因素之一。光周期、光照强度和光质均对植物花芽分化有影响(周碧燕，2011)。根据成花转变对光周期的反应可将植物分为3种类型，即长日照植物、短日照植物和日中性植物。荔枝被认为是日中性植物，其成花诱导对日照长短不敏感(Menzel，1983)。关于荔枝成花与日照长短关系的研究并不多。三月红为早花品种，在亚热带地区末次梢必须在9月下旬前成熟进入休眠，10月已经进入花芽分化阶段，在广州地区，10月下旬至11月上旬即可抽出花穗。针对三月红早成花的现象是否与光周期调控有关，李晶晶对比了成花诱导期间自然光照和晚上一直补光的三月红植株的成花状况，未发现两者在开花时间上有差异(表4-3)。这一研究结果并不能证明三月红成花与光周期无关，由于田间环境影响因素复杂，还需要在控制条件下进行更进一步的比较研究。可能并非所有的荔枝品种均为日中性植物。

表4-3 不同光照条件下三月红荔枝成花情况统计

成花指标	正常光照(ND)	全天光照(FD)
"露白"天数/d	87.2±14.9	91.6±14.0
成花枝率/%	46.6±11.1	44.8±9.2
单穗花量/朵	215.3±50.1	209.5±30.2
雌雄花比例/%	10.23±1.4	5.79±0.7*

引自李晶晶(2018)。

注："露白"天数为2016年9月6日开始至出现"白点"所需要的天数。

*表示同列数据间在$P\leqslant 0.05$水平上差异显著，$n=6$。

虽然光周期对荔枝成花的影响仍未明确，但光照强度对荔枝成花有明显的影响。花芽分化期间充足的日照有利于成花(成龙等，2012)，不良的光照不利于花芽分化，如树冠过度的荫蔽、遮光等都会减少花芽的数量，甚至不能成花。低光强抑制花芽分化可能与碳水化合物积累减少、碳氮比降低和影响激素平衡有关；强光也有利于抑制新梢生长，促进花芽分化(吴邦良等，1995)。另外，光的质量也影响花芽分化，紫外线会抑制生长、钝化IAA、诱发乙烯产生，促进花芽分化(李嘉瑞等，2000)。谢颢阳(2019)对盆栽妃子笑荔枝进行15℃低温处理35 d，其间每天对荔枝进行130 mW/m^{2}的UV-B处理，35 d解除低温和UV-B处理后升温至25℃，结果表明，该强度UV-B处理的植株成花枝率为94%，未处理的对照植株为78%，处理植株的成花枝率显著高于未处理的，说明UV-B辐照可促进妃子笑荔枝的成花。

3. 水分

荔枝花芽的出现通常是在一段时间的低温和干旱之后，因此，很难把低温和干旱的作用区分出来。通常在自然条件下，多数荔枝产区秋冬季低温和干旱往往相伴出现，在这种条件下，荔枝新梢的生长受到抑制，作为结果母枝的末端枝梢停止生长，碳水化合物积累，有利于营养芽向花芽的转变。

生态学的调查和试验研究结果显示，水分胁迫有利于荔枝的花芽分化，秋冬的干旱有利于花芽分化，花发端前高的土壤湿度促进营养生长、抑制开花，而低的土壤湿度限制营养生长、促进开花（Menzel，1983）。黄辉白和陈厚彬（2003）的研究表明，水分胁迫对于荔枝秋梢的停止生长和成熟是必需的，但对于花诱导本身则并非必需，因为尚无证据可证明干旱胁迫能够代替荔枝的低温诱导成花。冬季温度足够低、但降雨多的年份仍可以成花良好，说明干旱并不是荔枝成花的必要因素，但适度的干旱胁迫可以协同低温促进荔枝的成花。陈厚彬课题组利用生长控制室对盆栽妃子笑荔枝分别进行低温、干旱，以及干旱结合低温处理，发现在荔枝低温诱导前给予一段时间的干旱胁迫，可以促进荔枝开花（Shen 等，2016）。Stern 等（1998）以毛里求斯和佛罗里达荔枝为试验材料，研究了正常灌水、以正常灌水量的 50%和 25%灌水对开花和产量的影响，结果表明，干旱处理均使秋梢停止生长，花和产量显著增加，其中以正常灌水量的 50%灌水效果最好。

二、影响荔枝成花的内在因素

1. 遗传因素

植物能否开花、何时开花，受遗传因素的控制。确定植物生命周期的遗传程序调控植物营养生长和生殖生长的时间。种子植物必须获得足够的营养生长量才能进入生殖生长，才能开花、结实和产生种子。因此，在一段时间内实生树对外界的成花诱导条件不敏感，这段时间主要进行营养生长、积累营养物质，被称作幼年期或童期（周碧燕，2011）。童期即为从播种到具备开花能力之前的时期。荔枝的童期通常为 7～8 年，在此之前，采取任何措施都不能使之开花，但也发现有童期特别短的荔枝种质。陈洁珍等（2012）从荔枝自然授粉后代中，发现了极少数的实生后代 2 年即可开花。

童期后荔枝进入成年期。荔枝栽培品种，生产上均采用营养繁殖，母本树为已经通过童期的荔枝树。具备开花能力的荔枝树，在经历了冬季的自然低温后，其抽出花穗的时间和开花的时间在同一年同一地域仍有较大的差异，这也是由遗传因素控制的，与品种的遗传特性有关。三月红、水东等荔枝品种抽花穗的时间最早，妃子笑、软枝早红、下番枝等次之，怀枝、糯米糍、桂味等品种最迟，它们成花对低温的需求程度也相应递增。

2. 碳素营养

荔枝成花诱导需要一定的低温（Chen 等，2005），在诱导性低温来临前，荔枝必须有足够的碳水化合物储备。陈厚彬等（2004）分析了从 11 月中旬至 1 月中旬成花诱导期间荔枝各器官的淀粉含量，发现低温来临前各器官的淀粉含量差异不大。到花发端之前，荔枝高成花率树的淀粉含量以小枝（粗度 1 cm）为最高，其次是末端秋梢和叶，低成花率荔枝树的淀粉含量则未见这种梯度，这种淀粉含量分布可能是荔枝枝梢接受成花诱导、反映诱花效果的一个标志。张红娜等(2016)的研究结果表明，“白点”期是荔枝碳氮物质变化较为关键的转折点。荔枝末次梢的状态对于荔枝成花极为重要，不同的末次梢的状态与碳水化合物的含量有关(表 4-4)，荔枝抽梢早则成熟度高，成花率也高(Yang 等，2014)。

表 4-4　末次梢成熟度对桂味、妃子笑和怀枝荔枝开花的影响

品　种	叶片状态	成花率/%	成花枝率/%	每穗花数/朵	雌花率/%	雄花率/%
桂味	深绿	60	69.7±25.9	194.6±94.1	18.1±2.3	81.9±2.3
	黄绿	0	0±0.0	0±0.0	0±0.0	0±0.0
	黄红	0	0±0.0	0±0.0	0±0.0	0±0.0
妃子笑	深绿	100	82.2±13.4	1010.7±537.3	12.7±3.9	87.3±3.9
	黄绿	20	—	—	—	—
	黄红	60	37.3±14.9	525.4±265.0	9.9±3.7	90.1±3.7
怀枝	深绿	100	76.0±6.3	309.5±45.4	8.2±1.6	91.8±1.6
	黄绿	40	—	—	—	—
	黄红	20	—	—	—	—

引自 Yang 等(2014)。

注：叶片状态反映末次梢的成熟度，深绿代表充分成熟，黄绿和黄红均未成熟，“±”后面的数据表示标准误差。

3. 内源激素

植物激素参与荔枝的花芽分化，可以通过比较成花理想的大年树和成花不理想的小年树的芽在成花诱导和分化过程的内源激素含量，来分析各种激素与成花的相关性。李沛文等(1985)比较了荔枝大年树花芽和小年树营养芽的细胞分裂素含量，发现荔枝大年树在花芽分化临界期以后细胞分裂素的含量逐渐增加，在花器官分化期达到最高峰，到雌蕊分化期又下降到低于原来的水平；而小年树营养芽细胞分裂素含量保持在一个稳定的低水平。认为高细胞分裂素的水平对于花芽分化有利。梁武元等(1987)通过分析大年树和小年树芽的生长素水平，认为 IAA 含量低有利于荔枝的花芽分化，但 IAA 含量太低也不适合花芽分化。侯学英等(1987)在糯米糍荔枝上的研究结果表明，在花芽分化临界期和花序轴分化初期，大年树花芽的脱落酸含量稍有下降，而小年树营养芽的脱落酸含量迅速下降到比花芽低很多的水平；从花序轴分化期至雄蕊、雌蕊分化期，大年树花芽的脱落酸含量则明显高于小年树营养芽的含量，指出内源脱落酸对荔枝花芽分化有促进作用。营养生长的停顿或

暂时停止是果树花芽分化的基本条件，脱落酸促成停止营养生长、促进花芽分化的作用明显(李沛文等，1985；曹尚银等，2003)。肖华山等(2007)同时分析了荔枝花芽分化过程中芽和叶片的内源激素含量的动态变化，发现在花芽分化临界期，芽的IAA、玉米素(ZRs)和赤霉素(GA)含量较高，叶片也具有同样的特点；花芽分化过程中ABA的含量也升高，有利于抑制茎尖的营养生长，并与IAA、GA和CTK相互作用，促使茎尖由营养生长转入生殖生长状态。研究结果表明，花芽分化是多种激素在时间、空间上的相互作用产生的综合效果。

外源施用生长调节剂，可以改变荔枝芽和叶片的内源激素水平，从而促进成花。陈炫等(2012)研究了喷施生长调节剂对妃子笑荔枝内源激素的影响，试验结果表明，叶面喷施多效唑和乙烯利能提高ABA、ZR的含量，降低GA_3和IAA的含量，有效抑制妃子笑荔枝抽生冬梢，促进花芽分化。多效唑作为赤霉素的生物合成抑制剂，抑制内源赤霉素的累积，促进荔枝的成花，而赤霉素处理则会抑制成花，使妃子笑荔枝的花穗明显变小(Chen等，2014)。

4. 成花素

人们很早就开始了对植物开花机理的探索，通过嫁接实验发现，开花的物质是可以传递的，并提出了“成花素”的概念，认为感受光周期反应的器官是叶片，它经诱导后产生成花刺激物——成花素。科学家一直致力于寻找成花素，随着分子生物学的不断发展，在模式植物拟南芥上的研究已经证明了FT蛋白就是人们一直寻找的成花素，它产生于叶片，通过韧皮部运输到顶端分生组织，刺激其由营养性分生组织转变成生殖性分生组织(Yang等，2007)。Ding等(2015)也在荔枝上分离到*FT*的同源基因，并进行了功能验证，发现该基因在拟南芥和烟草中过表达可提早开花，其翻译的蛋白也具有移动性，可以通过韧皮部进行传导，因此，荔枝的FT同源蛋白很可能也是控制荔枝开花的“成花素”。

三、荔枝花芽分化各影响因子的互作

低温是荔枝成花诱导不可缺少的因子，而干旱和氧化胁迫对荔枝的成花也有促进作用，可以在一定程度上弥补低温不足对成花的影响。Shen等(2016)在控温室对盆栽妃子笑荔枝进行干旱处理，先进行25%和50%程度的干旱胁迫14 d，之后复水，并在15℃的低温下生长35 d，后升温至25℃，发现低温前经历干旱胁迫处理(对照含水量的25%)的植株成花明显优于对照植株(表4-5)，说明干旱有协同低温促进荔枝成花的作用。在冬季自然低温条件下，利用活性氧处理糯米糍荔枝，明显减少了花穗上的小叶数，增加了花穗上的侧花序比率（表4-6），促进了糯米糍的成花（Zhou等，2012）。说明活性氧可以在一定程度上减轻荔枝成花所需的低温依赖性。

表4-5 低温前干旱处理对妃子笑荔枝成花的影响

处理	成花率/%	成花枝率/%	花穗长度/cm	花穗宽度/cm
对照	100	75	14.45±0.19	6.14±1.93
25%	100	100	18.61±1.31	10.29±1.74
50%	100	81	19.98±3.73	7.28±0.48

引自Shen等(2016)。

注：对照(正常灌溉)含水量的25%的土壤水势约为−2.5 MPa，对照含水量的50%的土壤水势约为−1.5 MPa。

表4-6 活性氧处理对糯米糍荔枝成花的影响

处理	每穗花上小叶数/个	每穗花上侧花序数/个	单穗花侧花序比率
对照	3.9±1.2	7.0±3.5	0.58±0.30
活性氧	1.9±1.2*	8.5±2.6	0.74±0.17

引自Zhou等(2012)。

注：糯米糍荔枝喷施120 μM的甲基紫精作为活性氧诱导剂。

*表示同列数据间在$P\leqslant 0.05$水平上差异显著，$n=4$。

基于转录组学的分析，目前已经建立了低温、干旱和氧化胁迫等胁迫因子对荔枝开花的基因调控网络。Shen等(2016)通过对荔枝盆栽苗进行低温、干旱及干旱结合低温的处理，对各处理的叶片进行转录组测序分析，发现荔枝中共有2 198个和4 407个基因分别对干旱和低温响应，其中有1 227个基因对干旱和低温均有响应，它们主要与次级代谢、糖和淀粉代谢及激素信号转导相关。Zhou等(2012)利用活性氧的诱导剂甲基紫精处理荔枝，发现在冬季低温不足的情况下，有明显的促进荔枝成花的效果。在此基础上，Lu等(2017)进一步利用高通量测序技术进行低温和活性氧处理的转录组分析，构建了活性氧调控荔枝成花的基因网络，发现*FLC*作为核心的抑制因子被凸显出来，表明它可能在活性氧调控荔枝成花中起关键的作用。在这些调控网络中，均发现有*FT*的参与，说明*FT*在荔枝成花中起关键作用。

低温是荔枝完成成花诱导所必需的条件，在一定的低温条件下辅助以其他的胁迫处理，如干旱胁迫、氧化胁迫以及一氧化氮的处理，可以在一定程度上减轻荔枝成花对低温的依赖。全球气候变暖，冬季低温不足，这些气候变化因素对荔枝的成花造成不利的影响，在这种情况下，辅以其他的协同因素，可以在冬季低温不足的情况下仍然获得较理想的成花。

第三节 荔枝开花及授粉受精

一、荔枝开花

荔枝的花为大型圆锥花穗，同一花穗上有雌花(雌能花)和雄花(雄能花)。雌花子房发达，两室，柱头二裂，雄蕊退化，花丝短，花药不能散粉；雄花雌蕊退化，子房小，胚珠退化，有花柱但没有柱头，雄蕊发育正常，花丝长，花药成熟时能散出黄色花粉。雄蕊释放花粉的时间与雌花的开放时间是否重合，很大程度上决定了能否成功授粉。通常，在同一花穗中，雌花和雄花开放的时间并不同步。雌、雄花分批次开放，不同品种开花批次和雌雄花期重合的时间有所差异(图 4-3)。依照雌花和雄花的开放过程，通常把荔枝的开花类型分为 3 型：①单性异熟型。雌、雄蕊不同时成熟，雌、雄花不同时开放，此开花类型对授粉不利，黑叶、糯米糍、兰竹、灵山香荔等品种属于此型。②单次同熟型。整个花期雌、雄蕊成熟各有先后，但雌、雄花仍有几天同时

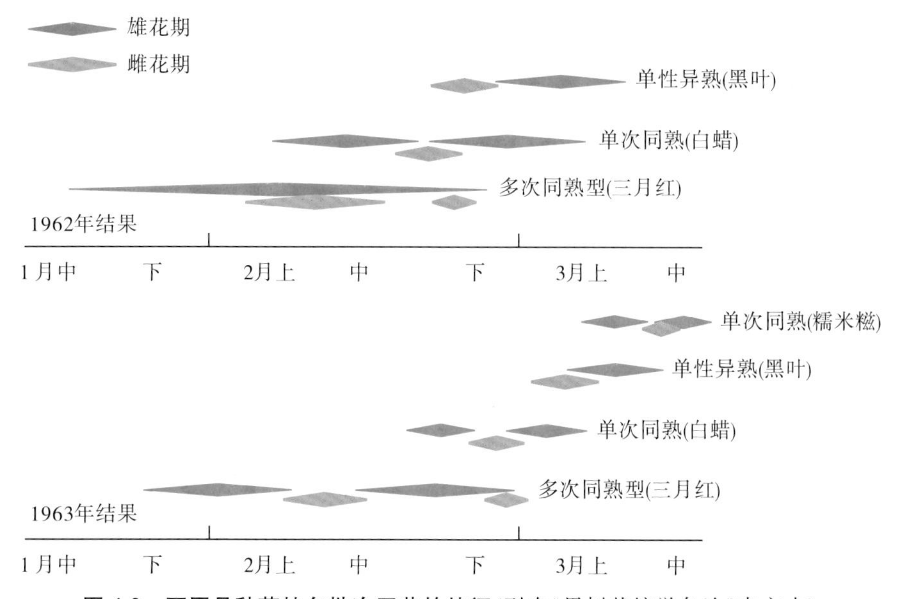

图 4-3 不同品种荔枝多批次开花的特征(引自《果树栽培学各论》南方本)

开放，怀枝、白蜡、陈紫等品种属于此类型。③多次同熟型。整个花期雌、雄花至少有1次同时开放，如三月红、桂味等品种(李建国，2011)。多数荔枝品种开3批花，通常第一批花为雄花，然后开雌花，最后再开雄花，但也有先开雌花的现象。三月红的雌、雄花期可多次重叠；兰竹的雌、雄异熟明显，同一株树上雌花和雄花错开开放，同一株树只开一种花，间隔时间长，而且雌花开放时间只有3～4 d，影响坐果，如果不采取任何措施，则坐果率低(黄雪芬，2000)。

雌花在7：00～9：00、14：00～17：00开放，下午开放多；雄花白天开放，8：00～16：00开放最多。每一朵小花的基部的花托上均有蜜腺，盛开时会分泌大量的糖，吸引大量蜜蜂传粉。荔枝花量大，单穗花的小花数量可以达到几千朵，通常小花量大的花穗雌花比例会偏低。

二、荔枝授粉受精

荔枝为雌雄同株植物，但由于普遍存在雌雄异熟现象，需要借助昆虫才能授粉良好。授粉的有效性受到柱头的容受性、花粉的活力和胚珠发育状态的影响。柱头的容受性以花柱开裂程度和颜色判断。以桂味为例，花柱开裂夹角为45°～90°时，部分柱头已经具有容授性；当花柱完全打开，开裂角度为120°～180°时，处于最佳可授状态；当雌花完全盛开后，柱头颜色为白色时为最佳可授状态，微变褐时仍处于可授状态，当柱头全变褐时则不具可授性。雌花柱头可授状态可维持至少3 d(王丽敏等，2014)。花粉活力因品种而异，翁树章等(1990)比较了广东荔枝主要品种花粉的萌发率，发现糯米糍最强，全花期萌发率可达82.7%，其下依次是桂味74.9%、怀枝56.4%、三月红54.7%、黑叶44.8%，而妃子笑的活力最低。

荔枝传粉的昆虫有多种，钟义海等(2015)通过对荔枝传粉昆虫的观察和调查发现，荔枝传粉昆虫主要有5个目(膜翅目、双翅目、鞘翅目、半翅目和鳞翅目)，28个科，65种昆虫。其中，膜翅目的蜜蜂为主要传粉昆虫，占传粉昆虫总数的54.9%；其次为双翅目昆虫，占传粉昆虫总数的40.1%；其他昆虫占4.9%。9：00～10：00时间段是蜜蜂访花的高峰时段，双翅目昆虫的访花高峰有2个，分别是6：00～7：00和15：00～18：00。

荔枝雌花子房2裂，各具1个倒生胚珠。胚珠内正常成熟的胚囊由7个细胞、8个核组成，胚囊包含卵器(由2个助细胞、1个卵细胞组成)、中央细胞和3个反足细胞(李金珠，1987)。花粉落到柱头后，可萌发出花粉管并进入柱头，花粉管不断伸长，到达子房，完成双受精(邱燕萍等，1994)。

第四节 荔枝成花调控技术

一、培养优质健壮和适时的结果母枝

1. 适时健壮的秋梢对荔枝成花至关重要

末次秋梢是荔枝的结果母枝，培养健壮适时的秋梢是荔枝获得高产稳产的重要条件。如果树体不是太弱，荔枝采果后10～20 d可抽生枝梢，幼年结果树可抽生2～3次，成年树抽生1～2次。秋梢抽生和老熟的时间、次数和质量，因品种、树龄、结果量、环境条件和栽培管理的不同而异。秋梢一般于抽生后35～45 d老熟；早熟品种秋梢抽生早，成熟也早；晚熟品种抽生迟，成熟也迟(曾令达，2009)。在成花诱导期间，末次梢发育的成熟度对荔枝成花有极其重要的影响。Yang等(2014)以桂味、妃子笑和怀枝为试材，分析比较了不同成熟度的末次梢对成花的影响，结果表明，3个品种的末次梢上的叶片为深绿即充分成熟时才能成花(表4-4)。说明末次梢上的叶片必须具备一定的成熟度才能成花，这种成熟度，可以通过叶片叶绿素相对含量即SPAD值来表示，大约为40～50(Yang等，2014)。

“适时”是指在进入成花诱导的低温前，末次秋梢需充分成熟。观察发现，从叶片转绿、枝梢老熟到见到花序原基的时间，在早、中、迟熟品种之间差别并不大，因此，早开花品种的末端枝梢需要更早成熟。通常要求荔枝秋梢成熟的时间是：早熟品种不迟于11月上旬，中晚熟品种不迟于11月下旬。“健壮”是指叶片数量充足和完全转绿，一般要求末次枝梢长度在15 cm以上、完整复叶在6张以上。

2. 培养适时健壮的结果母枝的技术

(1)采果前后施足促梢肥。在采果前1周和采果后1周的时间内对结果树施肥，有利于恢复树势，促进采后枝梢的萌发。根据不同的树势确定施肥量，如10～15年生稀植树每株施尿素1.4 kg、氯化钾0.4 kg、过磷酸钙0.4 kg。此时华南大部分荔枝产区处于雨季，一般不需灌溉，但如果连续1周没有下雨时则应注意及时灌溉。

(2)通过短截修剪调整末次秋梢抽生的时间。荔枝末次秋梢为结果母枝，一般在收果之后20 d左右(6月上旬至8月上旬)进行短截修剪，6月下旬至10月上旬萌芽、抽梢。山坡地、树龄大、树势弱和当年结果多的树宜适当推后修剪，只培育1次秋梢；幼龄、树势强壮的树宜早修剪，培育2～3次秋梢。抽梢期间保证充足的水分和养分供应，并可适当增施氮肥。对于早熟品种，如三月红、白糖罂、白蜡等，当年结果多、长势较弱的树可在 7 月上旬修剪，在 7 月下旬抽出 1 次梢；当年结果少、长势较强的树可在 6 月上旬修剪，在 6 月下旬和 8 月中旬两次抽梢。对于中晚熟品种，如妃子笑、桂味、糯米糍、怀枝等，当年结果多、生长弱的树可在 7 月下旬修剪，在 9 月上旬抽出 1 次秋梢；当年结果少、长势较强的树可在 7 月中旬修剪，在 8 月上旬和 10 月上旬两次抽梢。

对于不需要回缩修剪的荔枝树，一般在果穗着生处密节部位以下 2～3 个节位上短截。对于需要回缩修剪的树，应根据树冠的大小进行回缩，剪口可到去年的第 2 次秋梢中部或两次梢连接处的下部，留下健壮的剪口芽。

(3)调控末次梢成熟的时间。荔枝枝梢从萌芽到伸长生长停止、叶片完全转绿的时间，7～8 月为 30～35 d，9～11 月为 35～50 d。因田间条件多变，对于末次秋梢在预定期限前不能成熟的，应采取相应措施促进枝梢成熟。主要措施是：预计在低温来临之前枝梢无法充分成熟的，可短截枝梢末端的 1/3～3/4 长度，令新梢不再进行伸长生长，以使留下的枝梢尽快成熟，叶面喷施 0.2%的磷酸二氢钾 1～2 次。

(4)疏梢、定梢，培养健壮的结果母枝。根据结果母枝基枝的粗度决定选留的结果母枝数，在新梢抽出 5～10 cm 时，进行疏梢。基枝粗壮的，选留 1～3 条长势中等的新梢；基枝细弱的，只留 1 条强壮的新梢。在每次梢的叶片生长期用 0.2%的磷酸二氢钾进行根外追肥，每 7～10 d 追肥 1 次，也可以喷施高磷高钾并含有微量元素的叶面肥。

二、控制冬梢和促进花芽分化

冬梢的抽生会降低成花的比例甚至导致不能成花，因此必须控制冬梢。早熟品种在海南和粤西地区于 10 月上旬之后、其他地区于 10 月下旬之后抽生的枝梢均称为冬梢。末次秋梢成熟后，为了控制冬梢，应停止灌溉，进行控水处理。如果控水措施未能控制住冬梢的抽生，就需要根据抽梢的趋势和程度采取物理或化学措施控制冬梢的抽生。

对中幼年和壮旺树，在末次梢叶片完全转绿之后，可采用环割、环剥、环扎、断根、露根等物理方法抑制营养生长。对于糯米糍和桂味等品种，可采用螺旋环剥控梢，做法是在直径 5～8 cm 的大枝上环剥，剥口宽 0.3 cm，1.5 圈，螺距 4～6 cm。妃子笑可采用闭口环割 1 圈，切断皮层而不伤及木质部。断根控梢，是指在树冠滴水线下地面挖宽 20 cm、深 30 cm 的环形沟，切断吸收根并使根暴露至 1 月初(现“白点”之前)，之后施有机肥并覆土。

对已经展叶的冬梢，采取摘除整梢，或留基部 2 cm 剪短，摘除嫩叶。

对末次梢已老熟、冬梢未萌发的树，可叶面喷 500 mg/L 的多效唑防止冬梢萌发，进行化学控梢。对于刚抽生的、长度在 5 cm 以下的冬梢，可采用化学手段杀梢，针对新梢喷 300～500 mg/L 的乙烯利，促使嫩梢干枯脱落。喷药时要注意防止药害，最好在傍晚温度较低时喷，并使药液充分雾化，在叶面上均匀喷布，不能喷至滴水。

三、保花壮花技术

荔枝在“白点”(花序原基)出现后，如果遇到不适宜的环境条件，如 18℃以上的环境温度，以及高的相对湿度，则花序原基会退化，其花序原基下的小叶成长为营养叶(Zhou 等，2008)。相反，遇到适宜的环境条件，花序原基会继续分化出侧花序原基，侧花序原基进而再分化出小花，同时花序原基下的小叶会自行脱落(图 4-4)。因此，如要花序发育良好，应控制花序上的小叶。可在小叶转红、叶柄斜生向上时，用 100～250 mg/L 的乙烯利或乙烯利和多效唑的混合液喷湿花穗，注意只需均匀地喷湿带叶花穗，防止引起成熟叶脱落。

A～D. 低温下发育的花序和即将脱落的小叶；E～H. 高温下停止发育的花序和生长中的小叶

图 4-4 温度对糯米糍荔枝花序和小叶的影响(Yang 等，2017)

花序发育期间如遇到极端低温天气，可造成花序和枝叶受害，因此应做好防寒工作。当接到低温霜冻预报时，可采取用塑料薄膜或稻草包扎主干和主枝、果园熏烟等措施，这些措施对防御霜冻有一定的效果。在低温后迅速升温的晴天容易出现辐射霜冻，可以采用喷水洗霜，方法是在清晨日出前用清水喷洗树冠，如果有井水效果会更好，井水的温度较高、更有利于减轻霜害。但当气温长时间维持在 0℃以下时不能喷水，否则会加重叶片的冻害。

低温霜冻结束后，当气温回升到 10℃以上时，可对成花的植株喷 2～3 次叶面肥，10 d 之后再喷 1 次，以改善叶片的光合作用，有利于花芽的恢复生长。对于受冷害花穗或枝端顶芽，要及时短剪，促使剪口的侧芽重新抽生花穗，一般在 2 月底之前有效。

参考文献

[1]陈厚彬，黄辉白，刘宗莉．荔枝树成花与碳水化合物器官分布的关系研究[J]．园艺学报，2004，31(1)：1-6.

[2]陈厚彬．荔枝成花诱导和花分化及其与温度关系的研究[D]．广州：华南农业大学，2002.

[3]陈厚彬，苏钻贤，张荣，等．荔枝花芽分化研究进展[J]．中国农业科学，2014，47(9)：1774-1783.

[4]陈洁珍，欧良喜，蔡长河，等．荔枝特短童期的遗传分析[J]．中国果树，2012(3)：21-25.

[5]陈炫，陶忠良，吴志祥，等．多效唑＋乙烯利对妃子笑荔枝内源激素及碳氮营养的影响[J]．江西农业大学学报，2012，34(1)：27-33.

[6]成龙，王健．妃子笑开花与气象因子的关系[J]．热带林业，2012，40(1)：26-28.

[7]曹尚银，张秋明，吴顺．果树花芽分化机理研究进展[J]．果树学报，2003，20(6)：345-350.

[8]邓万刚，张黎明，唐树梅．环境因子对荔枝花芽分化的影响研究进展[J]．华南热带农业大学学报，2004，10(1)：17-21.

[9]侯学英，梁立峰，季作梁，等．荔枝花芽分化期内源脱落酸的含量动态[J]．园艺学报，1987，14(1)：12-16.

[10]黄雪芬．适龄兰竹荔枝低产原因及克服对策[J]．福建果树，2000，111：22-23.

[11]黄辉白，陈厚彬．以阶段观剖视荔枝的花芽分化[J]．果树学报，2003，20(6)：487-492.

[12]陈杰忠．果树栽培学各论南方本[M]．北京：中国农业出版社，2011.

[13]李金珠．荔枝大孢子发生和雌配子体发育的研究[J]．热带作物学报，1987，8(2)：55-58.

[14]李沛文，季作梁，梁立峰，等．荔枝大小年树营养芽及花芽分化与细胞分裂素的关系[J]．华南农业大学学报，1985，6(3)：1-8.

[15]梁武元，梁立峰，季作梁，等. 荔枝花芽分化过程中内源赤霉素和吲哚乙酸含量动态[J]. 园艺学报，1987，14(3)：145-151.
[16]邱燕平，张展薇，丘荣熙. 荔枝胚胎发育的研究[J]. 植物学通报，1994，11(3)：45-47.
[17]王丽敏，陈洁珍，欧良喜，等. 荔枝雌蕊柱头可授性研究[J]. 江苏农业学报，2014，30(3)：619-622.
[18]肖华山，吕柳新，陈志彤. 荔枝花芽分化过程中内源激素含量的动态变化[J]. 宁德师专学报，2007，19(2)：113-140.
[19]张红娜，苏钻贤，陈厚彬. 荔枝花芽分化期间光合特性与碳氮物质变化[J]. 热带农业科学，2016，36(11)：66-72.
[20]曾令达. 荔枝开花结果调控研究进展[J]. 广东农业科学，2009，5：72-77.
[21]钟义海，赵冬香，高景林，等. 荔枝传粉昆虫调查研究[J]. 北京农业，2015(17)：36-36.
[22]周碧燕，陈厚彬，向炽华，等. '三月红'荔枝不同温度处理的成花效应[J]. 园艺学报，2010，37(7)：1041-1046.
[23]Chen P A，Lee C L，Roan S F，et al. Effects of GA(3) application on the inflorescence and yield of 'Yu Her Pau' litchi[J]. Sci. Hort.，2014，171：45-50.
[24]Ding F，Zhang S W，Chen H B，et al. Promoter difference of LcFT1 is a leading cause of natural variation of flowering timing in different litchi cultivars (*Litchi chinensis* Sonn.)[J]. Plant Sci.，2015，241：128-137.
[25]Lu X，Li J J，Chen H，et al. RNA-seq analysis of apical meristem reveals integrative regulatory network of ROS and chilling potentially related to flowering in *Litchi chinensis*[J]. Sci. Rep.，2017，7：10183.
[26]Menzel C M. The control of floral initiation in lychee：a review[J]. Sci. Hort.，1983，21：201-215.
[27]Menzel C M，Simpson D R. Effects of temperature on growth and flowering of litchi (*Litchi chinensis* Sonn.) cultivars[J]. J. Hort. Sci.，1988，63：349-360.
[28]Shen J Y，Xiao Q S，Qiu H J，et al. Integrative effect of drought and low temperature on litchi (*Litchi chinensis* Sonn.) floral initiation revealed by dynamic genome-wide transcriptome analysis[J]. Sci. Rep.，2016，6：11.
[29]Stern R A，Meron M，Naor A，et al. Effect of fall irrigation level in 'Mauritius' and 'Floridian' on soil，and plant water status，flowering intensity，and yield[J]. Amer Soc Hort. Sci.，1998，123：150-155.
[30]Yang H F，Kim H J，Chen H-B，et al. Carbohydrate accumulation and flowering-related gene expression levels at different developmental stages of terminal shoots in *Litchi chinensis*[J]. Hortscience，2014，49(11)：1381-1391.
[31]Yang H，Kim H J，Chen H，et al. Reactive oxygen species and nitric oxide induce senescence of rudimentary leaves in *Litchi chinensis* and the expression profiles of the related genes[J]. Hort. Res.，2018，5：23.
[32]Yang H F，Lu X Y，Chen H B，et al. Low temperature-induced leaf senescence and the expression of senescence-related genes in the panicles of *Litchi chinensis*[J]. Biolo-

gia Plantarum, 2017, 61(2): 315-322.

[33]Yang Y J, Klejnot J, Yu X H, et al. Florigen (II): It is a mobile protein[J]. J. Integr. Plant Biol., 2007, 49: 1665-1669.

[34]Zhang H, Shen J, Wei Y, et al. Transcriptome profiling of litchi leaves in response to low temperature reveals candidate regulatory genes and key metabolic events during floral induction[J]. BMC Genomics, 2017, 18: 363.

[35]Zhou B, Chen H, Huang X, et al. Rudimentary leaf abortion with the development of panicle in litchi: changes in ultrastructure, antioxidant enzymes and phytohormones[J]. Sci. Hort., 2008, 117: 288-296.

[36]Zhou B, Li N, Zhang Z, et al. Hydrogen peroxide and nitric oxide promote reproductive growth in *Litchi chinensis*[J]. Bio. Plant., 2012, 56: 321-329.

第五章　荔枝果实发育生理及其调控

荔枝果实是由上位子房发育形成的真果，由果柄、果蒂、果皮、果肉(假种皮)及种子 5 个部分组成。因品种不同有圆形、椭圆形、扁圆形、卵形、心脏形等果形。果肩耸起、平正、斜生或一边斜、一边平，果顶呈浑圆、钝圆或尖圆等形。子房壁发育成木栓化的果皮，皮色呈鲜红、紫红、暗紫红、淡红及少数蜡黄、黄绿、青绿等色。果皮具瘤状突起的龟裂片(protuberance)，龟裂片中央突起为裂片峰，有毛尖、圆钝、尖刺等状。龟裂片与龟裂片之间的分界处被称为裂纹。从果肩至果顶有明显或不明显的缝合线。荔枝食用部分是肉质多汁的假种皮(aril)，起源于珠柄(种柄)，果实成熟时假种皮包裹种子。果肉呈白、乳白和淡黄乳白、蜡黄等色，多为半透明，中部厚 0.7～1.6 cm，肉质爽脆或软滑。荔枝种子 1 枚，长椭圆形，种皮光滑，黑褐色、光亮。种子与果肉易分离。种仁内有半月形、呈淡黄色的胚芽，但不很明显，内有子叶 2 片。荔枝果实各部分的结构和名称如图 5-1 所示。

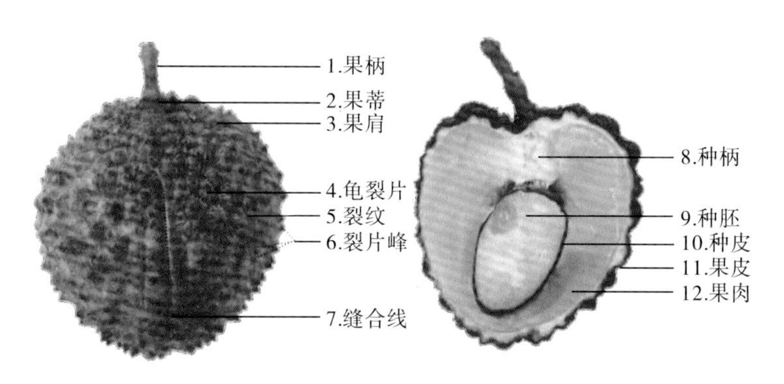

图 5-1　荔枝果实(李建国 提供)

荔枝果实的正常生长发育是产量和果实品质形成的决定因素，本部分介绍了荔枝果实形成与个体发育过程、坐果与果实脱落、果实的品质形成以及相关影响因素和高产优质栽培技术，可为生产上提高产量和果实品质提供重要的参考。

第一节 果实形成与个体发育

一、果实形成

荔枝雌花子房两室，每室具一倒生胚珠。在雌花开放的当天，胚囊内卵细胞发育成熟，具有受精能力。荔枝花粉在授粉后约 2 h 开始萌发，花粉管穿过柱头进入花柱道；授粉后约 29 h，花粉管通过花柱道时，营养细胞在前，生殖细胞在后，生殖细胞在花粉管内分裂，形成 2 个精细胞，64 h 左右，花粉管在珠孔附近的珠孔塞细胞间穿过，当花粉管到达珠孔时，珠孔外围充满黏液，花粉管从珠孔进入，通过助细胞作用释放出 2 个精细胞，分别与卵和极核结合，完成双受精作用(叶秀粦等，1992)。

开花授粉后 3 d，可见极核与精细胞的融合。花后 6 d，胚囊内已有少量的胚乳(游离核)存在，说明受精后极核已开始分裂。在开花后的 10～12 d，受精后的幼果经历一个所谓"并粒"的阶段，即两室子房中，其中一室萎缩，另一室则加速发育膨大。吕柳新等(1985)认为，"并粒"现象实际上是合子(精细胞与卵细胞融合)开始分裂、原始胚开始形成时的外在表现，凡受精后的合子，能正常启动分裂的一室子房将正常发育膨大，而不能分裂发育的另一室子房则萎缩，通常两室中只有一室能正常发育。在花后 20～30 d，珠心细胞开始解体，此期胚囊内液态胚乳十分丰富，幼胚细胞迅速向不同平面分裂，扩大成椭圆形、圆球形胚，即球形胚阶段。35 d 以后，由于胚顶端的 2 个相对部分进行更多的平周分裂，使之侧向扩展，胚顶端由扁平状变成心脏形，此即心形胚阶段。再向前发育，胚顶端的两侧进一步突起，形成鱼雷胚。至花后 50 d 左右，液态胚乳已全部被吸收，子叶加快发育，最终形成胚胎发育完全正常的大核果。

但是在胚胎发育的过程中，有的品种，如糯米糍和绿荷包，在雌花开放授粉后 10 d 左右其胚胎发育即已受阻，解剖此时的幼果可见到胚珠的发育与子房的膨大不协调，由于胚珠发育缓慢，而子房继续正常发育，致使子房壁与胚珠间形成明显的空腔，胚囊内仅有极少量的液态胚乳。在花后 15 d 左右，胚珠已明显萎缩，胚囊组织紊乱，液态胚乳干枯，最终形成胚胎完全败育的焦核果。有的品种，如桂味和兰竹，在开花后 30～35 d，其胚胎的发育过程与正常大核型品种胚胎发育无明显差异，解剖此时的幼果可见到球形胚、心形胚，但此后幼果的胚胎发育开始朝两个不同的方向分支，一部分幼果的胚胎正常发育，最终形成大核果实，另一部分则在不同时期胚胎相继败育，形成种子大小不一的小核果，甚至焦核果。

荔枝的果皮起源于子房壁，是由内果皮、中果皮和外果皮组成的一个完全意义上的果皮(pericarp)，具有特殊的结构。内果皮是由子房壁的最内层细胞发育而成，与珠柄相连，由小而未木栓化的薄壁表皮细胞组成。中果皮由厚壁细胞层、上中果皮和下中果皮 3 部分组成。厚壁细胞层是指龟裂片峰下方的 1～2 层石细胞。上中果皮是指外果皮以下至包括原形成层(或维管束)在内的部分，细胞的形状、大小不一，多数呈径向排列，细胞层次也不清楚，不易辨清细胞层数。下中果皮是指原形成层(或维管束)以下和内果皮以上的部分，主要由薄壁细胞组成，花后 19 d 可见细胞壁解体形成空隙，至花后 32 d 细胞排列的层次模糊不清，基本形成类似叶片海绵状组织结构。外果皮由单层表皮细胞、龟裂片峰处表皮细胞上的角质、裂纹处表皮细胞上的薄壁细胞构成。

荔枝的可食部分为假种皮。黄辉白等(1983)观察桂味荔枝，在花后 9 d 见假种皮原基于珠孔的反对面。之后，环绕着珠柄陆续发生，各点的发育速度不一，珠孔侧慢，珠孔反对面的一侧快，花后 30 d 形成完整的一圈，且在珠孔侧可见到一条缝合线，之后，假种皮以一个完整筒状组织均匀地向种顶生长，故花后 40 d 才能逐渐加快生长，最后在种顶处包合。

按种胚发育程度可把荔枝果实分为 4 种类型：①大核果，指胚胎发育正常的果实。②小核果，指胚胎发育到子叶开始形成阶段后发生败育的果实。③焦核果，指胚胎完全败育的果实。④无核果，指无种子或只有种子痕迹的果实。相应地，生产上有以下 4 个类群的品种(图 5-2)：①大核品种，其种子正常，偶见有败育种子，如黑叶、怀枝、乌叶、早红等。②部分焦核品种，其部分果实具败育种子，部分正常种子的大小不一，如妃子笑、桂味、兰竹

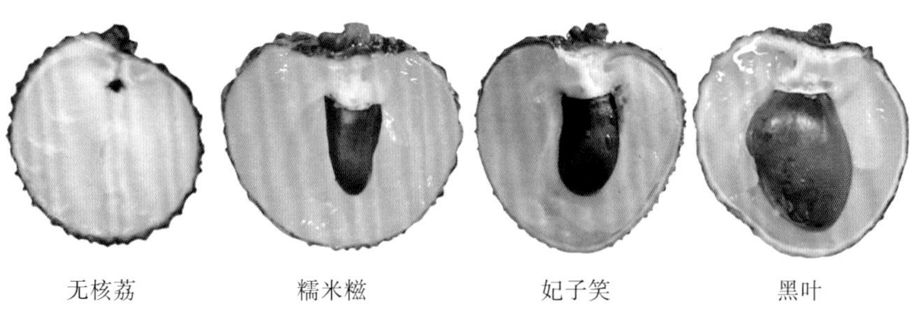

图 5-2　4 种果实类型的品种(王惠聪 提供)

等。③焦核品种，其种子败育，偶见有正常种子，如糯米糍、绿荷包等。④无核品种，这类品种极少见，已发现的有禾虾串和海南的无核荔(许多类同性状的株系群体)，其在无受精情况下可产生单性果，但通常无核果、焦核果和大核果以不同比例并存。

二、果实发育时期及其生长特点

黄辉白等(1983；1987)揭示了荔枝果实各部组织之间的相关控制现象，发现果实组织间存在着种皮→果皮→假种皮的合乎逻辑性的顺序性影响，当果皮生长接近最大时，假种皮才开始迅速生长，成长的果皮为假种皮提供生长空间，大果皮导致长成大果，小果皮导致长成小果，根据这种具假种皮果实所特有的果皮与果肉生长之间的关系，提出"球皮对球胆效应"的荔枝果实发育理论。李建国等(2003)以种子正常型品种怀枝和种子败育型品种糯米糍为试材，采用果实各部分干重增量对全果干重增量的贡献率对荔枝果实个体发育时期进行了划分(图 5-3)。研究结果认为，荔枝果实的个体发育应划分为 2 个时期(Ⅰ期和Ⅱ期)，其中Ⅱ期又可划分为 2 个亚期(Ⅱa 期和Ⅱb 期)。Ⅰ期以果皮和种皮发育为主(约占整个生长期的 2/3，花后 0～53 d)，为果实缓慢生长阶段，此期种子的溶质累积生长率小于水分累积生长率，果皮的溶质累积生长率与水分累积生长率近似。Ⅱa 期大约维持 14 d(花后 53～67 d)，主要特点是种胚的快速生长，其他部分也有一定量的生长，溶质累积生长率大于水分累积生长率，而焦核类果实的Ⅱa 期不够明显；Ⅱb 期大约持续 21 d(花后 67～88 d)，主要生长特点是假种皮的快速膨大生长，溶质累积生长率小于水分累积生长率，成熟过程加速进行。

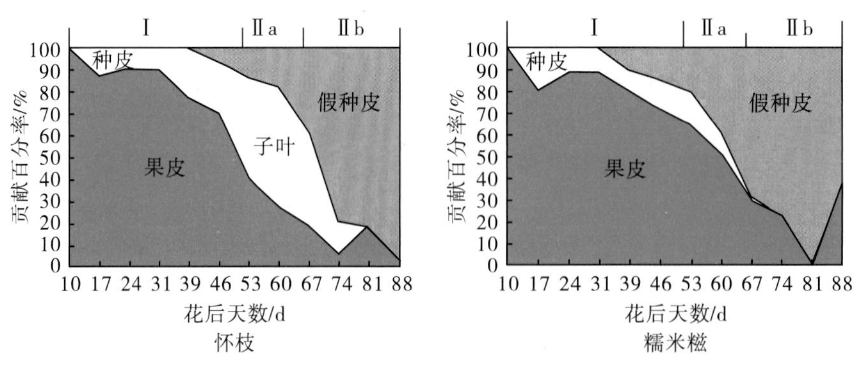

Ⅰ. 果实发育Ⅰ期(花后 0～53 d)；Ⅱa. 果实发育Ⅱa 期(花后 53～67 d)；Ⅱb. 果实发育Ⅱb 期(花后 67～88 d)

图 5-3 荔枝果实发育期间果实各部分干重增量对全果干重增量的贡献率变化

李建国等采用“植物对话”(Phytalk)监测系统，选择有代表性的糯米糍荔枝果实，对其直径变化进行观测。当果实直径达到 15 mm 时小心安装果实直径微变化感应器，每隔 1 h 读取一次数据，记录了果实在不同发育时期的果实直径微变化的连续动态和日变化特点。数据显示整个果实发育期呈明显的单 S 形变化(图 5-4)。根据果实直径增长速率变化发现，果实在Ⅰ期(5 月 9～24 日)时生长缓慢，直径低于 1.5 cm；Ⅱ期(5 月 24 日至 6 月 28 日)为果实迅速生长期，果实直径快速增长。

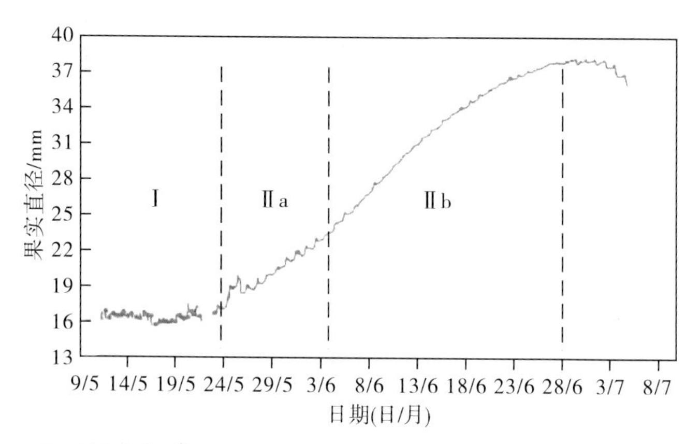

Ⅰ. 果实发育Ⅰ期(花后 0～53 d)；Ⅱa. 果实发育Ⅱa 期(花后53～67 d)；Ⅱb. 果实发育Ⅱb 期(花后 67～88 d)

图 5-4 荔枝果实生长连续变化动态

每个时期果实直径生长的日变化特点有所不同(图 5-5)。第Ⅰ期的果实大约在 06：00～10：00 开始快速膨大，膨大的速率为 0.203 mm/h，10：00～19：00 进入快速收缩阶段，收缩的速率为 0.19 mm/h，19：00～翌日 06：00 果实收缩明显变缓或几乎没有变化，因此果实总体变化呈现“快长－快缩－长缩不明显”的日变化规律，一天之内日最大收缩量(MDC)大约为 0.76 mm，日净增长量(DG)大约为 0.05 mm。Ⅱa 期的果实在 21：00～06：00 开始缓慢生长，膨大的速率为 0.013 mm/h，06：00～11：00 进入一天当中的快速生长阶段，膨大的速率为 0.184 mm/h，11：00～翌日 21：00 则属于缓慢收缩阶段，收缩的速率为 0.042 mm/h，此阶段的果实总体变化呈现“慢长－快长－慢缩”的日变化规律，一天之内日最大收缩量大约为 0.42 mm，日净增长量大约为 0.5 mm。Ⅱb 期的果实在 14：00～24：00 开始缓慢生长，膨大的速率为 0.01 mm/h，00：00～11：00 进入一天当中的快速生长阶段，膨大的速率为 0.064 mm/h，11：00～14：00 则属于微缩阶段，收缩的速率为 0.026 mm/h，此阶段的果实总体变化呈现“慢长－快长－微缩”的日变化规律，一天之内日最大收缩量大约为 0.07 mm，日净增长量大约为 0.57 mm。

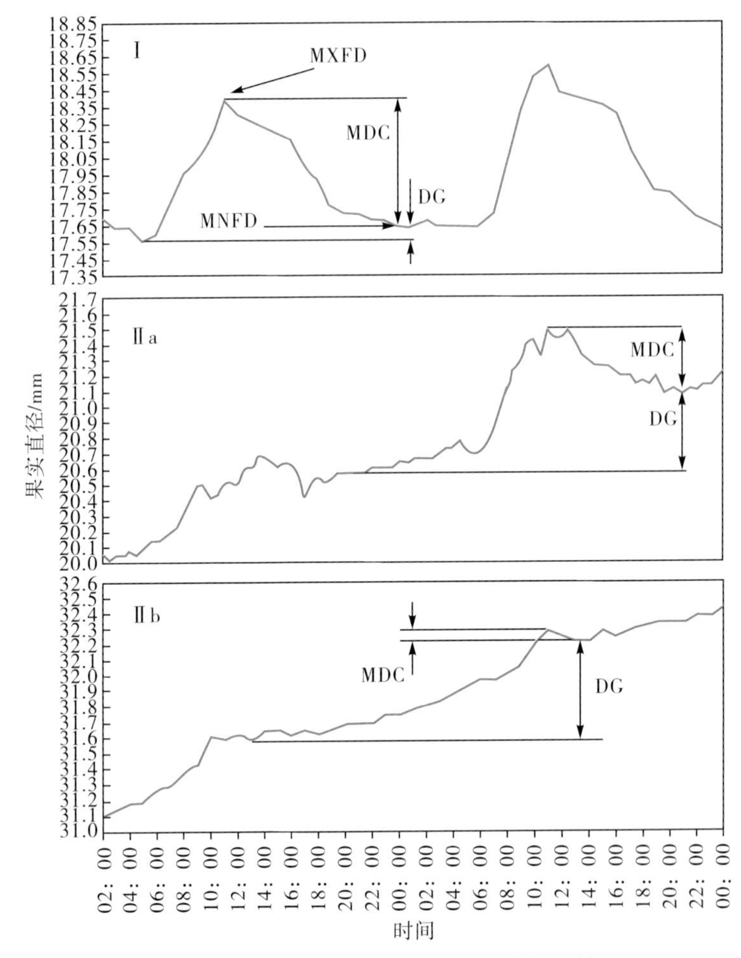

图 5-5 荔枝果实直径各发育期日变化比较

第二节 坐果与果实脱落

一、坐果

除无核荔和禾虾串等极少数几个荔枝品种有一定的单性结果能力外，绝大多数荔枝品种不具单性结果能力，授粉受精是坐果的重要前提。授粉是启动荔枝子房发育的重要生理刺激，授粉后的子房开始迅速生长发育，未授粉的雌花数天后自然脱落。受精是另一次的生理刺激，它导致受精极核和合子的分裂和发育，相继形成液态胚乳和胚，而发育中的液态胚乳和胚是促进幼果生长的激素(细胞分裂素、赤霉素和生长素等)的合成场所。受精后，荔枝的二裂子房中，通常是其中一室发育，另一室萎缩，生产中俗称"并粒"或"果实分大小"。一般当幼果由"双果"变为"单果"时，初始坐果才算完成。但也有双室发育成双连果(俗称"孖果")的现象，无核荔孖果的商业化生产已经实现。

二、果实脱落

荔枝花多果少，素有"爱花不惜子"之说。在大约3个月的荔枝果实发育过程中，有3～5次生理落果高峰，导致生产中经常出现"满树花半树果，甚至颗粒无收"的现象，是引起荔枝大小年结果的重要原因。

第1次生理落果高峰出现在雌花开放后的7～12 d。此期落果数量最多，比例最大，约占总落果量的50%～60%，严重时甚至全部脱落。此期落下的幼果绝大部分是未完成受精过程的，可见授粉受精不良是主因。但是也有部分完成受精的子房脱落，这主要是花量过大，特别是第二期雄花比例太大，消耗了大量养分，造成受精子房间养分竞争的结果。

第2次生理落果高峰出现在雌花开放后的21～25 d(幼果如绿豆大小)，其后至下一次落果高峰之前还有少量零星落果发生。此期落果主要是果实内新旧组织的消长更替造成营养和内源激素的失调所致，如珠孔塞和珠心细胞在此期完全消失，心形胚开始形成，液态胚乳开始退化，果皮和种皮细胞分裂旺盛。此期凡是液态胚乳数量少、干枯早的果实，落果都比较多。低温、阴雨天气常加重此期幼果的脱落，说明叶片当季光合产物供应水平也是影响此期落果的一个重要因素。

第3次生理落果高峰出现在雌花开放后的35～40 d。此期落果是焦核品种如糯米糍所特有的，主要原因是胚败育所致。大核品种如怀枝，由于胚正常发育而没有出现这次生理落果高峰。

第4次生理落果高峰出现在雌花开放后的50～55 d。此期正值果肉和种皮迅速生长阶段，果实个体生长消耗了大量营养，同时又值根系或夏梢的萌发期，从而体现出明显的营养和内源激素竞争效应。

第5次生理落果高峰出现在采果前10～15 d，俗称采前落果。此期落果是焦核品种糯米糍和无核品种无核荔等种子完全败育型的品种所特有的，其他大核品种，如怀枝和黑叶等，只要树体生长正常，没有病虫为害等影响，一般没有此次落果。

三、影响果实脱落的因素

1. 离区的形成与落果

一般情况下，脱落发生在一个由特殊形态细胞所组成的可预知的区域内，该区域通常被称为离区，而离区内发生分离的数层细胞称为离层。通过解剖学研究发现，荔枝果柄由雌花的花柄发育而来，花柄离区的发育起始于雌蕊分化期，此时花萼基部以下5～7层细胞已具有离区细胞特有的形态特征(细胞体积小、排列紧密、胞质浓厚、核大)，并且不随花柄的伸长而生长变大。在雌花盛开期，离区的细胞与组织特征完全形成，靠近花柄基部，由8～12层小细胞组成，呈圆盘状，表面明显呈凹陷状。当荔枝花(果)柄离区发育成熟后，必须通过离层细胞的分离来完成脱落的过程。荔枝果柄离层，是通过在内皮层中小细胞团的加速不等分裂，产生各种形态的细胞，造成离区结构的差异形成的。在小细胞团中进一步通过细胞的分离和细胞壁的降解产生发达的胞间隙。张大鹏(1997)在荔枝种子发育的各阶段对落果与坐果果柄进行解剖观察比较，发现落果果柄各组织、细胞的数量和分化速度均不及坐果果柄，幼果脱落与其果柄初生维管束和导管数量较少有关。荔枝的果实脱落部位仅有一个，位于果柄中部的褐色环状缢痕处，肉眼可见。

2. 品种特性

荔枝落果的动态和程度依品种特性的差异而不同。严倩等(2019)以果实“分单”后的幼果数为基数，比较分析了43份荔枝种质资源在花后63 d的最终存留果能力，并通过聚类分析将其分为3类，结果表明，落果率最低的第Ⅰ类群共有7份，增步早黑叶落果最轻，落果率为73.74%；落果率最高的第Ⅱ类群共有10份，以紫娘喜落果最严重，最终落果率为99.87%；第Ⅲ类群落果程度介于前两者之间，共有26份。遗憾的是，该研究并未分析43份资源的落果动态。在印度，Mitra等(2005)观察和比较了15个荔枝品种的落果动态，发现Kasba是落果最严重的品种，Early Muzaffarpur是落果最轻的品种，它们的最终坐果率分别为1.38%和4.75%，其他品种介于这两者之间。目前我国荔枝栽培品种，焦核品种糯米糍的生理落果现象最为严重，大核品种怀枝较轻，种子部分败育品种桂味居中。

3. 开花习性

荔枝开花习性存在花穗过长、花量过大(尤其是第二期雄花)、雌雄花开放间隔长和相遇期较短等不利于授粉受精及坐果的缺陷。妃子笑是典型的因开花习性缺陷造成“花而不实”的代表性品种，花穗长度一般超过25 cm，每花穗的小花数1 000～3 000朵，有的甚至超过5 000朵，雌花占总花的比例为

15%～25%，开花模式多以 M1-F1-M2 为主，即先开第一批雄花(M1)，隔数天后再开第一批雌花(F1)，再隔 1～2 d 开第二批雄花(M2)，且雌花开放期只有 2～4 d，M2 花量大且开放较为集中。因此，生产中针对长花穗、大花量品种采取的控穗疏花技术可以一定程度上改变荔枝这种不利于坐果的开花习性，从而提高初始坐果率和产量。

4. 内源激素

果实的正常坐果和生理落果是一个复杂生理生化过程的反应，内源激素的水平与变化被认为是其中至关重要的影响因素，目前在荔枝果实发育过程中已报道的内源激素有 IAA(生长素)、GAs(赤霉素)、CTKs(细胞分裂素)、ABA(脱落酸)、ETH(乙烯)和 PAs(多胺)6 大类。一般认为生长促进物质 IAA、GAs、CTKs 的增多和生长抑制物质 ABA 的减少，有利于果实的坐果和正常发育，反之，IAA、GAs、CTKs 的下降和 ABA 的升高则容易导致果实脱落，乙烯能加速器官的脱落。

邱燕萍等(1998)以(IAA+GAs+CTK)/ABA 的值，分析了荔枝 3 种类型果实(大核的怀枝、焦核的糯米糍、无核的禾虾串)内源激素平衡的动态变化，发现无核果在花后 3 d 相对高水平的生长促进类激素(IAA+GAs+CTK)及花后 ABA 水平的持续下降是其具有单性结实能力的主要原因；坐果期低水平的 IAA、GA，以及相对较低的(IAA+GAs+CTK)/ABA 值是焦核品种严重生理落果的主要原因；胚的正常发育对维持荔枝果实后期的生长发育有重要的意义，是大核品种后期生理落果较少的内部生理基础。

荔枝果实中 IAA 的合成场所主要在种子中。王碧青等(1997)通过比较怀枝授粉和不授粉处理后 12 d 内内源激素的变化发现，授粉子房的 IAA 水平急剧上升，不授粉的则快速下降，这说明 IAA 是荔枝坐果的重要保障。生产上，喷施外源生长素类物质，如 2,4-D、2,4,5-TP 或 3,5,6-TPA，可显著降低荔枝幼果期的落果率，NAA 可以减轻荔枝采前落果，证明 IAA 对荔枝保果作用最大。

乙烯是器官脱落的促进剂，荔枝雌花开放第 2 d，乙烯急剧增加，随后 1 周内会发生大量的落花落果现象。刘顺枝等(2003)在开花前 2 d 喷施 30 mg/L 的腐胺后于不同时期授粉，均降低了乙烯的释放量，延长了雌蕊寿命 2～3 d，并显著提高了坐果率。这说明乙烯对荔枝幼果脱落的影响大，而多胺可以部分抵消乙烯对坐果的影响。外源喷施乙烯利和碳水化合物胁迫均可促进花后 25 d 荔枝幼果中乙烯含量的急剧增加和落果的大量发生，且乙烯释放峰在落果高峰之前(Li 等，2015)，但我们并没有发现即将脱落果和正常果在乙烯释放量方面有显著差异，这说明乙烯是胁迫情况下诱导荔枝落果的关键激素，但在自然生理落果中，乙烯的作用可能并不是直接的。

ABA 是参与加速植物器官脱落的一种内源激素，曾被称为“脱落素Ⅱ”。大核品种怀枝每个落果高峰期内即将脱落的果实中 ABA 含量总是高于正常果中 ABA 的含量(Yuan 等，1988)；焦核品种糯米糍第 2～4 次生理落果高峰前 1 周都有一个 ABA 含量的高峰(向旭等，1994)，这些结果表明 ABA 与荔枝落果关系密切。

荔枝果实中的 GA 有 GA_3、GA_{4+7}、GA_5、GA_9 等多种形式，CTK 也有二氢玉米素(diHZ)、玉米素(ZT)、二氢玉米素苷(diHZR)和玉米素核苷(ZR)等几种形式(向旭等，1994)。邱燕萍等(1998)同时比较怀枝和糯米糍果实中 GAs 和 CTK 含量发现：怀枝果实中的 GAs 和 CTK 分别在花后 7 d、22 d、45 d 和 55～65 d 有 4 个含量高峰；而糯米糍果实中的 GAs 从花后 35 d 起就快速下降，至花后 45～50 d 跌入低谷，并维持至成熟，CTK 的含量从花后 12 d 起开始下降，至花后 45 d 跌入低谷，并维持至成熟。这些结果暗示 GA 和 CTK 的含量与种胚发育进程和败育与否有很大的关系，并对糯米糍第 3 次和第 4 次生理落果高峰的出现具有较大的影响。

5. 树体营养

花果发育期间需要大量的碳水化合物。碳素营养包括树体碳素储备和叶片通过光合作用产生的当季光合产物两部分。袁炜群等(2009)的研究表明，坐果早期(花后 3 周内)枝条(2 cm)的淀粉含量与该枝条上的最终坐果率呈显著正相关，而果实发育中期(花后 8 周)枝条的淀粉含量与坐果率无关，这说明树体的碳素营养储备对幼果落果具有重要的影响。对花后 30 d 的糯米糍进行整株树遮阴试验(用透光率为 18%的黑色遮阴网搭棚)，在连续遮阴 3 d 后，处理和对照树体的落果率没有明显差异，累积落果率在 16%左右，但从遮阴处理后 4 d 起，两者落果率差异明显，至处理后第 7 d，遮阴处理的累积落果率达到约 90%，而对照的只有约 60%。该试验表明，连续 3 d 以上的阴天对幼果脱落具有重要的影响(Li 等，2013)。周贤军等(1996)的研究表明，糯米糍叶片中碳水化合物含量高时落果明显减少，而根系的碳水化合物含量高时落果情况加重；树干或枝条环剥，减少当季光合产物向根系分配，通常可以提高坐果率。

除碳水化合物外，叶片和果实中矿质营养水平对坐果和果实脱落也有影响。邱燕平等(1999)对糯米糍荔枝果实发育期间叶片和果实中氮、磷、钾、钙和碳水化合物的消长与落果的关系进行了研究，结果表明，除磷元素外，其他营养均与落果直接相关，前期落果与氮和碳水化合物的营养关系更大，后期落果则与钾的营养关系更大。另外，他们还发现，在第 1 次至第 3 次生理落果高峰期间，正常果中的钙含量均显著高于即将脱落果，显示钙与生理落果有较密切的关系。

6. 细胞壁水解酶活性

细胞壁降解是导致离区细胞分离和果实脱落的最后环节。细胞壁降解是由于一些与之相关的纤维素酶、果胶酶、多聚半乳糖醛酸酶、木葡聚糖内转葡糖基酶/水解酶，以及扩展蛋白等细胞壁水解酶的活性增强导致细胞之间的黏附力破坏的结果。最近，在荔枝上已挖掘和鉴定了部分参与调控荔枝离区细胞壁水解酶活性和落果的关键基因，如纤维素酶基因（*LcCEL2*，*LcCEL8*）和多聚半乳糖醛酸酶基因（*LcPG1*，*LcPG2*）（Li 等，2019；Ma 等，2019）。

7. 气候条件

花期灾害性天气常造成歉收，甚至绝收。花期的灾害性天气可分为 4 种类型：①低温阴雨型。持续时间一般在 5～10 d，最长可达 1 个月；阴雨，基本没有日照；气温低于花粉管萌芽适宜温度，即低于 18℃；日降雨量多，大于 2～10 mm。广东、广西荔枝主要产区在一般栽培条件下，花期多为 4 月上、中旬，特别是雌花期，正是"清明时节雨纷纷"的低温阴雨季节，往往会造成荔枝"花而不实"。②疾风骤雨型。连续晴朗天气，突然刮起 5～10 m/s 的偏东风，接着下中到大雨，甚至暴雨；气温急剧下降 5℃以上；持续时间 1～2 d。这种天气对正在授粉、受精或受精不久的花果影响很大，降雨降温后荔枝大量落花落果，如连续出现多次，往往造成大幅度减产。③大风干冷型。连续几天闷热之后，突然出现 6～7 级大风；气温下降 5℃以上，相对湿度由 80%～90%迅速降到 60%左右。这种天气造成雌花柱头迅速萎缩，大风过后不久即出现大量落花落果。④高温干旱型。阳光强，温度高（28℃以上），连续晴天、干旱，空气湿度低。这种天气使雌花柱头受日灼而干枯，花粉发芽受到抑制，此外，雌花和雄花分泌物增多、浓度高，影响蜜蜂采蜜，从而影响授粉受精。

2013 年广州地区的妃子笑和糯米糍等大减产，为"小年"。经分析发现，在妃子笑花期（3 月 15 日至 4 月 5 日）的 22 d 中，无日照的 13 d，0～1 h 日照的 8 d，1～2 h 日照的仅为 1 d，累计日照时数为 4.7 h；小果期（4 月 6 日至 4 月 30 日），无日照的 12 d，0～1 h 日照的 2 d，1～2 h 日照的 5 d，累计日照时数约为 40 h。在糯米糍花期（3 月 25 日至 4 月 15 日）的 21 d 中，无日照的 12 d，0～1 h 日照的 4 d，大于 3 h 日照的仅为 5 d，累计日照时数为 30.3 h；小果期（4 月 16 日至 5 月 10 日），无日照的 13 d，0～1 h 日照的 3 d，1～2 h 日照的7 d，大于 3 h 日照的仅为 1 d，累计日照时数为 17.2 h。花期和小果发育期遭遇连续阴雨天气，是导致荔枝落果多和大减产的重要原因。

果实发育期间遭遇连续干旱或大雨天气，会造成异常落果。坐果前后发生干旱胁迫，如午后叶片水势从－1.5 MPa（正常浇水）下降到－2.6 MPa（控水处理）时，大造叶片的光合作用下降 30%～50%，坐果率下降 70%，产量下降86%，同时还导致裂果率增加(Menzel等，1995)。如2015年5月18～24日广州市增城区仙村镇基冈村连续大雨或暴雨，超过300 hm^2的仙进奉荔枝在5月24～25日普遍发生了30%～70%的异常落果，正常年份该品种此期一般不落果。

第三节 裂果

一、采前裂果的发生特点

荔枝的裂果(图5-6)，尤其是名优品种糯米糍、观音绿、无核荔和新兴香荔的裂果，是生产上的严重问题，一般年份的裂果率为10%～30%，严重的裂果率可达50%～70%，有的年份个别果园高达80%～90%。裂果多出现在假种皮的快速生长期，一般有2个高峰：一是果肉刚包满种子时期，二是果实近成熟期。裂果实质上是果实发育过程中的一种生理失调现象，它的基本症状为果皮和假种皮的一部分开裂。

图5-6 糯米糍荔枝的裂果症状(李建国 提供)

二、采前裂果的影响因素

发生裂果是内外因子综合作用的结果。内因主要与品种的遗传特性有关，包括果皮的厚度、延展性、组织结构、裂纹的宽窄深浅、果实破裂的临界膨压等。外因包括气象因子、矿质营养、土壤水分和栽培管理等。

1. 品种特性

荔枝裂果是由其内在遗传机制控制的，荔枝品种与裂果易感性密切相关。印度学者 Mandal 和 Mitra (2018)连续 7 年(2007—2013 年)对同一果园中的 15 个荔枝品种的裂果发生情况进行了统计，发现品种间裂果易感性差异很大，Nafarpal、Elaichi、Bedana、Piazi、Bombai、Kasba 和 Seedless Late 的平均裂果率低于 5%，属于不易裂果品种；Early Large Red、China、Deshi 和 Purbi 的平均裂果率介于 5%～15%之间，属于中度易裂品种；Early、McLean、Muzaffarpur 和 Rose Scented 的平均裂果率高于 15%，属于高度易裂品种。我国荔枝主栽品种中糯米糍、无核荔和观音绿为高度易裂品种，鸡嘴荔和白糖罂为中度易裂品种，怀枝和黑叶为不易裂品种。最近几年，实生选育出几个不易裂果的被称为“二代糯米糍”的新品种，如岭丰糯、井岗红糯、庙种糯和仙进奉等，这些品种均为自然杂交实生后代，虽然可能均携带有糯米糍品种的基因，但裂果较少。

2. 气象因子

李建国等的研究(1992)发现，日裂果率与温度和大气水蒸气压亏呈极显著的负相关，与大气相对湿度呈极显著的正相关，与日照时数呈显著的负相关。在果实裂果发生期间，温度越低、湿度越大、日照时数越小、大气水蒸气压亏下降越快，裂果发生越严重。印度的 Kanwar 等(1972)的报道认为，气温超过 38℃、相对湿度低于 60%时，裂果发生严重。Mandal 和 Mitra(2018)调查了同一果园同株树东南西北 4 个方位以及树冠不同位置(上部、中部、下部)外围果和内膛果的气温、透光率和相对湿度与裂果发生的关系，发现裂果基本上发生在树冠外围，内膛很少发生裂果，结果表明，裂果程度与气温呈显著正相关，与相对湿度呈显著负相关，但与光照强度相关性不明显。在果肉快速生长期，中国和印度荔枝产区诱发荔枝裂果的典型气象因子不同，前者为台风雨、久旱骤雨和时晴时雨等天气，后者是干热天气。

3. 果皮特性

王惠聪等(1998)采用压力室加压模拟田间裂果发生条件，观察转红期荔枝的裂果过程发现，果皮开裂是一个渐变的过程，裂果的发生始于下中果皮，细胞逐渐变形，受到破坏，网络模糊，内果皮拉伸变薄，最后中外果皮的细胞分离和内果皮细胞断裂。李建国等(1995)的田间观察结果表明，荔枝裂果多发生在果实向阳面的缝合线和裂纹之间，裂纹的宽窄深浅是衡量荔枝不同品种裂果易感性的指标之一。糯米糍裂果果皮龟裂片上的龟裂小片比正常果的要小且尖，这可能与果皮本身的发育程度有关，裂果果皮的发育很可能在某个发育阶段发生了障碍；正常糯米糍果皮的裂纹，其组织上下连接紧密，左右排列有序，而裂果果皮的裂纹组织遭到了严重的损伤。此处的细胞可能极易受环境因子(高温、干旱、强光)的胁迫而发生损伤，这种损伤可能出现在果实开裂之前，其结果是降低了果皮的应变力。荔枝果皮迅速变薄的时期正是荔枝果实经历“褪绿→变白→转红”的时期，也是裂果高峰出现的时期，这说明果皮变薄导致其应变力降低与裂果发生密切相关。Mandal 和 Mitra (2018)在比较 15 个荔枝品种成熟时裂果和正常果单位面积龟裂片数量时发现，所有品种裂果果皮龟裂片的密度都高于正常果皮。

4. 果实生长

果实的生长一般遵循“昼缩夜长”的规律，但观测发现，在糯米糍荔枝果实快速增长期间，果实会昼夜不间歇地生长，白天的生长量为 0.22 mm，夜晚的生长量为 0.45 mm。如果此时遭遇强风雨天气，果实在白天的生长量竟大于或接近于夜间的生长量，平均昼/夜净生长量为 0.51 mm/0.41 mm，导致果实发生突发性猛长现象。荔枝果实具有“先长果皮，后长果肉”的特点，快速膨大期主要是果肉的快速生长。来自果肉细胞吸水膨胀而对果皮系统产生的内部应力称为生长应力。强风雨期间突发性猛长引起果实生长应力急剧上升，当果肉生长应力超过果皮应变力(即果皮吸水后其体积增量同初始体积之比)时，果皮就会破裂，即发生裂果。不同品种的果实和同一品种果实的不同个体，果皮的应变力可以完全不同。

5. 土壤水分

土壤水分供应不均衡是诱发荔枝大量裂果的重要原因。李志强等(2011)从水分调控的角度观察地膜覆盖对糯米糍荔枝裂果的影响，发现地膜覆盖的土壤湿度相对稳定，裂果率也显著低于对照。荔枝果实发育前期主要长果皮，后期主要长果肉。如果果皮发育阶段久旱又无灌溉，会使果皮发育不良，果皮对钙的吸收减少，从而造成果皮应变力下降，增加裂果的易感性。前期水分胁迫虽然限制了果皮的发育，但并没有削弱荔枝果实的生长潜势，相反，由于干物质在果肉中的积累而使果实的生长潜势得以加强。在果肉快速生长阶段，一旦遇到大雨天气，果肉细胞就会因快速吸水引起果实内部生长应力急剧上升而导致裂果增加。

6. 矿质营养

裂果是一种生理失调症，矿质营养的缺乏或富集必然会对这一生理失调产生影响。李建国等(1994；1998；1999)的研究，最早发现了钙、硼、钾的含量，特别是钙的含量与荔枝裂果关系密切，主要证据包括：荔枝叶片中钙含量与裂果率呈显著负相关；正常果果皮中钙、硼的含量显著高于裂果果皮；果实发育期干旱处理增加裂果与其降低果皮中的钙含量和增加果肉中的钾含量有关；裂果严重果园和裂果严重单株的 0～25 cm 处土壤中只有交换性钙和有机质含量显著低于裂果较轻的单株；喷施含钙防裂素可以减轻裂果发生。林兰稳(2001)的研究也认为，糯米糍荔枝的裂果率与叶片中的钙、镁、硼含量、果皮中的氢/钾比以及土壤中的氢/钾比、有机质、交换性钙的含量存在相关关系，但只有土壤中的交换性钙含量与裂果率的相关关系达到显著水平。邱燕萍等(2001)从糯米糍荔枝果期叶片中氮、磷、钾、钙的变化趋势发现，裂果高峰期氮、钾含量有上升趋势，磷含量变化稍平缓，钙含量则呈下降趋势；荔枝果实中氮、磷、钾、钙的含量及比例变化也说明果实发育后期氮、钾过量及果实各部分营养比例分配不平衡，特别是果肉的营养比例过大，都会刺激果肉异常生长，引起裂果。Mandal 和 Mitra(2018)研究发现，不易裂果品种的果皮和果肉中钙的含量高于高度易裂品种，且同一品种裂果的果皮和果肉中的钙含量均低于正常果，叶面喷施 0.5%的硼肥和 0.4%的钙肥可以减轻裂果率。Naresh 等(2002)试验了锌(0.2%、0.4%、0.6%)、铜(0.1%、0.2%、0.3%)和硼(0.1%、0.2%、0.3%)对 Calcuttia 品种采前裂果的影响，发现 0.3%的硼减轻裂果效果最好，其次是 0.4%的锌。陈厚彬等(2014)发现，对桂味和糯米糍荔枝在 6 月 1 日喷施 500 mg/L、1 000 mg/L 和 2 000 mg/L 的硅肥可以显著减轻其采前裂果率。因此，从目前的研究来看，有助于减轻荔枝裂果的矿质营养主要有钙、硼、锌和硅 4 种元素，其中钙与裂果的关系更加明确。

Huang 等(2004)深入揭示了钙参与荔枝果实抗裂性形成的机理及果实钙摄取途径与调控机制，多角度证明了钙通过构建细胞壁参与抗裂性形成，发现果实发育早期果皮钙的富集诱发细胞程序性死亡，形成海绵组织而提高果实后期延展性参与抗裂性形成；抗裂果品种怀枝果实不仅摄取钙的能力强于易裂果品种糯米糍，其细胞壁结构的钙形成能力也更强，果实钙的摄取可能依赖早期(液态胚乳盛期前)种子的发育，抽出液态胚乳，导致果实僵果和钙摄取能力丧失。Song 等(2018)的最新研究表明，无论是抗裂还是易裂的荔枝品种，果柄中都富集高浓度钙，主要分布在韧皮部组织中，并大量以草酸钙晶体的形式存在于筛管周边的薄壁细胞中；钙通道及液泡钙－H^+交换体参与了果实中钙的积累，果柄液泡钙的积累有利于钙向果实运输。

第四节 果实成熟

荔枝属于非跃变型果实(non-climacteric fruit)，在果实成熟过程中会发生复杂的生理生化变化，其风味品质逐渐趋于完美，至成熟采收时果实的风味品质最佳，采后即进入了衰老的生理过程。

一、成熟期间碳水化合物的变化

水果可食部分的可溶性糖含量是影响其品质的重要因素，与其他非跃变类果实相似，随着荔枝果实的成熟，果肉(假种皮)中的可溶性固形物、总糖含量增加。以单果计算，成熟采收时荔枝假种皮的含糖量占鲜重的10%～18%，不同品种假种皮的糖含量有显著的差异，含量高的如糯米糍、妃子笑的糖含量可达18%以上，而乌叶舅、双肩玉荷包等的糖含量则较低，仅为10%左右(表5-1)。荔枝假种皮中糖含量的差异主要由品种决定，同时也受成熟期和栽培管理水平的影响。

表5-1 不同荔枝品种假种皮糖含量和糖组分

品　种	总糖/(mg/gFW)	己糖/蔗糖	品　种	总糖/(mg/gFW)	己糖/蔗糖
贵妃红	151.8±7.5	0.50±0.01	禾虾串	127.4±5.0	1.47±0.15
无核荔	144.6±8.1	0.52±0.02	桂味	144.8±4.3	1.02±0.03
大丁香	145.2±7.5	0.67±0.04	双肩玉荷包	90.1±14.5	1.58±0.19
库林	122.9±5.2	0.78±0.04	怀枝	104.9±7.0	2.14±0.23
桂林	107.5±9.2	0.90±0.06	乌叶舅	86.1±1.89	3.01±0.16
糯米糍	185.4±2.3	0.90±0.10	陈紫	145.4±5.1	3.50±0.38
雪怀子	146.9±5.0	1.14±0.10	尚书怀	123.4±7.2	3.79±0.85
妃子笑	187.6±9.8	4.89±0.73	黑叶	138.0±5.9	5.15±1.24

引自Wang等(2017)。

由于假种皮积累的糖分远高于果柄组织的糖，而果柄组织是韧皮部运输糖的卸载部位，所以糖分进入假种皮必须通过跨膜运输，需糖转运载体和能量代谢的参与。荔枝假种皮主动积累糖的能力(如更高的ATPase活性和高蔗糖转运载体*LcSUT4*表达)，是决定荔枝假种皮糖积累量的关键因素(Wang等，2015)。如图5-7所示，在黑叶荔枝花后42～56 d假种皮快速发育，含糖量迅速增加，随着假种皮的继续发育，单果可溶性糖继续积累，但单位鲜重的糖含量增加幅度不大，在花后70 d糖含量达到最高值，此时可滴定酸迅速下降至低水平，被认为是果实的最佳采收期。不同荔枝品种果实成熟过程中糖分积累的规律相似，在最佳采收期如果不采收，果实继续挂在树上，假种皮的糖含量就会下降，这种荔枝果实成熟的后期或者过熟时出现的糖含量降低的现象称为“退糖”现象(desugaring)。“退糖”的发生可能与假种皮发育后期糖分进入速率减慢，而水分的进入速率持续增加，以及果实的呼吸消耗有关。“退糖”会引起果实的风味变淡，影响果实的食用品质。

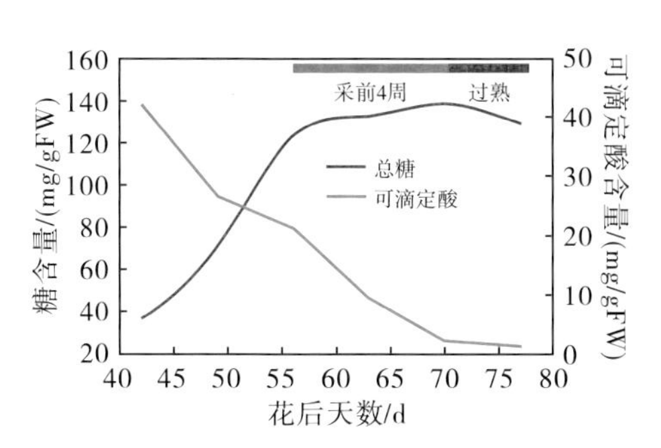

图 5-7　黑叶荔枝果实发育过程中假种皮糖和可滴定酸含量的变化

(王惠聪 提供)

荔枝假种皮检测到的糖主要是蔗糖、葡萄糖和果糖，这 3 种糖占总可溶性糖的 95%以上，也有一定含量的半乳糖(约为 1%)和肌醇甲醚(约为 0.5%)，包括白坚木皮醇(quebrachitol)和无患子醇(bornesitol)(Wu 等，2016)。由于蔗糖、葡萄糖和果糖的甜度和风味有明显的差异，3 种糖的比例不同是荔枝品种间风味差异的重要原因。一般荔枝假种皮中葡萄糖和果糖 2 种六碳糖(己糖)含量的比接近 1∶1，而蔗糖的含量及其与己糖的比率不同品种有较大差异，研究中常以己糖和蔗糖的比率来表示假种皮糖组分的差异(Wang 等，2017)。根据己糖/蔗糖比例可将荔枝分为 3 类糖积累类型：①蔗糖型(己糖/蔗糖＜1)，如贵妃红、无核荔、大丁香、糯米糍等；②中间型(1＜己糖/蔗糖＜2)，如雪怀子、桂味等；③己糖型(己糖/蔗糖＞2)，如怀枝、妃子笑、黑叶等(表 5-1)。以糖组分有明显差异的不同荔枝品种为材料，研究发现假种皮的己糖/蔗糖比值与发挥蔗糖水解作用的酸性转化酶和蔗糖合酶基因表达和活性呈显著的正相关，黑叶和妃子笑果实成熟时假种皮高的酸性转化酶和蔗糖合酶基因表达和活性是己糖/蔗糖比值高的原因(Yang 等，2013)。

二、成熟期间有机酸的变化

如图 5-7 所示，荔枝假种皮中的可滴定酸含量在发育早期很高，可达鲜重的 4%以上，随着快速发育其含量迅速下降，在成熟时降至 0.2%～0.5%。不同荔枝品种间假种皮的可滴定酸含量有一定的差异，含酸量少的糯米糍在果实成熟时可滴定酸含量约为 0.2%，含酸量较高的品种如妃子笑在果实成熟时约为 0.3%，含酸量高的如三月红约为 0.5%（Wang 等，2006）。Wu 等（2016）利用气质联用仪分析发现，在荔枝果实发育过程中最主要的有机酸是苹果酸，抗坏血酸和 α-酮戊二酸也有一定的含量，琥珀酸和柠檬酸的含量均很低。

糖酸比是影响荔枝风味的主要因素，随着荔枝果实成熟度的提高，糖含量增加，有机酸含量下降，一般认为糖含量最高、可滴定酸含量降至低水平时为果实的最佳成熟期，因而采收时的成熟度明显影响荔枝的风味。在生产中一般用可溶性固形物含量来表示假种皮中的糖含量。因为测定简单，固酸比是更常使用的果实品质和成熟度的指标。如表 5-2 所示，不同荔枝品种的固酸比有明显的差异，其值介于 36.9～92.3 之间。不同品种荔枝果实假种皮可溶性固形物含量的差异往往不大，而可滴定酸含量的差异较大，因此可滴定酸含量是影响荔枝假种皮固酸比的主要因素。如前所述，荔枝果实发育的后期，单位重量假种皮中的可溶性糖含量变化不大，而有机酸急剧下降，因此可滴定酸下降的速度是影响荔枝果实最佳成熟采收期的关键因素。

表 5-2　不同荔枝品种假种皮的可溶性固形物、可滴定酸含量和固酸比

品　种	可溶性固形物/%	总酸/%	固酸比
妃子笑	17.4±0.53	0.27±0.02	65.7
雪怀子	16.7±0.54	0.29±0.03	57.0
三月红	16.1±0.96	0.44±0.06	36.9
荷花大红荔	17.7±0.92	0.31±0.03	57.3
桂味	19.0±0.57	0.28±0.02	68.3
鸡嘴荔	18.8±0.24	0.20±0.02	91.3
糯米糍	19.2±0.80	0.21±0.01	92.3

在生产上，有一些荔枝新品种如岭丰糯、观音绿等在假种皮发育的中后期有机酸下降迅速，具备提前采收的特性。李建国等对从 6 月 6 日至 6 月 27 日 4 个时间点（不同采收期）采收的观音绿荔枝果实（图 5-8）的品质进行了对比分析。6 月 6 日采收的果实果皮基本呈绿色，随着果实发育果皮颜色逐渐变红，至 6 月 27 日左右果实基本全部转红。从表 5-3 中的数据可以看出，在时间点Ⅰ（6 月 6 日）果实的平均单果重为 15.45 g，随着果实发育，在时间点Ⅳ（6 月 27 日）单果重达到 25.89 g；总糖含量和可滴定酸含量随着果实的发育逐渐降低，在时间点Ⅰ果实糖含量最高，为 16.43%，时间点Ⅳ可滴定酸含量最低，为 0.093%；在时间点Ⅲ，果实已接近完全成熟，果皮色泽红中带黄绿，该时间点果实的糖酸比最高，为 147.3。以上结果表明，观音绿荔枝果实的可采摘期长达 20 d，最佳采收期是 6 月 13～20 日。

Ⅰ、Ⅱ、Ⅲ、Ⅳ分别代表观音绿果实的采收日期为 6 月的 6 日、13 日、20 日、27 日

图 5-8 不同采收日期观音绿果实(李建国 提供)

表 5-3 不同成熟阶段观音绿果实的品质对比

性 状	采收日期(日/月)			
	Ⅰ(6/6)	Ⅱ(13/6)	Ⅲ(20/6)	Ⅳ(27/6)
单果重/g	15.5±0.40d	19.5±1.09c	23.7±0.47b	25.9±0.54a
蔗糖/%	7.03±0.11a	4.62±0.07b	4.35±0.32b	4.32±0.06b
葡萄糖/%	4.80±0.66a	4.74±0.28a	4.84±0.48a	4.53±0.10a
果糖/%	4.60±0.07ab	4.93±0.36a	4.95±0.09a	4.20±0.11b
总糖/%	16.4±0.74a	14.2±0.18b	14.14±0.70b	13.05±0.02b
TSS/%	18.4±0.13a	17.9±0.51ab	17.63±0.23ab	17.47±0.42b
TA/%	0.170±0.002a	0.137±0.005b	0.096±0.003c	0.093±0.003c
糖酸比	96.4±2.03b	104.3±4.77b	147.3±0.72a	141.1±4.11a

注：同一行数据后的字母不同表示两者在 $P<0.05$ 水平上差异显著(LSD 检验，$n=5$)。

三、成熟期间维生素 C 含量的变化

维生素 C 是人体必需的营养素，园艺产品是维生素 C 的主要来源。利用高效液相色谱检测发现，在妃子笑和糯米糍荔枝果实假种皮的生长发育过程中，维生素 C 的含量随着假种皮的生长发育而迅速下降，在果实成熟前达到最低，而后随着果实的成熟略有上升(图 5-9)。不同的荔枝品种假种皮中维生素 C 的含量存在很大的差异，可以相差好几倍(图 5-10)。Wu 等(2016)利用高效液相色谱技术检测了不同品种荔枝果肉的维生素 C 含量，发现含量明显

低于美国 USDA 的官方数据，含量介于 8～39 mg/100gFW，差异的原因可能是成熟度不同或检测方法不同。

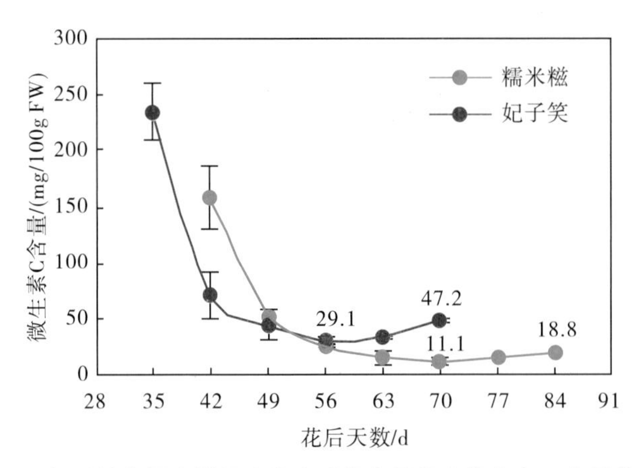

图 5-9 妃子笑和糯米糍果实发育过程中假种皮维生素 C 含量的变化

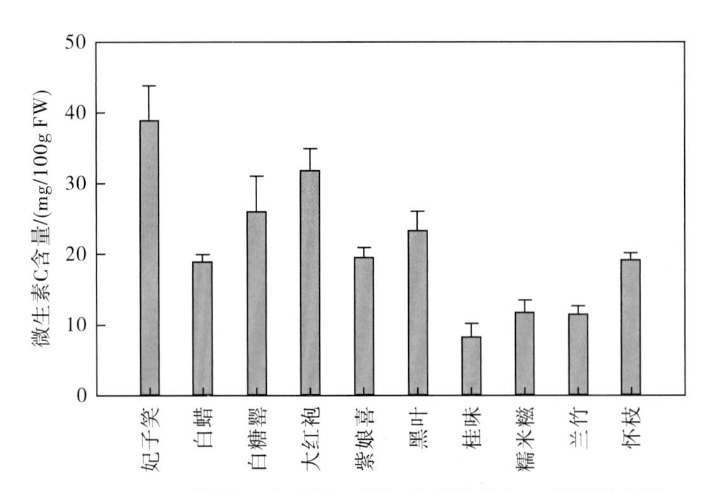

图 5-10 不同荔枝品种成熟果实假种皮维生素 C 含量的比较

四、成熟期间色泽的变化

1. 果实色泽的多样性

果实色泽是由叶绿素、类胡萝卜素、花色苷及其他的酚类色素或甜菜碱共同决定的。色泽是果实重要的外观品质，即便是优良的品种，也只有在充分表现其典型色泽时才具有市场竞争力。色泽变化是果实成熟期间最易从外表观察到的现象，是一种相对独立的过程，在时间程序上与其他成熟变化不一定完全相关。在荔枝生产上存在果实成熟时不着色或着色不良的现象，也有所谓的"红枣果"现象，即一些假种皮发育不良的果实提早转红、果个严重偏小，"红枣果"在无核品种和晚花果中较常见。荔枝果实着色是由于果皮叶绿素降解，同时显现出类胡萝卜素或是积累花色苷的结果。根据荔枝果皮中叶绿素和花色苷含量的差异，荔枝果实的颜色可分为不着色型（如新球蜜荔）、不均匀着色型（如妃子笑）和均匀着色型（如糯米糍）3 种类型（Wei 等，2011）。

当前在生产和研究中通常利用色彩色差计对果实的色泽进行量化测定。不同品种或品系的荔枝，果实的颜色有显著差异，相对应的色泽参数也有差异（表 5-4、图 5-11），红色的果实有 9911、白糖罂、白蜡、黑叶、荔 13-魁星、玫瑰荔、糯米糍等，L 值、b 值和 h°低而 a 值明显高于绿色的果实有三月红、妃子笑、鸭姆笼等。

表 5-4　不同品种/株系荔枝果实果皮色泽参数

序号	品种/品系	L	a	b	h°
1	9911	34.77±0.59	33.30±0.76	19.77±0.47	30.7±0.8
2	三月红	47.78±1.08	9.35±1.96	29.55±1.26	70.4±3.8
3	妃子笑	39.80±0.62	7.03±1.01	26.46±0.72	45.0±1.8
4	白糖罂	36.84±0.62	22.83±1.03	22.34±0.51	72.1±2.2
5	白蜡	39.38±0.76	17.10±0.88	22.75±0.70	53.2±2.1
6	黑叶	37.40±0.51	14.40±0.74	20.61±0.54	55.0±1.8
7	鸭姆笼	44.68±0.54	−5.43±0.43	32.57±0.43	99.3±0.7
8	新球蜜荔	50.34±0.64	−7.90±0.75	40.04±0.53	101.1±1.0
9	魁星青皮甜	42.89±0.51	−10.96±0.43	30.80±0.54	79.9±2.1
10	永兴 2 号	46.65±0.57	5.65±1.12	33.13±0.69	109.4±0.6
11	荔 13-魁星	32.60±0.62	24.07±0.53	15.76±0.65	33.2±1.3
12	玫瑰荔	43.35±0.91	13.56±0.91	29.70±0.85	65.1±1.9
13	糯米糍	37.06±0.77	20.42±0.73	20.25±0.66	44.8±1.5
14	桂味	41.57±0.57	25.22±0.55	21.97±0.47	41.1±1.0
15	桂糯	31.93±0.68	26.96±0.99	15.03±0.41	29.6±1
16	桂花香	35.685±1.36	34.89±1.14	18.96±0.89	28.6±1.3

注：L 值代表亮度，表明花色苷积累导致色泽加深和叶绿素降解导致色泽变浅之间的关系；a 值代表红色与青绿色相比的程度，a 值越大表明果实越红，a 值为负则表示果实偏青；b 值代表黄色与蓝色相比的程度，b 值越大表明果实越黄；h°为色调参数中的色度角，其值的变化幅度在 0～180 之间，依次为紫红、红、橙红、橙、黄、黄绿、绿和蓝绿。

各序号代表的品种(株系)及其色泽参数见表5-4

图5-11 不同品种(株系)荔枝果实外观(王惠聪 提供)

2. 叶绿素降解

叶绿素是植物进行光合作用的主要色素，也是绿色果实的呈色色素。荔枝果实的绿色主要来自叶绿体中的叶绿素，荔枝果皮的叶绿体分布在上中果皮，裂纹处更多(Underhill等，1992)。随着果实发育绿色变淡是绝大部分果实上色的前提，荔枝果皮着色过程中叶绿素和类胡萝卜素的含量明显下降，而花色苷迅速合成。王惠聪等(2002)研究发现，糯米糍和妃子笑成熟过程中果皮的叶绿素和花色苷含量呈极显著的负相关，一些着色不良的品种如妃子笑在果实的成熟过程中表现出果皮叶绿素降解缓慢，外观上不表现褪绿，果面着色明显滞后。果皮中高的叶绿素含量一方面增强了果面的底色，遮掩了花色苷色泽的显现，另一方面阻延了花色苷的合成，使着色延迟，着色落后。荔枝果实的褪绿是叶绿素降解的结果，与叶绿体的解体相联系。在糯米糍果实的成熟过程中，果实有明显的褪绿转黄的过程，叶绿素含量减少了80%，而妃子笑则在果实成熟过程中叶绿素降解缓慢，未见明显的褪绿转黄，呈明显的"滞绿"现象(Lai等，2015)。通过比较褪绿和滞绿品种果皮的叶绿素降解物、相关酶活性和相关基因表达等情况，发现叶绿素酶活性和滞绿基因(SGR)表达与荔枝果皮叶绿素的降解密切相关(Wang等，2005；Lai等，2015)。

温度、光照和外源生长调节剂均会影响果实叶绿素的降解。一般来说，冷凉有利于果实叶绿素的降解，香蕉在20℃转熟褪绿良好，果实呈均匀的黄色，但在高于25℃的条件下果实不能很好褪绿，呈现青皮熟的现象。柑橘类也有在较高温度下成熟果实不能正常褪绿的现象，如海南岛种植的红江橙果实成熟时呈绿色，称为南岛绿橙。与其他果树种类一致，冷凉应该也能促进荔枝果皮的褪绿，但具体的温度界线尚有待确定。套袋等遮光措施及外源生长调节剂处理如ABA和茉莉酸甲酯的处理，可降低果皮叶绿素的含量，而6-BA和CPPU处理则抑制果皮叶绿素的降解(Wang等，2005；Wei等，2011)。

3. 花色苷积累

大部分荔枝品种果实成熟时，因为花色苷的积累果面呈红色或紫红色。花色苷的颜色是荔枝果实的表色，着色(或上色)通常是指花色苷的积累。荔枝的花色苷主要是矢车菊素-3-芸香糖苷和矢车菊素-3-葡萄糖苷，分布于外果皮及中果皮外层细胞的液泡中，但不同品种荔枝这两种色素的比例有明显的差异。特早熟品系和早熟品种，包括 YY2 和 YN2 两个褐毛荔的实生后代，均以积累矢车菊素-3-葡萄糖苷为主，比例大于 60%；中熟品种如妃子笑、泉州早红等，则以积累矢车菊素-3-芸香糖苷为主，矢车菊素-3-葡萄糖苷的比例在 10%～20%之间；晚熟品种则是矢车菊素-3-芸香糖苷占绝对优势，矢车菊素-3-葡萄糖苷的比例小于 5%(图 5-12)。在特定的品种内花色苷组分稳定，不受环境因子和发育阶段的影响。Li 等(2016 a)研究发现编码 UDP-鼠李糖：矢车菊素-3-葡萄糖糖基转移酶基因(*LcFGRT4*)的序列差异，特别是 343 位的 SNP 在决定花色苷组分中有重要的作用。

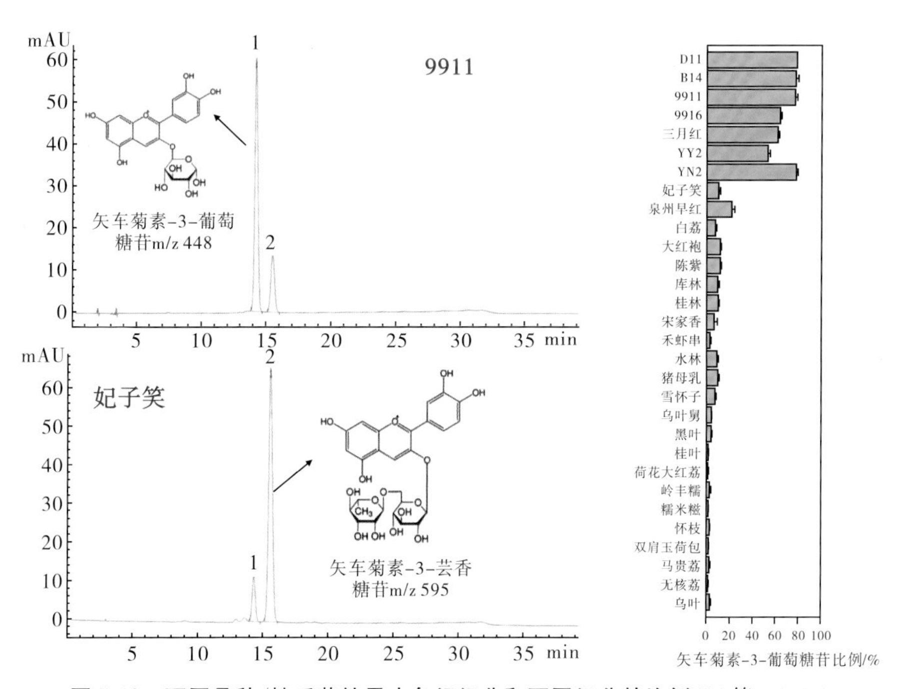

图 5-12 不同品种/株系荔枝果皮色组组分和不同组分的比例(Li 等，2016)

植物花色苷的生物合成途径是目前研究最为清楚的次生代谢途径。荔枝花色苷的合成通过类黄酮代谢途径，参与的结构基因包括查尔酮合成酶(CHS)、查尔酮异构酶(CHI)、黄烷酮 3-羟化酶(F3H)、黄烷酮 3′-羟化酶(F3′H)、二氢黄酮醇 4-还原酶(DFR)、花色素合成酶(ANS)和类黄酮糖基转移酶(UFGT)(Wei 等，2011)。不同荔枝品种果皮中的花色苷含量介于未检出至大于 1 000 μg/g FW 之间，荔枝果皮中的 UFGT 酶活性与花色苷积累量呈显著的正相关，发挥 UDP:矢车菊素-3-葡萄糖基转移酶功能的基因是 *LcUFGT1*(Li 等，2016 b)。花色苷的生物合成发生在细胞质中，合成后需要转运至液泡中贮藏，*LcGST4* 是荔枝中转运花色苷的主要基因，其表达水平与花色苷的积累量呈显著正相关(Hu 等，2016)。

花色苷的生物合成调控，主要是由一些转录因子通过调控花色苷生物合成的结构基因的表达，从而影响相关酶的活性以及花色苷的积累。目前认为主要有 3 大类转录因子，分别是 MYB、bHLH(basic helix-loop-helix)和 WD40 蛋白，它们相互作用形成复合体共同调控花色苷的生物合成。在荔枝不同着色阶段的果皮中筛选获得了 53 个 MYB 成员，通过关联分析和异源表达验证，确定了荔枝花色苷生物合成途径中的关键转录因子为 LcMYB1/5 和 LcbHLH1/3，其作用机理是通过增加花色苷生物合成结构中下游基因的表达来促进果实着色，其中 LcMYB5 可能还通过促进组织酸化来增强着色(Lai 等，2014，2016，2019)。

光照和外源生长调节剂如 ABA 和 CPPU，均会影响荔枝果皮花色苷的生物合成关键基因的表达，从而影响荔枝果皮的着色(图 5-13)。王惠聪等(2003)研究了果实套袋和生长调节剂对花色苷积累和相关酶活性的影响，结果发现，只有 UFGT 活性与荔枝果皮花色苷合成关系密切。套袋处理抑制了 UFGT 活性同时也抑制了花色苷的合成，去袋后 UFGT 活性和花色苷含量都迅速增加。外源 ABA 处理可显著促进果皮花色苷的生物合成；细胞分裂素类的生长调节剂如 6-BA 处理可显著降低果皮内源 ABA 的含量，同时显著抑制叶绿素的降解和花色苷的生物合成；CPPU 抑制叶绿素降解和花色苷的合成作用更明显。这些外源生长调节物质主要通过抑制花色苷生物合成相关调控因子如 *LcMYB1* 和结构基因如 *LcUFGT1* 的表达来延迟果实的着色。此外，还发现有 3 个 ABA 信号途径因子 LcABFs 参与了荔枝果皮叶绿素降解和花色苷生物合成的调控(Hu 等，2016)。

图 5-13 套袋和外源生长调节剂处理对妃子笑荔枝果实着色的影响
(Wei 等，2011)

其他的一些外源生长调节剂也在调控果实着色上有明显的作用。据Sharma等(1986)报道，用400 mg/L的乙烯利处理能使Shahi荔枝提前8 d上色和采收，用25 mg/L的萘乙酸处理也可促使果实提前5 d成熟，并推测这与萘乙酸促进了乙烯的形成有关。在采前3周果实转红时，用10～20 g/L的尿素喷China荔枝果穗及附近的叶片，可延迟果实成熟5～12 d，而25～50 mg/L的GA_3、1 000～2 000 mg/L的B9和2 000 mg/L的矮壮素处理也有明显的延迟成熟的作用(Ray等，1986)。生产上主要根据果实颜色来判断荔枝果实的成熟度，因此，外源生长调节剂对果实成熟的影响事实上可能是对果实着色的作用。

第五节　果实发育调控技术

一、提高坐果率的措施

荔枝果实发育期间发生的严重落果现象是导致荔枝产量低而不稳的重要原因。保果工作是荔枝生产周年管理的中心，它绝不是采取简单的几项措施就可以完成的，应该采取综合保果措施，从夏季采收后的管理、秋季健壮结果母枝的培养、冬季花芽分化的调控至春夏季花果期的系列管理等，在年周期管理中一环扣一环去执行，才能获得好的保果效果和满意的产量。下面介绍生产中常用的减轻落果的措施。

1. 控穗疏花

花穗的长短、粗壮程度，节间的长短，总花量及雌雄花比例等因素，决定了花穗的质量和坐果。荔枝花穗过长、花量过大、雌花比例低是造成荔枝“花而不实”的主要原因，主要对策是：培养短壮且花量适中的短花穗结果；尽量减少开花的数量，以控制开花节奏来提高长花穗的坐果率。

对同一品种而言，末次秋梢的老熟时间与花穗的长短有较为密切的关系。一般老熟早的梢成花也早，容易形成长花穗。如果末次秋梢老熟时间掌握得好，就容易形成短花穗。目前生产中常用的控穗疏花措施包括：①竹枝扫花。在开花前7 d内，用坚实柔软的小竹枝在花穗顶部往返“扫打”，使部分花蕾脱落。这是一种操作简单的减少花量的安全方法，但费工费时。②人工疏剪法。在始花前5 d内，用修剪工具剪除90%以上的花穗，剩下的花穗一般主轴长度短于10 cm，侧花穗3～5条。③机械疏花。在始花前3 d内，用疏花机在花穗长10～12 cm处统一进行短截，侧花穗则不进行处理。④药物控穗疏花。

在刚开少量花时，用生长调节剂多效唑或烯效唑配合一定量的乙烯利喷施花穗，一般多效唑和乙烯利的使用浓度分别为150～200 mg/L 和 50～100 mg/L，药物的使用依品种、天气不同效果差异较大，大面积应用前需要进行小面积试验。⑤药物杀穗。当花穗伸长至 5～10 cm 时，用含乙氧氟草醚的杀冬梢类药物喷花穗，可导致花穗部分干枯和弯卷，使花穗的发育暂时停止，10 多天后再逐步恢复分化发育，这样处理后的花穗短小，花量少，雌花期长，雌雄比例增高。

2. 创造良好的授粉受精条件

荔枝雌花完成授粉受精过程才能使果实正常发育，影响荔枝授粉受精的因素非常复杂，在荔枝花期，必须做好以下 3 项工作来最大限度地满足授粉受精要求。

(1)花期放蜂。蜜蜂采集荔枝花粉的时间具有同步性和连续性，是人工授粉所不能代替的。在开花前 3～5 d 蜂箱进园，放蜂密度平均为 15～30 箱/hm^2。注意在放蜂期间荔枝园及其附近果园或菜园均应停止施用农药，以防蜜蜂中毒或受污染。

(2)人工辅助授粉。人工辅助授粉效果虽然比不上蜜蜂，但在蜂源缺乏或气候条件不适宜昆虫传粉，雌花先开或雌花盛开时附近没有雄花开放或仅有少量雄花开放的果园，应考虑采用人工辅助授粉。人工辅助授粉的具体做法是：在荔枝雄花盛开时，于 9：00 左右露水干后在树下铺上薄膜，用手轻轻摇动树枝收集花粉和花朵，并立即去除害虫及枝叶，铺开在阳光下晒 2 h 左右(如遇阴雨天可在室内铺开，用灯光照射、风扇吹干)，促使花朵中的花药开裂散出花粉，然后把花粉连同花朵倒入清水中充分搅拌，使花粉均匀散开，接着用纱布过滤，留下花粉悬浮液。为了促进花粉发芽，可再加入钼酸铵和硼酸，配制成含有 30 mg/L 钼酸铵和 50 mg/L 硼酸的花粉悬浮液。此悬浮液呈黄褐色，半透明，具有荔枝花香。最后用喷雾器把花粉液喷射在盛开的雌花上。授粉过程中花粉液要随配随用，尽量缩短花粉在水中的浸泡时间。因为如果雄花在水中浸泡时间太长，单宁物质渗出增多，会抑制花粉发芽。此外，切忌用力搓洗花朵，尽量用最短的时间(2～3 min)洗出花粉水，绝不可超过 30 min。

(3)应对不良天气。荔枝花期遇到连绵阴雨，花穗上会积满小水珠，使得花器官呼吸不畅，引起花穗变褐、沤花，这时要及时摇树，摇落凋谢的花朵和水珠，以减少因积水造成花穗变褐腐烂，同时也可减少病原菌的侵染。遇"碱雾"天气要及时喷水洗雾。"碱雾"是指空气相对湿度近于饱和，白天多雾，到中午还未消失，这时虽然空中无雨水，但花穗也积有水珠，加上雾中微滴中落有许多可溶性的有毒物质，会损伤柱头使其不能受精。雌花盛开期遇高温、干燥天气时，柱头容易干枯凋萎，影响授粉受精，这时应在早晚各喷水1次，以增加果园空气的相对湿度，降低温度和柱头黏液浓度，改善授粉受精的条件。

3. 适时喷施植物生长调节剂和叶面肥

在搞好果园管理的基础上，在荔枝开花坐果期应用低浓度的生长调节剂，可以调节树体和果实中的内源激素水平，促进花器发育健全，刺激子房膨大以及防止离层的形成，从而减少落花落果。这种方法用工少、成本低、效果好。

雌花期保果：雌花大量开放后第3 d(此时雌花的"蝴蝶须"处于变黄发干阶段)进行药物保果，可选用3～5 mg/L的2,4-D或萘乙酸(NAA)等生长素类植物生长调节剂加1 000倍生多素等叶面肥。注意使用浓度不要太高，以免对雌花柱头造成伤害。

坐果期化学调控保果：雌花谢花后15～20 d喷施3～5 mg/L的2,4-D、20～30 mg/L的萘乙酸、20～25 mg/L的2,4,5-TPA或1～3 mg/L的三十烷醇等植物生长调节剂，并配合施用0.3%～0.5%的尿素和0.2%的磷酸二氢钾等叶面肥。

雌花谢花后35～40 d，喷施30～50 mg/L的赤霉素和40～50 mg/L的防落素，并配合叶面喷施0.5%～1.0%的尿素和0.3%的磷酸二氢钾水溶液。

对于糯米糍、鸡嘴荔和无核荔等采前落果严重的品种，在雌花谢花后40～45 d喷施30～40 mg/L的NAA。

4. 枝干环割或螺旋环剥

环割是一项较为稳妥有效的保果措施，适用于生长偏旺的结果树，特别是对幼年树效果更显著。老龄树或树势偏弱的结果树一般不采用环割。环割时间和环割次数依品种、树势和后期挂果量而定。对于较为丰产稳产的怀枝品种，整个果期环割次数最多2次，第1次在谢花后7～10 d，第2次在谢花后30～35 d。对于花期授粉受精条件较好的年份或果园，可以只在谢花后30～35 d环割1次；如果在花后7～10 d环割过1次，3～4周后，在每个花穗的平均果数超过10个的情况下就不需要环割第2次了。对于丰产稳产性能较差的品种，如糯米糍和桂味，在整个果期环割的次数一般不要超过3次，第1次在谢花后7～10 d，第2次在谢花后30～35 d，第3次在谢花后的55～60 d。

环割宜在二级主枝或三级大枝上(胳膊粗以上)进行，在光滑部位用锋利的电工刀或嫁接刀或专用环割刀环割1圈，深度达木质部即可。

二、减轻裂果的措施

裂果是多种因素综合作用的结果，因此，须采用综合配套栽培技术才能减轻裂果。

1. 培养适时健壮的结果母枝

不同时期老熟的结果母枝，其开花期不同，裂果发生程度也不同，一般花期早的裂果率较少，但坐果率较低；花期晚的坐果率高，裂果率也相对较高。在珠江三角洲地区，对糯米糍而言，末次秋梢老熟期最好控制在 12 月上旬。

2. 改良土壤，增施有机肥

一般保肥保水性能差的沙质土壤较易发生裂果，大量使用化肥也是造成裂果日趋严重的重要原因。因此，着眼于土壤改良和增施有机肥以培养强大的根系，提高对逆境(主要指骤干骤湿)的抵抗能力，改良土壤结构，可以达到减少裂果的目的。果实发育期间偏施化肥，特别是尿素会导致裂果增加，为了减轻裂果，对糯米糍等易裂品种的追肥主要应以有机肥为主，并配合一定量的钾肥。

3. 补充钙肥，增加果皮抗裂性

研究表明，有助于减轻荔枝裂果的矿质营养主要有钙、硼、锌、硅 4 种元素，特别是钙的作用尤其显著。可以通过土壤施用生石灰和在末次秋梢至果实发育期间根外喷钙肥来对荔枝补钙。一般于每年 12 月至翌年 1 月冬季清园时撒施生石灰，挂果 50 kg 的树株施生石灰 5～10 kg；对于冬季没有施生石灰的果园，可在春季(2～3 月)撒施，用量同上。叶面补钙可选择市面上钙、硼和锌等含量高的叶面肥。

4. 调整挂果量，保持适当的叶果比

荔枝裂果多发生在果实的向阳面，挂果越多裂果越重。保证适当数量的叶片，既有利于蒸腾，也有利于保护果实使其免受日光暴晒，从而减少裂果。在第 3 次生理落果结束后，对挂果量偏多的果穗要进行适当的疏果，每穗留果数不宜超过 8 个。

5. 改善果园的通风透光条件

荔枝光合效能低，荫蔽果园荔枝叶片制造的养分少，输送给果实的更少，会造成果实发育不良。发育不良的果实易落果和裂果。因此，应加强修剪和疏枝等果园管理工作，保持果园和树体的通风透光性。

6. 保持均衡的土壤水分供应

在果皮发育阶段，如遇干旱应及时灌溉，保持土壤处于湿润状态(土壤含水量为田间持水量的 60%～80%)，无灌溉条件的果园要进行树盘覆盖，以减少土壤水分的蒸发。在果肉快速膨大期，如遇多雨天气要及时排水。果实转色期更应防止土壤水分的剧烈波动。

7. 适时环割和断根

一般在大雨或台风来临前 2～3 d 进行环割和断根最有用，可有效减少根系对水分的吸收。

8. 其他措施

可采取行间生草、行内清耕和树盘覆盖等调节果园小气候的措施来减少骤变气候的影响。加强对病虫害的防治也有利于减少裂果。

三、提高果实品质的综合技术

（一）荔枝果实的品质指标

荔枝果实的品质直接影响其市场价格和销量，基本要求是达到要求的成熟度且果实完好无损伤、无污染。荔枝果实的品质主要涉及外观品质、内在品质、耐贮藏性和安全性。

外观品质是荔枝作为商品的最直观表现，它决定了果实的质量和等级，相关的指标包括果实大小、色泽、果形以及病斑和机械损伤情况。评价果实大小可用果实的直径，也可用果实重量。不同品种荔枝果实的大小差异很大，小的如禾虾串（质量＜10 g），大的如鹅蛋荔和紫娘喜（质量＞50 g）。一般同一品种果实越大可食率越高则商品性越好。由于不同荔枝品种果形差异较大，生产上常用单果质量或每 500 g 果实的果数来衡量果实大小。如妃子笑荔枝按果实大小分级时，19 个/500 g 及以下的为一级果，20～23 个/500 g 的为二级果，24 个/500 g 及以上的为三级果。果实的色泽是影响外观品质的重要因素，不同品种果实色泽有很大差异，在同一个品种中消费者偏爱颜色鲜艳的果实。病斑和机械伤是影响果品商品性的另一重要因素，部分荔枝品种果实的“鸭头绿”、荔枝蝽的臭腺分泌物灼伤、日灼和摩擦造成的果面褐斑均严重影响果实的商品品质。

荔枝果实的内在品质主要包括风味、口感和种子的发育程度等。果实的风味是果实糖酸含量和果实香气的综合体现。果实的糖酸含量一般由可溶性固形物含量和可滴定酸含量反映，在一定可滴定酸含量基础上高的糖酸比是果实风味浓的体现。香气是荔枝风味的另一个参数，越来越受到消费者的重视。果实的质地影响口感，是果实内在品质的重要因素，不同荔枝品种的质地差异明显，有的细嫩、有的爽脆，不同的消费者习惯和喜好不同。有些品种在果实过熟时靠近种子的假种皮木质化、呈褐色，使化渣性下降且有苦涩味，严重影响口感。与很多其他果树不同，种子的发育情况对荔枝果实品质的影响很大，目前市场上受消费者青睐的品种基本上是种胚败育的品种。

果实的贮藏特性是影响销售半径和售价的重要因素，荔枝品种、环境因素和栽培技术对果实的贮藏特性有明显的影响（相关内容在采后贮藏部分阐述）。安全性主要涉及农药残留、有害物质含量和不良微生物侵染等方面。

（二）荔枝果实品质形成的影响因素

荔枝果实品质主要由遗传决定，品种是果实品质的主要决定因素。但优良的品种也要有良好的生长环境和适宜的栽培管理措施才能充分体现其优良特性，因此，生态环境因素和栽培管理措施均能明显影响荔枝果实的品质。

生态环境是指生命活动所处的外界自然条件的总和，包括温度、水分、日照、空气和土壤等生态因子。荔枝栽培的气象条件和果园立地条件，不仅影响树体的生长，还对果实的品质形成有重要的作用。2008 年出版的《荔枝学》对我国荔枝产区的生态环境和区划有详细的阐述，关注的重点是荔枝的生存和产量的形成，较少涉及果实的品质形成。

温度是影响荔枝营养生长和生殖生长的重要生态因子，其对果实品质的影响主要体现在果实和种子的大小以及果实的颜色上。在花期和果实发育早期，较低的温度可促进果实的细胞分裂，有利于生产更大的果实，早花果妃子笑荔枝的果实大小是晚花果的 1.5 倍（李建国等，2003）。同一品种的荔枝，果实的大小往往随着纬度的增加而增大，原因除了与发育早期的低温影响细胞分裂有关之外，还与有效日平均温度随纬度增加而降低有关，高纬度地区果实生长发育和进入成熟慢，发育期长。温度还明显影响一些荔枝品种的种胚发育，桂味和白糖罂是典型的部分败育品种，它们的焦核率在不同的年份有显著的差异，造成这种差异的关键因子是温度，较低的温度有利于它们种胚的发育，生产焦核的果实（Xie 等，2019）。温度明显影响荔枝胚囊的发育情况，有研究认为，海南岛主产的无核荔存在明显的温敏无核现象，有高温敏无核型的 A13 和低温敏无核型的 A4 两个品系。在生产上观察到，果实成熟期温度较低的年份果实的色泽普遍鲜艳，这与其他果实低温有利于叶绿素降解的结果相吻合，但目前尚无关于温度影响荔枝果实色泽的研究报道。

充足的阳光有助于植物的光合作用、增加树体的碳素营养积累，在提高果实内在品质的同时也利于果实着色。然而在果实发育期间如果光照过强，容易出现果面日灼现象，影响果品的外观品质。在辐射量超过 2 299 J/cm^2 时，会出现果实未充分成熟而果皮提早转红，影响对采收成熟度的判定。水分主要通过影响果实的发育对果实的品质产生影响，果实发育早期的干旱会造成果皮发育受阻、果实变小、裂果高发，中后期的干旱会影响树体的光合作用、假种皮的糖分积累和细胞壁的代谢，造成风味和口感不佳。适宜的风速有利于调节果园的温、湿度，促进气体交流，增强光合作用，但大风容易造成果面的摩擦，使果面龟裂片尖破损、褐变，影响整体的外观品质。

虽然荔枝对土壤的适应范围较广，但果园土壤的各种理化性状如排水、通气、保水、肥力和 pH 值等，对荔枝果实的品质均有显著的影响。

此外，许多其他果树中均发现砧木对果实的品质有显著的影响，但目前尚无荔枝砧木影响果实品质的相关报道。

（三）荔枝获得高品质果实的栽培措施

影响荔枝果实品质的因素是多方面的，在提高荔枝果实品质方面只有采取综合技术措施才有显著的效果，包括根据适地适栽的原则选用优良的品种。在果园的立地条件和栽培品种确定的前提下，栽培管理技术就成为影响荔枝果实品质的决定性因素。20 世纪 90 年代以来，我国在荔枝高产优质栽培技术方面开展了大量的田间调查和试验。提高果实品质的栽培技术主要有花穗管理、果实套袋、生长调节剂的使用、肥水管理和树冠整形修剪等。有关合理的肥水管理和整形修剪技术在本书的其他部分有详细的讲述，这里主要介绍花穗管理、果实套袋和生长调节剂的使用。

1. 花穗管理

许多荔枝品种特别是大花穗品种，如妃子笑、仙进奉等，在同一果园、同一株树甚至同一个花穗上，开花时间的差异较大，有时花期相差在半个月以上。如前所述，由于早花果果实发育期的温度低于晚花果，早花果的果实往往较晚花果大，如妃子笑第一批花的果实可达 30 g 以上，晚花果则往往不到 20 g。因此，为了获得较大的果实，可采取如下措施：①调控秋梢的萌发期，留用早秋梢作为结果母枝。②适度人工短截花穗。花穗长的品种常存在花期差异大的问题，在花穗发育长度超过 10 cm 时，通过短截花穗，保留 8～10 cm 以下长度的花穗，减少花量，减少开花的营养消耗，有利于花期提早且相对集中。同时大花穗品种的短截可以减少树体的挂果量，有利于生产较大且大小均匀的果实。③利用人工辅助授粉、环割、喷施保果剂等措施，提高早花果的坐果率。

2. 果实套袋

果实套袋是 20 世纪 80 年代引进的栽培技术，在苹果、梨、葡萄、桃、柚子等果实上广泛应用，是目前果品安全生产重要的栽培措施。胡桂兵等(2001)研究指出，利用 30～40 g/m^2 的无纺布袋在第 1 次生理落果后(约花后 3 周)对荔枝进行套袋处理，可减少农药的使用次数，显著减轻蒂蛀虫对果实的为害，提高果实的耐贮性，并可促进着色不良品种如妃子笑果实的着色。

3. 生长调节剂的使用

许多植物生长调节物质都可以直接或间接地调控果实的大小。在苹果中使用 NAA 和 6-BA 有明显的疏果效应，NAA 主要通过疏果间接增大果实，而 6-BA 在疏果的同时还能通过促进细胞分裂直接增大果实。研究发现，NAA、GA_3 和 6-BA 均能在一定程度上提高妃子笑、怀枝和糯米糍荔枝果实的大小。使用 NAA 的效果最好，在增大果实的同时还增加了坐果率。在荔枝中应用 NAA 不是通过疏果来间接增大果实，而是直接增大果实（李建国，2008）。以色列学者 Stern 等（2000；2001）的研究指出，在幼果期喷施人工合成的生长素类化学调控剂3,5,6-TPA，可显著提高 Maritius、Kaimana、妃子笑和黑叶等荔枝品种的果实大小。

在果皮颜色调控方面，发现外源 ABA 处理可显著促进果皮花色苷的生物合成，细胞分裂素类的生长调节剂如 6-BA 处理可显著降低果皮内源 ABA 的含量，同时显著抑制叶绿素的降解和花色苷的生物合成，CPPU 抑制叶绿素降解和花色苷合成的作用更明显，乙烯在促进叶绿素降解上有明显的作用（Wang 等，2007；Wei 等，2011）。

4. 加强常规管理

优质荔枝生产离不开常规的生产管理措施，为了提高荔枝果实的品质，须加强以下 4 个方面的常规管理。

（1）增施有机肥，避免过量使用化肥。在花果发育期，推荐使用经沤制的有机肥和农家粪水肥，化肥只能适时、适量使用，且不能施用硝态氮肥，钾肥以硫酸钾较好。对于产果 50 kg 的荔枝树，每株施过磷酸钙 0.5 kg、硫酸钾 1 kg、充分沤熟的有机肥 10～15 kg，在谢花后施用，然后分别在谢花后 35 d 和50 d 各施 1 次粪水肥。

（2）适时适量灌溉。没有良好灌溉条件的果园，很难生产出优质荔枝。相对其他亚热带果树，荔枝的果实发育期比较短，一般只有 2～3 个月的时间。在南方气候条件下，荔枝缺水多发生在果实发育前期，前期干旱直接影响果皮生长发育，果皮发育受阻会间接影响后期果实增大。因此，果皮发育期如果遭遇高温干旱天气，应注意喷水和灌水。

（3）合理修剪。荔枝果实品质与光照条件关系十分密切，通过合理的修剪保持通风透光的树冠是高品质果实形成的条件之一。

（4）综合病虫害防治。在病虫防治上，应尽量根据绿色食品荔枝生产或无公害食品荔枝生产的病虫害防治原则，选用低毒高效的农药或生物源、矿物源农药，结合物理和生物防治方法综合防治病虫，即使果实无病虫害侵染，又不让果实中的农药残留超出规定的标准。

参考文献

[1]胡桂兵，王惠聪，黄辉白．套袋处理提高'妃子笑'荔枝果实贮藏性[J]．园艺学报，2001，28(4)：290-294.

[2]黄辉白，江世尧，谢昶．荔枝假种皮的发生和果实的个体发育[J]．华南农业大学学报，1983，4(4)：78-83.

[3]李建国，黄辉白，高飞飞．荔枝裂果与果实生长及水分吸收动力学的关系[J]．华南农业大学学报，1992，13(4)：129-135.

[4]李建国，高飞飞，黄辉白，等．钙与荔枝裂果关系初探[J]．华南农业大学学报，1999，20(3)：45-49.

[5]李建国，黄旭明，黄辉白．荔枝果实发育时期的新划分[J]．园艺学报，2003，30(3)：307-310.

[6]李建国．荔枝学[M]．北京：中国农业出版社，2008.

[7]李志强，袁沛元，凡超．地膜覆盖对荔枝果园土壤表面含水量的影响及其对减少裂果的作用研究初报[J]．广东农业科学，2011(11)：61-62，77.

[8]林兰稳．矿质营养对荔枝裂果率的影响[J]．土壤与环境，2001，10(1)：55-56.

[9]刘顺枝，王泽槐，李建国，等．花前喷施腐胺对荔枝子房乙烯释放量与雌蕊寿命的影响[J]．果树学报，2003，20(4)：313-315.

[10]吕柳新，陈荣木，陈景禄．荔枝胚胎发育过程的观察[J]．亚热带植物科学，1985，14(1)：3-7.

[11]邱燕平，向旭，王碧青，等．荔枝三种结实类型内源激素的平衡与坐果机理[J]．果树科学，15(1)：1998，39-43.

[12]邱燕萍，陈洁珍，欧良喜，等．糯米糍荔枝裂果与内源激素变化的关系[J]．果树学报，1999，16(4)：276-279.

[13]邱燕萍，张展薇，碧青，等．荔枝幼年结果树不同时期末次梢的营养及其对成花、坐果的影响[J]．广东农业科学，2001(5)：19-21.

[14]王碧青，邱燕萍．荔枝结果过程中内源激素变化及单性结果的诱导[J]．园艺学报，1997(1)：19-24.

[15]王惠聪，韦邦稳．荔枝裂果过程的果皮形态变化观察[J]．广东农业科学，1999(5)：23-24.

[16]王惠聪，黄辉白，黄旭明．'妃子笑'荔枝果实着色不良原因的研究[J]．园艺学报，2002，29(5)：408-412.

[17]王惠聪，黄辉白，黄旭明．荔枝果实的糖积累与相关酶活性[J]．园艺学报，2003，30(1)：1-5.

[18]向旭，邱燕平，张展薇．糯米糍荔枝果实内源激素与落果的关系[J]．果树学报，1995(2)：88-92.

[19]严倩，吴洁芳，姜永华，等．43份荔枝种质资源的雌花受精与坐果评价[J]．广东农业科学，2019：1-8.

[20]叶秀粦，王伏雄，钱南芬．荔枝的胚胎学研究[J]．云南植物研究，1992(1)：59-65.

[21]袁炜群，黄旭明，王惠聪，等．‘糯米糍’荔枝碳素营养储备动态与坐果的关系[J]．园艺学报，2009，37(11)：1568-1574.

[22]张大鹏．荔枝果柄结构发育与落果的关系[J]．园艺学报，1997(2)：105-110.

[23]周贤军，吴定尧，黄辉白，等．螺旋环剥对幼龄荔枝树生长结果的调控作用[J]．园艺学报，1996，23(1)：13-18.

[24]Hu B，Zhao J T，Lai B，et al. LcGST4 is an anthocyanin-related glutathione S-transferase gene in Litchi chinensis Sonn[J]. Plant Cell Reports，2016，DOI 10. 1007/s00299-015-1924-4.

[25]Huang X M，Yuan W Q，Wang H C，et al. Early calcium accumulation may play a role in spongy tissue formation in litchi pericarp[J]. Journal of Horticultural Science & Biotecnology，2004，79(6)：947-952.

[26]Lai B，Du L N，Wang D，et al. Charaterization of a novel litchi R2R3-MYB transcription factor that involves in anthocyanin biosynthesis and tissue acidification[J]. MBC Plant Biology，2019，19：62.

[27]Lai B，Li X J，Hu B，et al. LcMYB1 is a key determinant of differential anthocyanin accumulation among genotypes，tissues，developmental phases and ABA and light stimuli in *Litchi chinensis*[J]. PLoS One，2014，9(1)：p. e86293.

[28]Lai B，Hu B，Qin Y H，et al. Transcriptomic analysis of Litchi chinensis pericarp during maturation with a focus on chlorophyll degradation and flavonoid biosynthesis[J]. BMC Genomics，2015，16：225.

[29]Lai B，Du L N，Liu R，et al. Two LcbHLH transcription factors interacting with LcMYB1 in regulating late structural genes of anthocyanin biosynthesis in nicotiana and *Litchi chinensis* during anthocyanin accumulation[J]. Front Plant Sci，2016，7：166.

[30]Li C Q，Wang Y，Huang X M，et al. De novo assembly and characterization of fruit transcriptome in *Litchi chinensis* Sonn and analysis of differentially regulated genes in fruit in response to shading[J]. BMC genomics，2013，14(1)：552；doi：10. 1186/1471-2164-14-552.

[31]Li C Q，Zhao M L，Ma X S，et al. Two cellulases involved in litchi fruit abscission are directly activated by an HD-Zip transcription factor LcHB2[J]. Journal of Experimental Botany，2019，70(19)：5189-5203.

[32]Li C Q，Wang Y，Ying P Y，et al. Genome-wide digital transcript analysis of putative fruitlet abscission related genes regulated by ethephon in litchi[J]. Frontiers in Plant Science，2015，6(502)：1-16. http：//dx. doi. org/10. 3389/fpls. 2015. 00502.

[33]Li X J，Lai B，Zhao J T，et al. Sequence differences in *LcFGRT4* alleles are responsible for the diverse anthocyanin composition in the pericarp of *Litchi chinensis*[J]. Mol Breeding，2016，36：93.

[34]Li X J，Zhang J Q，Wu Z C，et al. Functional characterization of a glucosyltransferase gene，*LcUFGT1*，involved in the formation of cyanidin glucoside in the pericarp of *Litchi chinensis*[J]. Physiol Plant，2016，156：139-149.

[35]Ma X S，Li C Q，Ying P Y，et al. Involvement of HD-Zip I transcription factor LcHB2 and LcHB3 in fruitlet abscission by promoting transcription of genes related to

the biosynthesis of ethylene and ABA in litchi[J]. Tree Physiology, 2019, 39: 1600-1613.
[36]Mandal D, Mitra S. Cracking of lychee fruits: responsible factors and control[J]. Acta Horticulturae, 2018, 1211: 35-43.
[37]Menzel C M, Simpson D R. Temperatures above 20℃ reduce flowering in lychee (*Litchi chinensis* Sonn.)[J]. J. Hort. Sc., 1995, 70(6): 981-987.
[38]Mitra S K, Pereira L S, Pathak P K, et al. Fruit Abscission pattern of lychee cultivar [J]. Acta Hort., 2005, 665: 215-218.
[39]Naresh B, Singh A, Babu N. Effect of micro-nutrients spray on fruit cracking and fruit maturity in litchi[J]. Indian Agriculturist, 2002, 46(3-4): 203-207.
[40]Paull R E, Chen N J, Deputy J, et al. Litchi growth and compositional changes during fruit development[J]. J Amer Soc Hort Sci, 1984, 109: 817-821.
[41]Sharma S B, Ray P K, Rai R. The use of growth regulators for early ripening of litchi (Litchi chinensis Sonn.)[J]. J Hort Sci, 1986, 61: 533-534.
[42]Song W P, Chen W, Yi J W, et al. Ca distribution pattern in litchi fruit and pedicel and impact of Ca channel inhibitor, $La3^{+}$[J]. Frontier in Plant Science, 2018, doi: 10. 3389/fpls. 2017. 02228.
[43]Stern R A, Stern D, Harpaz M, et al. Applications of 2, 4, 5-TP, 3, 5, 6-TPA and combinations thereof increase lychee fruit size and yield[J]. HortSci, 2000, 35: 661-664.
[44]Stern R A, Stern D, Miller H, et al. The effect of the synthetic auxins 2, 4, 5-TP and 3, 5, 6-TPA on yield and fruit size of young 'Fei Zi Xiao' and 'Hei Ye' litchi trees in Guangxi Province, China[J]. Acta Horticulturae, 2001, 558: 285-288.
[45]Underhill S, Critchley C. Anthocyanin decolorisation and its role in lychee pericap browning[J]. Aust J Experi Agric, 1994, 34: 115-122.
[46]Wang H C, Huang H B, Huang X M, et al. Sugar and acid compositions in the arils of *Litchi chinensis* Sonn: cultivar differences and evidence for the absence of succinic acid [J]. Journal of Horticultural Science & Biotechnology, 2006, 81(1): 57-62.
[47]Wang H, Huang H, Huang X. Differential effects of abscisic acid and ethylene on the fruit maturation of Litchi chinensis Sonn[J]. Plant Growth Regul, 2007, 52: 189-198.
[48]Wang H C, Huang X M, Hu G B, et al. A comparative study of chlorophyll loss and its related mechanism during fruit maturation in the pericarp of fast- and slow-degreening litchi pericarp[J]. Sci Hortic, 2005, 106: 247-257.
[49]Wang H C, Lai B, Huang X M. Litchi fruit set, development, and maturation. In: The Lychee Biotechnology (eds. Kumar M, Kumar V, Prasad AV)[J]. Springer Singapore Nature Pte. Ltd., 2017, DOI 10. 1007/978-981-10-3644-6 ISSN 978-981-10-3643-9.
[50]Wang T D, Zhang H F, Wu Z C, et al. Sugar uptake in the aril of litchi fruit depends on the apoplasmic post-phloem transport and the activity of proton pumps and the putative transporter LcSUT4[J]. Plant and Cell Physiology, 2015, 56(2): 377-387.
[51]Wei Y Z, Hu F C, Hu G B, et al. Differential expression of anthocyanin biosynthetic

genes in relation to anthocyanin accumulation in the pericarp of *Litchi Chinensis* Sonn [J]. PLoS ONE, 2016, 6(4): e19455.

[52]Wu Z C, Yang Z Y, Li J G, et al. Methyl-inositol, γ-aminobutyric acid and other health benefit compounds in the aril of litchi[J]. Int J Food Sci Nutr, 2016, 67(7): 762-772.

[53]Xie D R, Ma X S, Rahman M Z, et al. Thermo-sensitive sterility and self-sterility underlie the partial seed abortion phenotype of Litchi chinensis[J]. Scientia Horticulturae, 2019, 247: 156-164.

[54]Yang Z Y, Wang T D, Wang H C, et al. Patterns of enzyme activities and gene expressions in sucrose metabolism in relation to sugar accumulation and composition in the aril of *Litchi chinensis* Sonn[J]. Journal of Plant Physiology, 2013, 170: 731-740.

[55]Yuan R C, Huang H B. Litchi fruit abscission: its patterns, effect of shading and relation to endogenous abscisic acid[J]. Sci. Horti. , 1988, 36: 281-292.

第六章　荔枝矿质营养生理与土肥管理技术

矿质营养(mineral nutrient)是果树生长发育、产量和品质形成的物质基础。按照果树需要量的大小可以分为大量元素(氮、磷、钾、钙、镁、硫)和微量元素(铁、锰、锌、铜、硼、钼、氯)。荔枝是多年生木本常绿果树，其花芽分化期、开花期、抽梢期、发根期、幼果期、果实膨大期和果实成熟期等不同生育阶段对矿质营养种类及其数量的需求不同。荔枝的矿质营养不平衡是导致荔枝大小年结果的重要的因素之一。因此，只有在掌握荔枝矿质营养生理和特性的基础上，通过科学合理的土壤和养分管理技术，才能满足荔枝枝梢和花果生长发育的营养需求，从而实现肥料的高效利用，达到荔枝生产优质、高产、稳产的目的。

第一节　荔枝矿质营养生理

一、氮

氮既是影响作物生长和产量形成的首要因素，也对改善农产品品质有着重要的作用。氮是植物(荔枝)体内许多重要有机化合物(如蛋白质、氨基酸、核酸、叶绿素、酶、纤维素、生物碱、辅酶和一些激素等)的重要组成成分，同时，氮素也是遗传物质的基础。因此氮在荔枝代谢作用中占有很重要的地位，对荔枝的生长发育和各种生理过程有重要的影响。图 6-1 为植物体内氮吸收和同化示意图。

荔枝体内的氮素最主要的作用就是组成蛋白质分子，蛋白质是构成原生质的基础物质。在荔枝生长发育过程中，体内细胞的增长和分裂形成新细胞

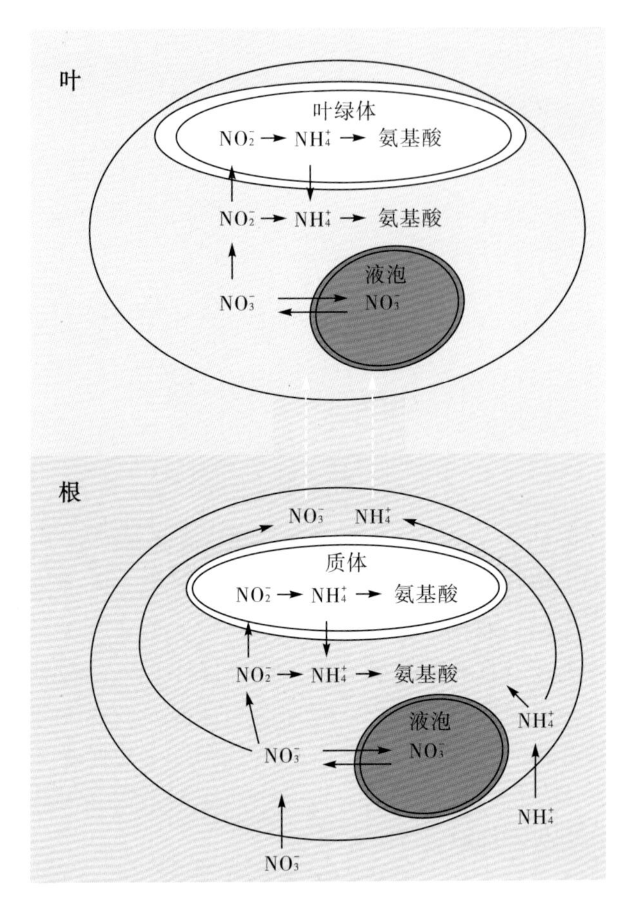

图 6-1 植物体内氮吸收和同化示意图(Marschner，2012)

都需要蛋白质。蛋白态氮通常占植株全氮的 80%～85%，蛋白质中的氮含量一般比较稳定，平均为 16%～18%。因此，当氮素供应不足时，蛋白质合成就会受阻，细胞分裂就会受到抑制，荔枝的生长和发育就会减缓甚至停滞。此外，氮素也会影响氨基酸的代谢。戴良昭等(1998)以 22 年生兰竹荔枝为试验材料，设计了 4 个施氮水平[N1(0.25 kg/株)、N2(0.5 kg/株)、N3(0.8 kg/株)和 N4(1.2 kg/株)]进行研究。发现当每株施氮量从 0.25 kg 增至 0.8 kg 时，随着施氮量的增加叶片的氨基酸总含量也增加，但最高施氮量的 N4 处理反而降低了叶片氨基酸的总量。施氮量影响各种氨基酸的含量，但反应并不相同。随着施氮量的增加，含量升高的有缬氨酸、苯丙氨酸；丝氨酸、酪氨酸和组氨酸的含量，以 N2 处理的最高；其余各种氨基酸都以 N3 处理的含量最高，N4 处理的含量反而降低。

叶片是荔枝进行光合作用、新陈代谢等许多重要化学反应的器官，而荔枝进行光合作用又依赖于叶绿素。叶绿素 a($C_{55}H_{72}O_5N_4Mg$)和叶绿素 b($C_{55}H_{70}O_6N_4Mg$)中都含有氮素。据测定，在高等植物的叶片中，叶绿体占干重的 20%～30%，而叶绿体干物质中蛋白质占 30%～45%(陆景陵，2003)。叶绿素含量的多少往往直接影响光合作用的速率和光合产物的数量，当荔枝缺氮时，体内的叶绿素含量下降，叶片颜色变浅绿甚至黄化，光合作用强度大大减弱，光合产物明显减少，荔枝的产量明显降低。

核酸是植物生长发育和生命活动的主要物质，无论是脱氧核糖核酸(DNA)还是核糖核酸(RNA)都是含氮的化合物，核酸中的含氮量约为 15%～16%。在植物体内核酸态氮约占植株全氮的 10%左右。信使核糖核酸(mRNA)能够将 DNA 上的遗传信息准确无误地转录下来，作为模板合成蛋白质；而转运核糖核酸(tRNA)则能根据 mRNA 的遗传密码准确地将它携带的氨基酸连接起来形成多肽链(蛋白质)。

荔枝体内的各种生化作用和代谢过程都需要酶的参与，如果缺少相应的酶(蛋白质)，代谢过程就会受阻，很难顺利进行。因此，氮素常常通过酶间接地影响荔枝的生长和发育。

此外，荔枝体内的一些维生素(如维生素 B_1、B_2、B_6 等)和生物碱以及植物激素(细胞分裂素、吲哚乙酸、赤霉素等)都是含氮的化合物。这些荔枝体内含量不多的含氮化合物能够促进荔枝的正常生长，对调节荔枝体内的某些生理过程起着重要的作用。

总之，氮素对荔枝的营养生长、花芽分化以及光合作用等均有促进作用，从而对产量和品质有积极的影响。充足的氮素可以促进荔枝的植株发育，使其生长旺盛、叶多且绿，蛋白质合成增强，代谢旺盛，光合作用强，有机物积累多。据报道，施氮可增加荔枝的总花量及雄花量，但雌花量则相对减少(戴良昭等，1998)。吴志祥等(2006)比较分析了 2 个荔枝栽培品种妃子笑和鹅蛋荔的花芽分化过程中不同方位、不同部位枝条顶芽和花穗中碳、氮比的动态变化，发现比值较高有利于花芽分化。缺氮常常造成荔枝老叶黄化、树体矮小、开花不良，且果实小(Maity 等，2001)。值得注意的是，氮素过多也会导致荔枝的产量下降，梁子俊(1990)研究发现，陈紫荔枝老熟秋梢叶片中的氮含量在 1.27%～1.60%时产量较高，而叶片中的氮含量超过 1.80%时产量会下降。

二、磷

磷是植物生长发育不可缺少的大量矿质营养元素之一，它既是植物体内多种重要有机化合物(如核酸、核蛋白、磷脂、植素、能量物质、辅酶等)的组成成分，又能以各种形式参与植物体内的生理代谢过程，如参与能量代谢，蛋白质、脂肪和淀粉的合成，酶活性的调节（磷酸和脱磷酸化），细胞内 pH 值的维持，提高植物的抗逆性和适应能力。因此，磷对作物高产和保持优良品质具有重要的作用。植物体的含磷量差异很大，其总磷量约占干重的 0.1%～1.0%（Barker 等，2007），其中大部分为有机态磷，约占全磷量的约 85%，无机态磷仅占 15%左右。有机态磷主要以核酸、磷脂和植素等形式存在，而无机态磷主要以钙、镁和钾等磷酸盐的形态存在。无论是有机态磷还是无机态磷对植物体均有重要作用（陆景凌，2003）。由于磷在植物代谢中的作用，它被认为是影响植物生长力的最重要的营养元素之一（Prado 等，2012）。目前有关磷对荔枝生长发育影响的研究不多。Rai 等（2002）报道，株施 200 g 磷肥可促进荔枝的生长、提高株产，同时发现，荔枝产量与叶片磷含量之间存在显著的相关性；磷也显著影响果实的理化性状、种子重量、果肉重量、可溶性固形物含量和酸含量。Menzel 等（1992）认为，荔枝叶片磷量在 0.14%～0.22%（干重）时产量较高。Prado 等（2012）调查了 5 个施磷水平（0 g、50 g、100 g、200 g 和 300 g P_2O_5/株）对 1～2 年荔枝生长的影响，发现种植时施磷可增加干的粗度，但并不是磷越高越好，实际上最高水平磷处理的茎粗度仅比无磷处理大；此外，供磷叶片大量和微量元素的含量，各元素的反应并不相同；总体说来，供磷植株叶片有较高的氮、钾、镁和硫含量，较低的锌含量。缺磷可导致荔枝叶缘和叶尖坏死，叶片卷曲、干燥和脱落（Maity 等，2001）。但施磷过量也会对植株生长产生不良影响，特别是阻碍植株对氮、铁、锌以及硼等养分的吸收，引起叶片的黄化或白化。

三、钾

钾是植物生长所需的营养元素，是肥料三要素之一。与另两个肥料要素氮和磷不同，钾在植物体内不形成稳定的化合物，差不多全部以离子形态存在，仅有很少一部分 K^+ 通过氧原子的电子对（e^{-1} pair）被有机配位体（organic ligand）束缚（陆景陵，2003；Baker 等，2007）。钾虽然不是植物有机体的组成物质，但却是其进行正常生理活动所必要的条件。钾可以促进光合作用和有机酸代谢，参与细胞壁伸展（cell extension）、呼吸作用、物质运转、阴-阳离子平衡、细胞渗透调节和气孔运动的调控，增强植物的抗逆性；同时，钾还是多种酶的活化剂，对碳水化合物、蛋白质、核酸等的代谢过程起着重要的作用（庄伊美，1991；Barker 等，2007；陆景凌，2003；Marscher，1995，2012）。缺钾可导致荔枝树体矮小，叶片黄化，叶缘和叶尖坏死，叶片脱落，结果不良（Maity 等，2001）。

荔枝果实对钾的需要量较大，果实中钾含量约占氮、磷、钾总量的54%。据广东省农科院土肥所的资料，采收1 000 kg荔枝鲜果，大约带走1.356～1.886 kg纯氮、0.318～0.494 kg磷(P_2O_5)、2.082～2.522 kg钾(K_2O)，以带走的钾最多。钾对荔枝的产量和品质均具有重要的作用(蒋雪林，1997)。Menzel等(1987)对7年生大造进行3种钾肥处理试验：处理一不施钾，处理二施标准钾(170 g/株)，处理三施高钾(520 g/株)。3种处理的顶梢成花率分别为12%、26%和94%，显然施钾可促进荔枝的成花。姚丽贤等(2004)报道，在土壤缺钾的条件下，增施钾肥可促进荔枝果实增大，增加单果重和产量，改善果实外观和风味品质，提高经济效益。陆顺满等(1993)报道，荔枝产量与秋梢叶的钾含量有明显的相关性，土壤速效钾与叶片钾含量呈显著正相关。另有报道显示，谢花期叶片中的钾含量在0.2%以下的荔枝基本上不能坐果，坐果率较高的树的叶片钾含量均在0.3%以上(蒋雪林，1997)。邓义才(1993)研究发现，在花芽分化至果实成熟期间，叶片中钾含量的动态变化呈逐渐下降趋势，最明显的时期是盛花后；荔枝(花器)果实的钾含量比叶高，果实中的钾含量在幼果期呈明显下降趋势，5月上、中旬的第1次大量生理落果期下降幅度最大，果肉进入包核阶段则变化不大。由于荔枝果实的生长发育对钾的需求量高，而且花的发育又要带走大量的钾，开花往往导致树体钾营养的不足，开花前后及时补充钾对开花后果实的发育显得特别重要。郑煜基等(2001)报道，施用硫酸钾可提高荔枝果实的品质(增加糖和维生素C的浓度，减少酸的浓度)和产量。杨苞梅等(2014)以1995年定植的妃子笑嫁接苗为试验材料，于2009—2012年3个生长季在广东惠州荔枝主产区进行试验，发现等氮基础上随着K_2O/N的提高，荔枝产量和种植效益均出现先增加后降低的规律，发现平均果实产量及种植利润拟合均以K_2O/N为1.16时最高。考虑到我国荔枝主产区土壤条件的差异及年度间产量形成条件的差异，建议荔枝主产区保持K_2O/N在1.0～1.2。

邓义才等(1993)研究发现，施钾虽不能显著影响荔枝叶片单位面积的叶绿素含量，但在氮、磷营养的配合下，施钾可增加叶片的净光合速率，降低暗呼吸速率、光补偿点和CO_2补偿点；施钾也可增加叶片中碳水化合物(淀粉和总糖)的积累，但对可溶性糖的影响不大，这可能与钾能激活淀粉合酶活性有关；施钾还可以增加果实中的钾含量和全果总钾量，降低相对落果率。Pathak等(2007)发现，开花前60 d和开花后15 d分批施入钾肥，可提高荔枝叶片钾水平、光合速率、水分利用效率、气孔导度、产量和果实品质。

四、钙

钙是构建细胞壁的重要成分，能稳定生物膜结构、保持膜的完整性，可促进细胞延伸和根系生长，是许多酶和辅酶的活性剂，对细胞的渗透调节也很重要。细胞内的钙离子可以作为“第二信使”通过钙调蛋白（CaM）调节细胞代谢（庄伊美，1994；陆景凌，2003；Barker 等，2007）。树体中的钙移动性差，所以老叶等部位的钙含量高。缺钙荔枝叶片小，叶缘坏死，叶片脱落，根系发育不良，生长点死亡。缺钙荔枝的果皮、果柄发育不良，因而易落果和裂果（李建国，2008；Maity 等，2001；Menzel 等，1987）。

荔枝对钙的需要量较大，其在叶片中的含量比磷和钾的含量还高，仅次于氮（Menzel 等，1992），可见钙对荔枝生长发育的重要性。目前知道得比较清楚的是，钙可减轻荔枝裂果（李建国等，1999；黄旭明等，2005），这可能与钙是细胞壁的重要组成成分和能维持膜的稳定性有关。除了减少裂果，钙还可以改善荔枝果实的品质，延长其贮藏寿命。刘鸿洲等（1996）观察到，一定浓度的钙可抑制荔枝果实中果胶酶、多聚半乳糖醛酸酶和纤维素酶的活性，从而延缓果实的衰老。Wang 等（2010）研究发现，1.25%或更高浓度的酸性硫酸钙（acidified calcium sulfate，ACS）可抑制贮藏在 5℃和 10℃条件下荔枝果皮多酚氧化酶和过氧化氢酶的活性，阻止褐变，维持果皮红色。ACS 还可增加果皮总酚和总花青素的含量，且随浓度的增加而增加，可增加自由基的清除活力，高浓度（2.5%和 5%）效果更好。ACS 处理并不显著影响荔枝果肉可溶性固形物、糖和有机酸的含量，这意味着 ACS 处理并不影响荔枝的内在品质。

五、镁

镁是构成叶绿素 a 和叶绿素 b 卟啉环的中心原子，在叶绿素合成和光合作用中起关键作用（Cakmak 等，2008；陆景凌，2003）。镁的另一重要生理功能是作为酶的辅因子（cofactor），如 ATPases、核酮糖-1,5-二磷酸羧化酶（rubisco）、RNA 聚合酶、蛋白激酶等，参与许多重要的生理生化过程，从而影响植物的生长发育。据报道，镁活化的酶的数量比任何其他矿质营养都多（Cakmak 等，2008；陆景凌，2003）。镁还可作为核糖体和核苷酸的稳定剂（stabilizer）参与蛋白质和 RNA 的合成（Marschner，1995）。植物体中镁的移动性强，故缺镁症常出现在老叶。缺镁植株，叶片小、脉间坏死、易脱落，根系生长差，花少（李建国，2008；Maity 等，2001；Menzel 等，1987）。姚丽贤等（2006）报道，适量施镁可提高荔枝果实的品质。

六、微量元素(铁、锌、硼、铜等)

有关荔枝微量元素研究的报道还较少。

铁虽不是叶绿素的组成成分，但它是叶绿体蛋白合成的必要元素，叶绿素的合成需要有铁的存在。铁还参与植物细胞内的氧化还原反应，以及植物细胞的呼吸作用和电子传递(庄伊美，1994；陆景凌，2003；Marschner，1995)。荔枝缺铁时，先是嫩叶失绿黄化，后扩展到老叶，严重缺铁时枝条枯死(Menzel 等，1987)。

硼参与植物体内碳水化合物的代谢和运输、细胞壁的合成以及酚类、蛋白质和核酸代谢，促进细胞伸长和细胞分裂、生殖器官的建成和发育以及生长素的运输，硼还可以提高植物的抗逆性(陆景凌，2003；Marschner，1995)。此外，硼对花粉萌发、受精和坐果均有重要作用(庄伊美，1994；Menzel 等，1987)。缺硼荔枝，出现生长点坏死，果小，且落花、落果严重。但硼过量时会导致叶脉间坏死(李建国，2008；Menzel 等，1987)。许荣义等(1984)研究表明，荔枝缺硼会影响授粉受精，从而降低产量。在低于 60 mg/L 浓度的范围内，兰竹花粉萌发率及花粉管长度随硼浓度的增加而增加，硼浓度更高则效果会相反。然而，曾令达等(2009)报道，硼酸在 0.5～25 mg/L 范围内对仙婆果及四季荔花粉萌发率和花粉管的生长均有促进作用，随着浓度的增加其作用效果逐渐降低，浓度为 0.5 mg/L 时，2 个品种的花粉萌发最整齐，萌发率最高，而且花粉管也伸得最长。据 Dutt 等(2000)报道，开花前用 328～654 mg/L 的硼酸喷布荔枝植株，可提高坐果率及果实品质。植株喷布 0.2%～0.4%的硼砂、0.2%的硼砂+2%的磷酸二氢钾或土施硼砂 0.15～0.25 kg，均能提高荔枝花粉萌发率，叶片硼、氮和叶绿素含量，以及单果重和株产量(李建国，2008)。

锌可促进吲哚和丝氨酸合成色氨酸，而色氨酸是生长素的前身，所以锌对植物的生长发育有显著的影响。锌是核糖体(Ribosome)的组成成分，且是核糖体结构完整性所必需的。此外，锌还可以通过抑制核糖核酶(RNase)的活性来影响蛋白质的合成(Marschner，1995)。锌是碳酸酐酶(CA)的专化活化离子，存在于叶绿体和细胞质中，能催化 CO_2 和 H_2O 合成 H_2CO_3，或使 H_2CO_3脱 H_2O 形成 CO_2，从而影响植物的光合作用。锌还是多种酶[如多种脱氢酶、RNA 聚合酶、铜/锌-超氧物歧化酶(Cu/Zn-SOD)、硝酸还原酶、蛋白酶、醛缩酶]的组分或活化剂(陆景凌，2003；Marschner，1995)。此外，锌还能促进植物生殖器官的发育和增强植物对不良环境的适应。

铜是植物体内多种氧化酶(如细胞色素氧化酶、Cu/Zn-SOD、多酚氧化酶、抗坏血酸过氧化物酶、吲哚乙酸氧化酶、硝酸还原酶)的成分或活化剂，参与碳水化合物、类脂和氮的代谢，参与光合作用(铜蛋白)及细胞壁的木质化，还可促进花粉的形成和受精(Marschner，1995)。

缺锌和缺铜有时在荔枝上同时发生，其症状是小叶、脉间失绿/斑驳(Mottling)、顶端枯死(Menzel等，1987)。据Naresh等(2001)报道，采前喷锌、硼和铜能显著改善荔枝果实品质，提高可溶性固形物和维生素C的含量。

第二节 荔枝矿质营养特性

一、叶片养分含量

虽然气候、挂果量、物候期、施肥、土壤性质等对荔枝叶片的养分含量有影响，但荔枝叶片中大、中量元素通常氮含量最高，钾或钙含量次之，磷含量最低；树干中则钙或氮含量最高，硫含量最低；外果皮和内果皮中一般氮或钾含量最高，硅或硫含量最低；果肉和种子中也是氮或钾含量最高，钙或硅含量最低；根系中通常钙含量最高，最低的则是磷或硫含量(姚丽贤等，2020)。

荔枝叶片不同养分元素的含量，在不同生育期的变化各异。如图6-2a所示，叶片氮含量在整个生育期相对稳定，在花芽分化期高于其他生育期。从花穗形成至果实成熟，随着氮素从叶片向花、果(繁殖部位)的转移，叶片氮含量逐渐下降。叶片钾含量在采果后至第一次梢老熟阶段明显提高，并在秋梢生长期一直维持在较高的水平，从花芽分化至果实膨大中期则迅速下降，膨大中期的含量仅为末次梢老熟期的2/3左右，这也是钾素向繁殖器官转移所致。然而，果实膨大后期叶片钾含量明显上升，这可能与前次梢叶片钾素向末次梢倒流及果实膨大期通常大量施钾有关。叶片钙含量从采果后至翌年果实膨大期，呈现降低—升高的交替变化规律，以采果后含量最高，末次梢老熟时含量最低。在年生长周期内，叶片钾钙的含量表现出明显的消长关系。叶片中镁的含量全年相对较为稳定，采果后的镁含量最高(杨苞梅等，2014)。

虽然磷通常被认为是大量元素，但在荔枝叶片中磷的含量与中量元素硫和硅的含量接近(图6-2b)。叶片磷含量从采果后至花芽分化初期逐渐提高，并在花芽分化初期达到最大值，在随后的开花坐果期间逐渐降低，但从果实膨大中期至采收前又明显回升。叶片中全年硫含量与磷含量大致表现出相反的变化动态。叶片硅含量周年波动大，从采果后至第一次梢老熟时明显降低，

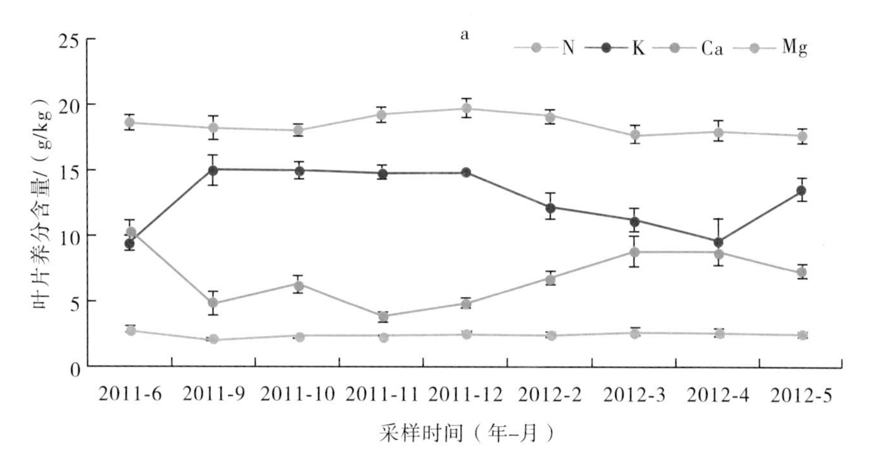

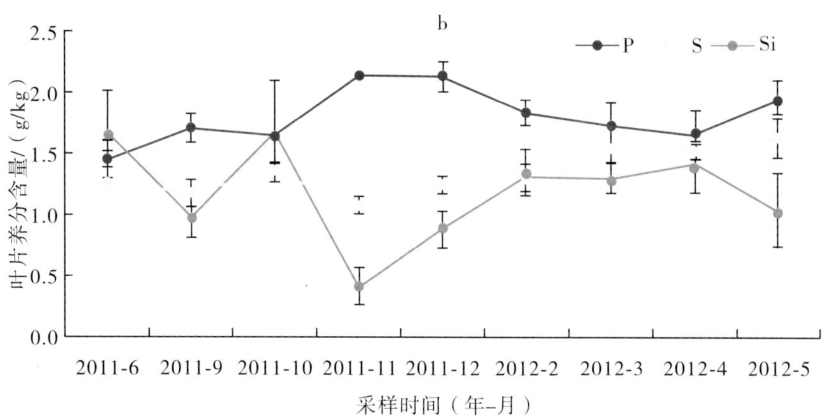

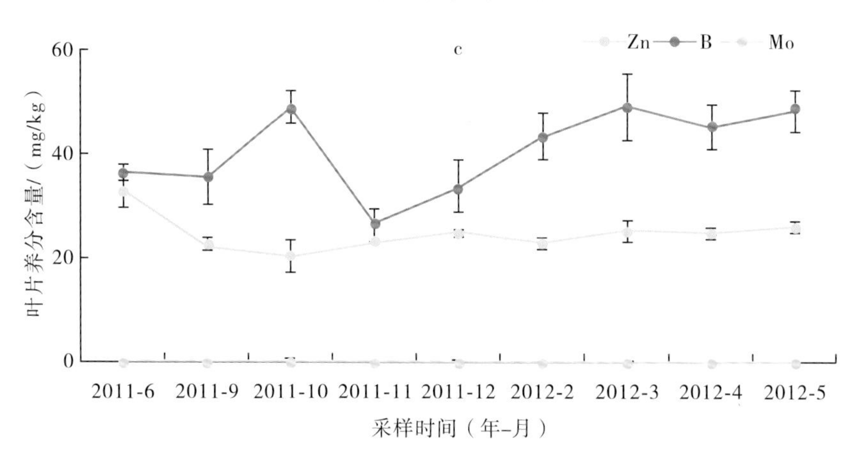

图 6-2　妃子笑荔枝叶片养分含量周年变化动态

然后又大幅回升至与采果后相近的水平，随后至末次梢老熟时又急剧下降至年内最低点，随即明显提高，从开花前至果实膨大中期均保持较为平稳的水平，随果实的继续发育而不断降低。

荔枝从采果后至第一次秋梢老熟期间，叶片硼含量较为稳定，然后在秋梢继续萌发和生长期间经历了先明显提高后快速下降的变化，在末次梢老熟时含量最低，随后至花期明显提高，随即又稍微下降，再到采收前小幅回升。这表明荔枝叶片在末次梢生长期间及花期硼营养的累积有 2 个高峰(图 6-2c)。与硼相比，叶片锌含量变化较为平缓。从采果后至末次梢生长期间，叶片锌含量逐渐降低，随末次梢逐渐老熟缓慢提高，花芽分化至采果前变化一直不大。叶片钼含量是荔枝所有必需营养元素中含量最低的。虽然钼的含量在整个生育期均很低，但果实膨大期仍显著低于其他时期，说明果实发育期是荔枝需钼的重要时期。对于微量元素铁和锰，由于华南荔枝园的土壤酸性强，土壤有效铁和锰的含量丰富，通常不会出现缺铁和缺锰问题，故对叶片中铁和锰含量的变化不再赘述。

植物体内的营养元素往往存在交互作用。荔枝叶片中，氮与硫之间，硼、磷与钙之间，硅、钾与钙之间，镁、钾与锌之间存在拮抗作用；而硫与硼之间，钙与硅之间，钙、镁、锌相互之间，表现为协同作用(杨苞梅等，2014)。由于交互作用的存在，需保持荔枝树体中各种营养元素充足且均衡的状态，才能奠定高产、稳产和优质的物质基础。

二、叶片营养诊断

对作物营养状况的及时、准确诊断，是进行作物养分管理的重要依据。作为多年生作物，叶龄、物候期、施肥情况、土壤肥力、控梢促花措施、病虫害控制、挂果量、气候条件等诸多因素，均会影响荔枝产量与叶片营养之间的关系(Menzel 等，1992；Roy 等，1984；罗东林等，2019)。由于气候、土壤、荔枝品种及生产条件的差异，世界上其他荔枝生产国建立的荔枝叶片营养诊断指标往往难以适用于我国。戴良昭(1999)总结了国内多个荔枝品种的叶片营养诊断指标，但由于不同研究的土壤类型、品种、产量水平、诊断时期甚至采用的诊断方法不同，难以对已有的诊断指标进行比较。妃子笑是我国种植最广泛的荔枝品种。罗东林等(2019)在比较了国际上 4 种常用方法诊断妃子笑叶片营养的准确性、可靠性和稳定性后，选用充足范围法作为华南(广东、广西、海南、福建和云南)妃子笑荔枝叶片营养诊断方法，建立的末次梢老熟期和果实膨大期的叶片营养诊断指标见表 6-1。

表 6-1　荔枝不同时期叶片营养诊断指标

元素	缺乏	偏低	适宜	偏高	过量
末次梢老熟期					
N/(g/kg)	<18.1	18.1～19.6	19.6～22.0	22.0～23.7	>23.7
P/(g/kg)	<1.53	1.53～1.68	1.68～1.95	1.95～2.16	>2.16
K/(g/kg)	<9.7	9.7～10.7	10.7～12.7	12.7～14.3	>14.3
Ca/(g/kg)	<2.4	2.4～2.9	2.9～4.1	4.1～5.2	>5.2
Mg/(g/kg)	<2.3	2.3～2.4	2.4～2.9	2.9～3.2	>3.2
S/(g/kg)	<1.27	1.27～1.37	1.37～1.57	1.57～1.71	>1.71
Zn/(mg/kg)	<12.7	12.7～14.9	14.9～18.9	18.9～22.2	>22.2
B/(mg/kg)	<6.7	6.7～10.7	10.7～16.8	16.8～21.1	>21.1
果实膨大期					
N/(g/kg)	<15.1	15.1～16.6	16.6～19.2	19.2～21.1	>21.1
P/(g/kg)	<0.93	0.93～1.05	1.05～1.25	1.25～1.39	>1.39
K/(g/kg)	<4.1	4.1～5.0	5.0～6.7	6.7～7.9	>7.9
Ca/(g/kg)	<5.5	5.5～7.6	7.6～11.0	11.0～13.3	>13.3
Mg/(g/kg)	<1.8	1.8～2.4	2.4～3.7	3.7～4.4	>4.4
S/(g/kg)	<1.31	1.31～1.50	1.50～1.81	1.81～2.01	>2.01
Zn/(mg/kg)	<10.5	10.5～19.5	19.5～32.6	32.6～41.9	>41.9
B/(mg/kg)	<7.4	7.4～11.4	11.4～19.2	19.2～26.8	>26.8

利用上述指标对华南 22 个典型荔枝园中 538 株次妃子笑荔枝进行叶片营养诊断，发现末次梢老熟期和果实膨大期叶片各种养分含量处于适宜范围的荔枝树不足 1/2，大部分果园荔枝叶片多种养分水平未达到适宜水平，各种养分缺乏及过量的情况同时存在(表 6-2)。由此可见，生产上进行荔枝叶片营养诊断极为必要。

表 6-2 华南 538 株次妃子笑叶片营养水平等级占比(2016—2017 年) 单位:%

元素	缺乏	偏低	适宜	偏高	过量
末次梢老熟期					
N	20.4	18.8	35.5	16.7	8.6
P	7.5	17.2	39.2	17.2	18.8
K	9.1	17.2	34.4	20.4	18.8
Ca	12.9	18.8	37.1	14.0	17.2
Mg	11.8	8.6	39.8	22.6	17.2
S	18.8	19.4	35.5	17.2	9.1
Zn	6.5	19.9	41.9	18.8	12.9
B	8.6	27.4	38.2	15.6	10.2
果实膨大期					
N	12.6	19.5	38.4	19.5	10.1
P	8.2	25.8	38.4	22.0	5.7
K	13.2	10.7	35.2	14.5	26.4
Ca	6.9	15.7	28.9	25.8	22.6
Mg	5.0	16.4	45.9	13.8	18.9
S	3.1	17.6	44.7	21.4	13.2
Zn	1.9	21.4	33.1	25.3	18.2
B	8.3	22.4	38.5	23.7	7.1

三、养分在荔枝枝梢、花穗和果实之间的转移和累积

荔枝每年采果、修剪后，萌发秋梢作为翌年的结果母枝。下面以采后抽生 3 次秋梢的妃子笑为例，介绍荔枝年度枝梢、花穗和果实发育的养分需求特点。在末次梢老熟期，不同梢次氮、磷、钾、镁和锌的含量均为末次梢>第二次梢>第一次梢；硫和硼养分 3 次梢的含量均接近；钙含量则以第二次梢最高，第一次梢次之，末次梢钙含量明显低于前两次梢；钼含量以第二次梢最高，第一次和末次梢含量相当。故末次梢抽生期间是荔枝吸收氮、磷、钾和锌营养的关键时期，但末次梢对钙的累积能力弱。树龄 10 年、株产 55 kg的妃子笑 3 次秋梢合计累积养分量分别为氮 259 g、磷 28 g、钾 186 g、钙 42 g、镁 36 g、硫 12 g、锌 317 mg、硼 201 mg 和钼 1.4 mg。3 次梢的氮、磷、钾、钙、镁养分累积比例在 1∶0.10～0.12∶0.66～0.75∶0.05～0.27∶0.13～0.16 之间，其中氮、磷、钾、镁的累积比例接近。因此，在妃子笑梢期，施肥应主要以氮、钾为主，同时配合适量的磷、钙、镁养分(姚丽贤等，2017)。

在初花期，氮、锌、钼的含量均为花穗>末次梢>第二次梢>第一次梢，大量氮、锌、钼营养从荔枝秋梢向花穗转移和累积，但钙难以从秋梢转移到花穗。果实成熟期氮、钾、钙、镁、硫、锌、硼、钼在秋梢的含量均随梢次增加而提高，但除钾、钼在果实中的含量继续提高外，其他养分在果实中的含量则明显低于末次梢中的含量，尤以钙和锌的含量最为明显。磷的含量则在每次梢及果实中均较为稳定。这表明，在果实膨大期需补充更多的钾和钼，以供果实的生长发育所需。

在末次梢老熟后至开花初期，荔枝除继续累积钙、锌、硼外，基本不吸收其他养分。花穗累积的氮、磷、钾、镁、硫、钼营养全部来自末次梢，67%的锌和20%的硼也来自末次梢。在初花期，末次梢的部分养分还会反向运输至第一次梢，并在第一次梢累积。因此，在末次梢老熟至春季回暖之前，应尽量避免施用除钙、锌、硼外的其他养分，这不但减少了肥料的浪费，而且还避免过多的养分促进营养生长而导致冲梢、减少成花枝数。此外，花穗中氮、磷、钾、钙、镁的累积比例为1∶0.12∶0.75∶0.22∶0.12，除钙的累积比例约为末次梢老熟期末次梢累积比例的4倍外，其他养分比例则与3次秋梢极为接近。由于末次梢累积钙能力弱，可在末次梢老熟后喷施钙及其吸收促进剂(如生长素、萘乙酸等)，促进钙从叶片向花穗的转移、提高成花质量。这再次说明末次梢生长期是加强荔枝营养的关键时期。荔枝采果后及时施肥可以培养健壮的末次梢，应避免见花施肥。

在果实膨大期，果实累积的氮、钾、钙、锌、硫养分基本全部为树体新吸收的，而磷、镁、硼、钼则部分来自第一次和第二次梢的养分转移。因此，培育健壮的第一次和第二次梢，累积更多的养分以转移至果实发育所需，也是获得高产的重要物质基础，应避免见果施肥。

果实成熟期，每株妃子笑果实养分累积量分别为氮115 g、磷14 g、钾121 g、钙18 g、镁14 g、硫5 g、锌144 mg、硼137 mg和钼0.5 mg，3次秋梢和果实合计养分累积量分别为氮321 g、磷34 g、钾273 g、钙143 g、镁38 g、硫16 g、锌544 mg、硼358 mg和钼1.2 mg。其中，果实氮、磷、钾、钙、镁养分累积比例为1∶0.13∶1.06∶0.16∶0.12。与秋梢和花穗相比，果实累积钾养分的比例明显提高，意味着果实发育阶段应提高钾肥的供应。由于荔枝钾和钙、镁间存在拮抗关系，果期提高钾营养的同时需配合施用钙、镁肥，避免过量施钾抑制钙、镁营养而造成果实发育不良。

四、地上部树体营养累积与分配

株产50 kg的主栽荔枝品种(黑叶、怀枝、妃子笑、桂味、白糖罂、白蜡、大丁香、紫娘喜、兰竹和双肩玉荷包)，成熟期地上部树体的氮、磷、钾养分累积量分别平均为 812 g、86 g 和 586 g，钙、镁、硫和硅分别为 792 g、113 g、66 g 和 118 g，铜、锌、铁和锰分别为 0.98 g、1.44 g、11.6 g 和 4.8 g，硼和钼则分别为 1.0 g 和 24.4 mg。养分累积比例，氮∶磷∶钾∶钙∶镁∶硫∶硅为1∶0.11∶0.72∶0.98∶0.14∶0.08∶0.14。收获 50 kg 果实，带走的养分量为：氮 114.5 g、磷 14.4 g、钾 105 g、钙 21.6 g、镁 12.5 g、硫 7.7 g、硅 10.4 g、铜 0.16 g、锌 0.27 g、铁 0.55 g、锰 0.33 g、硼 0.14 g 和钼 0.63 g。随果实收获带走的大、中量元素养分比例，氮∶磷∶钾∶钙∶镁∶硫∶硅为1∶0.13∶0.92∶0.19∶0.11∶0.07∶0.09。与地上部养分累积比例相比，果实收获带走的钾养分相对较多(姚丽贤等，2020)。

树干是荔枝地上部树体养分累积最主要的部位。主栽荔枝品种，地上部累积的养分除钙和钼外，其他大、中、微量元素养分约有 50%分配在树干中。树干累积的钙约占总量的 80%，而钼在树干中的分配比例最低，仅占 21%。随果实收获带走的各种养分占地上部树体养分总量的比例分别为：氮 16%、磷 19%、钾 20%、钙 3.4%、镁 13%、硫 11%、硅 10%、铜 9%、锌 8%、铁 24%、锰 20%、硼 15%和钼 24%。对于妃子笑等耐修剪的品种或修剪较重的品种，随果实收获和修剪带走的大部分营养元素约占地上部树体养分的 50%左右，故采果前后及时施肥以保证新梢的萌发尤为重要(姚丽贤等，2020)。

我国稀有的荔枝品种无核荔，采前落果严重，即使生长在肥沃的土壤中，采前大量落果仍普遍存在。与主栽荔枝品种相比，无核荔树体养分在果实中的分配比例明显偏低。这可能与其果实发育过程中缺少种子作为内源激素中心，进而缺乏树体营养向果实运输的推动力有关(姚丽贤等，2019)。木本果树补充赤霉素和萘乙酸等外源激素，可促进养分向果实的转移，从而减少落果(侍瑞等，2013；谭祖国等，1998)。在无核荔上有待进行相关的研究。

第三节 荔枝土肥管理技术

一、土壤管理

华南地区降雨丰沛，夏季台风和暴雨集中。荔枝园多数位于丘陵坡地，水土流失普遍且严重。土壤覆盖是减少水土流失、控制杂草和促进作物生长的一种传统措施。常用覆盖物有荔枝树修剪下来的枝叶、其他作物的秸秆、刈割的果园杂草或地膜等。

果园生草制是近年来发展较快的另一种果园土壤管理方式，是提高水土保持能力、缩小土壤温湿度季节和昼夜变化幅度、增加土壤有机质、改善土壤理化性状、提高果实品质和产量、增加天敌数量和减少病虫害的有效途径(Wei等，2017)。生草模式主要分为自然生草和人工种草两种。自然生草具有丰富的植物群落，适应性强、稳定性好，有利于果园土壤水分的合理利用、矿质元素的均衡供应、果树产量的提高与果实品质的改善等，且省工、省力，是果园生草的优先选择(王艳廷等，2015)。人工种草则具有针对性强、人为可控等优点。目前我国因缺乏针对不同草种在不同区域适应性的深入研究，人工种草难以推广应用。目前，生草栽培已在欧美及日本等国家普及，但国内果园仍普遍采用清耕的方式进行土壤管理，实行生草栽培的果园尚不足10%(李会科等，2005)。

实行生草制的荔枝园，宜遵循以下原则选择草种：①可保护果园表土免被暴雨冲刷而流失。②干旱时可缓解日晒，减少表土水分蒸发，保持土壤湿度，避免土壤水分降至永久萎蔫点。③避免和荔枝竞争养分，最好选择矮生或匍匐性的豆科植物。④不能是荔枝病虫害的中间寄主，或能避开荔枝受害的关键期。⑤当草成株时，可保证天敌的族群在无食饵(荔枝没有暴发病虫害)的情况下能获得充足的食物，或在恶劣环境(如荔枝修剪后树体光秃、台风暴雨或寒流低温侵袭、喷洒农药等)中可寻到隐蔽处及食物等进行繁衍。⑥可提供花粉作为荔枝授粉昆虫的蜜源，使昆虫族群在果园内存活。⑦具有经济效益或观赏价值，尽量选择乡土草种(陈河龙等，2009)。

目前，针对荔枝园土壤管理的研究还很少。由于我国荔枝和龙眼的种植区域和生长环境基本重合，龙眼园的土壤管理技术研究结果也可为荔枝园提供参考。邱燕萍等(2012)比较了广州地区大棚覆盖、地膜覆盖和生草栽培3种模式对桂味荔枝果实生长发育、果实品质及坐果率的影响，认为地膜覆盖和生草栽培模式比较适合荔枝生产，大棚覆盖则需定期灌溉。刘世立等(2014)则认为，由于覆膜明显提高了土壤温度，夏季对龙眼根系的生长不利，建议夏季不宜覆膜。Wei等(2018)的研究表明，在华南荔枝园种植1种豆科和2种禾本科草本植物8个月后，土壤活性有机碳的含量比清耕处理显著提高，但非活性可氧化有机碳含量降低，即土壤有机碳的稳定性下降。孙熹等(2013)在对土壤不同管理方式(树盘覆盖地膜、覆盖玉米秸秆、生草覆盖、牛粪+养蚯蚓和清耕处理)下的土壤性质、龙眼产量和品质进行比较后，认为在龙眼树盘覆盖牛粪+养蚯蚓的效果最好。张振(2018)在研究了龙眼园行间种植丰花草、假地豆、白花三叶草、鼠茅草以及自然生草和清耕处理对土壤性质的影响后，提出白花三叶草可作为广西果园生草栽培的草种。荔枝园如选用豆科草种，可适当增加磷肥用量以提高豆科植物的固氮能力，充分发挥以磷增氮的作用，提高土壤的碳储量及氮素供应。

值得指出的是，进行大规模人工种草栽培之前，应进行小范围、长时间的田间试验，观察不同草种对土壤性质、荔枝生长及病虫害发生的影响，再选用合适的草种进行推广种植。

二、土壤改良

华南荔枝大部分种植于赤红壤及红壤丘陵山地，土壤酸性强，有效硫含量丰富，有效磷含量中上水平，有效铜和有效锌含量为中等水平，有机质、水解性氮和速效钾含量中下，阳离子交换量、有效钙、有效镁、有效硼和有效钼为低水平。不同荔枝主产区土壤养分肥力状况差别很大。硼和钼是我国荔枝园土壤最普遍缺乏的元素，钙、镁次之。整体上华南荔枝园土壤养分肥力较低且不平衡(李国良等，2009；李国良等，2012)。可通过施肥补充土壤中缺乏的营养元素。

进一步的调查显示，华南五省区(广东、广西、海南、福建和云南)荔枝园土壤 pH 值在 3.85～7.82 之间，平均为 4.64，整体属酸性。强酸性、酸性、弱酸性、中性和弱碱性荔枝园分别占 45.7%、48.0%、5.0%、1.1%和 0.2%。不同产区中，以广西荔枝园土壤酸性最强(邱全敏等，2020)。

土壤酸性或碱性过强会影响土壤的化学和生物学性质(徐仁扣，2015)。当 pH 值达到一定阈值时，将抑制作物的生长发育，降低产量和品质(Raese，2008；尹永强等，2008；赵静等，2009)。荔枝对土壤酸碱度敏感。根据国家荔枝龙眼产业技术体系近年的调查，在四川泸州弱碱性土壤(pH 值约为 7.53)上种植了 20 多年的荔枝，生长极为缓慢，缺铁症状严重，同时伴有缺锰和缺锌症状，产量极低甚至没有商品产量。

邱全敏等(2020)的研究显示，荔枝生长适宜的土壤 pH 值为 5.03±0.58。如果土壤 pH 值≤4.64 或≥6.46，荔枝生长将显著变差。如以 5.03 作为荔枝生长最适的土壤 pH 值来衡量，华南荔枝产区约有 62%的荔枝园土壤 pH 值可能已显著抑制荔枝生长。荔枝园土壤的强酸性已经成为荔枝生长的重要限制因素之一，急需改良。

生产上一般通过施用改良剂对土壤酸碱度进行改良。常用的酸性改良剂有石灰、白云石、粉煤灰、磷矿粉、碱渣和工业废弃物等。在酸性荔枝园土壤中施用以沸石和蒙脱石等原料自制的酸性改良剂，可显著提高荔枝的产量(郭和蓉等，2005)。在华南典型的强酸性荔枝园土壤(pH 值为 4.2)中施用石灰、白云石粉和钙镁磷肥，均可不同程度地提高土壤的 pH 值，对土壤养分的有效性及酶的活性也有较大的影响。综合来看，施用石灰和白云石粉促进荔枝生长的作用优于高量钙镁磷肥，施用低量钙镁磷肥对荔枝生长反而有一定的抑制作用(邱全敏等，2020)。但值得注意的是，如果荔枝园土壤有效磷含量中等或丰富，施用1次高量钙镁磷肥即可造成土壤磷盈余。即使在土壤有效磷缺乏的果园，如果连续每年大量施用钙镁磷肥，也会导致土壤磷盈余。坡地荔枝园容易发生磷的径流损失，这会大大提高周边水体富营养化的风险。水源保护区内的荔枝园，尤须合理施用磷肥，避免过量施磷对水源质量产生负面影响。另外，土壤磷过量会抑制植物根系对锌的吸收，也不利于荔枝的生长。酸性土壤荔枝园如选用钙镁磷肥作为pH值改良剂，须根据荔枝生长需要、土壤其他性质和果园环境确定合理用量。生石灰和白云石粉价格便宜、容易获得，是酸性荔枝园土壤pH值改良的理想材料。

对于四川泸州的弱碱性荔枝园土壤(pH值为7.53)，施用大量硫黄等碱性改良剂虽然显著降低了土壤的pH值，并提高了土壤磷、铁、锰等养分的有效性，但荔枝生长仍十分缓慢，其长势远不及种植于强酸性土壤上的荔枝(邱全敏等，2020)。因此，在弱碱性土壤上应谨慎商业化种植荔枝。

三、养分管理

荔枝的养分管理，是指将合适的肥料品种以恰当的用量在恰当的时间施在合适的位置，以满足荔枝枝梢和花果生长发育的营养需求。进行科学的养分管理，可以避免冲梢，提高花穗质量和坐果率；可以保持树体营养与激素的平衡，减少裂果和落果；可以提高树体抗病虫害的能力，减少农药的使用；可以避免过多地使用叶面肥，节省肥料和人力成本；可以改善果实的品质及商品外观，使其适时成熟，方便集中采收。

1. 大量元素养分施用总量和比例

陈秀道等(1998)根据连续5年的田间试验结果，提出每生产50 kg桂味荔枝果实的氮、五氧化二磷及氧化钾的施用量分别为0.84 kg、0.5 kg和1.2 kg，氮、磷、钾养分的施用比例为N∶P_2O_5∶K_2O=1∶0.6∶1.43。梁子俊和戴良昭(1984)通过6年的田间试验，提出生产23.4～30.1 kg陈紫荔枝果实的施氮量为0.25～0.5 kg，氮、磷、钾养分的施用比例为N∶P_2O_5∶K_2O=1∶2∶6或1∶1∶3；生产43.1 kg兰竹荔枝果实，氮、磷、钾肥折纯用量分别为0.8 kg、1.0 kg和1.5 kg，氮、磷、钾养分的施用比例为N∶P_2O_5∶K_2O=1∶1.25∶1.875(戴良昭等，1998)。与氮、磷、钾养分在主栽品种荔枝果实、叶片和树体中的累积比例相比(姚丽贤等，2017；姚丽贤等，2020)，上述研究中提出的磷、钾养分施用比例应该偏高。

何应群等(2003)在广西通过连续3年不同氮、钾比例配方肥(K_2O/N为

0.8、1.0、1.2、1.4、1.6，P_2O_5/N 为 0.6)在三月红荔枝的施用效果试验，提出 K_2O/N 为 1.2 时，荔枝产量最高。Yang 等(2005)研究了连续 3 年施用不同比例钾、氮肥(K_2O/N 为 0.6、0.8、1.0、1.2、1.4)对妃子笑生长的影响，认为在华南典型缺氮、低钾荔枝园，当 K_2O/N 在 1.0～1.2、P_2O_5/N 为 0.3，并补充钙、镁、硼、钼营养时，荔枝产量最高，果实品质最好，而且耐贮性最佳。

根据荔枝树体养分需求特点、采果及修剪养分带走量和荔枝田间施肥试验效果，生产 50 kg 果实，华南荔枝主栽品种施肥总量的适宜范围为：氮 0.7～1.1 kg、五氧化二磷 0.20～0.35 kg、氧化钾 0.85～1.35 kg、钙 0.3～0.4 kg、镁 0.11～0.13 kg。由于华南荔枝园土壤普遍含有较丰富的有效硫，而且过磷酸钙、复合肥、有机肥中也含有一定量的硫素，荔枝通常不再需要额外补充硫肥。

如荔枝偏施或过量施用某一种肥料，不但浪费肥料、增加成本，而且还会抑制对其他养分的吸收，加剧树体营养的不均衡，可能会导致冲梢、成花不良、落果及裂果等现象。如过量的氮营养不但促使荔枝冲梢，导致开花不良、坐果率低(Menzel 等，1988；梁子俊等，1984)，还会加剧病害(姚丽贤等，2017)。过量施钾则延迟荔枝的成熟，并提高果实的可滴定酸含量，降低糖酸比(Yang 等，2015；苏阳等，2015)。在生产上，出现过果实膨大中期一次性大量施钾而显著加剧荔枝裂果的现象(图 6-3)。这是由于过量的钾营养抑制了钙素在果皮中的运输和累积所致。如在果实膨大期过量施钾，则裂果会更严重。

一次性大量施用钾肥

正常施肥

图 6-3 白糖罂荔枝在果实膨大期不同施肥方式对裂果的影响(姚丽贤 提供)

近年来，经常出现荔枝果实在膨大期发育异常的现象，主要症状有：小果和中果的外果皮正常或出现黑褐色斑点，但内果皮黑褐色斑块更为严重，甚至果皮开裂；大果期外果皮皱缩凸起，果实畸形、明显变小，内果皮有黑褐色或淡绿色向果肉侵入的痂状物，严重者侵入部位果肉褐变腐烂。不同时期果实异常现象均表现出由内而外更为严重的规律。在膨大后期，有时会出现果实转色困难（图 6-4）。上述现象主要是由低温高湿、高温干旱或高温高湿等不良气候造成的树体钙或钙和硼营养向果实的运输障碍所造成（姚丽贤等，2017）。果实膨大期关注天气变化，提前喷施 0.5％的硝酸钙＋0.05％的硼砂 1～2 次，有利于预防果实因缺钙或硼引起的异常症状。

图 6-4 荔枝果实缺钙或缺钙和硼症状（姚丽贤 提供）

2. 施肥时间

荔枝采后通常萌发 1～3 次秋梢作为翌年的结果母枝。根据荔枝不同生育期养分需求特点，应合理分配肥料，适时供应充足养分。如荔枝园土壤质地为壤土或黏土，建议肥料养分按生育期分配(表 6-3)。如土壤质地为沙土，可保持施肥总量不变而增加施肥次数，勤施薄施为宜。如果条件允许，可在沙质土壤上实行滴灌或喷灌施肥。

表 6-3 荔枝不同生育期肥料养分分配比例 单位：%

养分	采后至第一次梢萌发前	倒数第二次梢近老熟时	小果期
N	30	25	45
P_2O_5	50	50	0
K_2O	25	20	55
Ca	25	20	55
Mg	25	20	55

3. 施肥位置

木本果树通常在树冠滴水线下开沟施肥。为提高荔枝根系的吸收总面积，建议在树干至滴水线中间向滴水线挖放射沟，沟深约 20 cm，宽约 30 cm，每株树挖 3～4 条放射沟为宜。将肥料与土壤适当混合后施入沟内并回土覆盖。争取在树盘下轮次开放射沟施肥，可有效减轻树盘下土壤压实状况，改善土壤的通气状况，促进根系生长，进一步提高肥料的利用率。

4. 肥料种类

常用的有机肥和化肥均可施于荔枝。禽畜粪肥、厩肥、花生麸、豆渣、草木灰等都是良好的有机肥。新鲜花生麸由于脂肪含量高，腐解慢，不宜直接施用，必须堆沤腐熟后才能施用，否则由于土壤微生物的夺氮作用而可能导致当年减产(姚丽贤等，2017)。近年来集约化养殖场禽畜粪的重金属残留及对农产品的质量影响受到较多关注。徐晗等(2021)通过多年的连续田间试验，发现按照常规方法施用禽畜粪肥，即使每千克粪肥中铁、锰、铜和锌的含量高达数百至数千毫克，荔枝果实中这 4 种金属的含量也不会随粪肥用量、粪肥中金属含量或施用年限的增加而提高。另外，由于我国最新食品卫生标准《食品安全国家标准　食品中污染物限量》(GB 2762—2017)中删去了旧标准中水果的铜、锌限值，而且对水果的铁和锰含量未作出限制，因此，施用养殖场粪肥并不会引起荔枝果实这 4 种金属超标问题。

常用化学氮肥有硝态氮、铵态氮、酰胺态氮 3 种形态。荔枝偏好吸收硝态氮，但吸收铵态氮的能力更强。在荔枝年生长周期的绝大部分时间，同时供应硝态氮和铵态氮更有利于荔枝吸收氮素和磷素营养，效果好于单独施用硝态氮(朱陆伟等，2020)。尿素为酰胺态氮肥，施入土壤被脲酶水解为铵态氮，铵态氮继而转化为硝态氮，土壤中铵态氮和硝态氮较长时间共存，有利于荔枝吸收利用，也是荔枝良好的氮肥。有人认为施用含氯化肥的荔枝果实品质差，但目前已有的观察并不支持该说法。

荔枝的理想施肥方式是有机肥和化肥配合施用。如将等氮量的鸡粪、猪粪、牛粪、花生麸分别与化肥配合施用，3 种粪肥的配施效果相当，花生麸则稍差(姚丽贤等，2017)。

5. **根外施肥**

除土施肥料外，叶面喷施中、微量元素是补充荔枝养分的有效途径。在海南，荔枝叶面喷施 0.3%的氯化钙+1.5%的氯化镁(w/w)，可以提高荔枝果皮花色素苷的含量，使果皮提前着色，解决果皮滞绿问题，从而促进果实提早成熟和采收(高丹等，2015；周开兵等，2016；周晓超等，2015)。然而，在南非的研究显示，在第一次梢萌发或旺长时分别喷施 1%的尿素和 4%的硝酸钾，在开花期喷施 2%的硝酸钾，在坐果时喷施 2%的硝酸钙，以及在小果期喷施 2%的硝酸钾，均不能提高果实产量(Cronje 等，2009)。

前面已提及，喷施钙或钙+硼可避免由于不良气候造成的荔枝果实缺钙或钙和硼的异常现象。另外，在花期、小果期及果实膨大期喷施 0.1 mmol/L 的硝酸钙或螯合钙(180 mmol/L 的钙)、0.2%或 0.5%的氯化钙，均可有效减轻糯米糍荔枝的裂果现象(Huang 等，2008；李建国等，1999；彭坚等，2001)。

荔枝树体累积的微量元素大部分集中在冠部。由于微量元素需求量低，而且它们(尤其是硼)缺乏和中毒的范围很窄，为避免土壤施用不均匀及土壤的吸附作用，微量元素养分适宜喷施。华南荔枝园土壤通常有效铁和有效锰的含量丰富，而普遍缺乏有效硼和钼。须有针对性地喷施适宜浓度的微量元素，避免滥用叶面肥，才能降低肥料和人力成本，有效提高产量及改善果实品质。在广东从化，分别在花期、谢花后及小果期喷施 0.05%(w/w)的硼砂，荔枝果实运输及贮存硼的能力最强，也最有利于果皮、果肉和果核各种形态钙的积累，从而促进坐果，比对照增产 98.8%；当硼砂浓度提高至 0.1%和 0.2%时，则分别减产 81.4%和 14.7%(杨苞梅等，2016)。钼是荔枝树体中含量最低的元素，在多个荔枝品种的多个部位均未能检出(姚丽贤等，2020)。目前还缺乏荔枝施钼技术，有待研究。

参考文献

[1]Cronje R B, Mostert P G. A management to improve yield and fruit size of litchi, C V. HLM Maritius-Find report[J]. South Africa Litchi Grower's Association Yearbook, 2009, 21: 46-55.

[2]Huang X M, Wang H C, Zhong W L, et al. Spraying calcium is not an effective way to increase structural calcium in litchi pericarp[J]. Scientia Horticulturae, 2008, 117: 39-44.

[3]Maity S C, Mitra S K. Litchi. In: Bose T K, ed. Fruits: Tropical and Subtropical, Third Edition, Vol. 1. Calcutta: Naya Prokash, 2001: 556-608.

[4]Marschner H. Mineral Nutrition of Higher Plants[M]. Second Edition. London: Academic Press, 1995.

[5]Marschner P. Marschner's Mineral Nutrition of Higher Plants[M]. Third Edition. Amsterdam: Elsevier, 2012.

[6]Menzel C M, Carseldine M L, Haydon G F, et al. A review of existing and proposed new leaf nutrient standards for lychee[J]. Scientia Horticulturae, 1992, 49(1-2): 33-53.

[7]Menzel C M, Simpson D R. Lychee nutrition: a review [J]. Scientia Horticulturae, 1987, 31(3-4): 195-224.

[8]Menzel C M, Carseldine M L, Simpson D R. Crop development and leaf nitrogen in lychee[J]. Australian Journal of Experimental Agriculture, 1988, 28: 793-800.

[9]Pathak P K, Majumdar K, Mitra S K. Leaf potassium content influences photosynthesis activity, yield, and fruit quality of litchi[J]. Better Crops-India, 2007, 1(1): 12-14.

[10]Prado R D M, Gondim A R D O, Correia M A. Fertilizing lychee plants with phosphorus at time of planting in Brazil [J]. Applied and Environmental Soil Science, 2012: 259175.

[11]Raese J T. Response of apple and pear trees to phosphate fertilization: A compendium [J]. Communications in Soil Science and Plant Analysis, 2008, 29: 1799-1821.

[12]Rai M, Dey P, Gangopadhyay K K, et al. Influence of nitrogen, phosphorus and potassium on growth parameters, leaf nutrient composition and yield of litchi (Litchi chinensis)[J]. Indian Journal of Agricultural Sciences, 2002, 72(5): 267-270.

[13]Roy R N, Rao D P, Mukherjee S K. Orchard efficiency analysis of litchi[J]. Indian Journal of Horticulture, 1984, 41: 16-21.

[14]Wang C Y, Chen H, Jin P, et al. Maintaining quality of litchi fruit with acidified calcium sulfate[J]. Journal of Agricultural and Food Chemistry, 2010, 58(15): 8658-8666

[15]Wei H, Xiang Y, Liu Y, et al. Effects of sod cultivation on soil nutrients in orchards across China: A meta-analysis[J]. Soil and Tillage Research, 2017, 169: 16-24.

[16]Wei H, Zhang K, Zhang J. Grass cultivation alters soil organic carbon fractions in a subtropical orchard of southern China [J]. Soil & Tillage Research, 2018, 181: 110-116.

[17]Yang B M, Yao L X, Li G L, et al. Dynamic changes of nutrition in litchi foliar and effects of potassium-nitrogen fertilization ratio[J]. Journal of Soil Science and Plant Nutrition, 2015, 15: 98-110.

[18]曾令达，蔡国富，尹艳，等. 微量营养物质及生长调节剂对荔枝花粉萌发及生长的影响研究[J]. 惠州学院学报(自然科学版)，2009，29(6)：30-33.

[19]陈河龙，易克贤，马蔚红，等. 果园生草研究进展及展望[J]. 草原与草坪，2009(1)：94-97.

[20]陈秀道，陈建生，张发宝，等．荔枝施用氮钾肥料的效应[J]．广东农业科学，1998(2)：27-29.
[21]戴良昭．荔枝龙眼施肥新技术[M]．北京：中国农业出版社，1999.
[22]戴良昭，林昌显，刘丽蓉，等．施肥对兰竹荔枝产量和叶片矿质营养元素含量的影响[J]．福建农业学报，1998，13(4)：52-55.
[23]戴良昭，林昌显，刘丽蓉，等．施N量对兰竹荔枝氨基酸含量及花性的影响[J]．福建农学院学报，1998，27(4)：419-422.
[24]邓义才，倪耀源，陈乃荣．钾素对荔枝光合性能、碳水化合物积累及坐果的影响[J]．华南农业大学学报，1993，14(2)：91-95.
[25]高丹，周晓超，苏阳，等．叶面喷施钾、钙和镁肥对三月红荔枝果皮着色的影响[J]．南方农业学报，2015，46(10)：1849-1855.
[26]郭和蓉，陈琼贤，彭志平，等．荔枝施用营养型酸性土壤改良剂的增产改土效果[J]．长江大学学报(自科版)，2005，25(3)：16-19.
[27]何永群，龙淑珍，韦昌比，等．不同氮钾比例配方肥在荔枝上的试验[J]．广西农业科学，2003(1)：32-33.
[28]黄旭明，袁炜群，王惠聪，等．抗裂性不同的荔枝品种果皮发育过程中钙的分布动态研究[J]．园艺学报，2005，32(4)：578-583.
[29]蒋雪林．荔枝钾素营养与钾肥施用[J]．广西热作科技，1997(3)：5-8.
[30]李国良，姚丽贤，何兆桓，等．广东省荔枝园土壤养分肥力现状评价[J]．土壤通报，2009，40(4)：800-804.
[31]李国良，张政勤，姚丽贤，等．广西壮族自治区与福建省荔枝园土壤养分肥力现状研究[J]．土壤通报，2012，43(4)：867-871.
[32]李会科，赵政阳，张广军．果园生草的理论与实践——以黄土高原南部苹果园生草实践为例[J]．草业科学，2005，22(8)：32-37.
[33]李建国，高飞飞，黄辉白，等．钙与荔枝裂果关系初探[J]．华南农业大学学报，1999，20(3)：45-49.
[34]李建国．荔枝学[M]．北京：中国农业出版社，2008.
[35]梁子俊，戴良昭．荔枝营养诊断与合理施肥研究[J]．福建果树，1984(Z1)：6-13.
[36]梁子俊．荔枝主要矿质营养元素含量及其相关性[J]．福建果树，1990(1)：25-26，46.
[37]刘鸿洲，尤瑞琛，黄维南．荔枝果实采后钙处理对三种酶活性的影响[J]．亚热带植物通讯，1996，25(2)：1-5.
[38]刘世立，薛进军．不同环沟管理方式对成龄龙眼园土壤理化性质及树体水分的影响[J]．南方农业学报，2014，45(6)：1005-1009.
[39]陆景陵．植物营养学(上册)[M]．第二版．北京：中国农业大学出版社，2003.
[40]陆顺满，陈秀道，杨少浮．荔枝氮、磷、钾营养吸收特性研究[J]．广东农业科学，1993(1)：23-26.
[41]罗东林，王伟，朱陆伟，等．华南荔枝叶片营养诊断指标的建立[J]．植物营养与肥料学报，2019，25(5)：859-870.
[42]彭坚，席嘉宾，唐旭东，等．叶面喷施 $Ca(NO_3)_2$ 和GA对'糯米糍'荔枝裂果的影响[J]．园艺学报，2001，28(4)：348-350.

[43]邱全敏，罗东林，罗乐洋，等．施用土壤 pH 改良剂对弱碱性荔枝园土壤性质及荔枝生长的影响[J]. 南方农业学报，2020，51(7)：1545-1552.
[44]邱全敏，王伟，吴雪华，等．施用不同 pH 改良剂对酸性荔枝园土壤性质及荔枝生长的影响[J]. 热带作物学报，2020，41(2)：217-224.
[45]邱燕萍，袁沛元，李志强，等．不同栽培措施对荔枝果实生长发育及坐果的影响研究[J]. 广东农业科学，2012，39(16)：36-37，47.
[46]侍瑞，陈辉惶，努尔尼萨，等．阿克苏地区骏枣落果规律及其保果措施[J]. 西北农业学报，2013，22(6)：108-112.
[47]苏阳，周晓超，高丹，等．'妃子笑'荔枝果肉中主要风味物质与钾钙镁含量的关系[J]. 热带作物学报，2015，36(6)：1131-1135.
[48]孙熹，张承瑶，潘介春，等．不同覆盖材料对龙眼园生态环境及产量和品质的影响[J]. 中国土壤与肥料，2013(4)：54-58.
[49]谭祖国，钟炳辉，刘新波．脐橙氮、磷矿质营养的运转分配规律和坐果机制的研究[J]. 湛江师范学院学报，1998，19(1)：53-57.
[50]王艳廷，冀晓昊，吴玉森，等．我国果园生草的研究进展[J]. 应用生态学报，2015，26(6)：1892-1900.
[51]吴志祥，王令霞，陶忠良，等．2 个荔枝品种花芽分化期碳氮营养的变化[J]. 热带作物学报，2006，27(4)：25-28.
[52]徐仁扣．土壤酸化及其调控研究进展[J]. 土壤，2015，47(2)：238-244.
[53]徐晗，朱陆伟，罗东林，等．含金属微量元素添加剂残留鸡粪对荔枝果品质量的影响[J]. 中国土壤与肥料，2021(4)：224-233.
[54]许荣义，陈荣木，陈景渌，等．微量元素硼在荔枝应用的研究[J]. 福建农学院学报，1984，13(4)：305-311.
[55]杨苞梅，李国良，何兆桓，等．硼对荔枝果实产量和钙硼形态的影响[J]. 广东农业科学，2016，43(2)：71-76.
[56]杨苞梅，姚丽贤，李国良，等．荔枝叶片养分含量动态及不同比例钾、氮肥施用效应[J]. 植物营养与肥料学报，2014，20(5)：1212-1220.
[57]姚丽贤，许潮漩，莫启安，等．荔枝钾镁肥配施技术研究[J]. 中国南方果树，2004，33(4)：32-33.
[58]姚丽贤，杨苞梅，周昌敏，等．"无核荔"养分累积特点及果实风味品质[J]. 中国南方果树，2019，48(1)：25-31.
[59]姚丽贤，周昌敏，何兆桓，等．荔枝龙眼果实异常症状观察及矿质营养分析[J]. 中国南方果树，2017，46(4)：49-54.
[60]姚丽贤，周昌敏，何兆桓，等．荔枝年度枝梢和花果发育养分需求特性[J]. 植物营养与肥料学报，2017，23(4)：1128-1134.
[61]姚丽贤，周昌敏，何兆桓，等．荔枝主栽品种荔枝树体营养累积特点及与土壤养分关系[J]. 华南农业大学学报，2020(2)：40-47.
[62]姚丽贤，周昌敏，王祥和，等．施用常用有机肥对荔枝产量、品质及土壤性质的影响[J]. 中国土壤与肥料，2017(5)，87-93.
[63]尹永强，何明雄，邓明军．土壤酸化对土壤养分及烟叶品质的影响及改良措施[J]. 中国烟草科学，2008，29(1)：51-54.

[64]张振境．龙眼园生草栽培草种引种试种表现及对果园土壤的影响[D]．南宁：广西大学，2018.
[65]赵静，李欣，张鲜鲜，等．土壤 pH 值对黄金梨果实品质的影响[J]．安徽农业科学，2009，37(27)：13037-13040.
[66]郑国栋，张新明．国内外荔枝营养特性及营养诊断的研究进展[J]．安徽农业科学，2008，36(2)：489，538.
[67]郑煜基，林兰稳，罗薇．荔枝营养需求特点及其施肥技术研究[J]．土壤与环境，2001，10(3)：204-206.
[68]周开兵，周晓超，苏阳，等．叶面镁营养促进妃子笑荔枝果皮着色的生理成因[J]．热带作物学报，2016，37(9)：1752-1758.
[69]周晓超，苏阳，张锐，等．叶面喷布钾-钙和镁肥对妃子笑荔枝果皮着色的调节效果[J]．西南农业学报，2015，28(4)：1713-1718.
[70]庄伊美．试论亚热带红壤果园土壤改良熟化[J]．热带地理，1991，11(4)：320-327.
[71]朱陆伟，周昌敏，白翠华，等．荔枝在不同温度和氮素形态下的氮、磷吸收动力学特征[J]．植物营养与肥料学报，2020，26(5)：869-878.

第七章　荔枝水分生理与水肥一体化管理

水在荔枝的生长过程中是不可缺少的重要因素，在维持其生命活动方面具有重要的作用，是植物体构成的主要成分。荔枝性喜温湿，水分充足与否，直接影响枝梢生长、花芽分化和开花坐果。将灌溉和施肥相结合，既可以节约水资源和劳力成本，又可以提高肥料的利用率，荔枝园采用水肥一体化技术，有利于实现标准化、集约化栽培，是今后荔枝水肥管理技术的发展方向。本章主要介绍了荔枝的需水特点和需水量、大田土壤干旱胁迫对成年荔枝树的影响、水肥管道系统设计和水肥一体化管理技术等内容。

第一节　荔枝水分生理

一、荔枝的需水特点和需水量

荔枝不同发育期、不同器官和组织中的含水量不同。根尖、叶片组织和幼苗期植株的生命力旺盛，代谢活动强烈，含水量高。茎干代谢活动弱，含水量相对低。我国荔枝主产区的年降水量达 1 500～2 000 mm，降水充沛，但分布不匀，以春、夏季降雨为主，因此，即使在雨量充沛的地区(如华南)，荔枝植株仍会遭受季节性的干旱(李建国，2008)。但不同品种、不同树龄、不同生长发育期对水的要求不同。陈紫、水东黑叶、黑叶、三月红等品种的耐湿性较强，东刘 1 号、糯米糍、桂味等品种的耐旱性较强，怀枝的耐旱、耐湿性均较强。幼龄荔枝树如在主要营养生长期(4～10 月)有较集中的雨量分布即可满足其对生长的要求，而成年(结果)荔枝树在不同生长发育期(如抽梢期、花芽分化期、花穗抽生期、开花期、幼果期、果实膨大期和成熟期)对水分的要求并不相同(吴淑娴，1998)。通常，夏、秋季雨量较多，有利于营养生长，冬、春季雨量较少，有利于芽分化和花穗发育。

荔枝的需水量与品种、树龄、当地的气候条件、土壤因素等有密切的关系。受气温、日照等条件的影响，土壤质地不同，其田间持水量存在差异。地温、风速、覆盖等也不同程度地对荔枝的需水量产生影响。有关荔枝不同生育期需水量的研究报道较少。Menzel 等(1995)在南非干旱季节测定了株行距 10 m×10 m 的 10 年生大造荔枝园在充分灌溉和干旱条件下土壤水分的变化，前者土壤含水量维持在 14.5%，后者从处理后 1 周的 14.2%下降到 10 周后的 8.9%，处理后 11～26 周，干旱处理的土壤含水量在 7.6%～8.9%之间。在干旱处理后 1～16 周，树体消耗 0～1.5 m 深土层水分总量为 126 mm，水分利用比例大致为从 0～0.3 m 土壤吸取 28%，从 0.3～0.6 m 土层吸收 23%，从 0.6～0.9 m 土层吸收 17%，从 1.2～1.5 m 土层吸收 13%。干旱 16 周后，无灌溉的树需要利用深度 1.5 m 以下土壤的水分。充分灌溉荔枝园蒸散量(ET_c)平均为(26±1) mm/周，而 A 级蒸发器皿蒸发量(E_{pan})在 20～70 mm/周，由此可计算出荔枝需水系数(K_c)在 0.4～1.2，作物需水系数计算公式为：$K_c=0.366+3.048\exp(-E_{pan}/16.147)$。

荔枝需水量可以简单地认为等于在良好灌溉条件下的荔枝园蒸散量(ET_c)，其计算公式为 $ET_c=E_{pan}\times K_c$。在南非，根据推荐的 K_c 为 0.85 计算，荔枝需水量在 7 月(花芽形态分化阶段)为 3.3 mm/d，3 月(采后新梢生长阶段)为 5.6 mm/d。在美国佛罗里达州，Kisekka 等(2010)向荔枝种植者推荐的从 1 月至 12 月各月的 K_c 值分别为 0.40、0.40、0.90、1.20、1.20、0.85、0.85、0.40、0.40、0.40、0.40 和 0.40。在印度，主要根据参考作物的蒸散量(ET_{ref})来计算荔枝的需水量(ET)，其计算公式为 $ET=ET_{ref}\times K_c$，K_c 的变化范围在 0.9～1.5，据此得出夏季和冬季荔枝的需水量分别为 5.0 mm/d 和 2.0 mm/d。在以色列，荔枝园灌水量就直接根据 E_{pan} 值来确认，一般采用 50%～60%的 E_{pan} 值作为荔枝需水量的标准。

邹战强等(1999)在广东茂名采用大田水量平衡法测定荔枝的田间需水量。根据试验区观测到的各时段的土壤水分、降雨及喷水量等资料，通过水量平衡公式求出年荔枝需水总量平均为 1 121.55 mm，年平均日需水量为 3.08 mm；不同发育时期荔枝的需水量不同，8 年生白蜡在秋梢结果母枝生长发育期、花芽形成和分化期、小花开放期及果实生长发育期平均日需水量分别为 2.58 mm、0.76 mm、1.38 mm 和 5.30 mm。

二、荔枝干旱生理

荔枝起源于多湿的华南地区，在形态和生理上适应了多湿的环境，形成了“根浅叶茂”的树体形态，这也从结构上决定了荔枝对土壤水分胁迫的敏感。荔枝水分胁迫生理的研究主要集中在模拟干旱胁迫对盆栽小苗的影响，陈立松等(2005)对这方面的研究结果进行了综述。下面主要介绍大田土壤水分胁迫对成年荔枝树的影响。

1. 水分胁迫对叶片水分状况的影响

李建国课题组于2004年8月至2005年8月，在广东深圳西丽果场选择有代表性的10株树龄为16年生、树势一致的糯米糍荔枝进行研究。观察干旱和保湿2个处理。干旱处理的做法是：在树冠滴水线以外10～20 cm处的地方挖1条环形深沟(主沟)，沟深60 cm，防止水分在根部主要吸收区渗入；于树冠内离地面30 cm高搭建竹棚覆盖至主沟外，主沟外再挖1条浅副沟，以防降水直接进入主沟内；处理期间不灌水，让其自然干燥(图7-1)。保湿处理的做法是：先在每株树的树冠内安装自行设计的滴灌装置，然后用地膜覆盖树冠滴水线范围内的区域，定期滴水，以保持土壤在适当湿度。

图7-1 荔枝干旱处理(李建国 提供)

对2个处理根域20 cm的土壤取样，测定含水量。发现干旱处理控水约1个月后，土壤质量含水量基本维持在10%以下(图7-2)，即不到田间持水量的45%；保湿处理的土壤质量含水量维持在18.6%左右的较高水平，相当于田间持水量的73.8%。2个处理间差异显著。

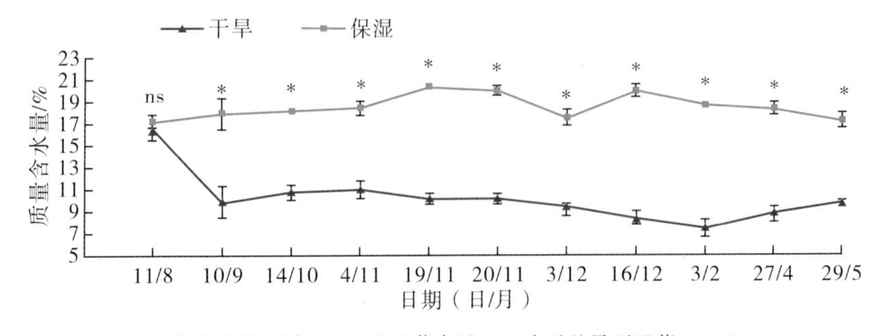

* 表示差异达到 $P<0.05$ 显著水平，ns表示差异不显著；$n=5$

图7-2 干旱处理和保湿处理间土壤质量含水量的对比

从整个观察时段来看，叶片含水量在各个生理期的变化趋势基本一致，保湿处理的叶片绝对含水量显著高于干旱处理的(图 7-3)。

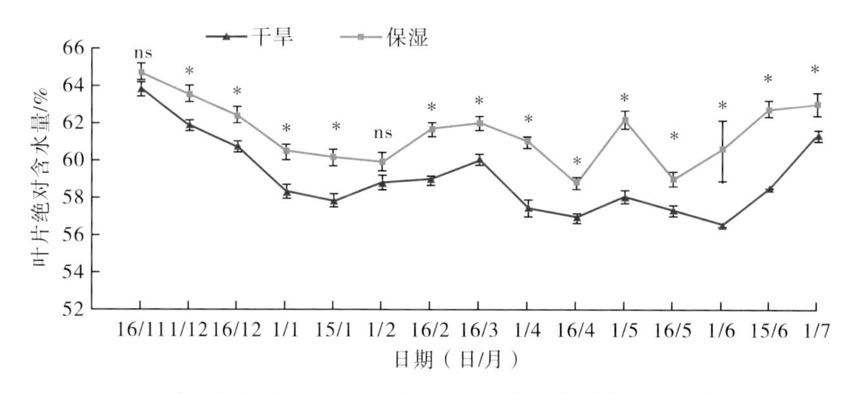

* 表示差异达到 $P<0.05$ 显著水平，ns 表示差异不显著；$n=5$

图 7-3　干旱处理和保湿处理间叶片绝对含水量的对比

叶片水势可以直接指示土壤的水分状况，与作物的发育期、蒸腾速率、大气水势和土壤水势密切相关。干旱处理显著降低了叶片黎明前的水势，但从变化趋势来看，叶片水势并非随着干旱时间的加长而一直下降，这种状况与所获得的叶片含水量表现相类似(图 7-4)。

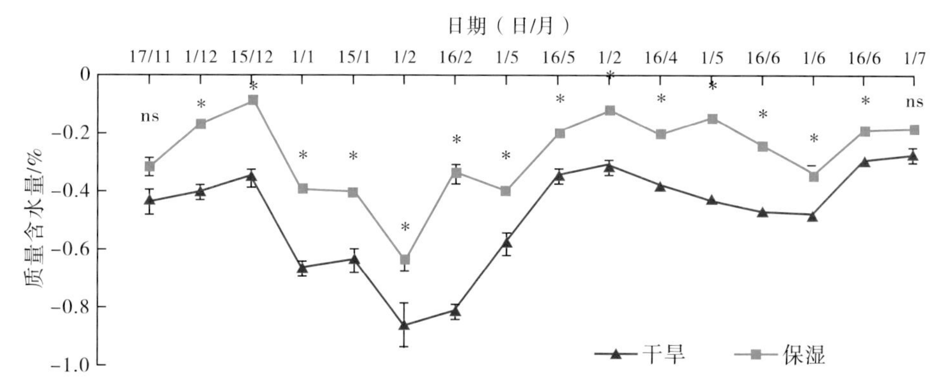

* 表示差异达到 $P<0.05$ 显著水平，ns 表示差异不显著；$n=5$

图 7-4　干旱处理和保湿处理间叶片水势季节变化比较

无论春夏秋冬，干旱处理和保湿处理叶片水势日变化趋势虽然基本相同，但水分胁迫使得一天内干旱处理的叶片水势值均显著低于保湿处理的(图 7-5)。以冬季为例，冬季叶片水势日变化呈明显的 V 形变化，一天内保湿处理的水势均显著高于干旱处理的。6：00 的值为一天中的最大值，随后下降，但干旱处理的叶片水势下降幅度明显大于保湿处理，直至 14：00～15：00 达到全天最低点，之后迅速回升，至18：00回升至接近一天中的最大值。

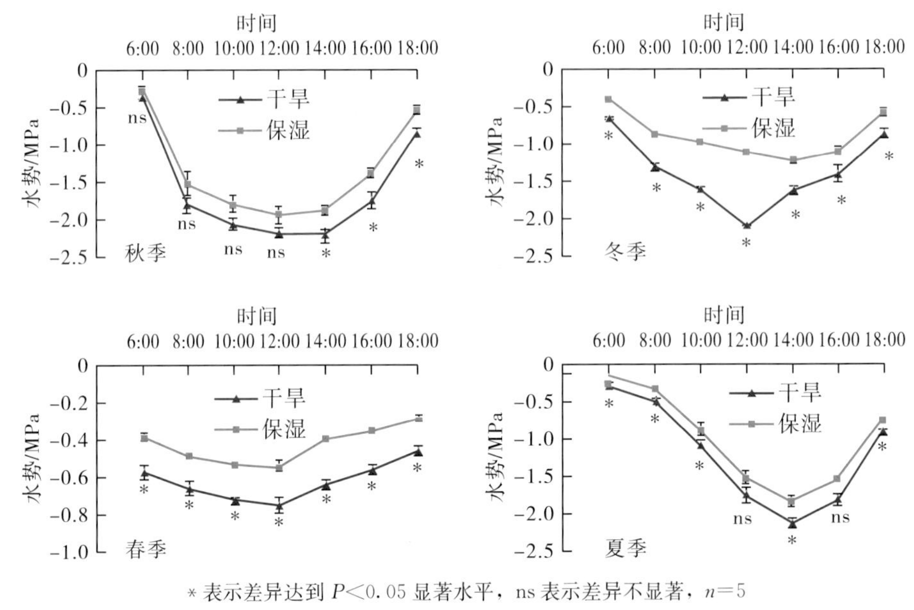

* 表示差异达到 $P<0.05$ 显著水平，ns 表示差异不显著，$n=5$

图7-5　水分胁迫对各季度叶片水势日变化的影响

2. 水分胁迫对末次秋梢发育和成花的影响

末次秋梢萌芽抽梢期一般可分为8月下旬、9月上旬、9月中旬、9月下旬和10月上旬5个时期。王泽槐等(2007)研究发现(图7-6)，干旱处理的，末次秋梢萌芽抽梢期主要集中在8月下旬至9月上旬，抽梢量占总调查数的82.9%，9月中、下旬抽梢量只占总数的17.1%，10月以后基本没有抽梢；保湿处理的，抽梢时间晚于干旱处理，8月下旬没有抽梢，其主要抽梢时期集中在9月上、中旬，占总调查数的81.7%，随后逐渐减少，但在10月上旬有一定的抽梢数。2个处理均以9月上旬萌芽抽梢比例最大，干旱和保湿处理分

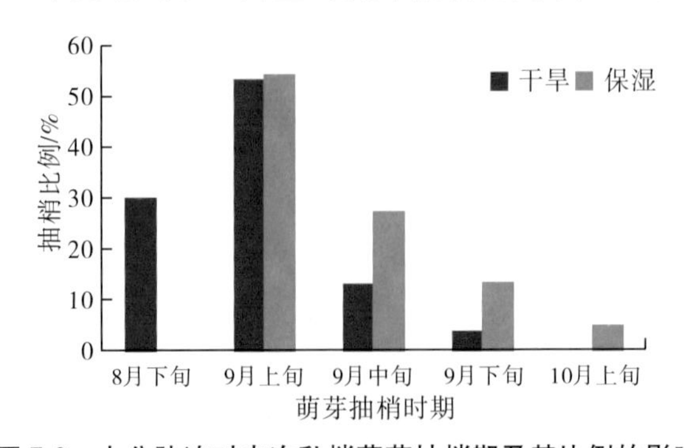

图7-6　水分胁迫对末次秋梢萌芽抽梢期及其比例的影响

别为53.2%和54.2%，两者相差不大。在9月上旬之前，干旱处理的抽梢比例为29.7%，保湿处理为0%；但在9月上旬之后，均表现为保湿处理的抽梢量大于干旱处理。由此可以看出，干旱能使末次秋梢的萌芽期提前开始并提前结束。

从9月上旬萌芽的秋梢上叶片叶色变化及所需时间的比较来看，叶片发育至淡绿色时所需的时间，干旱处理和保湿处理间相差不大，干旱处理只比保湿处理少2 d，但是叶片从淡绿到浓绿的发育过程中，两者差异明显，干旱处理为29 d，保湿处理则需要38 d。9月萌芽抽生的秋梢，无论是上旬、中旬还是下旬，其从萌芽至老熟所需的时间均表现为保湿处理比干旱处理多11～13 d，各旬平均多出10 d。不同抽生期末次秋梢从老熟至现"白点"所需时间表现为，干旱处理所需的平均天数均多于保湿处理，其中9月上、中旬和下旬抽生的末次秋梢到"白点"出现所需时间，干旱处理平均需要66 d，而保湿处理平均则只需要39 d。由此可以认为，干旱明显促进了叶片的转绿过程，并显著缩短了秋梢的老熟时间，但在总体上还是大大地延长了"白点"出现所需的时间。也就是说，长期干旱虽然加速了末次秋梢的老熟，但并不利于花的发端，如果要促进花的发端(显现"白点")，在遇干旱的年份必须灌水。

无论是干旱处理还是保湿处理，植株均有一定比例的枝梢成花，但单株之间的差异很大，保湿处理和干旱处理的单株枝梢成花率变化幅度分别在8.3%～83.3%和12.5%～62.5%，5株平均枝梢成花率分别为42.5%和37.5%，两者差异并不明显。如果设定成花枝率超过50%的树为正常开花树，保湿处理有3株，占60%，干旱处理只有1株，占20%。也就是说，本试验所实施的长期中度水分胁迫对糯米糍荔枝成花不但没有促进作用，反而起到了一定的抑制作用(王泽槐等，2007)。因此，秋梢发育期如遇长时间干旱，需要及时灌溉。

李志强等(2012)于2009年年底至2010年年初和2010年年底至2011年年初的连续2个冬季(每年12月至翌年2月)，通过提前搭建通风透光的遮雨棚，防止雨水淋到处理树上，模仿常年冬季的自然土壤干旱，再在干旱的遮雨棚内和露天果园里分别进行了1～4次、1～6次的不同灌溉处理(每株树每次定量灌水150 kg)，研究桂味荔枝果园不同时段的地表水分变化与成花率的关系。结果表明，遮雨棚内2010年1月4日开始淋水、共淋水4次的处理成花率为69.0%，其他3个灌溉处理和1个干旱对照的成花率都很低，介于0%～19.6%之间，但由于2009年12月至2010年2月降雨充沛(相当于12月前开始灌溉，共灌溉5次以上)，遮雨棚外自然对照的成花率最高达到76.4%；2010年冬季，由于秋、冬、春持续干旱，遮雨棚内各处理的平均水分含量均低于2009年相对应的处理，但3次以上灌溉的处理，成花率均超过75%，而灌溉次数2次和1次的处理成花率分别为32.61%和15.29%，不灌水的对照成花率极低，为6.49%。这些结果表明，冬季连续干旱对桂味荔枝的成花有明显的抑制作用。如遇冬季干旱，应从1月上、中旬开始每隔10～15 d灌水1次，连续灌水3次，每次每株灌水150 kg，这样可以显著地提高荔枝的成花比例。

3. 水分胁迫对叶片光合作用的影响

Menzel等(1995)在南非从7月至翌年1月，对10年生大造荔枝进行了将近30周的控水处理，每周测定1次9：00的净光合速率(*Pn*)，保湿处理的*Pn*为3～13 μmol/(m^2·s)，水分胁迫处理的*Pn*为2～6 μmol/(m^2·s)。宋世文等(2007)以16年生糯米糍荔枝为试材，研究了其在水分胁迫下不同季节的光合速率日变化，保湿处理的*Pn*日变化在秋、夏季为单峰曲线，冬、春季为双峰曲线；干旱处理除在冬季出现双峰曲线外，其他季节均为单峰曲线；保湿处理的日最高*Pn*变化范围为6.25～8.14 μmol/(m^2·s)，干旱处理的在4.35～6.56 μmol/(m^2·s)；中度水分胁迫对田间成年荔枝树的光合速率具有较大的抑制作用，干旱对日净光合总量的抑制比例分别为冬季18.6%、夏季21.3%、春季34.1%、秋季34.7%。

4. 水分胁迫对叶片中淀粉含量的影响

李建国课题组对大田成年糯米糍的研究表明，干旱处理后近10个月内，叶片中的淀粉含量基本呈下降趋势；保湿处理在末次秋梢生长和老熟期间(8月底至12月中旬)，叶片中的淀粉含量有一个由缓慢到较快速上升的过程，于12月中旬达到最大值，然后在花芽分化阶段(12月中旬至翌年2月中旬)较快速地下降，在随后的花穗发育、开花和果实发育前期(2月中旬至5月中旬)则呈缓慢下降的趋势，在果实发育后期(5月中旬至6月中旬)又出现上升。保湿处理从11月中旬至6月中旬，叶片中的淀粉含量显著高于干旱处理(图7-7)。

5. 水分胁迫对坐果和果实发育的影响

Menzel等(1995)在南非以10年生的大造荔枝为试材，从出"白点"前(7月底)至采收(1月)期间进行干旱处理，结果表明，干旱处理后初始坐果率减少了30%，最终坐果率减少了70%，显著增加了采前裂果率，降低了单株产量，干旱处理后的裂果率为(41.2±4.0)%、产量为(7.4±3.3)kg/株，而正常灌水的裂果率为(10.0±1.3)%、产量为(51.4±5.5)kg/株。但是干旱处理并没有改变果实发育的单S生长形。Batten等(1994)在澳大利亚新南威尔士北部以8年生孟加拉荔枝为试材，从开花前1个月至果实采收，进行连续7个月的水分胁迫试验，平均单果重从21.3 g减少到干旱处理的

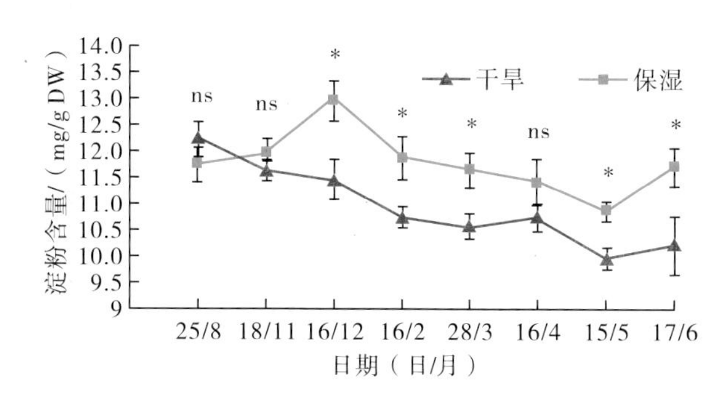

图中竖线为±标准误差，* 表示差异达到 $P<0.05$ 显著水平，ns 表示差异不显著；$n=5$

图 7-7 水分胁迫对叶片中淀粉含量变化的影响

19.6 g。刘翔宇等(2012)研究发现，水分胁迫对 15 年生桂味荔枝的果实发育和产量均会造成严重影响，在 5 月 30 日之前，果实质量增速平缓，处理之间没有差异；之后，果实增重快速，近乎呈直线增长，而在此阶段水分胁迫处理的果实质量始终低于灌溉处理的，最终的果实单果质量分别为 18.05 g 和 20.39 g，差异显著。此外，水分胁迫导致荔枝的坐果率和产量显著降低，灌溉的和水分胁迫处理的荔枝树的最终产量分别为 41.67 kg 和 17.67 kg。

李建国(数据未发表)采用以色列植物科技有限公司生产的“植物对话”(Phytalk)监测系统进行试验，当果实直径达到 15 mm 时安装果实直径微变化感应器(型号为 RS－F1－MR，测量范围为 15～70 mm)，比较干旱处理和保湿处理的果实发育实时动态变化。6 月 1～6 日干旱处理的果实增长率明显低于保湿处理的，保湿处理和干旱处理的平均膨大速率分别为 0.72 mm/d 和 0.2 mm/d；6 月 6～29 日 2 种处理的生长动态和膨大速率大体一致，保湿处理和干旱处理的平均膨大速率分别为 0.72 mm/d 和 0.68 mm/d；果实采收时保湿处理和干旱处理的果实直径分别为 38.16 mm 和 36.07 mm。试验结果说明，水分胁迫对果实生长具有较明显的抑制作用。

6. 水分胁迫对内源激素的影响

Stern 等(2003)观察了秋季干旱对 7 年生 Mauritius 荔枝木质部汁液反式玉米素核苷(t-ZR)、二氢玉米素核苷(DHZR)和 ABA 的影响。在 3 种较湿处理下，木质部的 t-ZR 和 DHZR 含量随灌水量的减少而增加，但 ABA 的含量不受影响；在不灌水处理下，t-ZR 含量急剧下降，DHZR 含量继续上升，ABA 含量大量上升(表 7-1)。细胞分裂素和 ABA 对干旱的不同反应可能与干旱诱导细胞分裂素和 ABA 产生所需的阈值不同有关。

表 7-1 干旱对荔枝木质汁液 t-ZR、DHZR 和 ABA 含量及茎水势和开花强度的影响*

处理	茎水势/MPa	激素含量			开花强度（0～3）
		细胞分裂素/(pmol/cm³)		ABA/(mmol/cm³)	
		t-ZR	DHAR		
100%	−1.61 a	4.2 b**	5.3 b	0.10 b	1.80 b
50%	−1.79 b	9.8 ab	10.0 ab	0.14 b	2.65 a
25%	−2.00 c	15.0 a	16.0 ab	0.07 b	2.65 a
0	−2.61 d	3.6 b	20.0 c	2.30 a	2.75 b

数据源于 Stern 等(2003)。

*：1995 年 10 月 10 日开始干旱处理，1995 年 10 月 31 日测定木质汁液中 t-ZR、DHZR 和 ABA 的含量及茎水势；1996 年 4 月中旬估测开花强度：0=无花，1=开花不良，2=开花中等，3=全部开花；4 种处理分别相当于正常灌水量的 100%、50%、25%和 0%。**：邓肯氏多重差异检测，$P=0.05$。

三、荔枝水分管理技术

荔枝水分管理的原则是保持土壤水分的均衡供应，雨多需排涝，天旱及时灌溉。秋梢生长期、花穗抽生期、开花期和果实发育期是荔枝需水的关键时期，在这些时期遇到干旱时应及时灌溉。澳大利亚、南非普遍采用树下微喷灌方式进行灌溉，以色列一般采用滴灌方式灌溉。澳大利亚南昆士兰荔枝产区针对不同树龄和不同发育期的推荐灌水量见表 7-2。

表 7-2 澳大利亚南昆士兰荔枝产区不同树龄每周推荐灌水量*

时期	物候期	平均 E_{pan}	灌水量/(L/株)		
			5 年生	10 年生	15 年生
5～6 月	开花前	2.5	35	280	560
7～9 月	开花期	4.0	56	448	896
10～2 月	果实发育期	4.5	63	504	1008
3～4 月	采后新梢生长期	3.5	49	392	784

数据源于 Menzel(2005)。

*：灌水量(L/株)=E_{pan}(mm/d)×冠幅(m^2)×7。5 年生、10 年生和 15 年生的冠幅面积分别为 2 m^2、16 m^2 和 32 m^2。

据黄旭明等(2010)的考察，南非 Halls & Sons 荔枝园采用微喷灌溉，每株2个喷头。南非农业研究所的科研人员在这里进行水分管理方面的试验，园内安装了温度、雨量、灌溉量和土壤湿度等量的数据采集系统，同时观察根系分布以分析灌溉后水分的下渗深度，发现根系分布在地表下20 cm内，灌溉水很快被树体吸收而很难渗透到深层土壤。结合盆栽试验，依据荔枝各发育阶段的确切需水量，提出了周年的灌溉计划。总体上，在花序显现后逐渐增加灌水，在果实成熟和采收前后达到最大灌水量[250 L/(株·d)]，随着秋梢老熟而逐渐减少灌水量[但至少保证10 L/(株·d)]。

我国荔枝园在建园初期大多没有安装滴灌和喷灌等灌水设施，原因是我国荔枝产区主要集中在雨量充沛的南方诸省，年均降雨量超过1 700 mm，因此有观点认为水分不足不是荔枝丰产稳产的主要限制因素。但大量研究均证明，荔枝性喜温湿，对水分反应敏感，易受土壤干旱的影响，我国丘陵地区表现尤其明显，7～10 d无雨就容易使土壤的含水量低于田间持水量的50%，导致水分胁迫。在秋梢生长期，当土壤含水量低于田间持水量的45%时，荔枝叶片会卷曲甚至落叶、秋梢生长缓慢，这时需要立即灌水，以保证荔枝的正常生长。传统荔枝栽培主要依靠雨水缓解水分胁迫，现在越来越多的果园开始重视荔枝园的水分管理，安装了简易的灌溉系统(以拖管淋灌为主)，灌水的主要时期在1月上、中旬，以促进"白点"的萌动，而在其他发育期有灌水习惯的果农不多。李建国课题组在深圳西丽果场对16年生糯米糍进行水分胁迫的研究结果显示，当土壤含水量在花芽诱导期低于9%、在花序发育期低于13%、在开花和果实发育期低于17%、在秋梢发育期低于18%时，均应该及时灌水。依据土壤张力计的读数来进行荔枝园土壤水分监测与管理决策的建议如表7-3所示。

表7-3　不同物候期依据土壤张力计读数进行灌水的建议

物候期	30 cm深土壤张力计读数/cbar	60 cm深土壤张力计读数/cbar
秋梢生长期	>20开始灌水	=0停止灌水
花芽诱导期	>40开始灌水	=15停止灌水
花序发育期	>25开始灌水	=0停止灌水
开花和果实发育期	>20开始灌水	=0停止灌水

第二节　荔枝水肥一体化技术

水肥一体化技术是指灌溉和施肥相结合的技术。广义的水肥一体化技术就是将肥料兑入水中施于作物的根部，包括滴灌施肥、微喷灌施肥、拖管淋水肥、挑水浇施等。狭义的水肥一体化技术是指通过布置在田间的灌溉管道和出水器进行施肥和灌溉，如滴灌施肥、微喷灌施肥。经过多年试验，再考虑到荔枝的多年生特性及轻简栽培和精准水肥管理的要求，目前荔枝水肥一体化建议用滴灌或微喷灌。荔枝园水肥一体化具有诸多优点：①均是低流量灌溉，水分利用效率高达85%以上，在缺水地区或者季节性干旱时可以少量多次灌溉。②可以节省80%以上用于灌溉和施肥的人工，大幅度降低了劳动强度和劳动力成本。③肥料利用率高，比常规施肥节省30%～60%的肥料。④高效快速，可以在极短的时间内完成灌溉和施肥工作，使长势整齐，抽梢、开花、果实成熟时间一致。⑤对地形的适应强，易于进行自动化控制，特别适宜于山地荔枝园。⑥可以适当调控抽梢和开花时间，调控梢的老熟时间。⑦有利于实现标准化、集约化栽培。

一、滴灌系统

（一）概况

典型的荔枝园滴灌系统由水源、水泵、施肥池、过滤器、干管、支管、滴灌管及若干阀门和压力表构成(图7-8)。滴灌所用的滴头可分为普通滴头和压力补偿滴头。普通滴头的特点是流量与压力成正比，适用于平地果园，在灌溉精度和均匀度要求不高的情况下可采用普通滴头。普通滴头要求在稳定的工作压力下(如8～10 m水压)，滴头流量相差小于10%。即使在平地的情况下，如果果园不规整，铺设的滴灌管有的短、有的长(超过厂家规定的长度)，滴头的出水量之差就会超过10%，出现不均匀灌溉。在山地荔枝园，由

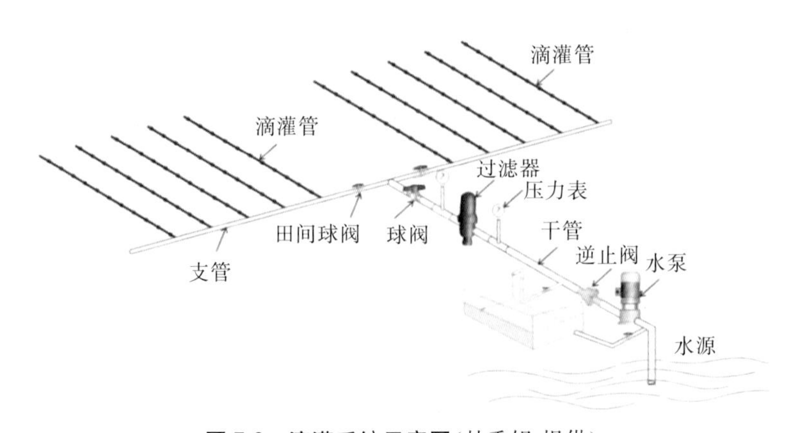

图7-8 滴灌系统示意图(林秀娟 提供)

于存在高差，对流量的影响更大，如果用普通滴头，就会出现山脚压力大、流量大，山顶压力小、流量小的情况，造成严重的灌溉和施肥不均匀。为了保证灌溉的均匀性，当平地铺管长度超过厂家规定的要求，并且存在高差的时候，要选用压力补偿滴头。通常压力补偿滴头在压力为 8～35 m 水压的范围内流量是恒定的。须注意的是，单从外观看并不能判断出滴头是压力补偿滴头还是非压力补偿滴头。

荔枝是多年生果树，荔枝园的滴灌系统一般选择质量好、管壁厚(壁厚至少在 0.8 mm 以上)、寿命长的滴灌管，质量好的滴灌管可以使用 20 年以上。平地可选用普通滴头，山地要选用压力补偿滴头。压力补偿滴头的价格比普通滴头的高。滴头有内置式和外置式(图 7-9)。内置滴头预置在滴灌管内部，适合种植规格一致的果园。外置滴头需要人工安装到管壁上，适合种植规格不一致的果园，尤其是山地果园。如果在定植时安装滴灌，一般沿种植行铺设 1 条滴灌管，滴头间距在 40～70 cm(土质越黏，间距越宽)，流量 1～3 L/h(土质越黏，流量越小)。一般每株成年树安排 4～6 个滴头(依树冠大小而定)。以每株 4 个滴头、滴头流量 2 L/h 计算，每小时可为每株树供水 8 L。一些果园每行选用 2 条滴灌管，种植行左右各铺设 1 条。滴灌管一旦铺好，原则上不能移动。为防止杂草生长、春季保温和降低夏季果园的湿度，膜下滴灌也在推广。对于山地果园等不规则的种植条件，可以安装外置滴头，定植时每株 2 个滴头，第 2 年在树两旁再增加 2 个，第 3 年再增加 2 个，最后达到每株 6 个滴头。

外置滴头

内置贴片式滴头

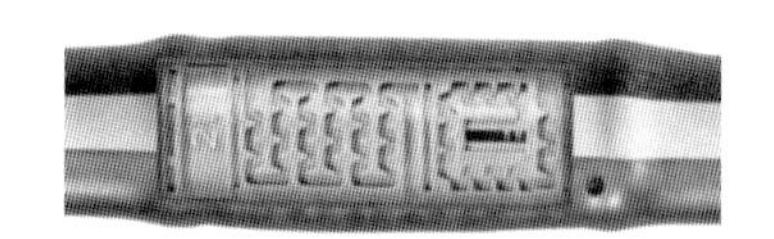
内置圆柱式滴头

图 7-9 常见的滴头种类(张承林 提供)

我国有大面积的山地荔枝园，人工灌溉和施肥非常困难，安装压力补偿式滴灌是理想的解决方案。可采用自压重力滴灌系统，这种系统设计简单，不用设置轮灌区。在山顶建蓄水池，纵向布置输水管，横向铺设滴灌管(图 7-10)。在主输水管上每隔 20～30 m 距离安装 1 个球阀来调节水压。

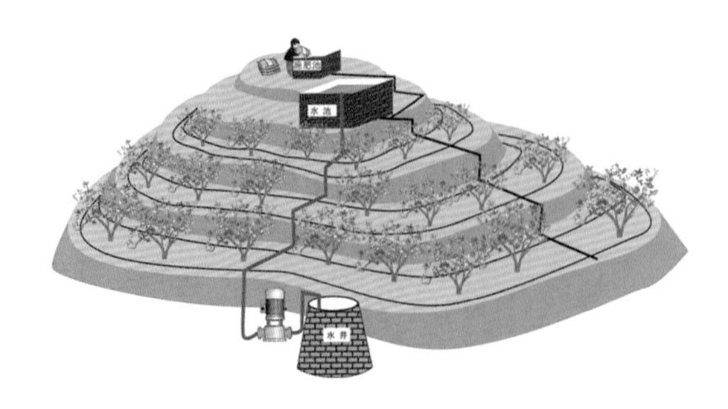

图 7-10 山地荔枝园自压滴灌施肥系统示意图（林秀娟 提供）

（二）基本情况调查

规划设计荔枝园的灌溉施肥系统需要事先收集相关资料，包括果园面积、树龄、株行距、地形图、果园高差、土壤质地、土层深度、气象及微气候信息、水源信息（水量和水质）、供电条件、水源使用许可情况、系统组成等。每个项目的设计都需要一张详细的地形图或规划图。地形图要标明项目区的边界和要灌溉的区域。规范的地块（方形、梯形等）可以用量尺测量，按比例画图。现在还可以用 GPS 测量仪收集数据，用计算机软件画图。我国荔枝园很多是山地，高差大、形状不规则，这时要用精确的航测图或者专业的测量仪器绘图。一般建议灌溉公司要实地测绘地形图，这样获得的信息更加准确。

1. 土壤

土壤条件是选择灌溉方式的重要依据，也是规划设计灌溉系统时需要重点关注的内容。在土壤性质方面需重点考察土壤的质地类型，所谓土壤质地是指土壤中不同粒径的矿物颗粒的组合状况，它与土壤的通气、保肥、保水状况及耕作的难易密切相关，从大类分有沙土、壤土和黏土。可采用简易的“指测法”来判定土壤的质地，沙土能见到或感觉到单个沙粒，抓在手中的干沙土稍松开后即散落，湿沙土可捏成团，但一碰即散；干壤土可捏成块但易碎，湿壤土可捏成团或塑性胶泥，以拇指与食指搓捻不成条、呈断裂状；干黏土常呈坚硬的土块，湿黏土极可塑，通常有黏着性，手指可搓捻成长的可塑土条。

2. 水源

按来源分，水源主要有井水、河水、水库水、湖水、池塘水等。不同灌溉方式对水源水质和水量的要求不同，在选择灌溉方式时必须考虑水源的因素。与喷灌、微喷灌相比较，滴灌的耗水量最小，但对水质的要求最高，一般要求过滤器达到 120 目以上。

3. 动力源

一般而言，一个完整的灌溉系统必须要有动力系统，以满足系统正常工作对压力的需求。当然，如果水源在高处，高差所产生的水压有可能满足系统的工作需求。在有 380V 电源的情况下，可选择电动机为系统的水泵提供动力。在只有 220V 电源或没有电力供应的情况下，可选择汽油机作或柴油机作为系统的水泵提供动力。

4. 使用年限

如果果园的计划使用年限较长，应选择质量好的灌溉系统用材，如山地果园的滴灌系统，所使用的滴灌管最好选择厚壁滴灌管，以有利于充分发挥设备功能，减少系统运行中的维护费用。对于使用年限较短的果园，则在保证系统能正常运行的情况下，可考虑选择质量一般、价格相对便宜的材料，这样既能发挥灌溉系统的功能，又能节省投入成本。

（三）滴头及滴灌管的选择

选择滴头及滴灌管，主要考虑滴头的类型、流量、间距、滴灌管的铺设长度、铺设方式、滴灌管的壁厚、轮灌区大小、相关配件等内容。

1. 滴头的类型

地块平整的果园可选择普通滴头。山地或丘陵坡地果园，应选择压力补偿滴头以保证灌水的均匀性。

2. 滴头流量

滴头流量的选择与土壤的质地类型密切相关。一般而言，水滴在沙土中的垂直入渗快，水平湿润半径较小，沙土果园尽量选择大流量滴头，其流量通常大于 3.0 L/h，常用流量为 3.75 L/h；水滴在黏土中的垂直入渗较慢，侧向渗透距离大，黏土果园尽量选择小流量滴头，其流量通常小于 1.5 L/h，常用流量为 1.38 L/h；壤土果园所选择的滴头流量介于 1.5～3.0 L/h 之间，常用流量为 2.75 L/h。

3. 滴头间距

滴头间距取决于土壤质地类型和滴头流量大小。对于同一流量的滴头，黏土果园的滴头间距最大，以 0.75～1.00 m 为宜；沙土果园的滴头间距最小，以 0.30～0.50 m 为宜；壤土果园的滴头间距宜选 0.50～0.75 m。

4. 滴灌管的铺设长度

滴灌管铺设长度由滴灌管的管径大小、滴头流量和滴头间距决定。滴灌管管径的常用规格有 12 mm、16 mm 和 20 mm。管径大小、滴头流量一定时，滴头间距越大，滴灌管的铺设长度越长。例如，对于外径为 16 mm、滴头流量为 2.0 L/h 的滴灌管，滴头间距为 30 cm 时的最大铺设长度为 95 m，滴头间距为 60 cm 时的最大铺设长度为 152 m，滴头间距为 100 cm 时的最大铺设长度为 212 m。具体的铺设长度可以参考灌溉设计的相关专业书籍。

5. 滴灌管的铺设方式

每行荔枝树至少应铺设 1 条毛管。根据树体大小、株行距及滴头流量等因素，也可以每行荔枝树铺设 2 条滴灌管，或是采用环状绕树的形式铺设毛管。

6. 滴灌管的壁厚

滴灌管的壁厚直接影响其使用寿命，是滴灌管质量好坏的重要指标。荔枝园的滴灌系统应使用壁厚在 1.0 mm 以上的滴灌管。

7. 轮灌区大小

轮灌区的大小主要取决于需要灌溉区域的面积和水源的供应情况。当水源供应充足时，可适当增加单个轮灌区的面积，减小轮灌区的数量；当水源供应不足时，应适当减小单个轮灌区的面积，增加轮灌区的数量，同时要修建一定大小的蓄水池。

8. 配件

滴灌系统的配件主要指管道间的连接设备。对于 PE 管道，配件主要有直通、三通、旁通、管堵、胶垫等。直通用于 2 条管的连接，有 12 mm、16 mm、20 mm 等规格。三通用于 3 条管的连接，规格同直通。旁通用于输水管(材料为 PE 或 PVC)与滴灌管的连接。管堵是封闭滴灌管尾端的配件，有“8”字形(用于厚壁管)和拉扣型(用于薄壁管)。胶垫通常与旁通一起使用，将其压入 PVC 管材的孔内后安装旁通，这样可以防止接口漏水。

(四)首部系统的构成与设计

首部系统由水泵、过滤器、施肥设备、计量设备、安全保护装置等部件构成。

1. 水泵

水泵主要有离心泵、管道泵和潜水泵(图 7-11)。离心泵具有一定的吸程，并能给灌溉水加压；管道泵的吸程较小，主要用于灌溉水加压；潜水泵主要用于井水等水源的加压。应根据系统的设计流量和设计扬程来选择满足设计要求的水泵型号和水泵台数。

2. 过滤器

滴灌使用的各种水源的水都必须经过过滤，合格、稳定的过滤是滴灌系统高质量运行的重要保证，要获得满意的灌溉效果就必须高度重视过滤环节。只有过滤系统设计合理、器材合格、管理到位，才能获得满足滴灌系统要求的水，保证系统高质量稳定运行。

灌溉水中所含的杂质分为物理、化学和生物三大类。物理杂质是指悬浮在水中的有机和无机颗粒，有机颗粒主要有水藻、鱼、植物枝叶等动植物残体，无机杂质主要是黏粒和沙粒。当采用灌溉系统施肥时，杂质还包括肥料

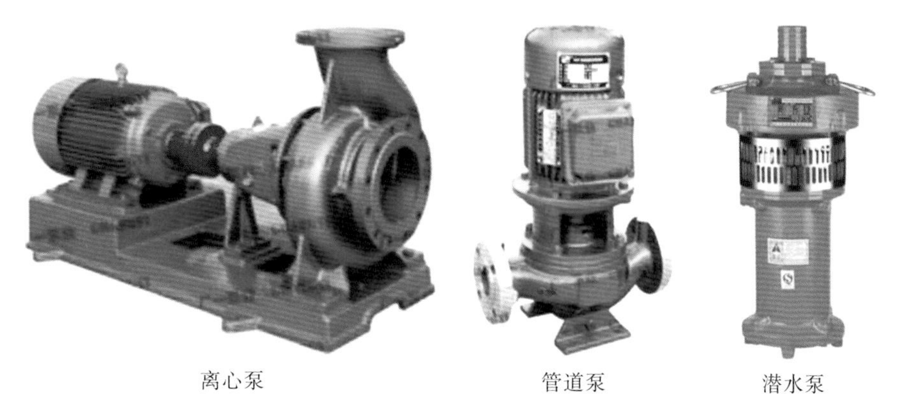

图 7-11 灌溉系统中常见的水泵种类(张承林 提供)

中的杂质。化学杂质是指由某些溶于水中的化学物质在一定条件下转化的不溶于水的固体沉淀物，如灌溉水中的钙离子，在施入水溶性磷肥时可能形成磷酸钙而沉淀。生物杂质主要包括菌类、藻类等微生物和水生动物的活体，它们进入滴灌系统后，其繁殖生长可能减小过水断面，进而堵塞系统。

水中的物理杂质主要采取拦截过滤的方法来处理，常见的有拦污栅(网)、沉淀池和过滤器。根据所用的材料和其过滤方式，过滤器可分为筛网式过滤器、叠片式过滤器、介质过滤器、离心式过滤器等。在选择过滤器时，要根据水质、水中杂质的种类和含量，对比各种过滤器的规格、特点及本身的抗堵塞性能，进行合理的选取。

过滤器并不能防止水中的化学杂质和微生物杂质造成的堵塞，化学杂质可通过注入某些化学药剂使其溶解、沉淀，微生物杂质可通过注入药剂杀灭。在水的硬度较高的地区，易发生化学杂质堵塞。

(1)筛网式过滤器。筛网式过滤器(图 7-12)简单有效，是微灌系统中应用最广泛的过滤器件，它的过滤介质有塑料筛网、尼龙筛网或不锈钢筛网。筛网式过滤器主要用于末级过滤，当灌溉水质不良时则连接在主过滤器(离心过滤器)之后，作为控制过滤器使用。筛网式过滤器主要用于过滤水中的粉粒、沙和水垢等杂质，当有机物含量较高时，这种类型的过滤器的过滤效果很差，尤其是当压力较大时，有机物会通过网眼挤入管道中，造成管道堵塞。筛网式过滤器一般用于二级或三级过滤(与离心过滤器或介质过滤器配套使用)。

筛网的孔径大小(即网目数)决定了过滤器的过滤能力，由于通过过滤器的杂质会在灌水器孔口或流道内聚集而堵塞灌水器，因而一般要求过滤器滤网的孔径大小应为所使用的灌水器孔径的 1/10～1/7。

过滤器孔径大小的选择要根据所用灌水器的类型及流道断面大小而定。

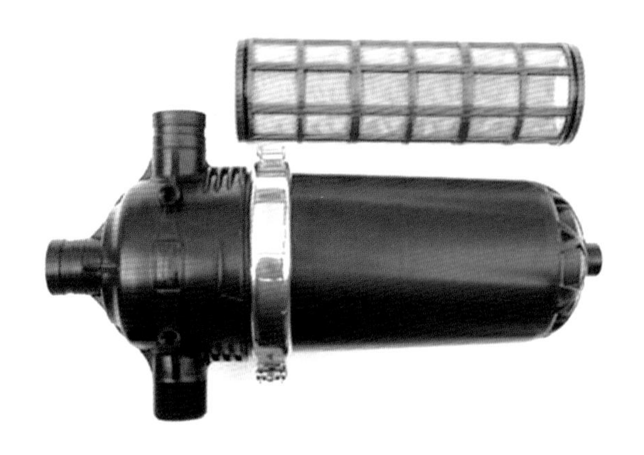

图 7-12　筛网式过滤器及其滤芯(张承林 提供)

由于过滤器减小了过流断面，存在一定的水头损失，在进行系统设计压力的推算时一定要考虑过滤器的压力损失范围，否则当过滤器发生一定程度的堵塞时会影响系统的灌水质量。微喷要求 80～120 目过滤，滴灌要求 120～150 目过滤。

(2)叠片式过滤器。叠片式过滤器(图 7-13)是由大量很薄的圆形叠片重叠起来并锁紧形成一个圆柱形滤芯，每个圆形叠片的两个面分布着许多滤槽，当水流经过这些叠片时，利用盘壁和滤槽来拦截杂质。叠片式过滤器的过滤效果要优于筛网式过滤器，其过滤能力在 40～400 目之间，可用于初级和末级过滤。但当水源水质较差时不宜作为初级过滤，否则清洗次数过多，反而带来不便。对于需要频繁冲洗过滤器的，可以选用自动反冲洗过滤器，这将大大节省人工。

图 7-13　叠片式过滤器外观(左)及其滤芯、叠片(右)(张承林 提供)

(3)离心式过滤器。离心式过滤器又被称为旋流水沙分离过滤器或涡流式水砂分离器，它利用高速旋转水流产生的离心力将沙粒和其他较重的杂质从水中分离，内部没有滤网，也没有可拆卸的部件，保养维护很方便，主要用于高含沙量水源的过滤。离心式过滤器由进水口、出水口、分离室、储污室、排污口和底座支架等部分组成(图 7-14)。

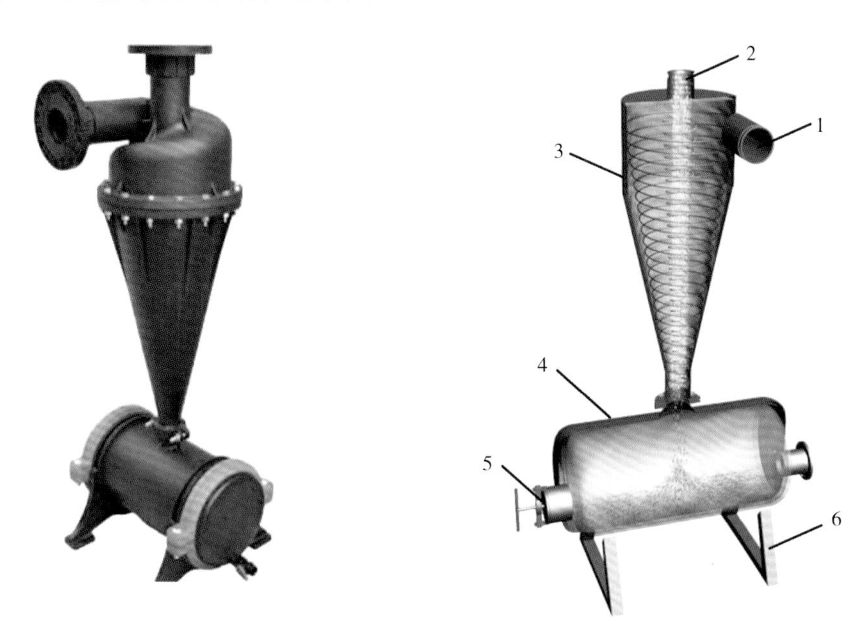

1. 进水口；2. 出水口；3. 分离室；4. 储污室；5. 排污口；6. 底座支架

图 7-14 离心式过滤器外观(左)及其结构(右)(林秀娟 提供)

只有在一定的流量范围内，离心式过滤器才能发挥理想的过滤作用。对那些分区大小不一、各区流量不均的灌溉系统，不宜选用这种过滤器。离心式过滤器正常运行条件下的水头损失应在 3.5～7.7 m 的范围内，若水头损失小于 3.5 m，则说明流量太小、形不成足够的离心力，将不能有效滤除水中的杂质。只要通过离心式过滤器的流量保持恒定，则其水头损失也就是恒定的，并不会像筛网式过滤器和介质过滤器那样，其水头损失会随着滤出杂质的增多而增大。因其原理是利用离心作用分离水、沙，离心式过滤器对高含沙水有较理想的过滤效果，但是较难除去与水密度相近和密度比水小的杂质，因而有时也被称为沙石分离器。

另外，水泵起、停时系统中水流的流速较小，过滤器内水流所产生的离心力小，其过滤效果较差，会有较多的沙粒进入系统。因此，离心式过滤器一般不能单独用于微灌系统，必须与筛网式过滤器或叠片式过滤器结合使用。

(4)介质过滤器。介质过滤器(图 7-15)也叫沙石过滤器，它是利用沙石作为过滤介质进行过滤的。一般介质过滤器的过滤介质选用玄武岩沙床或石英沙床，沙砾的粒径大小由水质状况、过滤要求及系统流量来确定。介质过滤器对水中的有机杂质和无机杂质的过滤能力均很强，并可不间断供水。当水中的有机物含量较高时，无论无机物的含量有多少，均应选用介质过滤器。介质过滤器的优点是过滤能力强，适用范围很广，不足之处在于占的空间大、造价高。介质过滤器一般用于地表水源的过滤，使用时根据出水量和过滤要求可选择单一过滤器或 2 个以上的过滤器组进行过滤。

介质过滤器主要由进水口、出水口、过滤器壳体、过滤介质沙砾和排污孔等部分组成，其结构如图 7-15 所示。其工作原理是，当水由进水口进入过滤器并经过沙石过滤床时，因过滤介质间的孔隙曲折、狭小，水流受阻流速减小，水源中所含杂质就会被阻挡而沉淀或附着到过滤介质表面，从而起到过滤作用，过滤后的净水从出水口进入灌溉管道系统。当过滤器两端的压力差超过 30～50 kPa 时，说明过滤介质被杂质堵塞严重，需要进行反冲洗，反冲洗是通过过滤器控制阀门使水流产生逆向流动，将过滤下来的杂质通过排污口排出。为使灌溉系统在反冲洗过程中也能同时向系统供水，常在首部枢纽安装 2 个以上的过滤器。

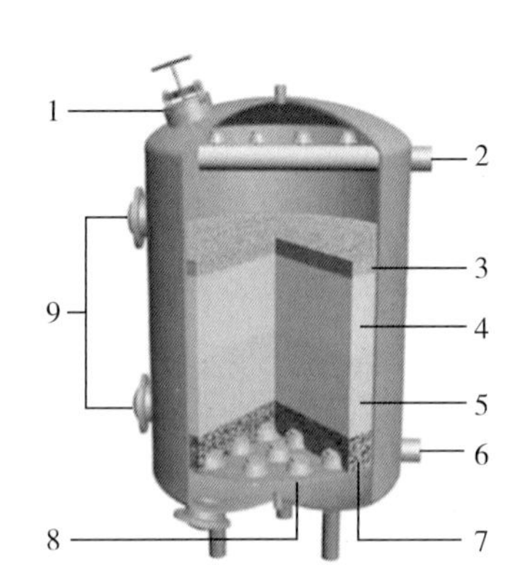

1. 上部维修口；2. 入水口；3. 无烟煤层；4. 细沙层；5. 粗沙层；6. 出水口；
7. 沙粒支持层；8. 过滤器部件；9. 侧面维修口

图 7-15　介质过滤器外观(左)及其结构示意图(右)(李中华 提供)

(5)过滤器的选型。过滤器在微灌系统中起着非常重要的作用，不同类型的过滤器其对不同杂质的过滤能力不同，在设计选型时一定要根据水源的水质情况、系统流量及灌水器要求，选择既能满足系统要求，且操作方便的过滤器类型及组合。过滤器选型一般要考虑以下因素：

首先要弄清楚灌溉水中含有哪些杂质，各类杂质的含量大小。地面水(江河、湖泊、塘库等)一般含有较多的沙石和有机物，宜选用沙石过滤器作为一级过滤器，如果杂质体积比较大，还需要用拦污栅作初级拦污过滤；如果含沙量大，还需要设置沉沙池作初级拦污过滤。地下水(井水)，杂质一般以沙石为主，宜选用离心式过滤器作为一级过滤器。无论是介质过滤器还是离心式过滤器，都可以根据需要选用筛网式过滤器或叠片式过滤器作为二级过滤器。对于水质较好的水源，可以直接选用筛网式过滤器或叠片式过滤器。表7-4总结了不同类型过滤器对去除灌溉水中不同污物的有效性。其次，应根据灌溉系统所选灌水器对过滤器能力的要求来确定过滤器的目数大小。一般来说，微喷要求100～120目过滤，滴灌要求120～200目过滤。应根据系统流量来确定过滤器的过滤容量。第三是确定冲洗类型，在有条件的情况下，建议采用自动反冲洗类型，以减少工作量。最后要考虑价格因素，对于具有相同过滤效果的不同过滤器来说，选择时主要考虑价格高低，一般介质过滤器最贵，叠片过滤器或筛网过滤器相对便宜。

表7-4　过滤器的类型选择

污物类型	污染程度	定量标准/(mg/L)	离心式过滤器	介质过滤器	叠片式过滤器	自动冲洗筛网过滤器	控制过滤器的选择
土壤颗粒	低	≤50	A	B	—	C	筛网
	高	>50	A	B	—	C	筛网
悬浮固形物	低	≤50	—	A	B	C	叠片
	高	>50	—	A	B	—	叠片
藻类	低		—	B	A	C	叠片
	高		—	A	B	C	叠片
氧化铁和锰	低	≤50	—	B	A	A	叠片
	高	>50	—	A	B	B	叠片

注：控制过滤器指二级过滤器。A为第一选择方案，B为第二选择方案，C为第三选择方案。

3. 施肥方式

(1)重力自压施肥。在利用重力自行灌溉时，常采用重力自压式施肥法。通常在水池附近建立一个敞口式混肥池，肥料池高于水池水面、大小在0.5～5.0 m^3，池底安装肥液流出管道，此管道与蓄水池的出水管连接。施肥前先计算出每个轮灌区的需肥总量，将肥倒入混肥池，加水溶解。施肥时先打开蓄水池的出水阀，让田间管道充满水，再打开肥池阀，肥液被主管道的水稀释后带入灌溉系统。施肥速度和浓度可以通过调节球阀来控制(图 7-16)。

图 7-16 重力自压施肥示意图(左)与山地荔枝园自压滴灌施肥示意图(右)
(林秀娟 提供)

应用重力自压式灌溉施肥时，如采用滴灌，一定要将混肥池和蓄水池分开，二者不可混用，否则会生长藻类、红萍等，会严重堵塞过滤系统。采用拖管淋灌时水池、肥池可以共用。重力自压施肥的优点是设备和维护成本低、操作简单方便、不需要外加动力、可以施用固体肥料或液体肥料、施肥浓度均匀、施肥速度可控，缺点是肥料要运送到山顶蓄水池附近，不适用于自动化施肥系统。

(2)泵吸肥法。泵吸肥法是在灌溉首部旁边建立 1 个混肥池或放 1 个施肥桶，肥池或肥桶底部安装肥液流出管道，此管道与首部系统水泵前的主管道连接，其上安装开关以控制施肥速度，利用水泵直接将肥料溶液吸入灌溉系统(图 7-17)。泵吸肥法主要应用在用水泵对地面水源(蓄水池、鱼塘、渠道、河流等)进行加压的灌溉系统施肥，这是目前大力推广的施肥模式。如果用潜水泵加压，在潜水泵位置不深的情况下，也可以将肥料管出口固定在潜水泵的进水口处，实现泵吸肥法施肥。

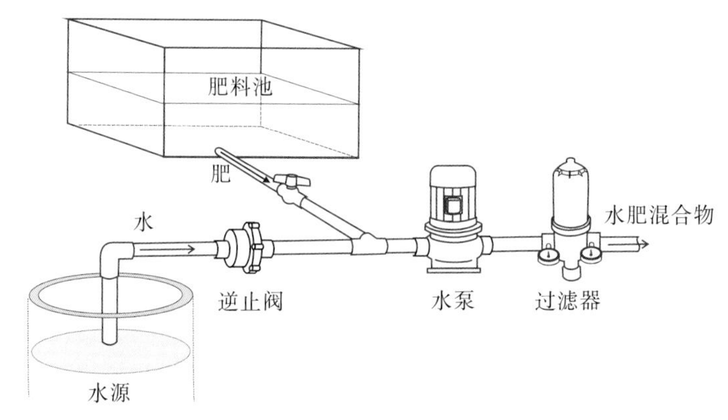

图 7-17 泵吸肥法示意图(林秀娟 提供)

施肥前先根据轮灌区面积或果树株数计算出施肥量，将肥料倒入混肥池，放水溶解肥料。施肥时，开动水泵让田间管道充满水后打开肥池出肥口的开关，肥液被吸入主管道，随灌溉水施入田间。施肥速度和浓度可以通过调节出肥口的球阀来控制。泵前可以连接多个施肥容器，将会产生反应的肥料分开溶解(如磷肥和镁肥)，这些肥料可以单独施用，也可以同时施用。泵吸肥法的优点是设备和维护成本低、操作简单方便、不需要外加动力、可以施用固体肥料和液体肥料、施肥浓度均匀、施肥速度可以控制，当放置多个施肥桶时，可以多种肥料同时施用(如磷酸一铵、硫酸镁、硝酸铵钙等)。不足之处是无法自动化施肥。

(3)泵注肥法。泵注肥法是利用加压泵将肥料溶液注入有压管道而随灌溉水输送到田间的施肥方法(图 7-18)。通常注肥泵产生的压力必须大于输水管内的水压，否则肥料注不进去。常用的注肥泵有离心泵、隔膜泵、聚丙烯汽油泵、柱塞泵(打药机配置泵)等。对于用深井泵或潜水泵加压的系统，泵注肥法是实现灌溉施肥结合的最佳选择。泵注肥的优点是设备和维护成本低，操作简单方便，施肥效率高，适于在井灌区及有压水源条件下使用，可以施用固体肥料和液体肥料，施肥浓度均匀，施肥速度可以控制，通过对施肥泵进行定时控制可以实现简单的自动化。由于这些优点，泵注肥法得到了大面积的应用。不足之处是灌溉系统以外要单独配置施肥泵，一般选用化工泵。

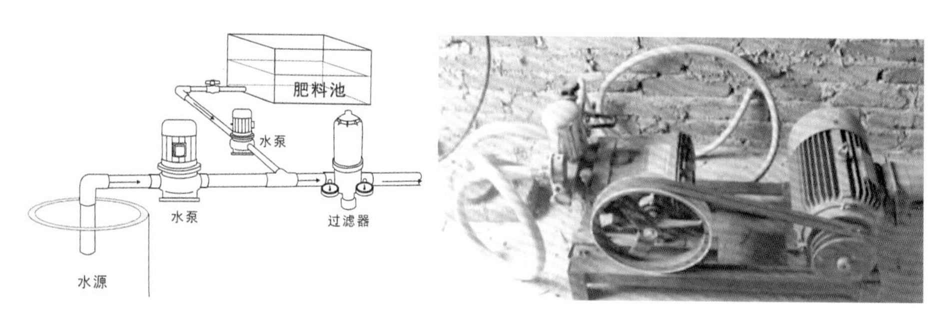

图 7-18　泵注肥法示意图(左)与果园常见的柱塞泵(右)(林秀娟 提供)

4. 计量设备

滴灌系统的计量设备主要有压力表、水表(图 7-19)、流量计，用于实时监测灌溉管道中的压力和流量，判断系统的工作状态，及时发现并排除系统故障。压力表是所有设施灌溉系统必备的仪表，其读数可以实时反映系统的工作状态，当系统出现故障时，可根据压力表读数初步判断可能出现的故障类型。压力表常安装于首部枢纽、轮灌区入口、支管入口等控制节点处，实际配置数量及具体安装位置要根据灌区面积、地形复杂程度等确定。在过滤器前后一般各需安装 1 个压力表，通过两端的压力差来判断过滤器的堵塞程度，以便及时清洗，防止过滤器堵塞减小过水断面，造成田间工作压力及流量过小而影响灌溉质量。压力表要选择灵敏度高、量程适宜、显示清晰、易于观察的优质产品。

压力表

水表

图 7-19　计量仪表(张承林 提供)

流量计和水表都是测量水流流量的仪器，流量计直接反映管道内的流量，水表反映通过管道的累积水量。水表一般安装于首部枢纽或干管上。

5. 安全保护装置

滴灌系统的安全保护装置，其主要作用是防止因系统内压力变化或灌溉水倒流对设备产生破坏，以保证系统的正常运行。常用的安全保护设备有进(排)气阀、安全阀、调压装置、逆止阀、泄压阀等(图 7-20)。

进（排）气阀

泄压阀

图 7-20　进(排)气阀和泄压阀(张承林 提供)

进(排)气阀能够自动排气、进气，当压力水到来时能够自动关闭，主要作用是排除管内空气、防止管道中形成真空负压区，有些产品还具有止回水功能。当管道开始输水时，管道内的空气受水的挤压向管道高处集中，如不排出，就会减小过水断面，严重时会截断水流，还会造成高于工作压力数倍的压力冲击。当水泵停止工作时，如果管道中有较低的出水口(如灌水器)，则管道内的水会流向这些出水口向外排出，此时会在管内较高处形成真空负压区，压差较大时可能对管道系统造成破坏。解决此类问题的方法，便是在管道系统的最高处和管路中的凸起处安装进(排)气阀。进(排)气阀是管路中不可缺少的重要安全设备，如果没有这些阀门，严重时会造成爆管或管道被吸扁，使系统无法正常工作。

安全阀是一种压力释放装置，当管道中的水压超过设定压力时它会自动打开泄压，防止形成水锤，一般安装在管路的较低处。在不产生水柱分离的情况下，安全阀安装在系统首部(水泵出水口端)，可保护整个喷灌系统。如果管道内产生水柱分离，则必须在管道沿程一处或几处安装安全阀才能达到防止水锤的目的。

逆止阀也被称为止回阀，它依靠介质本身的流动而自动开、闭阀瓣，其主要作用是防止介质倒流、防止泵及驱动电动机反转，以及防止进入系统的肥料溶液倒流污染水源等。

(五)滴灌设计实例

滴灌系统设计中涉及的参数，主要有滴灌管入水口工作压力、轮灌区的总流量、不同管径流量的大小、沿程水头损失和局部水头损失、水泵的流量和扬程等。

1. 滴灌管入水口工作压力

一般来说，此工作压力生产厂家会提供，可以为系统规划设计提供参考。

2. 轮灌区的总流量

轮灌区的总流量，由轮灌区的面积、滴头流量、滴头间距、株行距等参数决定。例如，面积为 5 hm^2 的荔枝园，株行距为 4m×5m，每次计划灌溉 1 hm^2，采用滴头流量为 2.7 L/h、滴头间距为 60 cm 滴灌管时，轮灌区的总流量计算如下：

轮灌区需要滴灌管的总长度=10 000÷4=2 500(m)

滴头总数量=2 500÷0.6≈4 167

轮灌区总流量=4 167×2.7 L/h≈11 251 L/h≈11.3 m^3/h

3. 管径规格的确定

在系统设计时既要考虑管径的大小，同时要考虑管道的水头损失及日常运行成本，为此，通常会有一个经济流速的问题，一般把管内水流速度为 1.0～1.5 m/s 定为经济流速，通常取值为 1.5 m/s。在不同流量及流速下

PVC 管管径的选择可通过专业书中的管径选择表查找。例如，当水流速度为 1.5 m/s 时，要使管内的流量达到 10 m^3/h，查表得其管径大小应为 Φ49mm，但在实际生产中并没有 Φ49mm 规格的管，因此应选择比它稍微大一点的 Φ50mm 的管。同样的，要使管内的流量达到 20 m^3/h，查表得其管径的大小应为 Φ69mm，但在实际生产中并没有 Φ69mm 规格的管，因此应选择比它稍微大一点的 Φ75mm 的管。

4. 沿程水头损失和局部水头损失

水流沿管道流动时，因与管壁产生摩擦，会使水压降低，在管道中降低的水压被称为沿程水头损失，它可以通过公式计算求得。水流经过接头、变径、弯头、阀门、过滤器、施肥器等也会减少压力，这种被减少的压力称为局部水头损失。通常局部水头损失按沿程水头损失的 15%计算。

5. 水泵的流量和扬程

当系统只有 1 个轮灌区时，水泵的流量和轮灌区的总流量相等。当系统有多个轮灌区时，在同一时间内只有 1 个轮灌区工作的情况下，水泵的流量等于单个轮灌区总流量最大的那个轮灌区的流量值；在同一时间内有多个轮灌区同时工作时，水泵的流量等于同时工作的这几个轮灌区流量的总和。

水泵的扬程=[滴灌管入水口压力+沿程水头损失+局部水头损失+吸程(水泵与水源高差)]×1.1(系数)。

6. 设备清单

设备清单包括所选择各种设备的名称、数量、规格、单价、总价、厂家等信息。另外，部分规划设计可能还包括泵房的设计、电力、水源工程等相关资料。

7. 具体案例

某农场采取早期密植、后期间伐的方法种植荔枝，建园时种植规格为行距 3 m、株距 2 m，总面积为 6.67 hm^2(100 亩)。土壤为壤土，地势平坦，已备三相电源。地块中心有 1 个 667 m^2(1 亩)的水塘。请设计适宜的滴灌施肥系统。

1)灌溉施肥模式的选择

根据所提供的种植规格与模式、土壤、地形、水源、电力等条件，可以选择滴灌，施肥方法为泵吸肥法。平地种植且规范，可选择内镶式非压力补偿滴灌管，管壁厚 1.0 mm，滴头流量为 1.5～3.0 L/h，选 2.0 L/h，滴头间距为 0.50～0.75 m，可选 0.50 m。

2)灌溉施肥系统组成

本系统可设计成一套首部系统，按每天工作 12 h，每次 1 个轮灌区工作，灌溉 3 h，共分 4 个轮灌区进行灌溉施肥。其中首部系统包括有水泵 1 台、叠片式过滤器1个、混肥池1个、压力表2个、止回阀1个、进(排)气阀1个。施肥方式采用泵吸施肥法。

3)各种材料的选择与计算

(1)滴灌管。选用非压力补偿的内镶式滴灌管，滴头流量为2.0 L/h，滴头间距为0.50 m，滴头工作压力为12 m(由生产厂家提供)，管径大小为16 mm，最大铺设长度可查表为138 m。

一个轮灌区16 667 m^2(25亩)共需滴灌管长度约为5 556 m(16667÷3)，总流量为(5 558÷0.5)×2=22 232(L/h)≈22.2 m^3/h，耗水量约为22.2 m^3/h。

(2)PVC管材及配件。根据流量计算结果，与首部系统相连的主管道应选择Φ90mm的PVC管，同时各级管径的选择应遵循由主管道到末级管道管径逐级减小的原则。同时配备相应的PVC管材配件若干个(套)。

(3)过滤器。可选择120目的3寸叠片过滤器。

(4)水泵。水泵的流量应为22.2×(1+10%)≈24.4(m^3)。现水源在地块中央，则水泵离水源高差可忽略，即为0；假设Φ90 mm的PVC管铺设了125 m，则沿程水头损失为1.872 7×(125÷100)≈2.340 9(m)，局部水头损失为2.340 9×15%≈0.351 1(m)，滴头工作压力为12 m，则水泵扬程=[水泵离水源高差+水头损失(沿程水头损失+局部水头损失)+滴头工作压力]×1.1(系数)=[0+2.340 9+0.351 1+12]×1.1≈16(m)。

(六)山地滴灌系统的设计

山地滴灌系统的设计与平地滴灌系统的设计类似，下面仅介绍一些需要特别注意的问题。

(1)确定准确的高差。山地与平地的最大区别就在于山地的地势不平坦，起伏不定，能否获得准确的高差将在很大程度上决定系统灌溉的均匀性。要获得准确的高差，需要有1个精密压力表和1条与之相连的一定长度(如30 m或50 m)的白色胶管。测量时，先往管内灌满水，一人手持压力表站在山脚，另一人手持胶管末端走到待测高处，压力表读数即为高处的高差(图7-21)。通过这样分段测量直至山顶，最后累计各段的高差即为山脚到山顶的高差。现在有精密的GPS仪器可以直接测定不同点的高差。

(2)灌溉模式的选择。应根据当地的水源条件、电力条件及地形情况，确定是采用自压灌溉模式还是加压灌溉模式。当水源高于果园时可采用自压灌溉模式；当水源充足、有动力电源时可采用加压灌溉模式。

(3)轮灌区的划分。可以依据等高线来划分轮灌区。为了有利于均匀灌溉，同一轮灌区内的高差应尽量控制在5～10 m。同时，滴头的压力补偿范围也是划分轮灌区的依据之一。

图 7-21 精密压力表(左)与注水的白色透明胶管(右)(张承林 提供)

(4)自压模式下输水管道的调压。在山地滴灌系统中，主管道通常是顺着坡向由山顶往山脚铺设，而滴灌管则是沿着等高线方向铺设。这样，很容易出现靠近山顶部分的压力偏小、山脚甚至山腰的压力偏大的问题，这将直接影响滴头出水的均匀性。解决这一问题的办法，是在顺坡的输水管道上每隔15～20 m安装1个球阀进行调压。

山地滴灌系统的设计，一般要亲临现场测量各项关键参数，切忌仅仅依赖地形图上给出的数据。

二、微喷灌系统

微喷灌是通过低压管道将有压水流输送到田间，再通过直接安装在毛管上或与毛管连接的微喷头将灌溉水喷洒在土壤表面的一种灌溉方式。灌水时水流以较大的流速由微喷头喷出，在空气阻力的作用下粉碎成细小的水滴降落在地面，其雾化程度比喷灌要大，流量介于喷灌与滴灌之间。通常微喷头的流量在50～150 L/h，喷洒半径为2～3 m。微喷灌一般只用于成龄果园，每株树安装2个微喷头，对于密植果园，两株树之间安装1个。微喷灌只适于平地果园。山地果园通常高差大、调压困难，用微喷灌会产生地面径流、灌溉也不均匀，采用滴灌更好。适合荔枝园的微喷头有折射式和旋转式两种。

1. 折射式微喷头

折射式微喷头主要由喷嘴、折射锥和支架3部分构成(图 7-22)，其工作原理是：水流由喷嘴垂直向上喷出，在折射锥的破碎作用下，水流受阻改变方向，被分散成薄水层向四周射出，在空气阻力的作用下形成细小的水滴喷洒到土壤表面，喷洒图形有全圆、扇形、条带状、放射状水束或呈雾化状态。折射式微喷头又称为雾化微喷头，其工作压力一般为100～350 kPa，射程为

1.0～7.0 m，流量为30～250 L/h。折射式微喷头的优点是结构简单、没有运动部件、工作可靠、价格便宜；缺点是由于水滴太小，在空气十分干燥、温度高、风力较大且多风的地区，蒸发飘移损失较大。图7-23是荔枝园中应用折射式微喷头的情景。

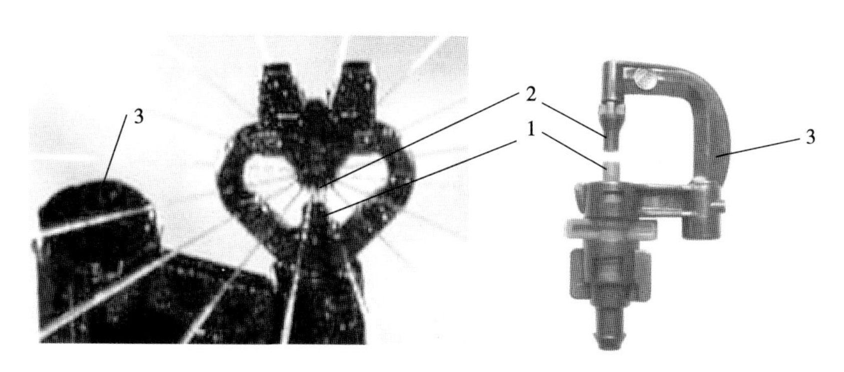

1. 喷嘴；2. 折射锥；3. 支架

图7-22 折射式微喷头(林秀娟 提供)

图7-23 荔枝园应用折射式微喷头(张承林 提供)

2. 旋转式微喷头

旋转式微喷头(图7-24)又叫射流式微喷头，主要由折射臂、支架、喷嘴和连接部件构成。其工作原理是：压力水流从喷嘴喷出后集中成一束，向上喷射到一个可以旋转的单向折射臂上，折射臂上的流道形状不仅改变了水流的方向、使水流按一定的喷射仰角喷出，喷出水流的反作用力还使折射臂快速旋转，形成旋转喷洒，故此类微喷头一般为全圆喷洒。旋转式微喷头的工作压力一般为100～200 kPa，喷洒半径较大，为1.5～7.0 m，流量为45～250 L/h，灌水强度较低，水滴细小。

由于旋转式微喷头有运动部件，其加工精度要求较高。旋转部件容易磨损，大田应用时日晒雨淋容易老化，会使旋转部分运转受影响。因此，此类微喷头的使用寿命较短。这种微喷头安装在塑料插杆上，经一定长度的 PE 微管与 PE 支管连接，也可以连接在 PVC 管上。

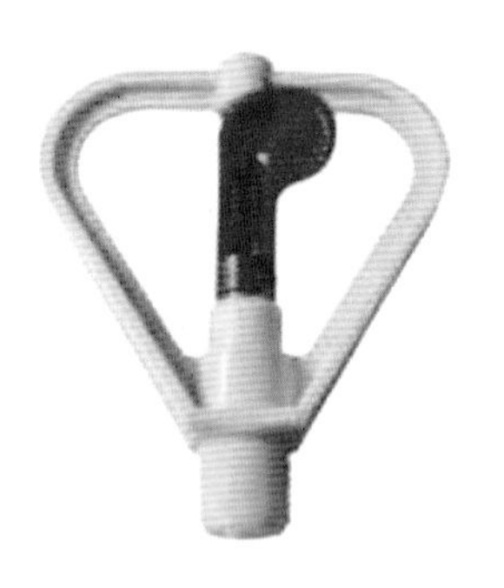

图 7-24　旋转式微喷头(张承林 提供)

三、水肥一体化技术

1. 荔枝水分管理

灌溉量取决于果树的需水特点和土壤含水量。荔枝通常有 4 个需水关键时期：①花前期。现“白点”前 1 周左右，适宜的水分可促进花序分化，此期需水量不大，但十分重要。②开花期。此期的水分供应要满足开花对水分的需求。③果实生长期。此期如遇干旱无雨可引起落果、小果和裂果，特别是裂果，主要是土壤水分供应不均匀造成的。④采果后的秋梢期。此期的水分供应主要为满足新梢和叶片的生长需求。发育期需要保持土壤湿润，通常1 次滴灌时间约为 3～4 h 或者微喷灌 0.5 h 左右，间隔时间由土壤湿度的变化而定。可以用张力计监测土壤湿度(图 7-25)。在田间 30 cm 和 60 cm 深度埋2 支张力计。当 30 cm 张力计读数达 15 kPa 时开始滴灌，滴到 60 cm 张力计读数回零为止。一般在整个果实生长发育期和秋梢期，保持土壤水分处于湿润状态。进入晚秋荔枝花芽分化前夕，应减少甚至停止灌溉，以控梢促花。

张力计探头的埋设有一定技巧，要求其与土壤充分接触，否则结果会不准确。也可以用简易方法判断土壤的水分状况：用土钻或锄头挖开滴头下的土壤，用手抓捏，能握成团且不黏手表示土壤湿度正好。土壤缺水也可从树体上反映出来，叶片无光泽或发干都表示缺水。

如果没有水分监测装备，在无降雨的天气下，建议参考表 7-5 所列的需水量灌水。1 周内每降 1 mm 雨量，4～6 年生树、7～15 年生树和 15 年生以上树的周灌溉量相应分别减少 20 L、30 L 和 40 L。一般黏土 1 周灌溉 1 次，沙土 1 周灌溉 2 次。

图 7-25 田间监测土壤湿度的张力计(张承林 提供)

表 7-5 荔枝树各阶段的需水量　　单位：L/(树·周)

月　份	生长期	4～6 年生	7～15 年生	15 年生以上	备　注
10 月下旬(早熟品种)至翌年 1 月上旬(晚熟品种)	花前期	120	200	400	灌溉时间依品种熟性而定
1～3 月	开花期	400	600	1200	
4～6 月	果实生长期	500	800	1500	
8～10 月初	秋梢期	400	600	1200	

2. 适宜灌溉系统施肥的肥料

适宜灌溉系统施肥的肥料包括尿素、硝酸钾、硫酸铵、硝酸铵钙、磷酸一铵(工业级)、硝酸钙、磷酸二氢钾、氯化钾(仅指白色粉状氯化钾，含有铁质等不溶物的红色氯化钾不宜直接用于灌溉施肥)、硫酸钾、硫酸镁及各种水溶性复合肥。各种水溶性的生物刺激素类物质(如氨基酸、海藻酸、黄腐殖酸等)也可以加到肥料中应用。可溶解于水的有机物质，如沤腐后的鸡粪，过滤后也可以用于滴灌或者微喷灌。

磷在土壤中的移动性差，如果用滴灌施肥，滴入的磷肥主要积聚在滴头附近几厘米的范围内，无法被根系有效吸收。磷酸二氢钾的价格昂贵，主要用作叶面喷施。通常建议在果园通过土壤施用磷肥，可以在果树定植或改良土壤时与有机肥一同施用。

3. 荔枝水肥一体化注意事项

(1)滴灌系统的最佳工作压力为 78～118 kPa，滴灌管铺设长度宜在100～150 m；微喷灌的工作压力为 196～294 kPa。要定期监测压力，压力足才能保证灌溉和施肥的均匀性。

(2)通过滴灌施肥一定要过滤。常用 120 目的叠片式或筛网式过滤器。当过滤器两端的压力表读数差达到 0.05 MPa 时就要清洗过滤器。滴灌管尾端要定期打开冲洗，一般每月 1 次，以保证滴头不被阻塞。

(3)一般土壤果园，每次滴灌的时间不要超过 5 h，间隔时间为 7～15 d(依天气而定)。沙壤果园，滴灌时间不要超过 2 h，采取少量多次的原则。在果实生长期，应维持土壤处于湿润状态，以防裂果。

(4)应按轮灌区的荔枝株数计算出该轮灌区的需肥量，并将所需肥料在肥料池中提前溶解。施肥前先滴灌 20 min，然后将打开肥料池开关开始施肥。每个轮灌区的施肥时间在 30～60 min。可以通过肥料池的开关来控制施肥时间。

(5)对第一次使用滴灌的用户，施肥量在往年的基础上减半(如往年用 100 kg尿素，用滴灌则改为 50 kg，甚至更少)。然后用“少量多次”的方法将肥料施下去。一般“一梢三肥”，果实发育期每 10 d 灌 1 次。

(6)滴完肥后，至少再滴 0.5 h 清水，将管道中的肥液完全排出。否则会在滴头处生长藻类、青苔、微生物等，造成滴头堵塞。

(7)注意肥料之间的反应。硫酸镁不能和硝酸钾或氯化钾或硝酸钙同时施用，否则会出现沉淀。土壤 pH 值低且钙含量偏低时，施用石灰。如 pH 值在 6.5 以上而缺钙时，施用石膏(硫酸钙)。微量元素叶面喷施效果更佳。

(8)通过滴灌系统施各种有机肥，一定要将它们沤腐后的澄清液过滤，过滤后的澄清液才可放入滴灌系统。可用 80 目或 100 目的尼龙网过滤。

(9)经常检查管道，发现漏水、断管、裂管等现象应及时处理。

(10)品种混杂的荔枝园须进行改造，使品种简单化之后再考虑应用管道灌溉施肥技术。

(11)应经常观察叶片的长度、厚度、光泽、大小。叶片颜色浓绿、叶厚、叶大且有光泽的，一般植株营养充足，不需施肥；否则就要考虑施肥。

(12)有机肥和化肥要配合施用。有机肥是一种完全营养肥料，施用有机肥可改善荔枝园的土壤条件，使土壤疏松透气，有利于排水和保湿，有利于扩大荔枝树盘根系。一般成龄树每株施有机肥 20～50 kg，在每年 2～3 月荔枝花芽抽出后作壮花肥施用，在采果前作促梢肥施用。有机肥施用充足的果园，很少出现缺素症。

参考文献

[1]李建国. 荔枝学[M]. 北京：中国农业出版社，2008.

[2]吴淑娴．中国果树志 荔枝卷[M]. 北京：中国林业出版社，1998.
[3]陈立松，刘星辉．水分胁迫对荔枝的影响[C]//中国园艺学会第十届会员代表大会暨学术讨论会论文集，长沙，2005：68-74.
[4]宋世文，王泽槐，赵晓勤，等．水分胁迫对成年荔枝不同季节光合速率日变化的影响[J]. 热带亚热带植物学报，2007，15(6)：482-486.
[5]王泽槐，宋世文，李建国，等．水分胁迫对成年糯米糍荔枝末次秋梢发育和成花的影响[J]. 果树学报，2007，24(3)：319-323.
[6]刘翔宇，邱燕萍，陈杰忠，等．水分胁迫对'桂味'荔枝果实发育及糖代谢的影响[J]. 果树学报，2012，29(4)：620-624.
[7]李志强，袁沛元，邱燕萍，等．冬季灌溉与桂味荔枝成花率的关系初探[J]. 热带作物学报，2012，33(3)：402-407.
[8]张承林，付子轼．水分胁迫对荔枝幼树根系与枝梢生长的影响[J]. 果树学报，2005，22(4)：339-342.
[9]张承林，谢永红，李柯．荔枝滴灌施肥技术应用效果初报[J]. 广东农业科学，2002(2)：31-33.
[10]邹战强，蓝莎．荔枝需水量和灌溉制度试验研究[J]. 节水灌溉，1999(3)：8-9，13.
[11]Batten D J，McConchie C A，Lloyd J. Effects of soil water deficit on gas exchange characteristics and water relations of orchard lychee(Litchi chinensis Sonn.) trees[J]. Tree Physiology，1994，14(10)：1177-1189.
[12]Menzel C M. Plant water relations and irrigation. In Litchi and Logan：Botany，Production and Uses，183-207(Eds. C. M. Menzel and G. K. Waite). Wallingford，U. K：CAB international. 2005.
[13]Stern R A，Naor A，Bar N，et al. Xylem-sap zeatin-riboside and dihydrozeatin-riboside levels in relation to plant and soil water status and flowering in 'Mauritius' lychee[J]. Scientia Horticulturae，2003，98(3)：285-291.

第八章　荔枝营养生长调控及树冠管理

荔枝的营养生长包括根系和枝梢的生长，营养生长实现根域拓展、吸收面积扩大，以及树冠扩大、光合面积增加，也是营养摄取与光合“产能”的增长过程，它为树体的经济产能的形成奠定基础。然而，荔枝的枝梢生长与以成花开始的生殖生长均源自芽的生长点，存在“有你无我”的竞争关系。此外，失控的营养生长导致植株树冠高大、果园荫蔽、有效结果面积下降、结果部位上移，不利于管理与产量形成。因此，控制营养生长的节奏与树势对荔枝产量形成具有重要意义。对营养生长的控制有赖于对荔枝营养器官生长生物学规律的认识。本章介绍荔枝根系及枝梢生长生物学、根梢生长相关性，以及树冠管理与老树更新技术。

第一节　根系生长与结构

根系的原初功能是锚定以及吸收水分和矿质营养，随着植物的进化，根系又进化出次生功能，包括营养输导与贮存、氨基酸等有机物合成、感应地下环境并向地上部运输相关信号等。根系的生长发育与活力很大程度决定了树势和产能。

一、荔枝根的发育与结构变化

荔枝根系由功能、发育状态、形态不同的根组成（图 8-1），具有明显的异质性。白色较粗的生长根，具有发达的根尖，内有根冠、分生区和伸长区，但鲜见根毛。生长根可持续生长，拓展根域范围，因此，被称为“先锋根”。在伸长的同时，生长根会产生大量长短不一的侧根，粗而白的侧根继续生长，从不同方向扩大根系。这些生长根的寿命往往很长，甚至与植株同寿命，也称为“无限根”。随着生长发育，生长根转化为坚韧粗老的输导根，它也是植株“锚定”土壤的“抓手”。与此同时，生长根上也会产生数量众多的直径小于 0.5 mm 的细根，这些细根不会进一步增粗，伸长有限，它们也会产生密集而更短的细根，显著提高根系的表面积，主要是增强吸收功能。这些细根寿命有限，称为“短暂根”，会在不断发生和不断死亡过程中更新。

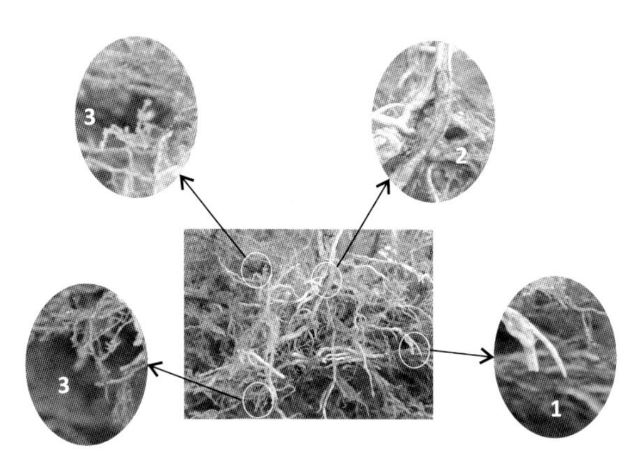

1. 生长根的根尖；2. 1 年生输导根(老根)；3. 细根

图 8-1 荔枝根系形态(黄旭明 提供)

从长度分布来看(表 8-1)，荔枝近 60%的根长为直径小于 0.5 mm 的细根，直径 0.5～1 mm 的根系长度占 18%～20%，而直径大于 2 mm 的粗根长度所占比例不足 10%。因此，细根长度占总根长的绝大部分，这有利于根系表面积的扩大和水分、矿质营养的吸收。

表 8-1 1.6 年生盆栽荔枝各级根系占总根长的比例

根径 L/mm	妃子笑/%	糯米糍/%
$0.00 < L \leqslant 0.25$	38.00	39.58
$0.25 < L \leqslant 0.50$	21.60	19.13
$0.50 < L \leqslant 0.75$	17.07	14.20
$0.75 < L \leqslant 1.00$	4.81	4.12
$1.00 < L \leqslant 1.25$	7.43	6.95
$1.25 < L \leqslant 1.50$	2.33	2.44
$1.50 < L \leqslant 1.75$	3.44	3.88

续表

根径 L/mm	妃子笑/%	糯米糍/%
$1.75<L\leqslant 2.00$	0.94	1.12
$2.00<L\leqslant 2.25$	1.71	2.04
$2.25<L$	4.69	6.00

数据源自商翥涓(2008)。

粗大的生长根和上述细根均源自侧根原基生长点。生长根的生长点可长期维持活性，而细根的生长点活性维持时间短，生长很快停止，形成短而细的吸收根。由此看来，从细根的占比看，荔枝根绝大多数末端生长点的活性维持时间很短。

在结构上，生长根和细根有很大的不同。生长根的根尖有发达的分生组织(分生区)和伸长区，能进行旺盛的细胞分裂和细胞伸长生长。这部分根尖组织区可长达 1～2 cm。由于组织幼嫩，根尖极易折断。因此，从土壤挖掘根系很难获得具有根尖的完整伸长根。荔枝生长根鲜见根毛区。生长根亮白色、粗大，可长达数十厘米至数米；白色部分是其皮层，皮层及表皮细胞会随着根发育，由外向内发生木质化，在荧光显微镜下出现自发荧光(图 8-2)。因此，这层白色的组织随根的发育变得坚韧。荔枝根表皮细胞壁不会发生木栓化，因此不会呈现褐色。不同于多数落叶果树根皮层寿命仅有数十天，常绿果树的根皮层寿命可长达 1 年。因此，往往在 1 年生以上的根上才可以看到皮层的开裂脱落(图 8-1)，露出具有褐色木栓层的老根。生长根具有发达的中柱组织，有丰富的初生维管组织，包括初生韧皮部和木质部，随着根的发育，逐渐分化出形成层，在分化次生木质部和次生韧皮部的同时，根进一步增粗；而周皮的分化略迟于形成层分化。

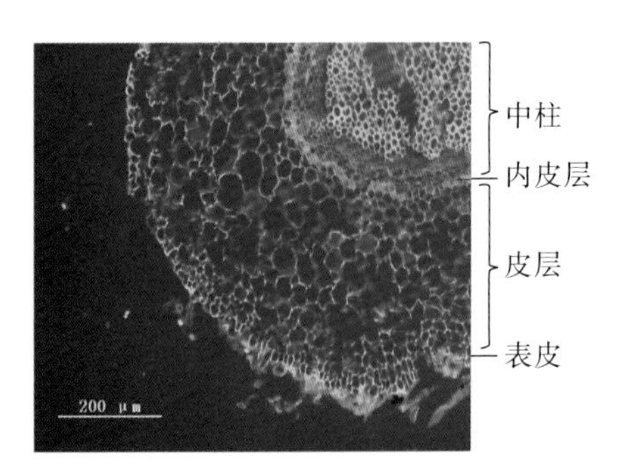

皮层组织和中柱初生木质部细胞壁具有自发荧光现象，显示已经木质化

图 8-2 荔枝生长根的初生结构(黄旭明 提供)

与生长根不同，细根的结构发育相对简单。细根的分生区小，细胞分裂活动停止早；皮层薄，局部木栓化，因而呈现褐色；中柱组织不发达，初生导管少。细根不会发生次生生长，即不会进一步分化形成层和周皮。细根会脱落和死亡。生长根与地上部的枝梢对应，有生长点，寿命长，会不断生长；而细根与枝梢上着生的叶片对应，非永久器官，会衰老脱落。

虽然荔枝根鲜见根毛，但庞大的细根系统也可形成巨大的表面积。此外，荔枝根系还会与丛枝菌根共生，进一步增加吸收面积。有研究表明，与菌根共生的细根的寿命会显著延长。人工接种丛枝菌根可以显著促进荔枝枝梢的生长(Sagar 等，2017)。

二、根系分布及其影响因子

1. 根系分布

荔枝的根系属于浅层根系，水平分布广，垂直分布浅(图 8-3)。85%以上的根系分布在距地表 60 cm 以内的土层中，0～30 cm 土层分布最多，根系分布随着深度的增加而逐渐减少(黄辉白，1989)。在水平分布上，大约 80%的根系分布于树冠滴水线范围以内。因此，荔枝随着树龄增加、树冠扩大，根系主要向水平方向扩展。因此，就荔枝来说，“根广叶茂”比“根深叶茂”似乎更贴切。从荔枝根系分布来看，生产中惯用的开沟施肥方式并不科学，因为这种方式使更多的养分下渗，分布密集的浅层根系不能充分接触肥料。开沟施肥还耗费劳力、增加成本。因此，荔枝应该结合浇水在树冠下表面施肥。

图 8-3　荔枝根系的分布情况(引自 Menzel 等，2004)

通过掘取根系难以获得成年荔枝树的细根(吸收根)及根尖(初生根)，因为它们极易在挖掘中脱落或损失。即使以土层剖面观察根系，也难见到吸收根。我们可以观察到的往往都是发生了次生生长的永久根，包括水平根、垂直根和斜生根，各着生有不同走向、更细的支根，这些根构成了发达的根系网络，将树体牢固地锚定在土层中。

2. 影响根系分布的因素

荔枝根系的分布受多种因素的影响。定植苗的繁殖方式对根系分布有影响：实生树或实生砧嫁接树拥有种子根系，主根明显，更易于扎入土壤深层；空中压条(南方俗称"圈枝苗")植株，根系源自不定根，缺少主根，根系分布浅，例如36年生黑叶荔枝高空压条树的根系在广州平地最深仅为80 cm，主要分布层为10～40 cm，"根浅叶茂"使树体对水分胁迫反应敏感(黄辉白，1989)。

荔枝属于不耐涝果树，根系无法在淹水缺氧的环境中生存，因此，地下水位对荔枝根系分布具有很大的影响。根系一般维持在地下水位以上的土层，地下水位深，根系分布也深。因此，山坡地荔枝植株根系的分布深度往往大于水田种植的植株(图8-4)。

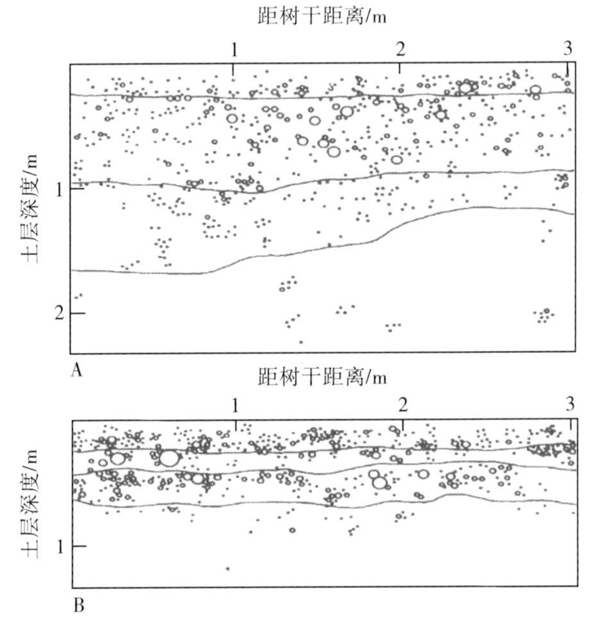

图8-4 种植于坡地(A)和水田(B)的荔枝的根系分布

(引自黄辉白，1989)

土壤质地也对根系分布有很大的影响。荔枝根生长喜通气良好、湿润的土壤环境，在黏重、保水性强、透气性差的土壤中生长弱、分布少(图8-5)，在团粒良好、通气保水性能俱佳的沙壤中根系生长旺、根密度高。

施有机肥可以显著提高在各层土壤中的荔枝根系的密度，尤其能增加直径≤5 mm根的密度(黄凤珠等，2010)。长期滴灌施肥的植株，滴灌区域的根系密度明显高于非滴灌区域。滴灌施肥对增加0～20 cm的浅层根密度的作用最为显著，但会引发滴灌区域土壤酸化(表8-2)。

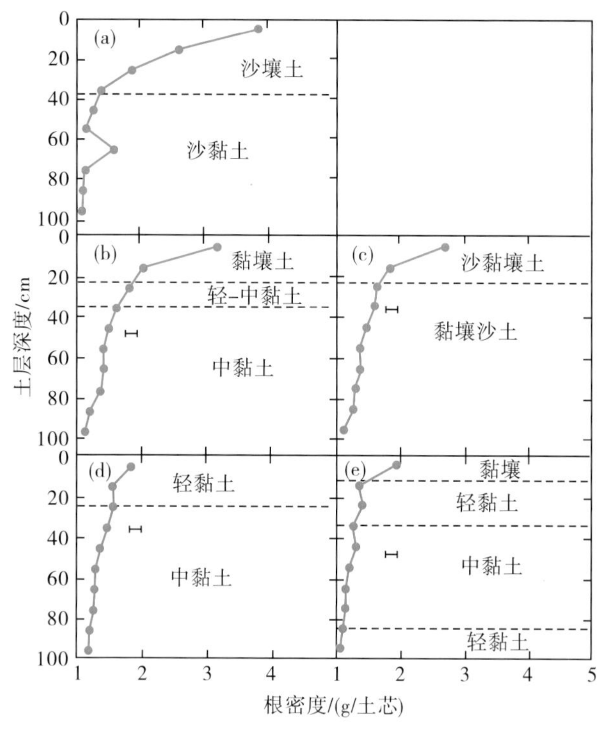

图 8-5 种植在不同质地土壤条件下荔枝根系的分布(引自 Menzel 等，1990)

表 8-2 长期滴灌施肥对荔枝根系分布的影响

年 份	采样区域	采样深度/cm	根干重/g	根长/cm	根表面积/cm^2
2003	滴灌区域	0～20	149.0	9 886.9	4 411.4
		20～40	58.5	5 776.9	2 507.7
		40～60	12.0	1 706.7	549.1
	非滴灌区域	0～20	73.2	6 035.9	2 681.1
		20～40	34.6	5 648.1	1 112.9
		40～60	5.8	355.0	186.3
2006	滴灌区域	0～20	208.9	15 837.9	7 244.0
		20～40	73.8	10 860.3	3 961.1
		40～60	16.2	2 078.3	884.3
	非滴灌区域	0～20	82.5	8 803.3	3 391.2
		20～40	40.9	4 058.7	1 779.9
		40～60	7.0	380.5	213.2

数据源自邓兰生等(2011)。

第二节 枝梢生长的节奏与特点

荔枝枝梢生长涉及分枝、枝梢伸长与增粗及展叶，是树冠扩展和结果母枝形成的重要过程。

一、枝梢生长特点及相关生物学过程

枝梢生长源于芽，包括顶芽、腋芽和潜伏芽。一般情况下，荔枝枝梢生长主要是顶芽活动的结果。在顶芽受损的情况下，数个腋芽取代顶芽抽发枝梢，并形成分枝。而在重修剪的情况下，修剪口附近存在大量的潜伏芽活动，抽发枝梢。

1. 枝梢生长的节奏性

和其他许多常绿果树一样，荔枝枝梢的生长并非持续进行，而是间歇进行。在 1 年内可以进行多批次枝梢生长，或有多个枝梢生长周期。每次枝梢生长时，相对集中地长出数张新复叶，然后暂停抽发新叶，伸长生长也暂停。待新叶成熟后，再抽发下一批新梢，启动下一个枝梢生长周期。这种 1 年内多次周期性生长的现象称为反复生长现象，其原因是顶芽处于“生长—休眠”的循环之中(图 8-6)。

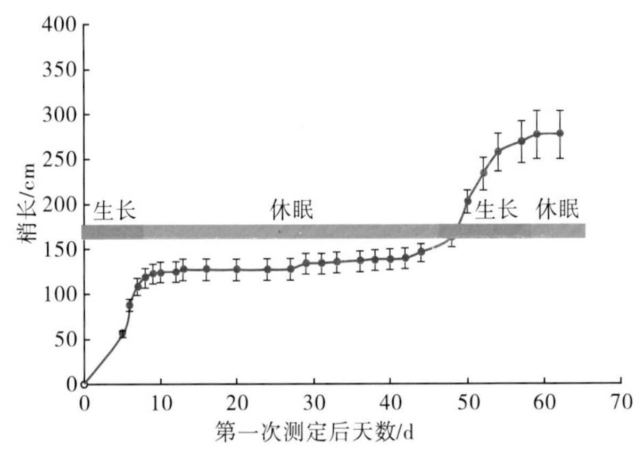

图 8-6 荔枝间歇性枝梢生长(引自 Fu 等，2014)

荔枝芽没有鳞片包被，处于裸露状态，主要由顶端分生组织、雏形叶及芽原基组成。在枝梢反复生长的周期中，芽形态变化明显。处于休眠状态的

荔枝芽的雏形叶呈褐色，并紧紧包裹着生长点；萌动时，雏形叶逐渐转绿、膨大并张开，内层的叶原基和芽原基随之暴露出来；之后芽进入快速伸长状态，此时针状合拢的对生的雏形小叶彼此分开；随着新叶的展开，顶芽伸长逐渐减弱，进入停滞期，末端新雏形叶长势减弱，甚至脱落，留下明显的叶痂，顶芽再进入休眠状态，直至新叶发育成熟，芽再次萌动，进入新一轮的生长(图 8-7)。

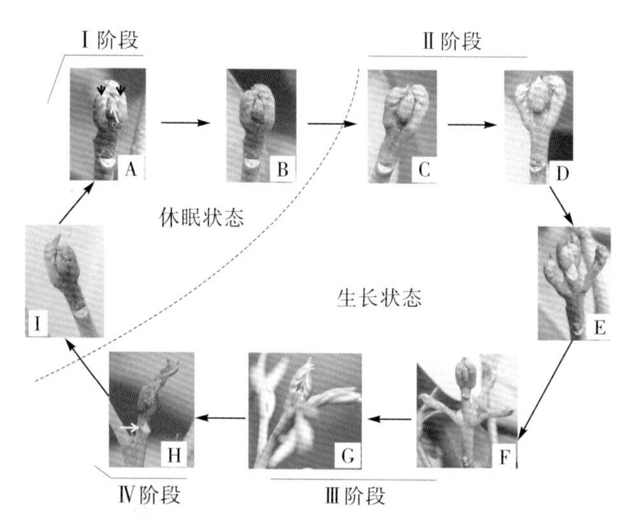

图 8-7　枝梢生长周期中的芽形态变化(引自 Zhang 等，2015)

荔枝枝梢的间歇性生长对其生存具有重要意义。荔枝的嫩叶易吸引害虫取食，而老叶似乎有抵御或驱避害虫的能力，因此，叶片成熟后鲜受害虫为害。间歇性生长可使荔枝在一段时间内没有可供害虫取食的嫩叶，进而可控制害虫种群的增殖，或使害虫离开荔枝树另觅寄主，不至于在荔枝上持续为害和增殖。

2. 枝梢的伸长与增粗生长

枝梢的伸长生长呈现典型的单 S 形(图 8-6)。枝梢的伸长是嫩梢节间伸长的结果，每批梢的长度取决于节数(复叶数)和节间长度。这与荔枝的长势密切相关。幼年树长势强，抽发新梢叶片多，节间长；老年树新梢长势弱，叶片少，节间短。节间的伸长与复叶伸展同步发生，而当小叶快速扩展时，节间伸长逐渐停止。剪除展开中幼嫩的复叶会使节间伸长受到显著抑制(图 8-8)；而持续摘除幼叶可促使顶芽维持生长，推迟进入休眠状态，进而形成更多的节间，但每个节间会显著缩短。可能是由于伸展中的复叶向节间提供了赤霉素，进而促进了其伸长。

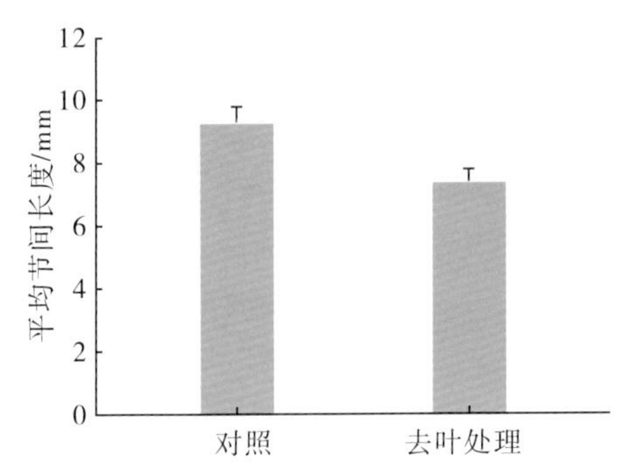

图 8-8 去除幼嫩的复叶对荔枝节间伸长的影响

(引自张慧芬，2015)

枝梢的增粗生长则是茎次生分生组织——形成层活动的结果。形成层不断进行细胞分裂，并向外分化为次生韧皮部，向内分化为次生木质部。增粗的主要组织是次生木质部直径的扩大部分，它也是构成茎的主要组织。韧皮部虽然也会增厚，但远小于木质部增厚。此外，荔枝成熟枝梢表面也有周皮，也会贡献增粗生长，但总体上周皮非常薄(图 8-9)。在枝梢环剥处理时，环剥口上方的增粗生长明显，但此时韧皮部增粗更为明显(黄旭明等，2003)。

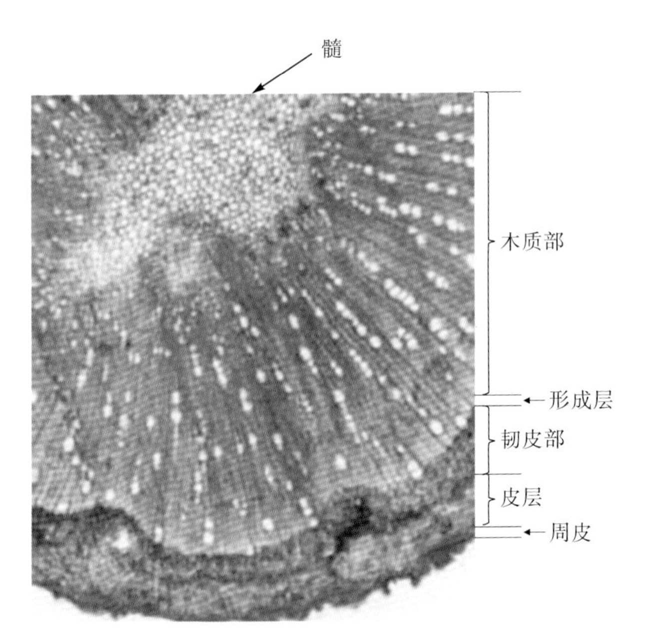

图 8-9 荔枝当年生枝梢横切组织结构(黄旭明 提供)

与枝梢伸长生长周期性节奏不同，荔枝枝梢的增粗生长可持续进行，直至冬季温度降低时才暂停(Fu 等，2013)。因此，荔枝枝梢的增粗生长并不依赖于顶芽的活动。

3. 展叶与叶片光合功能构建

每一次抽发新梢，数片复叶会相对集中地长出。复叶生长初期，其小叶沿主脉折叠，形似细长的针叶，淡绿至红色。随着叶片的生长，折叠的小叶张开，并逐渐扩大，叶片颜色缓慢转绿。叶片的生长也呈单S形(图8-10)，长至最大面积时叶片还很柔软、为浅绿色，之后逐渐革质化，绿色加深(图8-11)。因此，荔枝叶片具有“迟绿”现象。

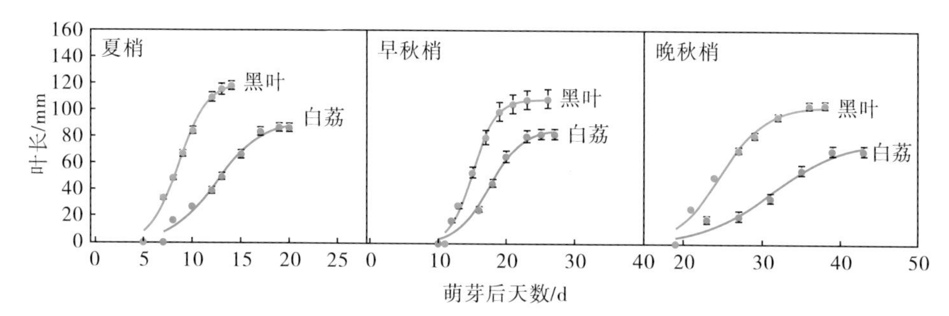

图8-10 白荔和黑叶的叶片生长动态(引自Fu等，2013)

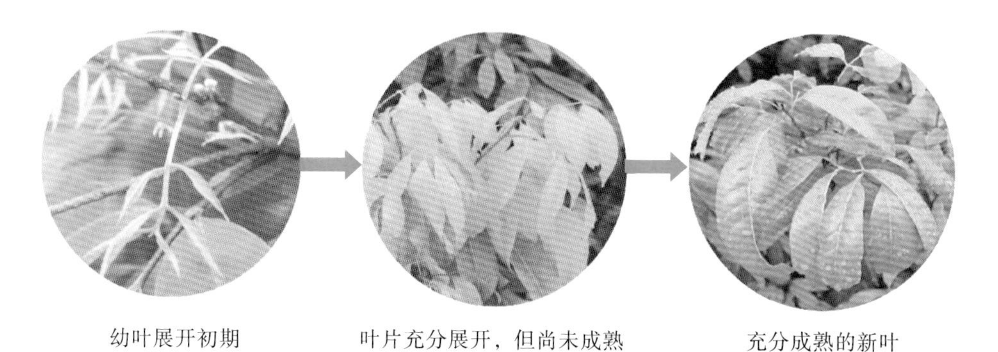

图8-11 叶片生长不同阶段的形态(黄旭明 提供)

新叶生长过程中，净光合作用速率不断增强。净光合作用速率和气孔导度随叶龄增加呈现指数式同步上升(图8-12)；而随叶片相对面积的增加，呈直线上升动态。在新叶面积达到其最终面积的50%前，净光作用合速率为负值，显示此时的光合作用速率低于呼吸速率。新叶长至最大时，其净光合作用速率仅为成熟叶片的50%，随着叶片进一步发育成熟，光合机构不断完善，叶绿素合成加强，叶色逐步转绿，光合作用随之进一步加强。相比落叶果树，常绿果树荔枝叶片的光合构建更为缓慢。

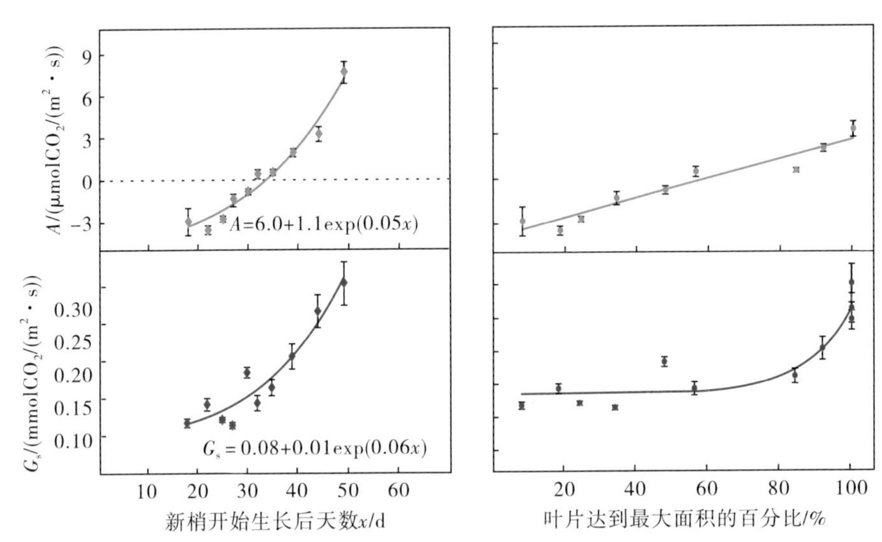

图 8-12　新叶净光合作用和气孔导度随叶龄及叶片相对面积的变化(引自 Hieke，2002)

二、枝梢生长的影响因子

荔枝枝梢生长有其内在的节奏，但也受到树体状态、环境因素和农艺措施等多种因素的影响。

1. 树龄

荔枝种子萌芽后，一度表现为持续生长，随着苗龄的增加，转变为间歇性生长。童期幼年树枝梢生长旺盛，顶端优势强，分枝少，分枝角度小，树形紧凑，1 年内可抽生多次新梢，如在广州地区可抽生 4～6 批新梢。进入成年后，分枝角度增大，树冠相对开张，横向拓展，逐渐形成自然的半球形树冠。随着树龄的增加，长势减弱，抽生新梢的间歇时间变长，1 年内抽生新梢批次减少。有学者认为，枝梢生长的间歇期与梢尖和根尖的距离正相关。

2. 开花坐果

荔枝的花穗与新梢均源自顶芽的生长点，荔枝成花与枝梢生长存在对生长点的竞争，花穗形成就无法抽发营养梢。在随后的开花坐果和果实发育过程中一般都不再抽发春、夏梢，这是因为果实的存在会抑制腋芽的萌动。但如果穗初坐果少，特别是种子败育早的品种，对腋芽萌动的抑制能力弱，则易抽发夏梢，而夏梢的生长又会加剧落果的发生。

坐果量过大不仅会抑制夏梢抽生，还会影响采后第 1 批夏/秋梢的生长，例如，丰产树采后的新梢抽发时间明显迟于低产树，抽发的新梢也相对较弱(袁炜群等，2009)。

3. 气温

荔枝属于南亚热带果树，其枝梢生长喜温暖，最适温度为 26～30℃，10℃以下生长停滞。荔枝从萌芽到叶片老熟需要一定的有效积温或热量单元(heat unit，°D)，如以 10℃ 为基温，黑叶和白荔大约需要 500°D(Fu 等，2014)。因此，一般情况下，温度越低，枝梢生长进程越缓慢。低温下叶片成熟缓慢，枝梢生长的间歇时间也会延长(图 8-13)。

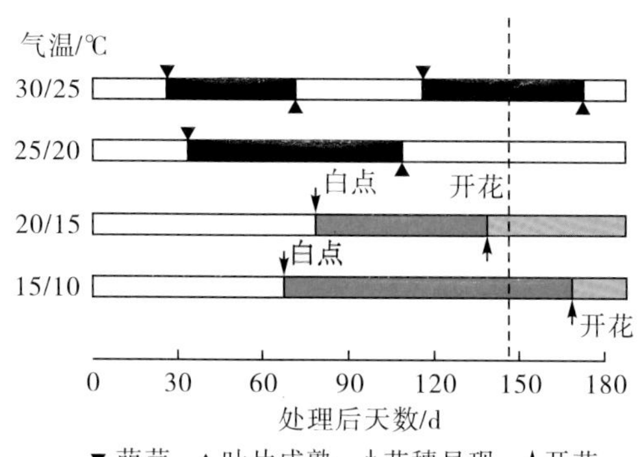

图 8-13　气温对荔枝枝梢生长节奏的影响(引自 Chaikiattiyos 等，1994)

随着温度的降低(日温 20℃以下，夜温 15℃以下)，荔枝启动花芽分化(Menzel 等，1988)，“跳出”周期性枝梢生长循环，进入生殖生长阶段(图 8-13)。但如果冷凉不够充分，可能会诱导“半梢半花”的带叶花穗。

4. 水分

枝梢生长对水分的要求高。枝梢生长涉及细胞分裂和细胞膨大，对水分胁迫敏感。在土壤干旱的环境下，枝梢生长受到抑制，导致新梢长度和叶面积减小，抽发的复叶和小叶数量减少，枝梢萌芽后生长和叶片成熟延缓；同时还会导致枝梢生长间歇时间延长(图 8-14)(Menzel 等，1994)。因此，采后的秋梢发育和结果母枝的培养需要保证水分供应。而控制灌水，造成适度的干旱胁迫则是防止冬梢发生的有效措施。

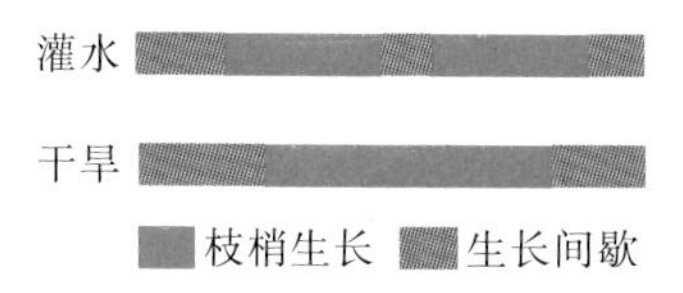

图 8-14　干旱胁迫对荔枝枝梢生长节奏的影响(引自 Menzel 等，1994)

除土壤水分的影响外，大气湿度对枝梢生长也有显著的影响。大气湿度高有利于萌芽抽梢，而大气过于干燥时日间树体会蒸腾失水，导致芽强制休眠，使枝梢生长间歇期延长。

5. 光照

荔枝是典型的喜光照作物，树冠向光而生。遮阴会抑制荔枝芽的萌动，对已经萌动的新梢生长和展叶也有抑制作用。有研究表明，遮阴程度越重，枝梢长度和新叶面积越小(Hieke 等，2002；莫伟平等，2013)。树体局部遮阴时，被遮阴的枝条丧失抽发新梢的能力，这一现象说明，被遮阴的枝条并不能得到临近枝条的营养"接济"而被"放弃"(莫伟平等，2013)。因此，荔枝园封行后，彼此遮蔽的树冠侧面枝梢长势弱，树冠横向扩展停止，只能向上伸展。在新梢萌芽后进行全株遮阴处理，可使叶片的比面积显著提高，叶片变薄，复叶数量减少，同时也使光合速率和气孔导度显著降低(图 8-15)(周琳耀等，2014)。

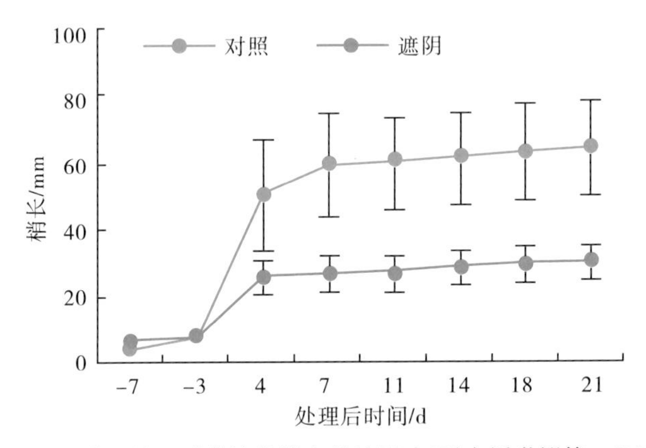

图 8-15　遮阴处理对荔枝枝梢生长的影响(引自周琳耀等，2014)

6. 农艺措施

肥水供应是保障荔枝枝梢生长的基础。在荔枝年生长周期内，收获期的氮、磷、钾营养水平降至最低，表明果实从树体带离了大量矿质营养(樊小林等，2004)。因此，采收前后施肥对促进采后秋梢早抽发、生长和树势恢复具有重要作用。此期氮肥使用量应占全年的 50%，磷、钾肥应占全年的 25%(张承林等，2010)。

修剪可以解除顶端优势，是促进腋芽/潜伏芽萌发、新梢抽生的有效措施。促进新梢抽生的效果表现为新梢长度、新叶数量的增加，它随修剪力度的增加而增加。因此，老年树可以通过重修剪实现复壮。采后修剪也是促进秋梢整齐萌发的措施。在海南、粤西等早熟产区，荔枝采收后至入冬前，可以抽发 2～3 批秋梢，采后可以保留少量叶片重修剪，当年即可恢复树冠，不影响成花。在晚熟产区，采后至入冬前枝梢生长的时间短，重修剪易形成徒长梢，新梢不易成熟，不利于成花，因而不宜采用。

生长调节剂是调控荔枝枝梢生长节奏的化学手段。乙烯利可有效抑制新梢生长，萌动期用400～1 000 mg/L的乙烯利处理，可迫使其回到休眠状态；新梢抽发后，该处理会诱导幼叶脱落；但随着叶片的发育成熟，新梢对乙烯利的敏感性显著降低(戴雨雯，2016)。多效唑、烯效唑等生长延缓剂也有抑制萌芽和新梢生长的效应，常与乙烯利一起施用，以抑制冬梢生长。

第三节　根、梢生长相关性及对花果发育的影响

荔枝是多年生常绿果树，其各器官生长发育存在相互影响。掌握各器官生长发育的相互关系和影响，可为控制树形、调控长势、促进成花、克服大小年等生产技术提供重要指导。

一、根、梢生长相关性

根系和树冠之间存在物质和信号交流，它们彼此依赖，有时相互促进，有时又相互竞争。

根系的生长、代谢和吸收活动依赖树冠供应的碳水化合物，而包括枝梢生长、成花坐果、果实发育和叶片的同化功能等在内的树冠的生命活动则有赖于根系供应的水分和矿质营养。根、冠之间还存在激素信号的交流，例如，梢尖合成的IAA可极性输运到根系，影响根的生长和侧根的发生；根系合成的CTK能输运到地上部，影响芽的萌动。根系生长与枝梢生长具有密切的关联。有研究显示，荔枝芽萌动前后，木质部汁液中的细胞分裂素含量显著上升，推测来自根系的细胞分裂素启动了芽的萌动(O'Hare等，2004)。有学者认为，间歇性生长的常绿果树依赖来自根系的信号启动新梢生长。在干旱环境下，根系大量合成ABA和ACC，通过蒸腾作用输运至树冠，可诱导叶片气孔关闭，产生的乙烯会诱导老叶脱落，这2种激素还可抑制芽萌动、维持休眠，因此，干旱胁迫下荔枝枝梢生长的间歇期显著延长。此外，根、梢之间还有长距离蛋白质和RNA的交流。但荔枝在这方面的研究尚比较薄弱。

根系与地上部的这些物质和信息交流，造就了根系与地上部生长发育的相关性。通过根系的农艺操作可以调控枝梢的生长，反之亦然。例如断根处理(root pruning)，可以减少水分和矿质的吸收，造成树体的水分胁迫，同时减少细胞分裂素的供应，从而抑制芽萌发和新梢生长(图8-16)。因此，生产上采用断根处理可有效地抑制荔枝冬梢抽生，有利于成花诱导。同样，地上

部的修剪，特别是重修剪，可抑制根系的生长、促进枝梢的生长，使树体资源主要用于枝梢再生，同时伴随有大量吸收根的死亡。

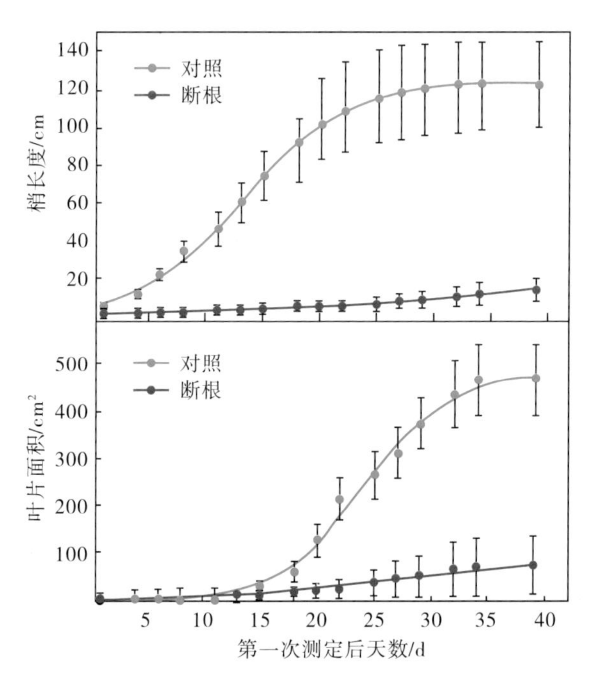

图 8-16　断根处理对荔枝新梢伸长（上）和叶片面积（下）的影响（引自 Hieke 等，2002）

主干环剥、螺旋环剥或环扎处理，可临时中断根、冠间的韧皮部物质和信号的运输，导致根系的碳水化合物全面下降，根系的生长受抑制（Shu 等，2016；Chen 等，2011），根系的吸收功能减弱，同时也会降低丛枝菌根的侵染（Shu 等，2016）。根系生长及其吸收功能的减弱反过来也抑制了枝梢的生长。因此，环剥处理可同时抑制根系和枝梢的生长（袁荣才等，1993）。

根、梢之间除了功能上相互依赖外，也会表现出竞争的关系。荔枝新梢生长与根系生长时间上彼此交错（袁荣才等，1993；O'Hare 等，2004）。根、梢生长的交错现象在其他常绿果树中有较多报道，其机理在于对碳素营养的竞争，"优化"了根、梢的生长节奏，进而"回避"了彼此生长高峰的重合。开花坐果不仅抑制了新梢的生长，也显著抑制了根系的生长，这与生殖器官的营养竞争能力更强有关（O'Hare 等，2004）。

二、根、梢生长对花果发育的影响

优质的结果母枝是成花和坐果乃至产量和品质形成的基础。结果母枝的优质体现性在3个方面：①叶片充足、光合能力强，枝梢健壮、无病虫。②有充足的营养储备。③有理想的生长节奏，末次秋梢以老熟状态进入冷凉的冬季(Huang等，2014)。

结果母枝由采后抽生的数批秋梢构成。采后通过及时修剪、加强肥水管理和病虫防控、疏梢定梢，可以培养健壮的秋梢，保证叶片光合机构的构建，实现高光合效率。一般情况下，末次成熟梢的叶片光合能力最强，倒二次梢叶片次之，枝梢下部老叶的光合能力最弱。叶片光合能力与叶片的曝光状况有密切关系，遮阴处理可以显著降低荔枝叶片的光合速率(周琳耀等，2014)。长期处于暗处的内膛老叶光合能力显著低于外围暴露的成熟叶片。因此，良好的果园或树冠透光性，对于叶幕整体光合能力的提高具有很重要的作用。

之所以强调枝梢生长节奏对于优质结果母枝形成的重要性，是因为芽和梢的发育状态直接决定了其对冷凉温度的成花响应，具体表现为：①只有苏醒至萌动的芽才对冷凉温度有成花响应，处于深度休眠状态或处于旺盛生长状态的芽对冷凉均无响应(Batten等，1995)。在图8-7所展示的芽状态中，B～E状态对冷凉温度有响应，而其他状态对冷凉温度无响应。因此，芽响应冷凉温度而成花的"时间窗口"很短暂。②幼叶的存在对荔枝成花有显著的抑制作用。在相同的成花诱导冷凉温度和相同处理时间(连续2个月)条件下，末次梢越幼嫩，成花概率越低。去除幼叶可显著提高成花率，说明幼叶的存在不利于成花(张红娜，2014)。③成熟叶片是感受冷凉、产生成花信号的部位。将秋梢老叶全部去除，即便在可诱导成花的冷凉环境下，梢芽都不能成花；对秋梢成熟叶片进行局部冷凉处理，暴露在非诱导成花的常温下的荔枝芽也可成花。表明成熟叶片是感受冷凉并产生成花信号的部位，成花信号向芽输送，进而启动芽的花分化(张红娜，2014)。这个成花信号可能就是荔枝"成花素蛋白"(LcFT1)，它在叶片中表达，可通过韧皮部向芽运输(Ding等，2015)。成熟叶在冷凉温度下，*LcFT1*表达显著上调；而在幼嫩叶片中，该基因几乎不表达。由此可见，成熟叶片对荔枝花芽分化具有重要的作用。至于幼叶的存在对花芽分化的抑制机理，尚有待进一步研究。

优质结果母枝还应有充足的碳素营养积累。枝梢中碳水化合物积累丰富会体现在叶片色泽上，叶片中的淀粉主要在叶绿体中以淀粉粒的形式积累，如淀粉粒丰富，叶片绿色变浅，转化为黄绿色(尹金华等，2008)。根据果农的长期观察，荔枝叶片转为黄绿色(橄榄绿)时易于成花。因此，提高碳素营养积累可提高植株对冷凉条件的敏感性，增强成花响应。同时，早春开花和坐果时的养分供应具有重要的作用(袁炜群等，2009)。碳素营养的积累主要发生在枝梢和根系的生长间歇期。间歇期越长，越有利于营养储备的形成。

因此，控制晚秋梢的生长，一方面可以调控枝梢生长的节奏，保证末梢以成熟状态入冬，另一方面可延长枝梢生长间歇期，促进树体碳素营养的积累。环剥、适度干旱及生长延缓剂处理等措施，在抑制枝梢生长的同时，也有利于碳素营养的积累。

第四节　树冠管理技术

一、幼树树冠管理

幼树树冠管理的主要目的是构建理想的树体框架、促进树冠光合面积的扩大、尽快形成结果面积。

1. 定干与定主枝

定干与定主枝是构建理想树冠结构的基础，一般在定植后即进行。在育苗圃内，由于树苗种植密度较高，一般不易留分枝。幼苗定植移栽时往往需要对主干或分枝进行短截去叶处理，以减少蒸腾面积。定植一般在雨水较多的春季进行。由于幼苗叶片少，定植后根系先恢复生长，消耗树苗储备，第一批新梢的长势往往较弱，因此，新梢的叶片应当尽量保留，不做修剪。新叶是许多害虫的取食对象，务必要做好害虫防治，确保叶片正常发育，确保幼树光合产能的形成。当第二批梢成熟时，进行定干、定主枝修剪。保留离地 40～60 cm 处 3～4 个均匀分布的分枝，其余分枝抹除；如无理想分枝时可以在此高度对主茎短截处理，促发侧梢生长，保留均匀分布的 3～4 个侧梢，形成主枝。

2. 整形修剪

幼树整形修剪在定植后 2 年内完成，每个主枝上一般保留 2～3 条二级分枝，形成植株的骨干。主枝和副主枝分枝角度小时，可用拉枝的方法调整角度，使树体尽量开张，枝条分布均匀。随着新梢抽发，逐渐形成紧凑半圆头形树冠。桂味和糯米糍枝梢短、分枝多，可任其自然分枝生长；岭丰糯、白糖罂及妃子笑等品种枝梢分枝少、树体纵向生长快，可以通过短剪枝梢或剪尾增加分枝，通过拉枝使树冠更为开张。幼树修剪可视情况在各季节进行，主要是疏剪、去除病虫枝、交叉枝等。幼年树应保证肥水供应，促其树冠快速形成。一般定植后 2 年内不宜让幼树结果，因为开花坐果导致春、夏两次梢不能抽发，不利于幼树结果面积的形成。

二、结果树树冠管理

1. 幼年结果树的修剪

3～5 年生树进入初结果期。此时果园通风透光仍好，树冠有扩大的空间，应特别注重营养生长和生殖生长的平衡。幼年结果树的根和梢生长旺盛，易引发落果。环割处理可以有效抑制新梢和根系生长，提高坐果率(袁荣才等，1993)。幼年结果树以轻剪为主。采收可与修剪同步进行，可保留部分末次秋梢的叶片剪摘果穗。这样采收后，大部分叶幕保留，有利于采后树体营养的快速恢复。幼年结果树还可以在冬季抽花穗期间进行疏剪，主要剪除病虫枝、弱枝和未成花的交叉枝，以增加树体的通光性。

2. 盛产期结果树的树冠管理

随着树龄的增加，树冠逐年扩大，果园植株群体的通风透光环境也逐渐变差。盛产期结果树的树冠管理有促进产量形成和控制树体快速扩大两个方面的目标。当然，保证开花结果可以抑制新梢的抽生，其本身就是控制树体快速扩大的有效途径。因此，控制枝梢生长节奏，培养健壮、适时成熟的优质结果母枝至关重要。可利用螺旋环剥、化学调控(乙烯利＋烯效唑等)等措施抑制冬梢发生，促进成花。修剪也是控制树冠快速扩展的有效手段，生产上多进行采后修剪，但也可以将采收与修剪结合同步进行。此时，修剪的力度要考虑许多因素，如种植密度、采后树势恢复与秋梢批次等。在接近封行的果园，需适度重修剪。在低纬度地区，如海南产区，采后可抽发 3～4 批秋梢，可以重修剪，甚至“剃光头”(不保留结果母枝上的叶片)；而在高纬度产区，由于采收迟、入冬早，采后秋梢生长的时间有限，应当轻修剪，尽量保留叶片，以保持树体光合能力，尽快恢复树体碳素营养的积累。

树冠的高度是影响果园植株群体光照条件的重要因素，也影响花果管理、病虫防治、采收效率。为保证树冠两侧有 60°的日照角度，南非等国特别注重树冠高度与行距的关系，一般控制株高在“0.7～0.8×行距”的范围内(图 8-17)，可通过机械修剪实现。然而，国内的荔枝园多建在坡地的等高梯田上，梯面宽度不一，种植排列不规则，过度密植的果园普遍，需因地制宜地制定修剪方案。对于密植果园，应该实施间伐，使株、行距拓宽至 6～8 m，作为永久密度。间伐后，对永久植株进行开心修剪，压低树冠高度，将树冠直径控制在 4 m 以内，辅以拉枝，使树体开张，增加树膛内的光照。这样，即使在封行的情况下，植株的产能也不会下降。根据张泽(2019)的研究，开心形树冠的光合效率及产量、品质均显著优于自然圆头形树冠(数据未发表)。开心修剪后，树冠内膛往往会抽生不定梢，有充足光照的条件下，这些枝梢也会成为理想的结果母枝，可以保留，作为今后重回缩修剪的后备主枝。但需防止徒长，所以应疏除过密枝条。

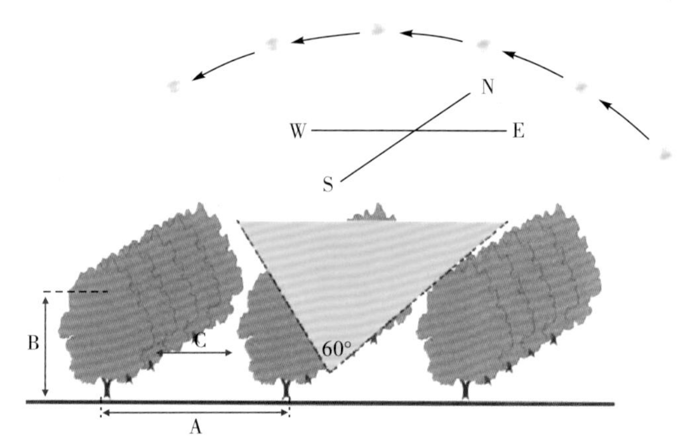

图 8-17　保证每天树冠侧面有 60°日照角度的株高与行距的关系示意图
（Regina Croni 提供）

三、老龄树树冠、根系的复壮

荔枝是长寿命果树，千年古树至今仍能正常开花结果。然而，老龄树果园往往通风透光环境差，病虫严重，加上树体高大，难以管理，阴、弱、病枝偏多，树冠上移，叶幕层变薄，有效结果面积小。因此，需要通过复壮措施来改善树冠结构，提高树势和产能。

老龄树的更新复壮涉及根系复壮和树冠更新。根系复壮措施包括冠下土壤深松（深度达 20～30 cm），同时加强肥水供应，增施有机肥，改善土壤结构；松土措施可以改善土壤的通气条件，松土时产生的断根有利于新根生长。深松土壤应在晚秋进行，可与施基肥一同作业。树冠更新复壮的主要措施是重回缩修剪，对主枝进行重短截，一般在 80～110 cm 高度处修剪。剪口附近会抽生大量旺盛的不定梢。由于回缩后缺叶片，对这批不定梢一般不进行疏梢处理，以保留宝贵的叶片，为下批新梢生长提供碳素营养。待第二批梢老熟后，再进行疏梢定枝。最佳的回缩修剪时间是在春季，因为经过秋冬休眠树体有较多碳素储备，有利于修剪后不定梢的生长。其次，春季之后降雨充足也有利于新梢生长，保证 1 年内抽发 3～4 批新梢，加快树冠更新。

树冠回缩可以一次性进行，但会带来 1 年失产。为避免失产，可以分步回缩。如保留 1～2 个方向的主枝不修剪，而对其他主枝重回缩修剪。剩余树冠当年可以结果，第二年再回缩修剪这些剩余的主枝。此时，上一年重修剪后长出的不定梢已经成冠，甚至可以开花结果了。对主枝进行回缩修剪势必导致剩余主枝、主干暴露在阳光下，如不进行防晒处理，会产生日灼裂皮伤树现象。可用遮阴网、树枝干刷白等措施防治日灼。此外，修剪后的伤口要用塑料膜或蜡封口，以防止脱水。

另外一种分步回缩的方式是：先在采果后对树冠进行重开心修剪，让树体内膛曝光，可诱发内膛抽生不定梢；翌年采果后再进行主枝回缩修剪，此时，内膛枝经过1年生长已初成树冠。这种方式可避免日灼。

参考文献

[1]Batten D J, McConchie C A. Floral induction in growing buds of lychee (*Litchi chinensis* Sonn.) and mango (*Mangifera indica* L.)[J]. Aust. J. Plant Physiol., 1995, 22(5): 783-791.

[2]Chaikiattiyos S, Menzel C M, Rasmussen T S. Floral induction in tropical fruit trees: Effects of temperature and water supply[J]. J. Hort. Sci., 1994, 69(3): 397-415.

[3]Chen M C, Hsiung T C, Chang T L, et al. Effects of girdling and strangulation on root growth and nutrient concentrations of 'Haak Yip' litchi leaves and roots[J]. Journal of the Taiwan Society for Horticultural Science, 2011, 57(3): 231-242.

[4]Ding F, Zhang S W, Chen H B. Promoter difference of LcFT1 is a leading cause of natural variation of flowering timeing in different litchi cultivars (*Litchi chinensis* Sonn.)[J]. Plant Science, 2015, 241: 128-137.

[5]Fu X Y, Mo W P, Zhang J Y, et al. Shoot growth pattern and quantifying flush maturity with SPAD value in litchi (*Litchi chinensis* Sonn.)[J]. Scientia Horticulturae, 2014, 174: 29-35.

[6]Hieke S, Menzel C M, Ludders P. Shoot development, chlorophyll, gas exchange and carbohydrates in lychee seedlings (*Litchi chinensis*)[J]. Tree Physiology, 2002, 22: 947-953.

[7]Hieke S, Menzel C M, Luders P. Effects of light availability on leaf gas exchange and expansion in lychee (*Litchi chinensis*)[J]. Tree Physiology, 2002, 22: 1249-1256.

[8]Huanga X M, Chen H B. Studies on shoot, flower and fruit development in litchi and strategies for improved litchi production[J]. Acta Hort., 2014, 1029: 127-136.

[9]Menzel C M, Simpson D R. Effect of temperature on growth and flowering of litchi (Litchi chinensis Sonn.) cultivars[J]. J. Hort. Sci., 1988, 63: 349-360.

[10]Menzel C M, Aitken R L, Dowling A W. Root distribution of lychee trees growing in acid soils of subtropical Queensland[J]. Australian Journal of Experimental Agriculture, 1990, 30(5): 699-705.

[11]O'Hare T J, Turnbull C G N. Root growth, cytokinin and shoot dormancy in lychee

(Litchi chinensis Sonn.)[J]. Scientia Horticulturae, 2004, 102: 257-266.

[12]Sagart P, Arshi A, Roy A K. Impact assessment of bio-inoculant on growth of Litchi [*Litchi chinensis*(Gaertn) Sonn.] plants. In: Kumar M (eds), Lychee Disease Management. Springer Nature Singapore Pte Ltd. , 2017.

[13]Shu B, Li W, Liu L, et al. Effects of girdling on arbuscular mycorrhizal colonization and root hair development of litchi seedlings[J]. Scientia Horticulturae, 2016, 210: 25-33.

[14]戴雨雯. 不同发育状态荔枝枝梢和花穗对乙烯敏感性差异及相关生理的研究[D]. 广州: 华南农业大学, 2016.

[15]邓兰生, 涂攀峰, 张承林, 等. 长期滴灌施肥对荔枝根系生长及土壤 pH 值的影响[J]. 安徽农业科学, 2011, 39(19): 11555-11557, 11564.

[16]樊小林, 黄彩龙, Juhani U, 等. 荔枝年生长周期内 N、P、K 营养动态规律与施肥管理体系[J]. 果树学报, 2004, 21(6): 548-551.

[17]黄凤珠, 彭宏祥, 朱建华, 等. 坡地荔枝园深施有机肥对土壤养分以及根系分布的影响[J]. 中国南方果树, 2010, 39(2): 48-49.

[18]黄旭明, 王惠聪, 袁炜群. 荔枝环剥时期对新梢生长及碳素营养储备的影响[J]. 园艺学报, 2003, 30(2): 192-194.

[19]莫伟平, 周琳耀, 张静逸, 等. 遮阴和环剥对荔枝枝梢生长和光合生理的影响[J]. 园艺学报, 2013, 40(1): 117-124.

[20]尹金华, 陆洁梅, 黄旭明, 等. 糯米糍荔枝花诱导期间叶片色素和结构的变化[J]. 果树学报, 2008, 25(2): 258-261.

[21]袁荣才, 黄辉白. 从调节源-库关系看环剥对荔枝幼树根梢生长与坐果的调控[J]. 果树科学, 1993, 10(4): 195-198.

[22]袁炜群, 黄旭明, 王惠聪, 等. 糯米糍荔枝碳素营养储备动态与坐果的关系[J]. 园艺学报, 2009, 36(11): 1568-1574.

[23]张红娜. 低温诱导荔枝成花及花发端机理研究[D]. 广州: 华南农业大学, 2014.

[24]张泽. 荔枝高光效树形对冠层和叶片光合特性与果实品质的影响[D]. 广州: 华南农业大学, 2019.

[25]周琳耀, 莫伟平, 张静逸, 等. 遮阴对荔枝光合特征及矿质营养积累的影响[J]. 果树学报, 2014, 31(2): 270-275.

第九章　荔枝良种繁育与高接换种

苗木的好坏、品种的优劣，将直接影响植后的成活、生长发育、产量和品质，最终影响果实的销售和果园的经济效益。因此，必须掌握好育苗技术，提高苗木质量。荔枝苗木繁育方法主要有嫁接和压条两大类。通过高接换种，可以将缺乏市场竞争力、低效品种的树冠更换为市场表现更好、管理更为省心品种的树冠。我国荔枝产业经历20世纪80～90年代的迅猛发展，至90年代末产业规模趋于稳定，传统产区大部分果园的树龄已经超过30年，老龄果园的改造是未来荔枝产业提升的主要途径。迅猛发展期国内主要种植的品种是黑叶和怀枝，这两大品种的种植面积超过总面积的50%。品种单一导致了集中上市，加大了“季节性过剩”带来的销售问题，导致产业效益显著下降，成为荔枝产业提升的一个限制因素。因此，结合老龄果园改造的品种更新势在必行。高接换种为品种更新提供了最为便捷的途径。

第一节　良种繁育

一、实生苗培育

实生(砧木)苗培育是繁育嫁接苗的基础，粗壮整齐的实生砧木有利于嫁接成活。

1. 整地起畦

育苗地宜选择水源方便、能排能灌、坐北向南、阳光充足、冬季冷空气不易积聚的平地或缓坡地，要求土壤深厚、肥沃、疏松。育苗地起畦，一般要求畦面宽0.8～1.0 m，畦床高30 cm，畦面呈龟背状。

2. 种子催芽

培育实生苗所用的种子，一般选用大粒、饱满品种的种核，如禾荔、黑叶、大造、山枝的种子。采集到的新鲜种子去肉并冲洗干净后，最好再经过3～4 d的催芽处理：将种子与细沙以1∶3的比例混合后堆放，沙的含水量在5%左右，堆高不超过40 cm且要保湿，约4 d后种子露白(胚根)时即可播种。

3. 播种及实生苗管理

在露天畦面播种时采用条播，行距10～15 cm，株距3～5 cm，播种沟深2～3 cm，用种量75～90粒/m^2。播种后覆盖1.5～2.0 cm厚的碎土。播种后保持土壤湿润，最好在畦面盖草。在育苗大棚内播种，种子可以直接播种于育苗营养杯内。种子萌芽出土、幼苗真叶转绿后，每月可追施淡薄水肥1～2次，以后水肥逐步加浓。幼苗长至15 cm时，若有侧芽要及时摘去。长至30 cm时可除心叶，以培养直立、健壮的主干，利于嫁接。当砧木苗主干直径达到0.8 cm粗时便可嫁接。

二、嫁接苗培育

1. 砧木品种的选择

荔枝嫁接育苗要考虑砧、穗组合品种的亲和力问题，砧、穗间亲和力的差异除直接影响嫁接成活率外，对嫁接苗植株的生长及其性状的表现均有很大的影响。多年实践表明：怀枝(禾荔)、白蜡具有嫁接广亲和性，可选择作为大多数栽培品种嫁接育苗的砧木品种；黑叶和大造可作为妃子笑嫁接的砧木，但大造接糯米糍类、白糖罂、钦州红荔、鸡嘴荔、桂味、三月红，黑叶接糯米糍类、白糖罂、钦州红荔、江口荔，均表现出比较明显的不亲和现象。

嫁接育苗砧木的选择十分重要，若选择不好，极易出现砧、穗不亲和现象，从而影响嫁接成活率和商品栽培价值。

2. 接穗的选取

应从品种纯正、优质丰产、长势健壮的母本园植株中选择采集接穗的母树，接穗应选择树冠外围中、上部生长充实、芽眼饱满、叶片全部老熟的1～2年生营养枝条。荔枝接穗最好在嫁接当天即采即接。如果接穗要存放较长的时间或需要长途运输，则须通过保湿措施进行保鲜。不能直接对采下的接穗喷水，最好先用新鲜的荔枝叶或蕉叶包扎接穗，然后再包1层湿毛巾，放入塑料袋中密封存放于阴凉处或运输。

3. 嫁接时间

华南产区全年均可进行荔枝嫁接，但嫁接时气温不能低于16℃或高于36℃。最适宜嫁接的时间是春季的2～4月和秋季的9～10月。

4. 嫁接方法

荔枝苗圃育苗时，通常采用芽接和枝接两种方法嫁接。芽接又叫芽片贴接，仅取 1 个芽片作接穗，不带木质部。枝接是用带有 1 个或多个芽的枝段作接穗，如切接、改良切接、舌接、枝腹接、靠接等。下面介绍最常采用的芽片贴接、切接和改良切接。

（1）芽片贴接。①在砧木上开芽接位。砧木暂不剪断顶部，用嫁接刀在砧木主干离地面 20～30 cm 的平直部位自上而下直切两刀，深度仅达木质部，长约 3 cm，宽度视砧木和接穗粗度而定，一般在 0.5 cm 左右，然后顶端横切一刀，形成长方形接口，挑开皮层即放回原处，以免伤口暴露过久而影响成活。②削取接穗芽片。用嫁接刀在接穗芽的两侧平行切两刀，宽度与砧木接口大致相等，用刀在芽的上方 1.5 cm 处将芽带木质部削出，长约 3 cm 处上下各横切一刀，小心剥去木质部使成一长方形的芽片。③安放芽片及缚扎。先将砧木芽接部位的皮层切短 2/3，把芽片安放在接位中央，下端插入留下的砧皮内。然后用宽 1.5 cm 的薄膜带自下而上均匀地作覆叠状包扎密封，压紧芽片，芽眼处留小空隙，便于新梢长出。④解绑和断砧。接后 30～40 d 可解绑检查，芽片新鲜、保持原色且轻刮表皮现出绿色皮层的即为成活，再经 5～7 d 便可从接口部位以上 3 cm 处剪去砧木顶部，促使接穗芽早日萌发。

（2）切接。①砧木剪顶切芽位。在砧木上离地面约 30 cm 处剪顶，选择平直一面向上横切一刀成 45°斜面，然后在斜面下方平直部位沿形成层或稍带木质部垂直向下切一刀，切口长 3～4 cm。②削接穗。接穗枝条平面向下，将枝条下端削成 45°斜面，然后反转枝条，使平面向上平切一刀，下刀深度达形成层或稍入木质部，削出比砧木切口稍长的平滑长切面，留 2～4 个芽眼。③接合及缚扎密封。把接穗长切面向内直插入砧木切口内，使接穗与砧木切面紧贴且形成层互相对准。用宽 1.5 cm 的薄膜带缚扎、密封。

（3）改良切接。①砧木剪顶切芽位的操作与切接方法相同，只是向上横切 45°斜面时要选择在饱满芽眼的叶柄下方开刀。②削接穗时只用单芽，选择饱满芽眼先在离芽眼上方约 1.5 cm 处切断，再在芽眼下方叶柄处下刀，向下横切一刀成 45°斜面的单芽接穗。③接合时把接穗斜切面向内直插入砧木垂直切口内，紧贴成为 Y 字形状，缚扎操作与切接相同。

5. 嫁接后的管理

嫁接后 30～40 d 要逐株检查是否成活，及时补接未成活植株。苗木嫁接成活后，每隔 7～10 d 抹除 1 次砧木萌芽。接穗萌发的第一次新梢老熟后就可以施肥，以淋施腐熟的人畜粪尿水肥为主，由稀到浓，每抽一次梢施 1～2 次肥。每次抽发新梢时喷 1 次灭虫灵乳油杀虫，以保护嫩梢生长。当嫁接苗成活且嫁接口完全愈合后，要及时解绑。苗高 30～40 cm 时应摘心打顶，培养壮健的主枝，同时选留2～3个主分枝，为将来整形打下良好的基础。

三、营养苗培育

荔枝营养苗的培育方法传统上以高空压条(圈枝)为主。近年来，生产上又在推广应用圈枝繁殖育苗。荔枝圈枝繁殖育苗所用的枝段材料，应直接从当地具有优良经济性状的优良品种植株上选取。圈枝繁殖育苗具有操作简易、成苗快、结果早等优点，其缺点是没有主根，如果苗木根部种植深度不够易被大风吹倒，大量繁殖使用过多枝条会影响母株的产量，短期内难以繁育出大量种苗。

1. 时间和枝条的选择

在华南产区全年均可进行圈枝繁殖育苗，但以2～4月为宜，此时气温回升、雨水渐多，荔枝逐渐进入旺盛生长期，剥皮操作容易，圈枝后发根快、易成活。圈枝枝条应从树势生长壮旺、果实品质优良的青壮年结果树上选取，宜选用位置向阳斜生或水平生的2～3年生、茎粗1.5～3.0 cm的枝条。

2. 环状剥皮

在选择枝条上分枝以下15 cm处选平直部位环割两刀，两刀距离约3 cm，刀口要整齐，深度仅达木质部，以去净韧皮部而不伤木质部为宜，并任其裸露5～7 d。环剥工具可用特制的专用脱皮钳(剪)。

3. 包泥团及薄膜

荔枝枝条剥皮后5～7 d便可包泥团，材料为生根基质泥条。生根基质泥条的做法是：将干稻草在水中浸泡3～5 d后捞起晾干，另取湿塘泥或肥沃黏土拌成稠浆，把稻草放入泥浆中充分搓揉，做成粗5～7 cm、长50 cm的泥条备用。包泥团时以上圈口为中心，拉紧泥条缠绕，紧贴枝条，绕成椭圆形泥团，抹平泥团表面，再用塑料薄膜包住泥团。包泥团前，在圈口韧皮部和木质部之间涂上500 mm/L的萘乙酸或吲哚丁酸，可促其早发根和多发根。圈枝时期的管理主要是检查泥团，发现有脱落时要及时补缠泥团加包薄膜。如长久不下雨、泥团干裂，应及时淋水保湿。

4. 下树、假植

圈枝苗包好泥团后约2个月便可生根2～3次，当看到有4～5条白色根露出泥团表面时，即可把苗从母树上锯下，剪去大部分枝叶，将修剪好的苗木用泥浆水浸湿泥团，排放在树荫下并用草覆盖泥团和根部，每天洒水保湿、促使新根继续生长。经下树处理和管护后的苗木即可定植。如遇干旱季节不宜定植或苗木需经远途运输，则应先进行假植护理。苗木可假植于高25～30 cm、直径18 cm的小竹筐内，筐泥宜用松软园土混合20%的腐熟堆肥。假植后淋足水，放于阴棚内或遮阴网下，保持湿润。假植时应解开包泥团的薄膜。约经1个月待新根长出后即可定植。

四、苗木出圃

苗木出圃是苗木培育的最后一个环节。应正确把握出圃的标准和时间，掌握好起苗技术，保证苗木的质量和栽植成活率。

1. 出圃的标准和时间

荔枝苗木应达到嫁接口以上枝条健壮、成熟度好、芽饱满、根系健全、须根多和无病虫等条件才可出圃。起苗一般应在苗木的休眠期。春季起苗宜早，要在苗木萌动之前起苗；秋季起苗应在苗木地上部停止生长后进行。春季起苗不用假植。

2. 苗木出圃

(1)起苗前圃地要浇水。因冬春干旱，圃地土壤容易板结，起苗比较困难。最好在起苗前4～5 d给圃地浇水，使苗木在圃内吸足肥水，有足够的营养储备，还能保证苗木根系完整，增强苗木抗御干旱的能力。

(2)带土起苗与包裹。荔枝苗木起苗时要求带上土球，以免根部直接暴露在空气中、失去水分。可用专用起苗工具操作，使苗木根部带上土球。起苗深度应根据苗木根系的分布情况而定，宜深不宜浅，过浅易伤根。为了防止土球碎散、减少根系水分损失，挖出土球后要立即用塑料膜进行包裹，注意要附上标签，在标签上注明品种、苗龄、苗木数量、等级、苗圃名称等。

五、苗木分级与假植

1. 苗木分级

为了保证栽后树相整齐、长势均匀，起苗后应立即在背风处进行分级，并标记品种名称，严防混杂。出圃荔枝苗木的基本要求是：必须品种纯正，砧木类型一致；地上部分枝条充实，芽体饱满，具有一定的高度和粗度；根系发达，须根多，断根少；无严重病虫害及机械损伤，嫁接口愈合良好。荔枝苗木按照茎粗(嫁接苗按接口以上部位茎直径)、苗高、分枝数(叶片数)、枝下高为分级指标分成不同的规格等级(一级、二级、三级)，再用明显的等级区间数据范围划分出不同的苗木等级，避免造成由于测量误差导致的分级差异。

2. 苗木假植

出圃后的苗木特别是圈枝苗下树后，如不能定植或需要外运就应进行假植。苗木假植应选择地势平坦、背风阴凉、排水良好的地方，挖宽1 m、深60 cm、东西走向的定植沟，按一定株距排放带土苗木，培好土后浇透水，再培土。圈枝苗下树后宜用大营养杯假植培养。假植苗木均怕浸水、怕风干，应及时检查。

六、苗木运输

荔枝苗木如需调运，起苗后按标准分级，检疫、包装后装运。装运过程中，要求袋中土柱硬实、不松散、袋子完整。为防止品种混杂，苗木上需挂注明品种、砧木、级别、数量、育苗单位、合格证号及起苗日期的标签。如车上同时装运 2 个以上品种，应按品种有序装车，并做出明显的区别标志。调运途中严防重压、日晒、雨淋，要保证通风，应用有篷车运输。苗木运到目的地后应置于阴凉处，及早定植或假植。

七、加快良种园建设的新方法

采用传统培育、移植嫁接苗的方法推广荔枝优良新品种，前 2 年先要培育良种嫁接苗，苗木定植后还需要 4～5 年时间进行幼龄树管理和丰产树形的培育才能进入丰产期。如果采用先培育大枝圈枝砧木母树，再嫁接新品种的新方法，可使进入丰产期的时间提前 2～3 年。

（一）繁育大枝圈枝苗

繁育大枝圈枝苗要选择怀枝（禾荔）、白蜡、白糖罂、灵山香荔等嫁接广亲和的品种，可结合对这些品种的大树进行高接换种改造，在大枝回缩前先进行圈枝。圈枝用的大枝直径要求在 8 cm 以上。具体做法参考前面有关高空压条（圈枝）的介绍。当包扎的泥团生根 2～3 次且布满整个泥团、看到白色根露出泥团表面时，作为良种园建园砧木苗的大枝圈枝苗即可下树出圃（图 9-1）。

树上生根情况

下树出圃苗

图 9-1　大枝圈枝苗的培育（彭宏祥 摄）

大枝圈枝苗出圃规格：基部直径≥8 cm，包裹泥团生根 2～3 次且布满整个泥团，茎部光滑，无病虫，苗高(茎段长度)80 cm，可不带枝叶。

（二）园地选择及备耕

在山地和丘陵坡地建园，宜选择山坳谷地或西北坡向、有高山屏障的位置，坡度在 20°以下的缓坡地。建园坡地需要靠近水源，或者附近可以打井抽水方便建造蓄水池。

山地和丘陵坡地开垦建园，要根据地形等高线走向按 5～6 m 行距规划修建好水平或内倾式梯田，再按株距 4～5 m 挖种植坑。在坡度较缓或平坡地建园，不用修建梯田，可采用按等高线走向直接先挖种植坑备耕种植，以后通过逐年土壤管理修筑田埂，最后修筑成梯田。在行内挖长、宽、深均为80 cm 的种植坑，每个种植坑内底层放充分腐熟的有机质肥料 10～20 kg 并与表土拌匀约 40c m 厚，之上再垫一层厚约 10 cm 的表土，成为深约 30 cm 的定植穴。圈枝苗可在定植穴上种植，使根系泥团能完全埋入定植穴内而不会直接接触到有机肥料。

（三）种植及砧木树管理

1. 定植时间

新建果园只要安装好灌淋水管道设施，大枝圈枝苗下树后就可直接种植。1 年内避开冬季低温和夏季 6～7 月高温外均可种植。一般最适宜种植时间为春季 2～4 月，此季节气温回升已稳定，雨水充足，有利于种植成活和生长。其次也可以在夏季高温过后 9～10 月种植，种植后仍可发根并长 1～2 次新梢至老熟后安全过冬。

2. 种植方法

种植大枝圈枝苗时，先小心解除包裹根系泥团的塑料薄膜，用手扶着根系泥团并把整株苗木移放到定植穴内，扶正苗木再培土，边培土边轻轻压实，不能大力压踏，以免伤根。培土盖于苗木约 40 cm 深，即盖土高于地面约 10 cm即可，然后用泥土在定植苗木周围筑成直径 80～100 cm 的圆形树盘。种植后向树盘内淋足定根水。

3. 覆盖遮阴

种植后用遮阴网对树盘及整株苗木进行遮阴，能有效提高成活率。具体做法：在树盘四周先插稳 4 根高出苗木约 10 cm 的木条柱，直接用遮阴网覆盖顶部和四周并绑稳固定于木条柱上，把整株苗木覆盖在内，起到遮阴、防晒和保湿的作用，能有效地提高成活率(图 9-2)。

图 9-2　大苗种植(左)及植后覆盖遮阴(右)(黄川 摄)

4. 定植后管理

遇晴天干旱时应及时灌水或淋水，保持树盘内土壤适当湿润；雨天雨水多时要注意排水，防止积水伤根。种后要经常检查成活情况，发现有死苗要及时补种。大枝圈枝苗种植后约 20～30 d 就陆续萌芽抽新梢，因为先消耗圈枝苗下树前母树枝干贮藏的营养，促发苗木主干上较多隐芽萌发抽新梢和展叶，此时根系尚未恢复生长，苗木仍未达到成活。当第一次新梢叶片老熟后，光合作用制造的有机营养回流，促发根系萌动恢复生长，根系吸收输送矿质营养与叶片光合作用制造回送有机营养达到动态平衡时，苗木才达到真正成活并抽发第二次新梢。为种植成活并尽快培养出高接备用母枝，要抓好以下关键技术工作。

(1)保留新梢枝叶。种植后第一次抽发的新梢原则上应全部保留，当第一次新梢枝叶老熟后可拆除覆盖的遮阴网。全部保留第一次新梢枝叶是为了进一步养根、遮阴树干及选留高接换种备用主枝。

(2)选留枝和摘顶。开始抽发第二次新梢时，可在植株不同方向选留 4～6 个相对粗壮的枝条保留顶芽生长，最终培养成具有一定粗度、充实且芽眼饱满的高接换种备用枝条，其余枝梢全部摘除顶芽，保留所有枝梢老熟叶片继续进行光合作用补充树体有机营养的能力(图 9-3)。

疏枝前

疏枝后

图 9-3　植后 2 个月的成活植株(彭宏祥 摄)

(3)施肥和防虫。圈枝苗种植后抽生第一次新梢转绿后至第二次抽发新梢时方可开始施肥，前3个月内最好不要直接单施化肥，而是用10%的稀人粪尿、稀猪牛粪水，由稀逐步加浓淋施；4～5个月后，可在50%的腐熟人畜粪水中每株加入尿素10～15 g；1年后每株可施复合肥25～30 g加氯化钾15～20 g、过磷酸钙50～70 g，单独施或加入稀粪水中淋施。新种大枝圈枝苗幼龄树还需精心管理，防止金龟子成虫、蛴螬或白蚁等对枝叶的为害。

(四)高接换种及后续管理

(1)嫁接换种。当选留枝条粗度直径达到0.8 cm以上时，就可进行高接换种。高接换种接穗品种选择当地主推荔枝优良新品种。接穗选取、嫁接时间、嫁接方法要求具体参照本章第一节的"嫁接苗培育"部分。

(2)后续管理。高接后首先要及时喷洒百虫灵等药，以防蚂蚁咬破薄膜，同时做好及时补接及抹除母枝上所有新长出的妨碍接穗生长的不定芽、适时解绑、加强肥水病虫防治管理等工作。嫁接成活接穗萌发新梢后，分2～3次逐步疏除圈枝苗主干上原先留下的全部枝梢，促使接穗新梢迅速生长发育。当接穗抽1～2次新梢老熟后，再根据新梢枝条的分布及枝梢的生长情况，通过拉枝、酌情疏梢，使枝梢分布合理，养分集中形成壮健树冠，尽快进入开花结果和丰产期。

第二节　高接换种

一、嫁接亲和性与高接换种的品种选择

在考虑更换品种时，需要考虑新品种(接穗)与老品种(砧木)的亲和性。嫁接亲和性好，则嫁接口愈合快，砧-穗物质运输通畅，接穗枝梢长势好，树冠更新快，投产早(图9-4)；而亲和性差，则砧-穗物质运输不畅，嫁接口膨胀，接穗枝梢长势弱，叶片黄化，树冠构建慢，投产迟(图9-5)。根据前人的研究报道及笔者多年观察，荔枝品种嫁接亲和性表现见表9-1。由表9-1可见，早熟类和迟熟类内的品种之间嫁接亲和性表现好，而迟熟品种作接穗与许多早熟类品种(三月红、妃子笑、黑叶)作砧木之间嫁接亲和性弱；但妃子笑早熟类品种作接穗，却能与晚熟类品种嫁接亲和性好。一些品种作砧木具有广亲和性，如怀枝、白蜡、灵山香荔、白糖罂等。因此，品种间嫁接亲和性取决于它们的遗传距离。然而，亲和与否并不是简单的彼此排斥或接纳反应。

到目前为止，还未发现荔枝品种间存在排斥性的完全不亲和现象，所有嫁接不存活的现象均由亲和性以外的因素引起。因此，荔枝砧-穗间有亲和性强弱之分，而无亲和与否之分。

无核荔-双肩玉荷包

鸡嘴荔-双肩玉荷包

图 9-4　嫁接亲和性好的砧-穗组合（黄旭明 提供）

冰荔-大红袍

岭丰糯-双肩玉荷包

图 9-5　嫁接亲和性弱的砧-穗组合（黄旭明 提供）

表 9-1 不同荔枝品种砧-穗组合嫁接亲和性

砧木成熟期	砧木品种	亲和性良好的嫁接品种	亲和性弱的接穗品种
特早熟类型	三月红	妃子笑，黑叶	桂味，糯米糍类，钦州红荔
早中熟类型	白蜡、白糖罂	广亲和	
	黑叶(乌叶)	鸡嘴荔，妃子笑，三月红，雪怀子，草莓荔，贵妃红，脆绿，双肩玉荷包	糯米糍，井岗红糯，岭丰糯，庙种糯，白糖罂，钦州红荔，江口荔
	妃子笑	三月红	桂味，糯米糍，岭丰糯，井岗红糯，白糖罂，庙种糯，红蜜荔
晚熟类型	大造(大红袍)	妃子笑，黑叶	糯米糍类，白糖罂，钦州红荔，鸡嘴荔，雪怀子，三月红，桂味
	双肩玉荷包	马贵荔，妃子笑，草莓荔，无核荔，庙种糯，荷花大红荔，鸡嘴荔	桂味，糯米糍，岭丰糯，井岗红糯，白糖罂，三月红
	下番枝	井岗红糯	
	灵山香荔	广亲和	
	怀枝	广亲和	

源自胡桂兵、黄旭明(2018)。

注：表中嫁接亲和性表现均为以1年生枝梢作砧木嫁接的亲和表现。

我们近年的研究进一步发现，嫁接亲和性表现受嫁接方式的明显影响。对于嫁接亲和性弱的品种，在小枝砧上嫁接则长势弱、接口膨大表现明显；而在大枝桩上嫁接，接穗枝梢长势旺盛，嫁接口愈合良好(图 9-6、图 9-7)。采用大枝高接换种有 5 个优势：①克服嫁接亲和性弱的问题。②接穗枝梢长势旺，树冠建成快，投产快。③节省时间，大枝回缩修剪后即进行嫁接新品种，无须等待不定梢长成，可节约半年至 1 年时间。④节约接穗，单株的大枝数量少，使用的接穗自然少。⑤嫁接口愈合好，抗风性更强(图 9-7、图 9-8)。

图 9-6　**井岗红糯（黑叶）小枝嫁接与大枝嫁接的对比**（引自胡桂兵、黄旭明，2018）

愈合良好，具有很强的抗风性

图 9-7　**岭丰糯-黑叶大枝嫁接口**（黄旭明 提供）

图 9-8 小枝嫁接(岭丰糯-白糖罂)**的枝条在强风下从基部扯断**(补建华 提供)

近年来，国内新品种选育取得显著成就。一批品质优、丰产稳产、管理省心的焦核品种，如井岗红糯、岭丰糯、仙进奉，以及品质特优的观音绿等育成并推广，深受果农欢迎。这些新品种与糯米糍关系密切，业界称之为"第二代糯米糍"。如按照传统的小枝嫁接，这些新品种与目前急需更换的大宗品种黑叶亲和性弱。果农担心嫁接这些新品种高接在黑叶上会长势不良或会衰退。但是，如果采用大枝高接换种技术，可有效克服嫁接亲和性弱的问题，解决果农的后顾之忧(图 9-6、图 9-7)。因此，大枝高接换种技术的应用，极大促进了荔枝品种更新的效率。

二、高接换种前的准备

(1)嫁接的时间。高接换种以春、夏季及早秋季节进行为宜。高接时应回避寒潮频发、高温干旱、连续阴雨等不利于芽萌动和嫁接成活的气候，也要回避荔枝芽处于深度休眠的季节(晚秋及冬季)。根据嫁接季节，提前做好接穗和砧木的准备工作。

(2)接穗选择与采集。选择粗度为 0.6～1.0 cm、无病虫、芽眼饱满、老熟健壮的外围枝条作接穗芽条(budwood)。这些枝条营养充实，芽生长潜力强，嫁接后新梢长势好。而荫蔽的内膛枝条营养差，萌芽力弱，不宜作接穗。在芽发育状态方面，以芽眼将萌动至新梢初抽的枝条为优。这样的接穗嫁接后很快萌芽，有利于嫁接口的快速愈合。嫁接口的愈合是形成层活动的结果，而形成层活动依赖于接穗芽极性下运的信号 IAA，而休眠的芽不会输出 IAA，随着萌动，芽开始极性输出 IAA，启动形成层活动。因此，接穗萌芽越早，嫁接口愈合越快。这对于嫁接成活至关重要。

原则上，接穗采集后应尽快嫁接。如因天气等原因不能及时嫁接，需临时保存接穗。保存接穗需要做到：①防止脱水。②防止积水。③防止接穗发生无氧呼吸。④防止高温。可将接穗芽条与大量新鲜叶片包扎于微孔透气塑料袋内，以纸箱包装，放置在阴凉处，在 1 周之内完成嫁接。

(3)砧木的准备。传统的小枝嫁接方法，需要提前至少半年对大枝回缩修剪，以使锯口附近抽生不定梢，半年后选择粗度在 0.6 cm 以上的枝梢作砧木，进行嫁接。这种方式适合于嫁接亲和性好的品种组合。

为提高高接换种效率，解决嫁接不亲和问题，我们推荐大枝回缩修剪后，直接在大枝桩上高接。一般将离地面 80～110 cm 高、茎粗 3 cm 以上大枝或主枝锯断。锯砧时应防止大枝倒下时扯裂树皮，所以应当在大枝的下位自下而上锯入 1/2，再从这个锯口稍偏上的位置自上而下锯断树枝，然后继续延下位的锯口以利刀或细齿锯修平锯口。锯口以下保留超过 15 cm 的、比较光滑的桩头，以备嫁接处理。要回避在有环剥口的部位进行嫁接。

三、大枝嫁接技术

嫁接的关键是使砧木和接穗的形成层组织最大面积地紧密接触。主要程序如下：削接穗→切砧木→插接穗→绑缚。

(1)削接穗。将芽条剪成 2～3 个芽的茎段作为接穗。在下位芽基部一侧以利刀斜削一刀，形成约 1.5 cm 长的斜切面，切面平整光滑。在切面对面一侧与切口等高处再直削一刀，使接穗基部呈楔形，两侧的形成层暴露(图 9-9)。

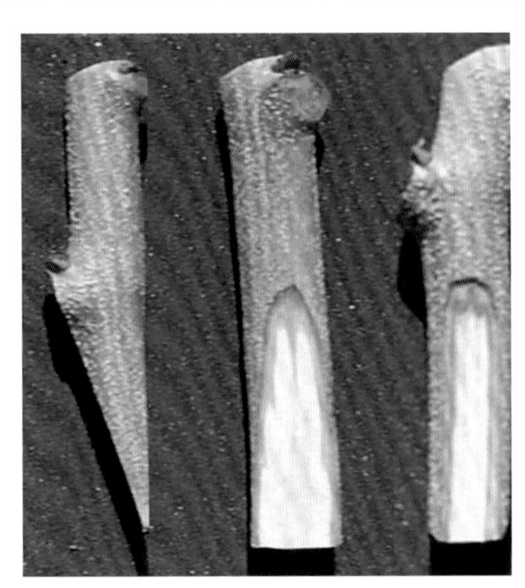

图 9-9　接穗削切后三面展示(吴仁山 提供)

(2)切砧木。荔枝大枝嫁接主要采用切接或挑皮嫁接两种方式(图 9-10)。前者以利刀在树皮与木质部交界偏内垂直切下，使形成层暴露。由于形成层呈圆弧分布，这种切砧方式仅使形成层呈两条线状暴露。挑皮法则是在锯口两处先垂直切入树皮，两处距离略宽于接穗的宽度，切口长度约 2 cm，然后用刀从切口一侧小心地将树皮挑起，使形成层双面暴露(图 9-10)。由于挑皮的形成层暴露面比切砧宽，其嫁接效果也更理想。

图 9-10 大枝切接(左)**与挑皮嫁接**(右)(黄旭明 提供)

(3)插接穗。把接穗的斜削面向里，插入砧木的切口内或挑皮的缝隙内，保证砧木和接穗的形成层对齐。接穗插入的深度以接穗削面上端露出 0.2～0.3 mm 为宜，俗称"露白"，这对嫁接口自上而下愈合至关重要，可实现如图 9-11 所示的嫁接愈合效果。

图 9-11 插接穗时暴露部分接穗切口(黄旭明 提供)

(4)绑缚。用嫁接专用塑料膜先将接口绑紧，确保砧木接穗紧密接触，使其不易发生位移。然后将砧木的锯口以至少 2 层膜封扎，再将接穗自下而上再自上而下以双层膜螺旋包扎好，确保接穗和砧木锯口不发生脱水。在干燥季节，可以再套上塑料袋保湿(图 9-12)。

图 9-12 大枝嫁接后绑缚效果(左)及套塑料袋保湿(右)(黄旭明 提供)

图 9-13 未做好防晒措施导致成活接穗枯死(黄旭明 提供)

四、高接后管理

为保障嫁接成功及接穗枝梢顺利生长，嫁接后要做好“六防”工作。

(1)防晒。重回缩修剪后树桩无叶幕遮蔽，在阳光下暴晒，出现裂皮，可导致树势衰弱，甚至导致成活的接穗枯死(图 9-13)。可以用遮阴网、稻草等置于树桩上防晒，或枝干刷白防晒。有些果农就地取材用修剪的枝条置于树桩上防晒，然而由于枝条脱水后叶片脱落，其防晒效果并不佳。

(2)防蚁。砧木的锯口吐出的汁液中含有糖分，会吸引蚂蚁取食。蚂蚁常常会咬破包扎膜，造成砧木和接穗脱水，导致嫁接失败。为了防止蚂蚁咬破薄膜，可用“神奇药笔”涂抹主干，或在树桩周围撒施驱避或毒杀蚂蚁的药物；也可以环树干涂抹黏脂，阻止蚂蚁上树。

(3)防止嫁接口积水。根系活动产生的根压会使砧木锯口产生吐水现象，如果汁液在嫁接口处积累，就会造成缺氧，进而不利形成层活动和接口愈合。4个措施可以避免嫁接口积水发生：首先，回避连续阴雨天气嫁接，因为阴雨天气下，土壤含水高，吐水严重。其次，在锯砧时，一定要保留“抽水枝”。“抽水枝”的存在可有效减少吐水现象，同时可保留一部分叶幕为根系提供养分，还有遮阴防晒效果。其三，避免在大枝锯口的下位嫁接。其四，嫁接后至接穗萌芽前，避免大量灌水，涝时做好排水。但也要避免土壤过于干旱，不利芽萌发。接穗萌发后的第一次新梢老熟后，即可开始施肥，以后每次梢期施1～2次肥。

(4)防止砧木不定芽的过度生长。大枝重修剪会刺激大量的不定芽萌发，抽发的新梢长势旺盛，而接穗生长与嫁接口愈合同步，其长势显著弱于这些不定梢。如果大量的不定梢生长，一方面会竞争养分，还会遮蔽接穗新梢，进一步抑制接穗梢的生长。因此，嫁接后需要及时抹除大部分不定芽或新梢，仅留1～2梢作“抽水梢”或作为嫁接失败的后备砧枝。待接穗抽发1～2梢后，可以抹除这些“抽水梢”。

(5)防止害虫为害新梢。荔枝新梢生长期是害虫为害的主要时期，也是防治害虫的关键时期。接穗芽萌动抽发的第一次新梢的叶片是树体恢复光合能力的重要基础，对后期树冠的生长至关重要，因此必须确保第一次新梢的健康生长。在萌芽后，喷施1～2次90%的敌百虫800倍液或40%的乐果1 000倍液防治荔枝蝽象、卷叶虫、尺蠖、金龟子等害虫为害。

(6)防风。大枝嫁接的第1年，由于接穗枝梢长势强，抽发叶片多，而嫁接口愈合尚不充分，易受强风折损。华南沿海地区每年都有强对流和台风天气，必须做好防风工作。可以在大枝上预先沿枝梢方向绑缚固定竹竿，将砧穗接合部与竹竿粘牢，防止强风撕裂嫁接口(图9-14)。如果接穗新梢已经伸长，则可将枝梢绑缚在支撑竹竿上，防止强风时枝梢剧烈摆动。在强风天气来临前，可适当剪除部分枝叶，以减小风阻。

图9-14 接穗绑缚竹竿防风(黄旭明 提供)

(7)其他配套工作。嫁接后30～40 d要检查是否成活，如果未见接穗芽萌动，意味着嫁接不成活，应及时补接。对不能穿膜的萌动芽，要及时破膜挑芽。如不及时解除缠缚固定接合部的塑料薄膜带，会产生类似环剥的效应，形成类似不亲和的“鼓包”，削弱枝梢生长势。最简单的解缚操作是从缠缚膜的一侧以利刀切开即可。

参考文献

[1]胡桂兵，黄旭明．荔枝新品种和高接换种技术图说[M]．广州：广东科技出版社，2018.
[2]李建国．荔枝学[M]．北京：中国农业出版社，2008.

第十章　荔枝郁闭园改造

荔枝园郁闭的主要原因是密植园的管理不到位。20 世纪 80 年代末至 90 年代初大发展时期，荔枝园按照计划密植模式建园，种植 10 年后进入结果盛期时出现荔枝价格低迷、果农收入减少的情况，造成管理积极性低，没有按照计划密植园的管理要求进行间伐、回缩或其他控制树冠冠幅的措施，导致树冠高大、遮光严重，封行现象出现早，使果园行间、株间枝条交错，相互遮蔽。本章根据品种和果园的不同情况，总结了树冠轻度回缩、树冠重度回缩、同株分批回缩、间伐、分批间伐和先回缩矮化后间伐 6 种荔枝郁闭园的改造模式。

第一节　荔枝郁闭园的成因和弊端

一、荔枝郁闭园的形成原因

我国荔枝栽培历史悠久，品种资源和生产经验极其丰富，但荔枝真正形成产业却是始于 20 世纪 80 年代。80 年代末至 90 年代初，全国荔枝种植处于大发展时期，当时荔枝销售价格很高，如每千克糯米糍和桂味荔枝的售价常超百元。因此，早结、丰产是当时的追求。

广东东莞大朗镇的叶钦海 1987 年 5 月种植了 0.24 hm^2 妃子笑荔枝，株、行距为 1.8 m×2.8 m，种植密度 1 800 株/hm^2（图 10-1），种植后第 3 年就开始挂果，1989—1993 年 5 年的产量分别为 2 354 kg、3 121 kg、3 611 kg、3 658 kg、2 786 kg，5 年平均单产 12 945 kg/hm^2，以平均售价 21 元/kg 计算，平均每公顷产值超 27 万元。受叶钦海等种植户巨大成功的影响，荔枝“密植、早结”栽培方式成为早期荔枝生产的主要模式。当然，不同品种的种植密度有所差异，主要有 3.0 m×4.0 m(825 株/hm^2)、4.0 m×4.0 m(600 株/hm^2)、4.0 m×5.0 m(495 株/hm^2)和 5.0 m×5.0 m(390 株/hm^2)等模式。不可否定的是，当时这种“优质品种＋密植早结”的生产模式曾为广大果农致富和农村经济发展起到了一定的促进作用。

图 10-1 5 年生密植(1 800 株/hm^2)荔枝园的挂果情形(王泽槐 提供)

荔枝是一种“长寿”常绿乔木果树，在亚热带气候地区，除冬季个别寒冷的月份外，基本上周年可以进行营养生长。由于没有适合荔枝矮化密植的矮化砧木，而且除白糖罂生长势比较弱以外，其他优质品种的生长势都在中等以上，只要加强管理，嫁接繁殖的苗木种植后一般 3 年左右就可形成树冠的基本结构，4～5 年就可以开始挂果。随着树龄的增长，荔枝园出现封行密闭是不可避免的。根据我们的调查，种植密度在 390～495 株/hm^{2}的果园，在良好的栽培条件下，一般在种植后 11～13 年开始封行(图 10-2)，种植密度超过 600 株/hm^{2}的果园，种植后 10 年之内就会出现郁闭现象。采用配套的重度回缩修剪(针对妃子笑)或连年主干环剥促花(针对糯米糍和桂味)措施，可以延迟果园封行郁闭情况的出现。

郁闭园外观

郁闭园内部

图 10-2 15 年生荔枝园(390 株/hm^2)的郁闭情形(李建国 提供)

我国荔枝产量在1999年首次突破100万t(统计数据为127.42万t)，荔枝价格在同年出现“拐点”，急剧下跌，与1998年或之前相比，下降幅度达到60%～90%。荔枝种植面积最大的年份出现在2000年，约为59万hm^2。之后的10来年，面积没有增加，但产量却在波动中上升，本应进入稳产高效回报期的荔枝园，由于生产成本的不断上升和长达10年的“售价低迷”，严重挫伤了种植者的积极性，很多果园的生产难以维持，大量果园“丢管”“失管”甚至是“荒芜”。

由此可以看出，造成目前优质荔枝园郁闭的原因主要是大发展时期栽植密度过大，进入结果盛期后又遇到价格低迷，果农收益少，导致其管理积极性低，管理措施严重不到位。如果不按照计划密植园的要求进行管理，如采取回缩修剪、计划间伐或其他控制树冠冠幅的物理措施等，将会导致树体高大、树冠冠幅大、树冠形状不佳(图10-3)。这种果园遮光严重、封行现象出现早，如果不进行及时处理或舍不得处理，将使果园行间、株间枝条交错，相互荫蔽。

图10-3 郁闭荔枝园形似桉树的荔枝树(李建国 提供)

二、荔枝郁闭园的弊端

荔枝郁闭园的主要弊端表现在以下5个方面：

(1)喷药难，防效差，即果农说的“药打不到顶”(图10-4)。

(2)果实采收困难，增加采收成本(图10-5)。

(3)通风透光差，加重病虫为害，特别是荔枝霜霉病、蒂蛀虫、叶瘿蚊等。

(4)封行后出现平面结果现象。平面结果将导致产量降低、品质下降。

(5)绿叶层越来越少，大小年结果现象严重，直至连年失收(图10-6)。

图10-4　郁闭果园树体高大，喷药难（邓振权 提供）

图10-5　郁闭果园树体高大，采果难（邓振权 提供）

图 10-6　郁闭果园无产量（李建国 提供）

第二节　荔枝郁闭园改造的技术模式

为解决密植封行问题，广大科技人员和果农从20世纪末就开始了相关技术的探索。据茂名市水果局邓振权(2003)报道，电白区林头镇荔枝专业户蔡叶昌，其株行距为4m×3m的荔枝园在1998年(树龄7年)即将封行，他于该年开始在采果后对树冠进行轻度回缩短截，使果园的通风透光条件得到了改善，提高了光合效率；培养2～3次秋梢，使枝条生长健壮，有效枝条多，年年成花结果都十分理想，株产由回缩前的13 kg增加到25 kg以上，单产达到22.5 t/hm^2。又如，荔枝专业户何美深于1987年采用株行距5m×3m的密度种植了5.33 hm^{2}荔枝(3 200多株)，种植6年后开始出现封行。他采用定永久株、对临时株进行逐年分批间伐以及直生枝回缩的办法，维持树冠间距在60 cm以上、树高在4.5 m以下，改善了果园小气候，使得果园通风透光，还便于作业。经过数年间伐，该园留下2 000株荔枝。株数虽然减少，但产量逐年增加，总产量从间伐前的约5万kg增加到15万kg以上，2001年平均株产75 kg，最高的单株产量超过100 kg。

一、郁闭园改造常用技术

根据多年的生产和试验结果，回缩修剪和间伐是解决荔枝园郁闭问题的两大常用措施。根据品种和果园的情况不同，有树冠轻度回缩、树冠重度回缩、同株分批回缩、间伐、分批间伐和先回缩矮化后间伐6种模式。

1. 树冠轻度回缩(枝梢回缩)

(1)技术要点。采果后，用枝剪截去当年的结果母枝或1年生基枝。短截枝条的粗度一般在2 cm以下。回缩的枝梢要在基部留有一定的叶片，以利于植株的光合作用以及对枝干的遮阴，促进新梢的萌发，培养健壮的枝梢。回缩短截后株行间树冠距离至少要有60 cm以上，以利于通风透光(图10-7左图)。

(2)特点。因为回缩程度轻、留有一定的叶片，剪口下的芽易萌发。在采果后回缩，剪后2～3周可萌发新梢，当年可抽2～3次秋梢(图10-7右图)，次年能正常成花结果。但正因为回缩程度轻，剪后经抽2～3次新梢又会封行，要年年进行，而且剪的枝梢多、工作量大；要求肥水管理水平高，必须肥水充足，才能保证年年回缩后能抽发健壮的枝梢。

轻度回缩修剪后

回缩修剪6个月后

图 10-7 妃子笑荔枝采收后树冠轻度回缩(王泽槐 提供)

(3)适用对象。树冠轻度回缩模式适用于密植栽培(495～825 株/hm^2)的妃子笑荔枝园。该模式也适用于已经封行的其他优质品种荔枝园。图 10-8 所示，是树冠封行后的糯米糍荔枝园进行轻度回缩修剪使行间保持适当间隔的实景对照。

修剪前

修剪后

图 10-8 对树冠封行的糯米糍荔枝园进行轻度回缩修剪(王泽槐 提供)

2. 树冠重度回缩(枝干回缩)

(1)技术要点。2～4 月是最适宜进行重度回缩修剪的时间。回缩修剪的部位一般选在距地面 100～130 cm 处，留 3～4 条分布均匀的骨干枝。回缩修剪方法是：将骨干大枝完全锯断(图 10-9)，要求断面完整平滑以利于剪口的愈合；剪口用塑料薄膜包扎，树干用稻草包扎或者直接用剪下的枝叶挂在树干的剪口处，以防树干被阳光曝晒裂皮。为了有利于重回缩后枝干的萌芽抽梢、抽发枝梢的健壮生长，最好在回缩时留一枝作“抽水枝”(图 10-10)暂不回缩，等回缩后重新抽出 2 次梢后再将留下的“抽水枝”锯掉。重度回缩(图 10-11)可以分为成片、隔行或隔株 3 种方式进行重度回缩修剪，推荐隔行和隔株方式。

(2)特点。重度回缩修剪短截掉的枝量大、伤口断面大，留下带叶的枝梢少或全部剪掉，修剪后一般要 3～4 周才能抽发新梢，要注意采取防晒措施。重度回缩一般要 1～2 年后才能重新形成树冠，妃子笑第 2 年就可以挂果，糯米糍和桂味至少需要3年才能恢复产量(图10-12)。

图10-9 **锯断骨干大枝**(王泽槐 提供)

图10-10 **留“抽水枝”**(王泽槐 提供)

成片重度回缩

隔行重度回缩

图10-11 **重度回缩修剪**(王泽槐 提供)

妃子笑回缩后2年

桂味回缩后3年

图10-12 **一次性回缩后的结果状**(李建国 提供)

(3)适用对象。重度回缩模式适用于封行时间较长、枝梢直生、树形已经变形(如形似桉树)的果园。

3. 同株分批回缩

(1)技术要点。可根据当年果园的成花情况及密闭程度来灵活运用同株分批回缩技术。回缩前先在主枝上留预备枝，或于春季重度回缩长势较差枝、交叉封行严重的1～2个主枝，将其在离地面100～130 cm处锯断(图10-13左图)。一般回缩2年后就可以恢复结果能力(图10-13右图)。待回缩的枝条可以结果后，采用同样的方法对剩下的主枝进行重度回缩。

左图箭头所指为第1批回缩大枝上的预备枝；右图单箭头所指为第1批回缩2年后的结果情况，双箭头所指为第3年需要回缩的大枝

图10-13 同株分批回缩(王泽槐 提供)

(2)特点。因为同株分批回缩可根据当年果园的成花情况及密闭程度来灵活掌握，这样在合理回缩的同时还可以获得当年的产量，果农容易接受。同株分批回缩在实施上有一定的技巧。

(3)适用对象。同株分批回缩模式适用于种植面积较小(1.33 hm^2以下)、种植密度不超过495株/hm^2的优质糯米糍和桂味郁闭园。

4. 间伐

(1)技术要点。间伐是计划密植的配套技术，它通过有计划地砍掉或移除一部分植株，来改善封行果园的光照条件。首先选出永久树并对其进行标记，以免间伐时错砍，然后在接近地面处锯掉(或砍掉)欲间伐的树。为了防止被间伐的树再度萌发枝条，可用煤油浇淋被伐树的树头断面。间伐分隔行间伐、隔株间伐(图10-14)和隔行隔株间伐3种主要模式。

(2)特点。间伐方法简单，把过密植株移出或砍掉即可，是解决封行果园最有效的办法。间伐的不足之处是，如果间伐的植株树冠大，会影响次年的

隔行间伐

隔株间伐

图 10-14 荔枝园间伐(李建国 提供)

总产量。

(3)适用对象。所有郁闭荔枝园都可以进行间伐，可以根据品种和管理水平来确定间伐模式。

5. 分批间伐

(1)技术要点。本着给永久株让开光路和横向生长空间的原则，通过疏大枝、重度回缩等措施对间伐株进行疏通和回缩树冠，同时采用环割、环剥等促花保果措施来尽量缓慢其生长势。待间伐株被充分利用、结果衰弱后，再将其彻底伐除。应根据果园的现状和管理水平分年度实施间伐，一般分 3 年完成，第 1 年伐除对周围有较大影响的 1 个方位的主枝 1～2 条，第 2 年伐除另外一边的主枝，第 3 年待剩下部分收获果实后将整株从基部伐除(图 10-15)。

箭头为第 1 年已经砍伐的主枝，线段为第 2 年需要砍伐的主枝

图 10-15 分批间伐的糯米糍荔枝树(王泽槐 提供)

(2)特点。避免一次性间伐给果园产量带来较大的损失，容易被果农接受。

(3)适用对象。适用于株行距较宽、种植密度在450株/hm^{2}以内的郁闭荔枝园。

6.先回缩后间伐

(1)技术要点。先回缩后间伐是指，对要保留作永久树的先进行重度回缩，让间伐株作为临时结果树，待将重度回缩的永久树培养成半圆形树冠并具备开花结果的能力后(视品种而定，一般需要2～3年)，再将间伐株伐除。分两步进行：第一步，视情况选择隔行或隔株的方式对永久树进行重度回缩修剪，重新培养树冠；对临时株不进行回缩，但要用环割、环剥等促花保果措施来尽量减缓其生长势，让其暂时结果，保持一定的产量。第二步，待回缩的永久树经2～3年的培养、形成新的树冠并形成产量后，再将临时株一次性伐除。

(2)特点。先回缩后间伐可以避免一次性重度回缩给果园产量带来较大的损失。

(3)适用对象。先回缩后间伐模式适于"丢管""失管"甚至"荒芜"多年、果园郁闭程度严重、植株徒长、树冠已变形的果园的改造。

二、选用间伐回缩模式的原则

进行荔枝回缩间伐时，既要保证有理想的树冠覆盖率，又要通风透光好、易于管理，具体要注意下面4个原则。

1. 效益原则

所有果园管理的技术措施都是为了提高果园的经济效益，回缩间伐也不例外。无论选择哪种回缩间伐模式，其目的都是提高产量和品质、降低生产成本。一方面要充分利用土地、增大树冠的表面积、提高覆盖率，这是保证产量的前提；另一方面要保证果园有良好的通风透光条件，使植株的枝叶能够获得足够的光照。因此，回缩间伐后的树冠间隔要适度，做到既不影响光照，又不浪费地力空间，一般要求树冠间隔在60 cm以上。

2. 适应轻简栽培原则

轻简化是现代果园管理的发展趋势，郁闭荔枝园的改造应以适应轻简栽培的需要为原则。这里的"轻"指的是减轻劳动强度、减轻生产成本，"简"主要是强调生产管理技术要简单、简化、易行。改造后的果园，应该是密度合理、通风透光、宽行窄株、高度适宜、便于作业，具体的轻简栽培技术措施，需要根据所植品种的特点、果园的硬件条件以及生产者的管理能力而定。

通过间伐改密植为合理稀植时，可依品种特性确定 3 种稀植密度。第 1 类为黑叶、怀枝、白蜡、双肩玉荷包、大红袍等丰产性能较好的品种，永久株的种植密度应为 120～150 株/hm^2，株行距为 8 m×8～10 m。第 2 类为糯米糍、桂味、白糖罂等丰产性能较差的优质品种，永久株的种植密度应为 150～300 株/hm^2，株行距为 4～8 m×8 m。第 3 类为妃子笑等适宜重度回缩改造的优质品种，永久株的种植密度应为 300～420 株/hm^2，株行距为 4 m×8 m 或 4 m×6 m 或 5 m×5 m。

可以通过回缩修剪和开“天窗”的方式来抑制树冠顶端优势，控制树冠高度，使树冠矮化，形成扁椭圆形的树体结构。不同的种植密度，对树冠高度的要求有所不同。上述第 1 类种植密度的品种，树冠高度应控制在 3.5～4.5 m；第 2 类种植密度的品种，树冠高度应控制在 3.0～4.0 m；第 3 类种植密度的品种，树冠高度应控制在 2.5～3.5 m。

3. 可持续发展原则

在选用模式时要科学合理，体现可持续发展的原则，不能顾此失彼、只看短期效果。例如，对封行较严重的果园选用轻度回缩模式，剪后还未抽第二次梢就又出现封行了；又如，为了省事，对即将封行且树冠较大的果园直接间伐，虽然通风透光条件得到改善，但由于间隔过大，结果的树冠面积急剧减少，导致减产。

4. 因“园”制宜原则

回缩间伐模式要根据品种、立地条件、管理水平、种植密度等果园的具体情况来确定。如对将要封行的青壮年果园，在具备较好的技术管理条件时，可用轻度回缩模式，剪后抽发第二次秋梢，次年正常结果，到采果后又进行回缩。而对技术管理、肥水条件较差，剪后不能按时培养第二次老熟秋梢进行成花结果的，会影响次年收成，则选用隔株间伐或先对间伐株回缩修剪结 1～2 年果后才间伐的模式较好。又如对易成花的品种妃子笑采用轻度乃至中度回缩，次年都可成花结果，但对难成花的品种采用回缩方法则会影响次年成花。此外，在选用间伐模式时要做到保留良种，间除劣种。对劣种果园进行回缩时与嫁接换种结合效果更佳。

三、回缩修剪树的管理

1. 施肥促梢

回缩修剪前要施 1 次肥，施肥量依树冠大小而定。树冠回缩萌芽后，视新梢生长情况及时追肥，促新梢及时抽发和健壮生长。

2. 树盘覆盖保湿

重度回缩的果园要进行树盘盖草，以改善果园小气候，有利新梢的生长。此外，对重度回缩的大枝干用包扎稻草或其他措施进行保护，以免烈日曝晒，造成皮层干裂枯死。

3. 及时疏芽、促分枝

回缩修剪 2～3 周后，新梢陆续萌动抽出。新梢抽出后要按不同要求进行疏芽。属于树冠轻度回缩修剪的，每条枝留 2～3 芽，多余的及时抹除。而对重度回缩枝干更新的，在枝干上的不同部位会抽出大量的不定芽，为了有利枝干防曝晒、增强根群吸收能力、平衡地上部和地下部的关系，多留枝干上的芽，待抽 2～3 次新梢后，再视枝条的分布、枝梢的生长情况进行疏梢。新梢长 30～40 cm 时要进行打顶促分枝。

4. 防虫护梢

为害嫩梢叶片的害虫较多，主要有尺蠖、金龟子、蒂蛀虫等，要及时防治。防护时要做到"一梢两药"，即在新梢萌芽时和叶片转绿时各喷 1 次杀虫剂。

参考文献

[1]王泽槐，李建国，陈松开，等．密闭荔枝园不同回缩修剪对植株生长及开花结果的影响[J]．中国热带农业，2007(1)：33-35.

[2]李建国，马锞，张海岚，等．荔枝省力化栽培七大关键技术要点[J]．中国南方果树，2018，47(1)：143-145.

[3]邵光时，王泽槐，梁汉文，等．荔枝轻简高效栽培的实践与思考[J]．中国热带农业，2010(6)：23-27.

[4]邓振权．密植封行荔枝园回缩间伐技术[J]．中国热带农业，2011(6)：69-71.

第十一章　荔枝主要病虫害防控

荔枝生长于热带和亚热带地区，温暖、湿润的气候环境和常年不落叶的特点使其更易遭受病、虫的为害。为害荔枝的病、虫的种类很多，经国家荔枝龙眼产业技术体系病害和虫害防控研究团队的系统调查与鉴定，为害荔枝的害虫总数已超过 200 种，多数为鳞翅目、鞘翅目、同翅目和半翅目害虫，我国为害荔枝最严重的害虫有荔枝蒂蛀虫、荔枝蝽、荔枝瘿螨、粗胫翠尺蛾和荔枝花果瘿蚊；为害荔枝的病害种类超过 50 种，其中霜疫霉病、炭疽病、干腐病、麻点病、褐斑病、酸腐病、煤烟病等真菌性病害近 30 种，藻斑病、苔藓、线虫病等侵染性病害近 10 种。

本章介绍荔枝蒂蛀虫、荔枝蝽等 5 种主要害虫，荔枝霜疫霉病、炭疽病等 6 种主要病害以及对它们的防控措施。此外，还介绍了荔枝病虫害的综合防控策略、利用天敌防治荔枝主要害虫和生物农药在荔枝病虫害防治中的应用等内容。

第一节　荔枝主要害虫及其防控

一、荔枝蒂蛀虫

荔枝蒂蛀虫(*Conopomorpha sinensis* Bradley)，又称爻纹细蛾，属于鳞翅目(Lepidoptera)、细蛾科(Gracilariidae)，在中国各荔枝产区均有分布，在印度、泰国、南非等荔枝生产国也有分布。它不仅为害荔枝，也为害龙眼。

1. 形态特征

成虫：体长 4～5 mm，翅展 9～11 mm。体背面灰黑色，腹面白色，触角丝状，1.5 倍于体长，末端白色。前翅狭长，2/3 基部灰黑色，端部橙黄色，静止时两翅面的白色条纹相接呈“爻”字纹，故曾被称为爻纹细蛾；后翅灰黑色，缘毛长，后缘的缘毛约为翅宽的 4 倍。3 对足均覆盖有灰白相间的鳞片。

卵：椭圆形，扁平，直径仅 0.2～0.3 mm，半透明，黄白色，单个散产于果壳龟裂片缝隙间，肉眼隐约可见。卵壳上有刻纹，三角形至六边形不等，有微突，纵向排列约成 10 列。

幼虫：多足型。低龄幼虫扁圆形，具 3 对胸足，腹部第 3、第 4、第 5 节和第 10 腹节各具足 1 对。第 6 腹节的腹足退化。老熟幼虫圆筒形，黄白色，体长 8～9 mm，仅具 4 对腹足，臀板三角形。

蛹：属于被蛹，长约 7 mm，初呈淡绿色，后转为黄褐色，触角长于蛹体，头顶有 1 个三角形突起的破茧器。常化蛹于果穗附近的叶片正面，呈白色椭圆形，蛹具扁平薄膜状的丝质茧。

不同发育阶段的蒂蛀虫见图 11-1。

图 11-1 不同发育阶段的蒂蛀虫（陈炳旭 摄）

2. 为害症状

荔枝蒂蛀虫是荔枝、龙眼的主要害虫之一，其不仅为害果实，也为害嫩茎、嫩叶和花穗。在梢期，以幼虫钻蛀近顶端的嫩茎和嫩叶的中脉，造成嫩梢顶端枯死，幼叶中脉变褐色，表皮破裂；在花期，幼虫钻蛀花穗顶端轴内，造成花穗干枯；在果期，幼果膨大期蛀食果核，导致落果，果实开始着色时，成虫产卵于近果蒂部的龟裂片处，幼虫孵化后，直接从卵粒底部或附近蛀入果实中取食种柄，遗留粪便于蒂内，不仅影响果实发育，造成采前落果，还严重影响品质，造成收益大幅下降。

3. 生活习性及发生规律

荔枝蒂蛀虫在广州等珠三角地区每年发生10～11代，世代重叠。多以幼虫在荔枝冬梢或早熟品种花穗顶端轴内越冬，成虫3月底至4月初羽化，交尾后2～5 d产卵，卵散产，具明显的趋果性和趋嫩性，卵期2～6 d。幼虫孵出后自卵壳底面或附近直接蛀入核内，老熟前幼虫不转移、不外出，整个取食过程均在蛀道内，粉状虫粪也留在核内，决不破孔外排。待果实接近成熟，种核坚硬，则在果蒂内蛀食为害，不再蛀食果核。幼虫期8～11 d，老熟后幼虫自果内脱出，脱果孔扁圆，较易发现。主要在果穗附近的叶面上结薄茧化蛹，也有少数吐丝下坠在地面的落叶上结茧。落果内的幼虫则在地面的杂草或落叶上化蛹。蛹期7～9 d。成虫羽化后白天多静伏于树冠内的枝条下方，体色与树皮较为接近，受惊扰时短暂飞舞，但很快便栖息于原树，飞翔能力不强。成虫期8～10 d。成虫昼伏夜出，多在羽化后的第2～3 d夜间交尾，第4 d晚上雌虫开始产卵，产卵盛期在交尾后的3～5 d，卵期2～2.5 d。荔枝蒂蛀虫的种群数量有随果实发育至采果后陡升陡降的特点，并且为害程度与荔枝品种及果实成熟度密切相关；早熟品种受害较轻，中、晚熟品种受害相对较重，果实越接近成熟受害会越严重。

4. 防控措施

(1)清洁果园，清除冬梢，减少越冬虫源。清理枯枝、落叶、落地果，剪去病虫枝、阴枝，使果园通风透光。及时剪除冬梢，切断蒂蛀虫的食物链条。

(2)统一放梢，用4.5%的高效氯氰菊酯、2.5%的高效氯氟氰菊酯或40%的毒死蜱等药剂1 000～1 500倍液喷雾保梢，兼治蒂蛀虫。

(3)开花前和谢花后各喷药1次，可用4.5%的高效氯氰菊酯或2.5%的高效氯氟氰菊酯等药剂1 000～1 500倍液防治蛴象、尺蠖、卷叶蛾和毒蛾等害虫，兼治蒂蛀虫。

(4)及时清理、销毁第2次生理落果。荔枝幼果被蒂蛀虫为害后会掉落地面，及时清除这些落地幼果可大大压低蒂蛀虫的虫源基数。

(5)注重虫情测报，抓准防治时机。通过化蛹进度预测法或幼虫分龄分级预测法对蒂蛀虫第 2 代成虫高峰进行中期预测。根据虫情调查结果，在荔枝蒂蛀虫的卵孵高峰期和成虫发生高峰期进行防治，可有效控制其种群数量，达到最佳防治效果。也可采用摇树惊蛾法对第 2 代以后的成虫发生高峰进行短期预测或现场调查观测，以确定最适宜的喷药时机，当平均每株达到 1 头以上就需要进行防治。

(6)农药的选用。选用触杀速效的药剂灭杀成虫，选用胃毒缓效的药剂灭杀幼虫。目前速效性较好的触杀性药剂有高效氯氰菊酯、高效氯氟氰菊酯、溴氰菊酯、毒死蜱等，胃毒缓效的药剂有除虫脲、灭幼脲、氯虫苯甲酰胺等，生产实践中往往把这两类药剂混合使用，可减少用药次数，提高防治效果。

二、荔枝蝽

荔枝蝽(*Tessaratoma papillosa* Drury)，属于半翅目(Hemiptera)、蝽科(Pentatomidae)，主要为害荔枝和龙眼，也为害其他无患子科植物。在中国分布于福建、台湾、广东、广西、云南等地，也见于南亚、东南亚国家。

1. 形态特征

成虫：体长 24～28 mm，宽 15～17 mm，盾形，黄褐色腹面附有白色蜡粉。雌虫体形一般较雄虫略大，腹部末节腹面中央开裂，雄虫腹部背面末节有 1 个凹下的交尾结构，可用来辨别。臭腺开口位于胸部腹面中足基部侧后方。

卵：近圆筒形，多淡绿色，少数黄色，随着胚胎的发育逐渐变成灰褐色。卵粒常 14 枚排列成块产于叶片背面。

若虫：共 5 龄。1 龄时体形椭圆，体色从初孵时的血红色渐变成深蓝色，复眼深红色；2 龄开始体形变成长方形，橙红色，外缘灰黑色；3 龄若虫体长 10～12 mm，胸部背面隐约可见翅芽；4 龄若虫体长 14～16 mm，中胸背侧翅芽明显；5 龄若虫体长 18～20 mm，体色较前 4 龄略浅，翅芽更长，羽化前体被蜡粉。臭腺开口位于腹部背面中部，低龄若虫具 4 对，4～5 龄若虫中第 1 对和第 4 对腹臭腺失去功能。

不同发育阶段的荔枝蝽见图 11-2。

2. 为害症状

成虫、若虫均刺吸嫩枝、花穗、幼果的汁液，导致落花落果。其分泌的臭液触及花蕊、嫩叶及幼果等可导致接触部位枯死，大发生时严重影响产量，甚至颗粒无收(图 11-3)。

3. 生活习性及发生规律

1 年发生 1 代，成虫 4～5 月产卵最多。雌虫可产卵 5～10 次，每次 14 粒，集中产。卵期长短与温度有关，18℃时 20～25 d，22℃时 7～12 d。若虫

卵　初孵若虫

大龄若虫　成虫

图 11-2　不同发育阶段的荔枝蝽（陈炳旭 摄）

为害幼果　为害嫩枝

图 11-3　荔枝蝽为害荔枝的幼果和嫩枝（陈炳旭 摄）

4 月初开始孵化，初孵时有群集性，数小时后分散取食，有假死性，耐饥力强；3 龄后抗药性增强，6 月若虫成熟羽化，并大量取食准备越冬，性未成熟的成虫于树冠较浓密的背风面的叶丛背面越冬，越冬后呼吸代谢旺盛，脂肪量下降，抗药性降低。翌年 3 月春分前后恢复活力，在新梢、花穗等处取食交尾，交尾 1～2 d 后开始产卵，完成世代更替。

荔枝蝽的天敌主要有平腹小蜂和跳小蜂，均为卵寄生，但早春季节自然寄生率不高。蒲蛰龙研究了人工繁殖平腹小蜂的一整套技术，在荔枝蝽开始产卵期间散放到果园中，提高了整个卵期的寄生率。该方法可有效消灭荔枝蝽，同时减少了农药的使用，效果良好，目前已可以工厂化大规模生产，平腹小蜂是成功应用于田间防治果树蝽的主要蜂种，利用平腹小蜂是目前国内荔枝主产区荔枝蝽的主要生物防治手段。

4. 防控措施

（1）人工防治。结合疏花疏果，摘除卵块或若虫团并销毁。也可以利用荔枝蝽的假死性，捕杀越冬成虫。荔枝蝽在10℃以下活动力差，且又群集于密叶丛中，可在早晨突然摇树，捕杀坠落的成虫。

（2）生物防治。早春在荔枝蝽产卵初期释放平腹小蜂。

（3）化学防治。每年3月春暖时越冬成虫开始活动交尾，体质较弱，而4～5月是低龄若虫的发生盛期，这2个时期都是防治荔枝蝽的最佳时期。可用2.5%的溴氰菊酯乳油1 000～1 500倍液、90%的敌百虫晶体800倍液或25%的噻虫嗪水分散粒剂3 000～3 500倍液等喷施1～2次。

三、荔枝瘿螨

荔枝瘿螨（*Eriophyes litchii* Keifer），又称荔枝瘿壁虱、毛蜘蛛、毛毡病、象皮病等，属于蜱螨目（Acarina）、瘿螨科（Eriophyidae）。在中国荔枝、龙眼产区均有分布。

1. 形态特征

成螨：体极微小，狭长蠕虫状，长约0.2 mm。体色淡黄至橙黄色。头小向前伸出，其端有螯肢和须肢各1对；头胸部有足2对；腹部渐细而且密生环毛，末端具长尾毛1对。

卵：圆球形，光滑半透明，乳白色至淡黄色。

若螨：体形似成螨但更微小，初孵化时虫体灰白色，半透明，随着发育渐变为淡黄色，腹部环纹不明显。尾端尖细，不具生殖板。

2. 为害症状

荔枝瘿螨主要为害荔枝叶片，其次为害花穗、嫩茎及果实。以成螨、若螨吸食寄主汁液，引起为害部位畸变，形成毛瘿。毛瘿内的寄主组织因受刺激而产生灰白茸毛，以后逐渐变成黄褐色、红褐色至深褐色，形似毛毡状。被害叶片毛瘿表面失去光泽，凹凸不平，甚至肿胀、扭曲。花器受害，器官膨大，不能正常开花结果。幼果被害，极易脱落，影响荔枝产量。成果被害，果面布满凹凸不平的褐色斑块，影响果实品质。荔枝瘿螨为害荔枝的症状见图11-4。

为害嫩叶和花穗　　为害叶片

为害花穗　　为害幼果

为害果实　　树冠被害状

图 11-4　荔枝瘿螨为害状（陈炳旭 摄）

3. 生活习性及发生规律

1 年发生 10～16 代，世代重叠。以成螨和若螨在毛瘿中越冬，翌年 3 月初开始活动，3～5 月和 10～11 月是为害高峰期，3～5 月重于 10～11 月。从瘿螨为害初期到深褐色斑块形成，历时 70～110 d。毛瘿形成 30～60 d 时，瘿块内虫口密度最高，但老叶瘿块几乎找不到瘿螨。瘿螨的发生量与温、湿度关系密切，温度24～30℃、湿度80%以上时，种群数量上升最快。管理粗放、土壤干旱、肥料不足、修剪不够、枝梢多的果园发生严重。树势弱、枝条过密、阴枝多的树和树冠下部或中部的嫩梢受害较重。

4. 防控措施

(1)农业防治。采果后剪除被害枝叶、弱枝、过密枝、荫蔽枝和枯枝并集中烧毁，改善果园的通风透光条件，减少虫源。加强常规管理，合理施肥，增强树势，提高植株的抗逆性。控制冬梢抽发，恶化和中断瘿螨的食料来源，减少越冬虫源。

(2)物理防治。果园熏烟可以有效防治荔枝瘿螨，可在每次新梢转绿的阶段进行熏蒸。视果园大小均匀设置3～5个熏蒸点，用堆制的土皮灰进行微火熏烟，可在其中加入鲜桉树的枝叶(细叶桉的枝叶最好)，熏蒸烟雾有触杀瘿螨和驱逐其在荔枝新梢为害的作用。

(3)生物防治。应保护和利用自然界中的捕食螨等天敌，如卵形真绥螨、具瘤神蕊螨、尼氏真绥螨、汇原绥螨、夏威夷植绥螨等，它们对控制瘿螨发生数量具有积极的作用。广州地区卵形真绥螨种群数量大，并且易于人工大量繁殖，有利用前景。

(4)药剂防治。剪除病虫枝后，可用40%的氧乐果乳油600倍液对全园树冠进行喷雾。每次嫩梢抽发时应及时喷药防治，可用的药剂有：50%的溴螨酯乳油1 000倍液、1.8%的阿维菌素乳油1 500倍液、20%的双甲脒乳油1 000倍液、20%的唑螨酯悬浮剂2 000倍液。20～25 d喷1次，连喷2～3次。

四、粗胫翠尺蛾

粗胫翠尺蛾(*Thalassodes immissaria* Walker)，属于鳞翅目(Lepidoptera)、尺蛾科(Geometridae)，是一种多食性害虫，主要为害荔枝和龙眼的嫩梢和嫩叶，是荔枝嫩梢期的主要害虫之一。主要分布在广东、海南、广西和福建等荔枝种植区，过去曾被错称为绿额翠尺蠖(*Pelagodes proquadraria* Inoue)。

1. 形态特征

成虫：体长18.0～20.0 mm，翅展30.0～34.0 mm，雄虫触角羽毛状，雌虫呈丝状。静息时平展四翅。前后翅呈淡绿色或翠绿色，密布白色细翠纹，前后翅均有白色波状的前中线和后中线1条，前翅外缘、后翅外缘和内缘具黑色刻点，缘毛淡黄色。体背面附有绿色鳞片。雌虫腹部末端圆筒形，产卵器无鳞片覆盖；雄虫腹部较尖，抱握器清晰可见。

卵：圆柱形，直径0.6～0.7 mm，高约0.3 mm，中间略凹陷。初产为浅黄色，孵化前为深红色。

幼虫：初孵幼虫淡黄色，体长约 3.0 mm，背中线明显呈红褐色；幼虫 3 龄后体色变为青绿色，背中线颜色逐渐变浅，形似寄主新抽的细梢；5 龄幼虫体长 2.8～3.2 mm，体色随附着枝条颜色而异，有灰绿、青绿、灰褐和深褐等色，形似寄主细枝，背中线逐渐消失。头顶两侧有角状隆起，腹足 2 对，臀足发达。

蛹：呈纺锤形，长 1.7～2.2 mm，初呈粉灰色，后渐变为褐色，近羽化时翅芽清晰可见，呈墨绿色，臀棘具钩刺 4 对，呈倒 U 形排列。

不同发育阶段的粗胫翠尺蛾见图 11-5。

2. 为害症状

粗胫翠尺蛾主要以幼虫为害荔枝、龙眼的嫩梢和嫩叶，虫口密度大时可把嫩叶嫩芽吃光，导致新梢无法抽出，也可取食花穗和幼果导致落花、落果，严重为害荔枝、龙眼生产(图 11-6)。

3. 生活习性及发生规律

在广东粗胫翠尺蛾每年可发生 7～8 代。一般以幼虫在地面、草丛、树冠和叶间等处越冬，越冬代成虫于 3 月中、下旬羽化，第 1 代幼虫 4 月为害春梢及花穗，以后大约 30～45 d 完成 1 个世代，第 3 代以后世代重叠，11 月上旬至 12 月中旬开始越冬。多在夜间羽化，羽化当晚交尾，交尾后 2～3 d 产卵，卵散产，可产于嫩芽、嫩叶、嫩枝和老叶上，以嫩叶叶尖和叶缘落卵最多。幼虫分 5 龄，孵化后从叶缘开始取食，3 龄以前为害造成叶片缺刻，4 龄后幼虫取食量急剧增加，进入暴食期。虫口密度大时可把嫩叶嫩芽吃光，幼虫老熟后吐丝缀连相邻的叶片成苞状，在其中化蛹并以腹部末端附着在吐出的丝上。

粗胫翠尺蛾 1 年有 2 个发生高峰期，分别为夏梢期的 5～7 月和秋梢期的 9～11 月。

4. 防控措施

(1)农业措施。统一放梢，喷药保护秋梢，剪除阴枝，除杀冬梢。

(2)天敌利用。有报道叉角厉蝽可捕食粗胫翠尺蠖幼虫，1 d 内 1 头叉角厉蝽平均可捕食 3～5 龄幼虫 3.75 头，捕食潜能较大(谢钦铭等，2001)，可加以利用。到目前为止还没有发现有寄生性天敌，由于天敌作用效果缓慢，受环境影响较大，单独使用很难达到理想的防治效果。

(3)物理防控。粗胫翠尺蛾成虫有较强的趋光性，可用杀虫灯进行诱杀。

(4)药剂防治。做好测报工作，在低龄幼虫期喷药防治，一般选择在 1～2 龄幼虫期进行药剂防治。在没有产生抗药性的地区，用毒死蜱、菊酯类、Bt 制剂等药剂；在产生抗药性的地区，则需要选择更有针对性的药剂，如阿维菌素、甲胺基阿维菌素苯甲酸盐、氯虫苯甲酰胺、茚虫威、多杀霉素等。

图 11-5　不同发育阶段的粗胫翠尺蛾（陈炳旭 摄）

为害嫩梢

为害花穗

图 11-6 粗胫翠尺蛾为害荔枝的嫩梢和花穗（陈炳旭 摄）

五、荔枝花果瘿蚊

荔枝花果瘿蚊属于双翅目（Diptera）、瘿蚊科（Cecidomyiidae），是近些年在荔枝上新发现的害虫。在广东、广西、海南等地均有发生。

1. 形态特征

成虫：触角鞭节 15 节，第 1、第 2 节较短，末节有 1 对明显的乳突，雌性触角为哑铃状，雄性触角为念珠状，触角上有毛，复眼较大，口器为刺吸式，喙较长，前翅膜质，后翅退化为梨形平衡棒。足细长，胫节无距。

幼虫：老熟幼虫 2～4 mm，纺锤形，茶黄色。头部退化，中胸背板上有 1 个突出的 Y 形剑骨片，是弹跳器官，这是该虫最显著的识别特征。

荔枝花果瘿蚊的幼虫和成虫见图 11-7。

2. 为害症状

成虫产卵于荔枝的花穗、雌蕊或幼果等幼嫩组织上，孵化后的幼虫潜于其内并取食为害这些组织，花梗受害后输导组织遭破坏，花穗慢慢枯死（图 11-8）。受害荔枝花梗初期出现微粒肿状，继而上部枯死，雌蕊受害后子房膨肿，约比正常大 1/3，逐渐变黄，并慢慢枯死或脱落。幼果受侵部位常在果柄附近，外表皮出现茶褐色斑点，刚入侵时一般不立即脱落，但当幼果生长到黄豆大幼果分果前后、幼虫发育已接近老熟时，受害幼果开始掉落，最终受害幼果全部落光。幼虫侵害花穗或雌蕊时一般为单头虫入侵，但在受害的幼果中也曾发现有多头幼虫同时处于同一部位，这可能与成虫把卵堆产于同一处有关，未发现幼虫有转果为害的现象。

3. 生活习性及发生规律

荔枝花果瘿蚊 1 年发生 1 代，而有的幼虫则隔年羽化，当环境不适合时可长期潜伏下来，等合适的年份再爬升到地表层化蛹、羽化。越冬幼虫（伪

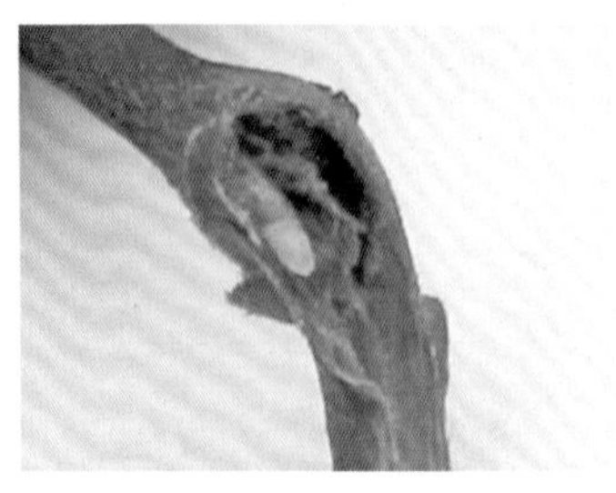
被害花穗中的幼虫

被害幼果内的幼虫

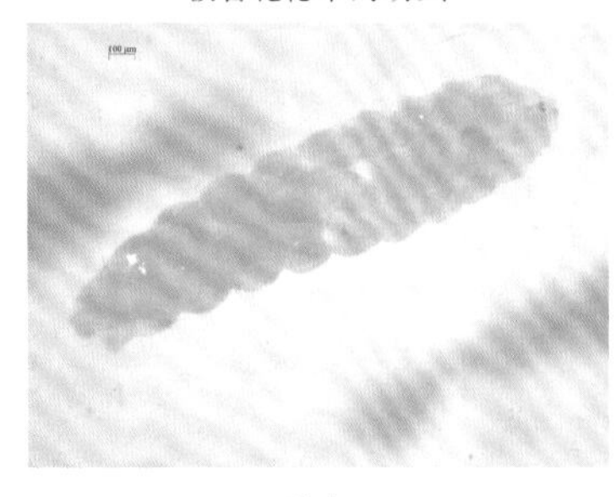
幼虫

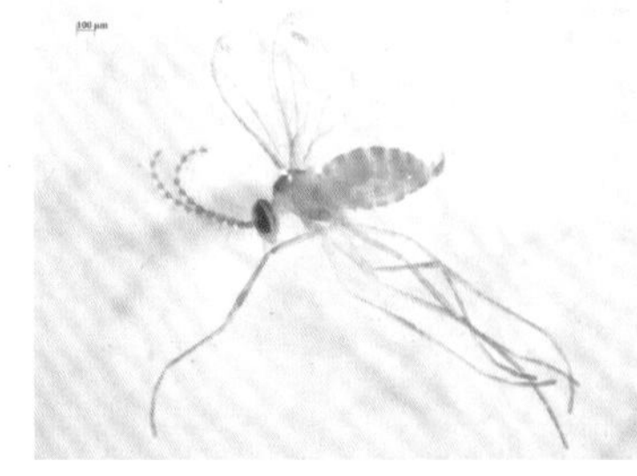
成虫

图 11-7 荔枝花果瘿蚊的幼虫和成虫（陈炳旭 摄）

花穗被害状

被害花穗枯萎

幼果被害后脱落

被害幼果

图 11-8 荔枝花果瘿蚊为害状（陈炳旭 摄）

蛹）于每年3～4月荔枝花穗长至5 cm时开始陆续羽化为成虫并产卵，孵化后的幼虫分别为害荔枝的花穗、雌蕊和幼果，造成幼穗失水干枯、子房膨肿枯死和幼果的大量脱落。老熟幼虫随花或幼果落地后钻入泥土发育为伪蛹，并分泌黏液吸附泥沙形成泥沙团，潜伏于土中等待来年再为害。

花果瘿蚊的发生期与荔枝的物候有着密切的联系，每年成虫只在荔枝的花期至幼果期出现。发生条件与湿度密切相关，成虫往往是在大雨过后才大量出现。

4. 防控措施

（1）毒土。每年3月初，在荔枝花果瘿蚊成虫羽化前（花穗前期），每公顷果园用5％的甲基异柳磷颗粒剂120 kg拌细沙300 kg，均匀地撒于荔枝树冠周围的土壤中，并耙土覆盖，毒杀刚羽化的成虫。

（2）在荔枝花穗期和谢花坐果期分别喷1次杀虫剂，应选用对花和幼果安全的高效低毒药剂，如13％的果虫灭乳油、15％的科绿乳油、48％的毒死蜱乳油、4.5％的高效氯氰菊酯水乳剂等，加水稀释1 000～1 500倍喷雾。

第二节　荔枝主要病害及其防控

一、荔枝病害发生概况

我国荔枝主要分布于广东、广西、福建、海南、台湾、四川、云南等地，但产区的气候只归属两大气候类型，海南产区为热带季风气候，其他产区大都属于亚热带季风气候，因此海南产区荔枝病害的为害状况与其他产区有所不同。荔枝霜疫病和荔枝炭疽病是严重影响我国荔枝产量和质量的主要病害。但海南产区每年11月至翌年4月为旱季，干旱明显，降水量仅占全年的10％～30％，5月进入雨季，但多为短时阵雨，雨后多阳光且气温高，故整个荔枝开花和果实发育期的2～5月都极少发生荔枝霜疫病，荔枝炭疽病是严重影响海南荔枝产量和质量的主要病害。我国其他广大产区发生的主要病害则不同于海南，或为荔枝霜疫病，或是荔枝霜疫病与炭疽病同时发生。

戚佩坤先生（2000）报道了11种荔枝真菌（包括卵菌）病害。经国家荔枝龙眼产业技术体系病害防控研究团队的系统调查与鉴定，相继发现了一批新的病害，目前荔枝真菌病害增至近30种，其中荔枝霜疫病发生最为普遍且严重，遇到连续阴天多雨、湿度大的天气，该病可致50％以上的花穗腐烂、干枯，或导致80％以上的接近成熟的果实腐烂、脱落。其次为荔枝炭疽病，该病不仅引起梢枯、枝枯和叶斑，严重时还引起成熟期果实的大量落果和贮运期间果实的褐变腐烂。荔枝干腐病近年在部分产区为害严重，尤以妃子笑、仙进奉等荔枝品种易受侵染，可造成大枝或整株枯死，各产区均应予以重视。荔枝果实酸腐病在我国荔枝产区均有发生，为害成熟或近成熟的果实，对荔枝的贮藏和运输影响较大。

除真菌外，为害荔枝的还有藻类、病毒和线虫等。荔枝藻斑病为绿色头孢藻寄生荔枝叶片所致，在我国荔枝产区普遍发生，一般情况下对荔枝生产影响不大，发病严重时则影响树势。荔枝丛枝病（鬼帚病）被认为是病毒侵染所致，在个别地区有零星发生，症状与龙眼丛枝病相似，虽不及龙眼丛枝病发生普遍及严重，但一旦发现应及早处理，挖除病树或锯掉出现丛枝的大枝并烧毁，同时增施有机肥以提高荔枝树的抗病能力。荔枝的寄生性线虫现已基本查明，共有22属35种（殷友琴等，1994；刘志明等，1995；赵立荣等，2001），其中重要的病原线虫有半穿刺线虫和肾状线虫，寄生线虫对荔枝产量及质量的影响尚待研究。

荔枝生理性病害在不同产区也时有发生，主要表现为荔枝果实异常，诸如：紫娘喜荔枝果实采收前约1个月开始出现果皮软化，且近果蒂的内果皮褐色坏死；草莓荔小果内果皮褐色坏死，后发展至外果皮形成褐色斑点或斑块，严重的果皮开裂，果核也变褐坏死；妃子笑荔枝中果期至转色期果实内果皮先坏死进而发展到外果皮，在外果皮形成近圆形或不规则的暗褐色斑块，也被称为“黑斑病”。以上异常也常被果农误认为是侵染性病害而喷施杀菌剂，浪费了人力物力还没有效果。近年来的研究表明，这些异常是不良天气引起的以缺钙为主的生理性病害，缺硼也可能是一个因素（罗剑斌等，2014；姚丽贤等，2017）。钙、硼共同维持细胞壁的稳定，并影响细胞膜的透性，其运输动力依靠蒸腾拉力。低温阴雨或高温高湿时蒸腾作用弱，影响了钙、硼的吸收和向地上部的运输。在果实膨大后期，若遇高温及持续干旱，则土壤含水量低，也抑制了根对钙和硼的吸收。所以，除在梢期进行土施钙、硼肥外，在果实膨大期应关注天气预报，提前于叶面（包括果面）喷施液态钙、硼肥。

二、荔枝霜疫病

荔枝霜疫病（Litchi downy blight）最早在1934年报道于台湾省，大陆50年代初有记载，又被称为霜霉病、霜疫霉病，现在统称为霜疫病。主要分布于广东、广西、福建和台湾等荔枝产区，可为害嫩梢、叶片、花穗、结果小枝、果柄和果实，尤以花穗和近成熟果实受害为重。若荔枝花期阴雨连绵或挂果期雨水不断，病害发生、流行迅速，将引起大量烂花、落花、落果、裂果和烂果，损失可达30%～80%。

1. 症状

嫩叶感病，最初只是形成褪绿小斑，后扩大成淡黄绿色或褐色不规则病斑；若叶尖、叶缘先发病，其病斑则如沸水烫状，边界不明显。湿度大时，病斑正面和背面均长出白色霉状物(病原菌的子实体)。较老熟的叶片感病，通常在中脉处断续变黑，沿中脉出现小褐斑。完全老熟的叶片一般不感病。花穗感病，会造成花穗变褐而落花，严重时整个花穗枯萎脱落。果枝和果柄感病，则形成褐色病斑，但病部与健部的界线模糊不清，高湿时病部产生白色霉层。果实感病，病斑可在果实的任何部位，但多从果蒂开始发生，最初在果皮表面出现暗绿色、褐色或黑色、不规则、无明显边缘的病斑，病斑迅速扩展蔓延，致使全果发病，变褐腐烂，流出酸汁液；若遇连续阴雨或空气湿度大时，果实脱落，病果表面长出白色的霉层；幼果感病后很快脱落，造成大量落果。荔枝霜疫病的症状见图11-9。

1. 叶；2. 花穗；3. 果(初期症状)；4. 成熟果(后期症状)

图11-9　荔枝霜疫病症状(张荣、彭埃天、姜子德 提供)

2. 病原

荔枝霜疫病的病原是荔枝霜疫霉菌（*Peronophythora litchii* Chen ex Ko et al.）（图 11-10），荔枝霜疫霉属于藻物界、卵菌门、卵菌纲、霜霉目、霜疫霉科、霜疫霉属（*Peronophythora*），霜疫霉科仅有 1 属 1 种。荔枝霜疫霉无性态为孢囊梗和孢子囊，孢囊梗呈二叉状分枝，于末端小分枝同时形成孢子囊。孢子囊成熟脱落后，若湿度大则从末端分枝上再产生次级的孢囊梗，此情形可发生多次，即孢囊梗为多级有限生长。孢子囊柠檬形，大小为 31～35 μm×18～21 μm，有乳突并有短而小的柄。孢子囊不易被风吹散，但遇水后立即脱落。孢子囊遇水萌发，其萌发方式有直接萌发和间接萌发，直接萌发产生芽管，间接萌发释放游动孢子，1 个孢子囊可产生 5～14 个游动孢子。游动孢子肾形，侧生双鞭毛，萌发产生芽管而后长成菌丝。该菌为同宗结合，在完全黑暗或黑暗与光交替的条件下均可产生有性器官，藏卵器球形，无色，雄器近卵圆形，为侧生或者穿雄生。卵孢子球形，无色至淡黄色，直径 19.2～32.5 μm。

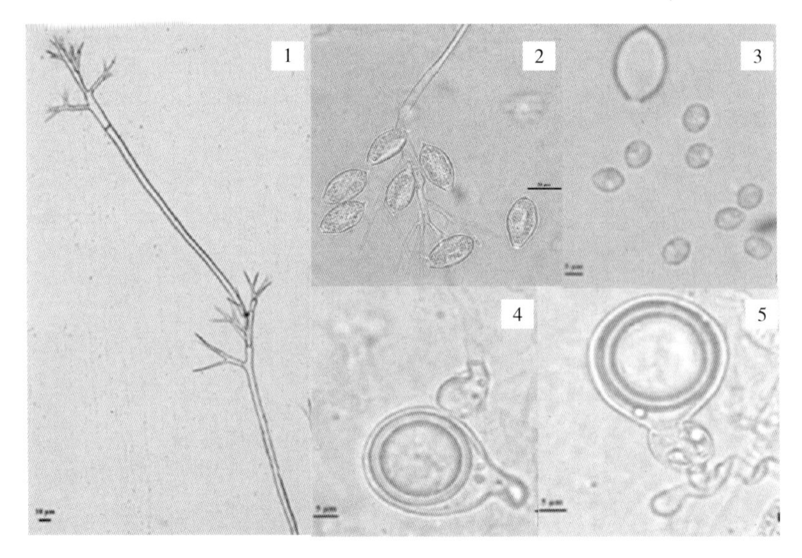

1. 孢囊梗；2. 孢子囊；3. 游动孢子；4、5. 卵孢子

图 11-10 荔枝霜疫霉菌（张荣、徐丹丹、姜子德 提供）

3. 发生流行规律

病原菌以卵孢子的形式在落花、落果及患病的果柄及小枝上越冬。翌年春季，气温升高、降雨量加大时，卵孢子萌发形成孢子囊，孢子囊遇水立刻脱落，萌发释放游动孢子，游动孢子随风雨传播，侵入为害寄主叶片、花穗和果实，形成大量的孢子囊和游动孢子，成为次侵染源，此时，只要连续数天阴雨天气便可能造成该病害流行。

侵染过程短、再侵染频繁是该病在主产区经常普遍发生和严重流行的主要原因。荔枝霜疫病的发生和流行依赖于温度和露时，高湿度是引发该病的首要条件。温度 25～30℃时，病菌侵入果实后 1 d，在病斑上便产生孢子囊（病菌的繁殖体）。温度、露时及其交互作用，可显著影响荔枝霜疫霉孢子囊的萌发及寄主发病的严重度，并随着露时的延长而逐渐升高。在温度为 25℃时，孢子囊萌发率达到最高，侵染荔枝果实发病最重。凡已经感病的果园，若连续下几天雨，该病就会严重暴发。

4. 防控措施

（1）修枝清园。秋冬修剪后，及时喷施氧氯化铜悬浮剂等保护性药剂 1～2 次，以保证秋梢和结果母枝的健康生长，减少初侵染菌源。

（2）合理施肥。以有机基肥为主，化肥为辅，增施磷、钾肥，避免偏施氮肥，保证土壤疏松，秋冬防旱，雨季防止果园积水。

（3）花蕾期至成熟期喷施药剂。根据当地的天气情况及果园病害的发展情况，在荔枝花蕾期、开花期、小果期、中果期、转色期各喷药剂 1～2 次，连续喷 3～5 次。注意有效药剂的交替使用，以防止或延缓抗药性的产生。果实成熟期是防治关键时期，应密切注意天气变化，如可能连续下雨，则应抢晴喷药。防治荔枝霜疫病的药剂有：烯酰吗啉（安克）可湿性粉剂，吡唑醚菌酯（凯润）乳油，双炔酰菌胺（瑞凡）悬浮剂，烯酰吡唑酯（凯特）水分散粒剂，嘧菌酯（阿米西达）悬浮剂，精甲霜·锰锌（金雷多米尔）水分散粒剂，唑酯·代森联（百泰）水分散粒剂。在花蕾期至果实成熟期发生荔枝霜疫病的同时，荔枝炭疽病也极易发生流行，因此应注意两种病害的同防同治。

三、荔枝炭疽病

1985 年后，我国各荔枝产区陆续有发生荔枝炭疽病（Litchi anthracnose）的报道，该病逐渐受到重视。该病在各荔枝产区发生较为普遍，树势弱的幼树和立地条件差的老树发病往往严重。荔枝炭疽病侵害嫩梢、叶片、花穗、枝条和幼果，尤其侵害接近成熟或成熟的果实，造成枯梢、落叶、落花、落果、枯枝及果实成熟期大量烂果和落果，也是造成贮运期间果实腐烂的重要病害。

1. 症状

叶片感病后，在叶片上形成圆形或不规则褐色病斑，或在叶尖、叶缘产生黄褐色病斑并向基部扩展，后期汇合成灰色的大斑块，病部与健部界线分明，病斑上着生许多黑色小粒（病菌的分生孢子盘）。花穗感病后，花梗和穗梗出现褐色病斑，然后变褐干枯，造成大量落花。枝梢感病后，在枝条上形成暗褐色病斑，严重时形成环状病斑，造成枝梢回枯，夏梢发病最重，春梢次之，秋梢相对较轻。坐果期幼果感病后，在果皮上出现褐色小斑，逐渐扩展为圆形褐斑，引起早期落果；成熟或将近成熟的果实极易感病，常发生于果实端部，病斑圆形、褐色，边缘棕褐色，湿度大时在病斑中央常产生橙红色黏质小粒，即病原菌的黏分生孢子团，造成裂果和烂果，严重时整个果实腐烂变质。荔枝炭疽病的症状见图 11-11。

1、2. 受害叶片；3、4. 受害果实；5. 受害花穗、枝梗

图 11-11 荔枝炭疽病症状（何平、刁平根、姜子德 提供）

2. 病原

荔枝炭疽病的病原是胶胞炭疽菌[*Colletotrichum gloeosporioides*（Penz.）Penz. & Sacc.]，胶胞炭疽菌是一个复合种，包括了数个分子系统发育种，可为害荔枝地上各个部分。该菌属于子囊菌，但常见到其无性态。无性态的分生孢子盘初埋生于病部表面组织下，成熟时突破表皮。分生孢子梗无色，圆柱形。分生孢子无色，单胞，长椭圆形或圆柱形，内含 2 个油球。分生孢子萌发时常产生附着胞。

3. 发生流行规律

荔枝炭疽病的初侵染源为树上的或落到地面的病叶等病残体，以菌丝体和分生孢子在病组织内越冬。翌年春季，病部越冬及新产生的分生孢子经风雨或昆虫进行传播，其中以雨水传播为主，贮运期为病健果接触传播。有凝聚水时分生孢子萌发产生附着胞和侵染丝，侵入组织直接产生病斑，或潜伏侵染、后期才表现症状。荔枝炭疽病在 4～11 月均可发生，发病温度为 13～

38℃，在22～29℃时若阴雨连绵则易发生流行。遭遇大风(如台风)或有荔枝蝽等害虫为害时，造成大量伤口，将有利于病菌的侵入和传播，会加重发病。管理粗放、种植过密、树势衰弱的果园发病更重。

4. 防控措施

荔枝炭疽病具有明显的潜伏侵染的特性，应尽早采用预防措施防控其为害。

(1)加强栽培管理。增施有机肥和磷、钾肥，进行松土、培土，以增强树势，提高抗病力。

(2)搞好果园卫生，减少菌源。冬季结合修剪，剪除枯梢、病虫枝和病叶，清除地面枯枝、落叶和烂果，集中烧毁或深埋，以减少初侵染源。

(3)药剂保护。荔枝花穗期和幼果期是防控该病害的关键时期，可用药剂有代森锰锌、咪鲜胺(施保克)、咪鲜胺锰盐(施保功)、苯醚甲环唑(世高)、唑酯·代森联(百泰)、吡唑醚菌酯(凯润)等。也可结合防治荔枝霜疫病同时进行。

四、荔枝麻点病

荔枝麻点病(litchi pepper spot)在荔枝品种桂味上极为常见，在广东、广西的不同荔枝产区常被称为“鸭头绿”“黑点病”“青鸡头”，具该病状的病果也被称为胡须桂味。澳大利亚和我国台湾省分别于2002年和2017年对该病有鉴定，而将病原菌接种到田间荔枝果实上表现出相同的自然发病症状，则是近年由我国大陆完成。该病虽不导致果实腐烂，但在果实表皮的果肩部分会形成芝麻状黑点，甚至整个果面变黑，严重影响果实的商品价值，其售价比正常果低10%～50%，甚至无人收购。

1. 症状

荔枝麻点病侵染荔枝果实，一般是先在果蒂、果肩部位形成褐色至黑色芝麻点状小斑点，斑点直径约1 mm或更小。随着病情的发展，小斑点会逐渐增多，直至遍布整个果面，严重时聚集成大块黑斑，造成几乎整个果面变黑，但不引起果皮和果肉腐烂。在荔枝果实转色期或成熟期，病斑周围的果皮常常保持绿色而不转色，因此有的地方称该病为“鸭头绿”或“青鸡头”。通常果实背阴面的斑点比向阳面的斑点多，树冠下部果实比树冠上部果实发病重，内膛果实比树冠表面果实发病重。此外，荔枝麻点病还为害荔枝叶片，同样产生褐色至黑色麻点状小斑点。荔枝麻点病的症状见图11-12。

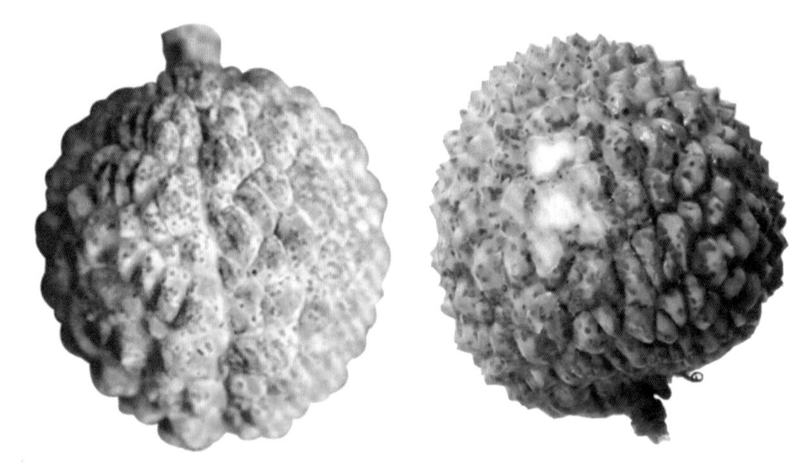

图 11-12 荔枝麻点病为害果实症状

2. 病原

荔枝麻点病的病原是暹罗刺盘孢（*Colletotrichum siamense* Prihast.，L. Cai & K. D. Hyde），菌落边缘完整，气生菌丝棉絮状，浓密，白色至灰白色，背面白色。分生孢子梗无色透明，分枝或不分枝。产孢细胞无色透明，圆柱形，瓶体延伸型，产孢口平周加厚明显。分生孢子无色透明，光滑，无隔膜，直圆柱形，有时一端渐尖，大小为 14.2～15.6μm×4.8～5.2μm。附着胞褐色至暗褐色，卵圆形、椭圆形、棍棒状或不规则，偶尔有分隔，顶端渐尖，边缘完整，偶尔圆锯齿状或瓣状，大小为 10.6～11.3μm×5.7～6.9μm。

3. 发生规律

荔枝麻点病的初侵染源为树上或落到地面的病叶等病残体，以菌丝体和分生孢子在病组织内越冬。翌年春季以分生孢子经风雨或虫媒等进行传播。有凝聚水时分生孢子萌发产生附着胞和侵染丝侵入组织，有的直接产生病斑，有的潜伏 2～3 周后才表现症状。荔枝麻点病主要为害幼果到近成熟果，病、健果叶间经接触或雨水传播引发再侵染。高温高湿有利于病害的发生和流行；果树出现大量伤口时有利于病菌的侵入和传播，将加重发病；管理粗放、种植过密、树势衰弱的果园发病更重。在品种方面，桂味发病最重，糯米糍、怀枝、黑叶、鸡嘴荔和禾荔上也有发生。

4. 防控措施

荔枝麻点病具有明显潜伏侵染的特性，应尽早进行防控。若果园往年常发生麻点病且为害较重，建议提早进行防控，具体做法是：在幼果期，即果实分单后 10～15 d，喷施 1 次杀菌剂进行预防；见有少数果实出现麻点症状，即发病初期，喷施第 2 次，间隔 10～15 d 再喷施第 3 次。可选杀菌剂有吡唑醚菌酯、吡唑醚菌酯·代森联、咪鲜胺、苯醚甲环唑·嘧菌酯和多菌灵·代森锰锌。

五、荔枝干腐病

荔枝干腐病(litchi stem rot)是近年来荔枝生产上发生的一种重要病害，主要为害成年结果树的主干和大枝。荔枝干腐病在广东、广西和海南等地的少数荔枝果园有发生，严重的病株率可达 30%以上，发病后期可导致整株枯死。少数果园在结果小年疏于管理，导致该病由次要病害转为主要病害，应引起高度重视。

1. 症状

荔枝干腐病为害荔枝树的主干和大枝，病灶常出现于嫁接口、环割、环剥部位及大枝的分杈处，病程时间较长，自病灶出现到整株枯死一般历时 2～3 年。发病初期，在病株主干或大枝上可见水渍状暗褐色病斑，此时病部尚未皲裂；随着病情的发展，病部稍凹陷且树皮出现皲裂，有的病部则有深色黏胶液体渗出，刮开病灶皮层可见韧皮部呈暗褐色至黑色溃烂，木质部呈红褐色坏死，此时树冠叶色稍褪绿、叶片比正常的小且数量减少；后期落叶、枝枯，直至最后整株枯死。荔枝干腐病的症状见图 11-13。

2. 病原

荔枝干腐病的病原目前鉴定到 2 种真菌，即可可毛色二孢[*Lasiodiplodia theobromae* (Pat.) Griffon & Maubl.]和多隔镰孢菌(*Fusarium decemcellulare* Brick)。

可可毛色二孢属于子囊菌门、葡萄座腔菌属，是葡萄座腔菌(*Botryosphaeria rhodina*)的无性态。该菌菌落初期为灰白色，气生菌丝短而密集，随后变为黑色，气生菌丝长并纠结为棍状，后期产生子座。子座为棍棒状，顶端有乳突状突起，可从中分泌出透明液体。分生孢子器集生子座内，黑褐色，内生侧丝。全壁芽生式产孢。分生孢子椭圆形，早期无色，单细胞；老熟时变暗褐色，孢壁厚，表面具纵条纹，中间有 1 个横隔膜。

多隔镰孢菌属于子囊菌门、白丛赤壳属，是硬丝白丛赤壳菌(*Albonectria rigidiuscula*)的无性态。该菌在 PDA 平板上菌落初期为绒毛状，中央红色，外缘白色，菌丝密集；随着菌落生长，菌丝逐渐变短减少，于菌落中央产生灰黄色黏孢团；后期菌落呈红色，菌丝平伏，外缘产生大量黄色黏孢团。瓶体式产孢，可产生大型和小型 2 种分生孢子。大型分生孢子无色，镰刀形或弯月形，有 6～7 个隔膜，易结成黏孢团；小型分生孢子无色，椭圆形或梭

1. 初期病灶；2、3. 病部树皮皲裂隆起；4、5. 树皮及木质部褐色坏死；6. 即将枯死的植株

图 11-13 荔枝干腐病的为害症状（孙海滨、刁平根、姜子德 提供）

形，多单胞。

3. 发生规律

荔枝干腐病主要为害成年树的主干和大枝等部位，潜伏期长，树皮粗糙厚实，显症不明显，随着初侵染源菌在侵入处的不断扩展为害加重。环境温、湿条件适宜时，病原菌在越冬后的病树干或病枝上萌发菌丝体和分生孢子，借风雨或随操作工具等传播到健康植株伤口处，经萌发侵入导致该病害扩散。

荔枝干腐病的发生和流行与果园的温、湿度条件密切相关，春夏多雨季节容易发病。可可毛色二孢的菌丝在 15～40℃的温度均能生长，最适温度为 28～30℃。多隔镰孢菌菌丝的适生温度为 15～35℃，最适温度为 28～30℃。大年结果多致树势减弱，若小年结果少甚至不结果而疏于管理，则果园发病重。主干或主枝上因环剥或环割等农事操作造成损伤多的荔枝树，发病重。

4. 防控措施

(1)农业措施。多施有机肥，增强树势。大年可通过疏花疏果控制挂果数量，这样既提升了荔枝果品的质量，又不至于因挂果太多而过分消耗树体营养导致抗病能力降低；小年也应进行正常的修剪、施肥和病虫害防治等果园管理，以维持较强的树势。对环割、环剥等造成的伤口应及时喷药保护，以减少病菌从伤口侵染。秋冬季要及时清理果园的残枝落叶，以减少病菌的初侵染来源。

(2)药剂防治(图 11-14)。苯甲丙环唑、异菌脲、腐霉利为防治荔枝干腐病推荐的杀菌剂。先用具吸水力的纤维布包裹病灶，再以适宜浓度的杀菌剂喷湿包裹病灶的纤维布。若人力充足，可在包裹病灶的纤维布的外面再包裹塑料薄膜，用合适的器具自上部灌药液直至湿透包裹的纤维布。也可用手持电锯去除病部已暗褐色溃烂的树皮和已呈红褐色坏死的木质部，然后涂抹药剂。为保证防效，至少应施药 2～3 次，施药间隔 10～15 d。

1. 向缚布的荔枝树基部喷药；2. 在发病主干缚布；3. 在发病部位缚布并外包塑料膜

图 11-14　荔枝干腐病的药剂防治（廖美敬、徐华福 提供）

六、荔枝酸腐病

荔枝酸腐病(Litchi sour rot)在我国荔枝产区均有发生。该病为害成熟的果实，多从伤口开始发病，由于蒂蛀虫、蝽象常在蒂部为害造成伤口，故多先从果蒂发病。

1. 症状

病部初褐色、后暗褐色，逐渐扩展直至全果变褐腐烂，内部果肉酸臭，果壳硬化。后期造成落果、烂果，果实腐败流水，发出酸臭味。湿度大时在病果表面形成白色霉层。荔枝酸腐病的症状见图 11-15。

1. 受害的荔枝果实；2. 受害荔枝果实内果皮

图 11-15 荔枝酸腐病为害荔枝果实的症状（何平、刁平根、姜子德 提供）

2. 病原

荔枝酸腐病的病原是白地霉(*Geotrichum candidum* LK. ex Pers.)，属于子囊菌门、酵母菌纲、双足囊菌科、地霉菌属。菌丝白色，分枝，多隔膜，通过菌丝断裂形成串生的节孢子，起初短圆形，两端平截，后迅速成熟，呈矩圆形或近椭圆形，单胞，无色，大小为 8.5～12.9 μm×2.4～4.5 μm。

3. 发病规律

病原菌在病果和土壤中越冬。当翌年荔枝果实近成熟时，在高温多湿的条件下，病原菌将产生大量的分生孢子。分生孢子借助风雨和昆虫传播并侵染果实发病。发病后产生大量分生孢子进行再侵染。5～7 月发生较多，生理性裂果的果实尤易发生。蝽象和蒂蛀虫等为害造成的伤口、果实成熟期果皮破损极易诱发此病。贮运过程中，健果与病果接触利于传染发病。

4. 防治技术

冬季清园时清除地下落果，减少病原。在果实近熟期注意防治荔枝蝽象、蒂蛀虫等，贮运过程中尽量避免压伤和机械损伤。采后用双胍盐或抑霉唑加 2,4-D 浸果处理。

七、荔枝藻斑病

荔枝藻斑病(Litchi algal leaf spot)是发生较为普遍的荔枝病害之一，发病严重时影响树势。一般情况下对荔枝生产影响不大。该病分布范围广，广东、广西、海南、福建、台湾、云南和四川等地的荔枝产区均有发生，泰国和印度也有发生。

1. 症状

荔枝藻斑病主要为害荔枝的成熟叶片，幼龄树较少发生，成年树发病较多。该病在荔枝叶片正面产生褐色、暗褐色或黑色病斑，初期病斑大小不一，

菌、真菌、病毒、线虫、原生动物、类菌原体等微生物来防治病虫害，利用捕食性鸟类来防治有害生物。生物防控的特点是：既能有效地控制害虫，又不污染环境，无残毒，对人畜安全，对病虫害有较长期的控制作用。

荔枝病虫害的综合防控应提倡“以农业防治为基础，物理防治、生物防治及科学精准应用高效、低毒、低残留农药防治为主要内容，协调生防和化防的关系，保护天敌，发挥天敌自然控制多种害虫的作用，使病虫害种群控制在经济损失水平以下”的综合防控措施。

一、利用天敌防控荔枝主要害虫

1. 麻纹蝽平腹小蜂防控荔枝蝽

麻纹蝽平腹小蜂(*Anastatus fulloi* Sheng and Wang)的成虫将卵产于荔枝蝽的卵内(图 11-18)，孵化后幼虫吸食荔枝蝽卵的卵液，消灭荔枝蝽于卵期。麻纹蝽平腹小蜂在荔枝蝽的卵内发育完成后羽化出成虫，可继续寄生更多的荔枝蝽卵。麻纹蝽平腹小蜂的成虫寿命长达 20 多天，防治荔枝蝽持效期长。连续 10 多年的人工放蜂结果表明，荔枝园释放麻纹蝽平腹小蜂能显著控制荔枝蝽的发生，平均寄生率约 85%，而未人工放蜂的果园通常在 10%以下。放蜂果园荔枝蝽的数量明显下降。

(1)适期放蜂。荔枝花蕾期和开花期是荔枝蝽产卵期(广州地区始发于 3 月初)，此时释放第 1 批麻纹蝽平腹小蜂，先寄生消灭第 1 批荔枝蝽卵；3 月底至 4 月初为荔枝蝽产卵高峰期，此时释放第 2 批麻纹蝽平腹小蜂，加上第 1 批蜂的后代，便有足够的蜂量寄生消灭荔枝蝽产卵高峰期产的卵。

预测早春荔枝蝽产卵期的方法是：从 2 月初开始，每隔 5 d 在田间捉 10 头荔枝蝽雌成虫，剖开腹部检查卵粒情况，如卵粒像正常产出一样大，田间便会有产出的卵，此时可放第 1 批蜂。

(2)放蜂方法和放蜂量。放蜂前需了解荔枝园内荔枝蝽的密度。若荔枝蝽越冬后成虫数量较多(＞20 头/株)，需喷 1 次药剂来压低荔枝蝽的虫口密度。

图 11-18　麻纹蝽平腹小蜂寄生荔枝蝽卵(李敦松、张宝鑫 摄)

喷药应在开花前进行，可选用敌百虫 800 倍液，兼杀其他越冬害虫，喷药后 7 d左右便可释放麻纹蝽平腹小蜂。

15 年以上的大树，每批每树放蜂 400～500 头；10 年以下的树，每批每树放蜂 300 头即可。放蜂时把蜂卡挂在离地面 1 m 以上、树体中下部荫蔽处直径 1 cm 以下的枝条上，或用订书钉钉在叶片上，有卵的一面向下背光(图 11-19)。如要延长麻纹蝽平腹小蜂的寄生时间，以覆盖更长的荔枝蝽产卵周期，可以增加释放次数，如释放 3 次。麻纹蝽平腹小蜂的释放数量依批次按 1∶2∶1进行分配，如第 1 次每树释放 200 头，第 2 次每树释放 400 头，第 3 次每树释放 200 头。

撕开直接挂到枝条上

用钉书钉钉到叶片上

图 11-19　田间释放麻纹蝽平腹小蜂(张宝鑫 摄)

(3)配合使用化学农药。每年的 3～5 月，每隔 3～5 d 要巡视果园 1 次，如果放蜂量不够，残余的少量荔枝蝽若虫可能造成较大的危害。如果荔枝蝽若虫或其他害虫仅在荔枝园中的少量树上有零星分散，可用低毒、低残留且对麻纹蝽平腹小蜂杀伤力小的农药如敌百虫 800 倍液进行挑治，即用药液喷洒有虫的树而不是全园喷药，这样既省药省钱，还保护了麻纹蝽平腹小蜂。

(4)放蜂效果调查。荔枝蝽每年从 2 月底或 3 月初开始产卵，4 月是产卵高峰期，5 月以后产卵量开始下降，6 月产卵量已大量减少、难以找到卵块。因此，在释放麻纹蝽平腹小蜂后，可于 4 月上、中旬在放蜂区随机采 30～50 块荔枝蝽卵，分析放蜂效果。采卵时注意重点采已发育(变红)和已寄生(暗黑色)的卵，新鲜产的卵(发绿)可做个标记，5 d 后再采集。

将采集的荔枝蝽卵放在玻璃管内，用纱网封口并写明采集日期，放在 26℃的人工气候箱内孵化。5～10 d 后可以看到有荔枝蝽若虫孵出或麻纹蝽平腹小蜂成虫羽化。15 d 后取出荔枝蝽卵检查，卵上有 1 个孔或多个孔的是被麻纹蝽平腹小蜂寄生过的卵，卵上没孔、裂开的是孵化出荔枝蝽的卵。寄生过的卵数除以调查的总卵数，就是寄生率。寄生率在70%以上的防治效果良好。

(5)注意事项。拿到蜂卡后要尽快释放。勿将蜂卡挂在直径2 cm以上的粗枝条上，以防老鼠爬上去吃掉卵粒。放蜂前蜂卡应存放在通风阴凉处，勿与农药、肥料等混放，还要防止被老鼠等动物取食。

2. 赤眼蜂防控荔枝鳞翅目害虫

释放赤眼蜂可以有效防控荔枝鳞翅目害虫。

(1)使用方法。赤眼蜂产品常以纸卡、纸袋、塑料盒(或纸盒)、塑料球(或纸球)(图11-20)的形式进行包装，以便于果园释放。释放时，可将放蜂器挂在植株中、下部阴凉处，或钉在叶片上，或直接扔到果园地面。利用无人机释放赤眼蜂是一种新兴的放蜂方法(图11-21)(李敦松等，2013)。

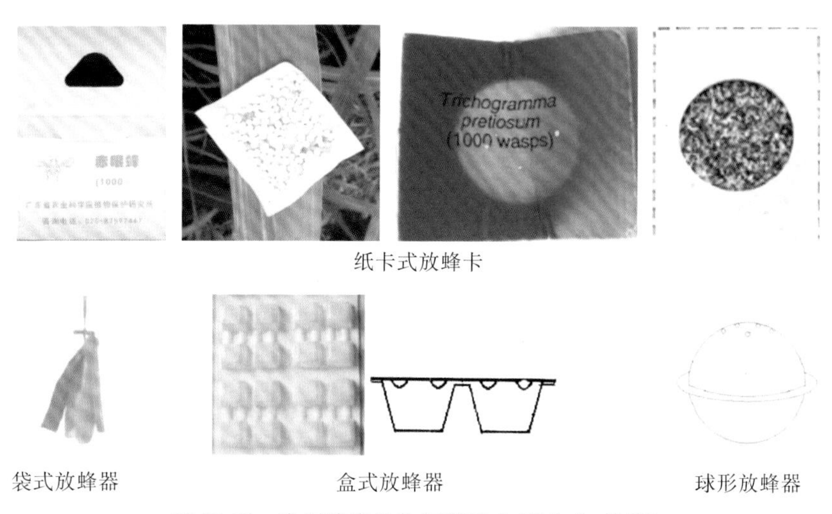

图11-20 赤眼蜂产品的包装形式(张宝鑫 提供)

最好选择晴天或阴天放蜂。夏季高温时应尽量选择在傍晚放蜂，以避免强日光直接晒到蜂卡，这样可以有效地提高赤眼蜂的田间存活率和防治效果。加强田间成虫监测，发现有成虫时即可开始释放赤眼蜂，每代害虫放蜂2～3次，每次间隔3～5 d。

(2)注意事项。赤眼蜂产品不能久放，要按指定日期释放。释放前，赤眼蜂产品应放置在凉爽通风处，勿近农药及高温，要防止被老鼠和蚂蚁吃掉。喷洒药剂后7～10 d才能放蜂，放蜂后禁喷农药，只有在放蜂效果不佳的情况下才能使用农药补救。

图 11-21 无人机释放赤眼蜂(李敦松 摄)

二、用于荔枝病虫害防控的生物农药

生物农药是指利用生物活体或生物代谢过程中产生的具有生物活性的物质，或从生物体中提取的具有农药作用的物质。作为防治农林作物病虫草鼠害的农药，分为微生物农药、植物源农药、生物化学农药、抗生素农药、天敌生物、转基因生物等不同种类(刘晓漫等，2018)。

1. 苏云金芽孢杆菌

苏云金芽孢杆菌(*Bacillus thuringiensis*，Bt)是革兰氏阳性菌，广泛存在于土壤、水、昆虫尸体、树叶、食虫类哺乳动物和人体坏死的组织中，其主要杀虫成分是伴孢晶体中的毒素蛋白。苏云金芽孢杆菌是目前世界上用途最广、开发时间最长、产量最大、应用最成功的微生物杀虫剂，占生物防治剂总量的95%以上(喻子牛，2003)，它可用于防治荔枝、龙眼上的巢蛾、尺蠖，对荔枝蒂蛀虫有较好的控制作用(陈炳旭等，2011)。

注意事项：于害虫卵孵化初盛期、低龄幼虫期或发生高峰期施药；施用期一般比使用化学农药提前2～3 d；大风天或预计1 h内有降雨时请勿施用；不能与内吸性有机磷杀虫剂或杀菌剂混合使用。

2. 阿维菌素

阿维菌素(Avermectin)的作用机理是胃毒和触杀作用，主要是胃毒作用。当害虫咬食或虫体接触阿维菌素药剂后，药剂可通过口腔、爪垫、足节窝和体壁等器官或部位进入害虫体内，阻断无脊椎动物的神经传导系统，使其中央神经系统的信号不能被运动神经元接收，产生麻痹而造成死亡。阿维菌素药剂具有使用范围广、广谱、药效好、选择性好等优点，其致命缺点是降解快(王广成等，2006)。阿维菌素药剂可用于防治荔枝、龙眼上的茶尺蠖，对荔枝蒂蛀虫有较好的控制作用(陈炳旭等，2011)。

注意事项：阿维菌素对蜜蜂、鸟、鱼、蚕、蚯蚓、水蚤有毒，使用时密切关注对附近蜂群的影响，鸟类保护区附近禁用，水产养殖区、河塘等水体附近禁用，蚕室及桑园附近禁用，周围开花植物的花期禁用，不能与碱性物质混用。

3. 春雷霉素

目前用于荔枝病害的生防制剂主要是抗生素农药春雷霉素，多和王铜混配，用于防治荔枝霜疫霉病。春雷霉素内吸渗透到作物体内杀死已侵入的病原菌起治疗作用，王铜则是无机铜保护性杀菌剂，在一定湿度条件下释放出铜离子起杀菌防病作用。

注意事项：在荔枝小果期时喷第1次药，之后每隔7～10 d喷药1次。喷药以使叶面、果实湿润为度。施药次数和用药量视荔枝生育期、病情发生程度及天气情况而定，每季荔枝最多施药3次，安全间隔期为荔枝收获前7 d。不能与强碱性农药混用。要远离水产养殖区施药。赤眼蜂等天敌放飞区禁用。

4. 其他生防制剂

近年来，国内应用不断发展的生物技术筛选抗荔枝霜疫霉和荔枝炭疽菌的活性物质，并进行开发利用的尝试，大部分项目停留于活性初筛阶段。如枯草芽孢杆菌(*Bacillus subtilis*)发酵液对离体荔枝鲜果上的霜疫霉菌和炭疽病菌有一定的抑制作用(黄庶识等，2011)，枯草芽孢杆菌BS-2、解淀粉链芽孢杆菌TB2和枯草芽孢杆菌TL2菌株对荔枝霜疫霉有明显的抑制作用(蔡学清等，2008)。从土壤中分离到的能拮抗荔枝霜疫霉的链霉菌的发酵液中分离得到2个活性成分Leptomycin A和Leptomycin B，对荔枝霜疫霉均显示出较强的抑制作用(王继栋等，2002)。

发现植物源抑菌活性物质也对荔枝病原菌有作用，相关研究尚在室内筛选测定阶段。如丁香、细辛、黄柏、苦参和花椒的乙醇提取物对荔枝霜疫霉菌有较强的抑菌活性，其复配物对抑制荔枝霜疫霉菌菌丝生长具有增效或相加作用；3种植物提取物丁香酚、小檗碱、苦参碱对荔枝霜疫霉均具有抑菌活性(曾令达等，2016，2017)。

三、荔枝病虫害的综合防控策略

1. 农业措施

通过间伐、回缩、修剪、清园等措施营造通风透光的果园。重施基肥，增施有机复合肥或充分腐熟的有机肥，增强树势。强化水肥管理，攻放秋梢保证抽发整齐，便于统一施药。控制冬梢抽生，既有利于次年花芽的抽出，又可控制瘿螨、蒂蛀虫等在冬梢上生长繁殖，切断其适宜的食物，减少越冬虫源。保留和种植苜蓿、白花草、藿香蓟等牧草和良性杂草，改善果园生态环境，提高生物多样性指数，促进天敌栖息繁殖(陈广全等，2015)。冬季用氧氯化铜或波尔多液喷射荔枝树的冠、枝、茎基部和地面土壤，以防治荔枝霜疫霉病和炭疽病越冬病菌，减少早春发病的病原菌。

2. 物理防控

灯光诱杀害虫(图 11-22)是最常用、最有效的物理防控措施。选择合适的杀虫灯吊挂在电线杆或牢固的物体上，每 2～3 hm^2 悬挂 1 盏灯，灯间距离 180～200 m。根据树龄设置高度，一般离地面 1.5～1.8 m。诱虫灯呈棋盘式分布，最好布局在果园外围，顺杆布线便于维护。亮灯时间根据害虫的发生而定，一般为 5 月初至 10 月下旬，主要诱杀金龟子、天牛、卷叶蛾、尺蠖、叶瘿蚊、荔枝小灰蝶和夜蛾等。诱集到的害虫还可以喂鸡、喂鱼。不宜长期和整夜开灯，这样既不经济、也不环保。

图 11-22 灯光诱杀害虫(李敦松 摄)

有些果园利用隔离网防虫，效果也不错。具体做法是：沿着果园周围布设高 5 m、40 目的防虫网。防虫网可以防止其他果园害虫的迁入，避免果园之间防治水平不一而相互干扰防治效果。

3. 生物防控

(1)利用天敌杀虫。利用麻纹蝽平腹小蜂防控荔枝蝽，利用赤眼蜂防控鳞翅目害虫，可以减少化学杀虫剂的使用，保护瓢虫、草蛉、鸟类及捕食螨等天敌。

(2)利用生物制剂防控病虫害。应用阿维菌素、苏云金杆菌、木霉菌、印楝素等微生物和植物源制剂防治荔枝尖细蛾、炭疽病和荔枝蒂蛀虫等病虫害。

(3)利用性诱剂诱杀蛾类害虫。利用性诱剂诱杀雄性蛾类，降低害虫的雌、雄交配率，减少产卵量，能够大大降低农药的使用量。使用时，将装有性诱剂的诱捕器固定在荔枝树的横枝上，高度约为 1 m(图 11-23)。每个诱捕器可以控制 0.6～1 hm^2的面积(陈广全等，2015)。

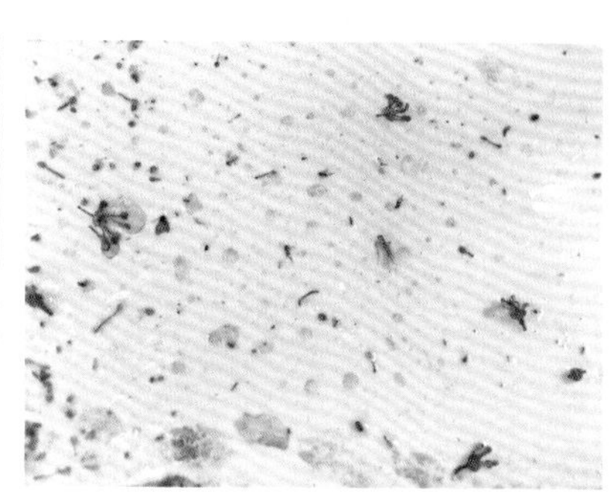

图 11-23　利用性诱剂诱杀害虫(赵灿 摄)

4. 化学防控

化学药剂仍然是荔枝病虫害防控的重要手段，尤其是在害虫暴发和病害流行时。化学防控一定要做到科学、精准，因此，必须做好病虫的预测预报，掌握病虫害的发生规律。特别是要做好对主要病虫害发生动态的调查和监测，在最易防控的时候进行防控。如花蕾和幼果期以荔枝蝽、霜疫霉病、瘿螨为主要防治对象，果实膨大期主要防治蒂蛀虫，果实成熟期主要防治霜疫霉病和炭疽病，秋梢期主要防治食叶性的卷叶蛾类、尺蛾类害虫。

使用农药应遵守“优先使用生物农药，精准使用高效、低毒、低残留的化学农药”的原则，尤其是杀虫剂，必须杜绝按时间用药和顺带用药。化学防控要做到既能有效地防治病虫害，又能将药剂对果品和环境的污染减到最小。防控操作上应推广选用先进高效的施药器械，改进施药方法，提高精准施药的技术水平，做到精喷量、少污染和高功效。交替轮换用药可以延缓病虫的抗药性。应严格遵守农药使用的安全间隔期，提高安全用药水平(陈广全等，2015)。

参考文献

[1]蔡学清，林娜，陈炜，等．荔枝霜疫霉的生防菌株与化学制剂的筛选[J]. 福建农林大学学报(自然科学版)，2008，37(5)：463-468.

[2]曾令达，陆飞莹，宋冠华，等．丁香酚、小檗碱及苦参碱对荔枝霜疫霉的抑制作用[J]. 广东农业科学，2017，44(5)：106-111.

[3]曾令达，彭惠莲，宋冠华，等．5 种植物乙醇提取物及其复配物对荔枝霜疫霉菌的抑菌

活性[J]. 南方农业学报，2016，47(8)：1332-1337.
[4]陈炳旭，张英杰，董易之，等．荔枝蒂蛀虫生物防治研究进展[J]. 果树学报，2011，28(3)：493-497.
[5]陈广全，姜子德，朱焱宗，等．荔枝病虫害综合绿色防控技术[J]. 中国热带农业，2015(3)：42-45.
[6]陈厚彬．荔枝产业综合技术[M]. 广州：广东科技出版社，2010.
[7]郭予元，吴孔明，陈万权．中国农作物病虫害[M]. 3 版，北京：中国农业出版社，2015.
[8]何平．中国荔枝真菌病害的调查与鉴定[D]. 广州：华南农业大学，2011.
[9]黄庶识，黄曦，张荣灿，等．枯草芽孢杆菌对离体荔枝果实霜疫霉病、炭疽病的防治效果[J]. 植物保护学报，2011，38(3)：247-252.
[10]李敦松，袁曦，张宝鑫，等．利用无人机释放赤眼蜂研究[J]. 中国生物防治学报，2013，29(3)：455-458.
[11]刘晓漫，曹坳程，王秋霞，等．我国生物农药的登记及推广应用现状[J]. 植物保护，2018，44(5)：101-107.
[12]刘志明，冯志新．中国植物线虫新纪录[J]. 广西农业大学学报，1995，14(2)：121-123.
[13]罗剑斌，何风，李建国，等．"紫娘喜"荔枝果皮异常褐腐生理病因初步分析[J]. 中国南方果树，2014，43(6)：71-73.
[14]彭成绩，蔡明段，彭埃天．南方果树病虫害原色图鉴[M]. 北京：中国农业出版社，2017.
[15]戚佩坤，潘雪萍，刘任．荔枝霜疫病的研究 Ⅰ．病原菌的鉴定及其侵染过程[J]. 植物病理学报，1984，14(2)：113-119.
[16]戚佩坤．广东果树真菌病害志[M]. 北京：中国农业出版社，2000.
[17]王广成，张忠明，高立明，等．阿维菌素的作用机理及其应用现状[J]. 植物医生，2006(1)：4-5.
[18]王继栋，魏孝义，朱西儒，等．荔枝霜疫霉拮抗菌株链霉菌 sp. SC120 抗真菌活性代谢物的研究[J]. 中国抗生素杂志，2002，27(5)：257-259，297.
[19]徐丹丹．基于荔枝霜疫霉病发生的病原菌生物学特性的研究[D]. 广州：华南农业大学，2014.
[20]姚丽贤，周昌敏，何兆桓，等．荔枝龙眼果实异常症状观察及矿质营养分析[J]. 中国南方果树，2017，46(4)：49-54.
[21]殷友琴，高学彪，冯志新．广东荔枝寄生线虫种类调查和鉴定[J]. 华南农业大学学报，1994，15(3)：22-27.
[22]喻子牛．苏云金芽孢杆菌制剂[M]. 北京：农业出版社，1993：66-105.
[23]张荣，陈俊巧，姜子德，等．荔枝霜疫霉游动孢子及卵孢子生物学特性研究[J]. 热带作物学报，2014，6(35)：1172-1176.
[24]张荣，徐丹丹，姜焰鸣，等．温度和露时对荔枝霜疫霉侵染发病的影响[J]. 华南农业大学学报，2020(2)：1-7.
[25]张荣．荔枝霜疫霉侵染过程研究及农业措施控制作用初探[D]. 广州：华南农业大学，2012.

[26]赵立荣，谢辉，冯志新，等．云南省荔枝树根际的两种拟鞘线虫[J]. 沈阳农业大学学报，2001，32(3)：202-205.

[27]Ko W H，Chang H S，Su H J，et al. Peronophythoraceae，a new family of Peronosporales[J]. Mycologia，1978，70(2)：380.

[28]Ling J F，Song X B，Xi P G，et al. Identification of Colletotrichum siamense causing litchi pepper spot disease in mainland China[J]. Plant Pathology，2019(68)：1533-1542.

[29]Suto Y，Ganesan E K，Wese J A. Comparative observations on Cephaleuros parasiticus and C. virescens (Trentepohliaceae，Chlorophyta) from India[J]. Algae，2019，29(2)：121-126.

第十二章　荔枝采后品质劣变生理及贮运技术

荔枝色泽鲜艳(图 12-1)、果肉晶莹、口感细滑、滋味甘甜、营养丰富，为水果中的上品，被誉为“果中之王”。荔枝也是我国在国际水果市场上最具竞争力的果品之一。但荔枝采后极不耐贮藏，素有“一日而色变，二日而香变，三日而味变，四五日外，色香味尽去矣”之说，室温下 1 天左右即开始出现果皮褐变(图 12-2)，导致商品价值下降。此外，荔枝果实冷藏后货架期特别短，在水果中也不多见。这些特性极大地限制了荔枝的销售范围和市场拓展。荔枝果实的这种不耐贮运的特性，一方面是由于其成熟于盛夏高温高湿季节，果实容易腐烂变质(图 12-3)；另一方面也与荔枝果实本身的诸多特殊性质有关。荔枝每年因果皮褐变、果实腐烂变质而造成的损失占总产量的 20%以上。

图 12-1　新鲜荔枝果皮颜色鲜红（陈维信 摄）

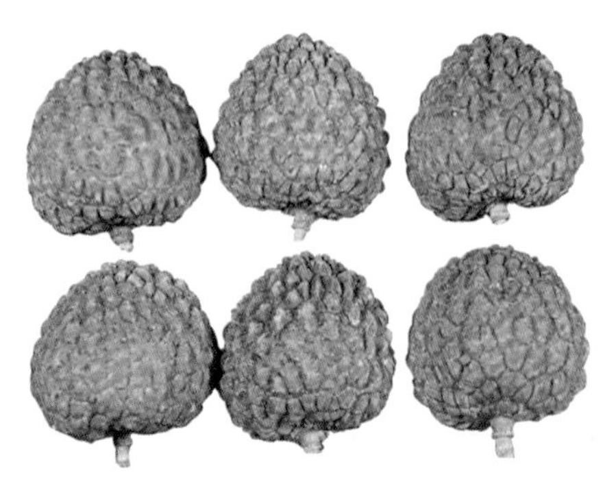

图 12-2　荔枝采后果皮褐变(吴振先 摄)

图 12-3　荔枝采后腐烂(吴振先 摄)

第一节 荔枝果实采后生理与病理变化

一、荔枝果实采后呼吸作用与乙烯释放

1. 呼吸作用与品质劣变

采收后的果实不能再从树体获得水分、养料，无法再积累营养物质，随着时间的推移，包括外观和风味在内的果实品质必然会逐渐下降。采收后的果实仍然是活着的有机体，还在进行着一系列的生命活动。呼吸作用是果实采后主要的生命活动之一。维持采后果实呼吸作用的物质基础，只能是果实本身贮存的营养物质和水分。采后果实的生命活动必然消耗果实贮存的碳水化合物、有机酸等营养物质和水分。控制采后果实的呼吸作用，使其处于一定的低水平，是荔枝贮运保鲜的核心任务之一。

荔枝是一种典型的非呼吸跃变型果实。与香蕉、杧果等呼吸跃变型果实不同的是，非跃变型果实在采收后不存在明显的呼吸高峰，不存在剧烈的淀粉转化为可溶性糖、果实风味形成的过程。荔枝果实是在其风味最佳时采收的，采后的呼吸作用会导致其风味的逐渐丧失。大量研究表明，荔枝不耐贮藏与其呼吸代谢旺盛有密切关系。荔枝果实采后的呼吸强度很高，常温下可在CO_2浓度200 mg/(kg·h)以上，低温下也有CO_2浓度60～80 mg/(kg·h)。不同品种荔枝采后呼吸强度相差较大，如较耐贮藏的桂味的呼吸强度较低，而不耐贮藏的糯米糍的呼吸强度较高(表12-1)。此外，在果实感染病原菌、逐渐腐烂变质时，其呼吸强度也会急剧增加。荔枝果实采后的呼吸强度高，将导致果肉的可溶性糖和有机酸消耗快、果实风味快速劣变；呼吸过程释放的大量热和水汽，将导致包装中心的果实温度快速提高、病原菌快速繁殖，这是荔枝果实不耐贮藏的一个非常重要的原因。

表12-1 不同品种荔枝贮藏过程中的呼吸强度　　单位：mg/(kg·h)

品种	贮藏前	贮藏5 d	贮藏8 d	
			好果	坏果
桂味	92.4±	140.8±	108.71	242.32
糯米糍	105.6±	176.0±	94.57	336.23
怀枝	134.6	153.0	76.18	198.95

数据源于吴振先等(2001)。

注：表中数值为CO_2浓度。

低温可以明显地抑制荔枝果实采后的呼吸强度。5℃时荔枝果实的呼吸强度约为25℃时的1/10。研究表明，怀枝在2～4℃条件下贮存48 h后的呼吸强度约为冷藏前新鲜果的1/9。在较长时间低温贮藏的过程中，荔枝果实的呼吸强度逐渐下降。贮藏40 d后呼吸强度很小，说明果实此时的生命活动已很微弱。因此，低温贮藏是荔枝果实保鲜的最重要方法。然而值得注意的是，冷藏后的果实移至常温环境时，呼吸强度迅速增加，果皮加速褐变，这也是荔枝果实货架期短的原因。

2. 乙烯释放与果实衰老

乙烯被公认为是果实的催熟激素或衰老激素，所有种类的果实均会形成和释放乙烯，而无论是内源乙烯还是外源乙烯都能加速果实的成熟、衰老，降低果实的耐贮藏性。荔枝属于非呼吸跃变型果实，产生乙烯的能力比香蕉、杧果等跃变型果实要低得多。采后荔枝果实的乙烯释放量始终保持在较低水平，在贮藏过程中也没有明显的乙烯产生高峰。虽然荔枝果实的乙烯产生量很少，但其所产生的乙烯主要集中在果皮中，成熟荔枝果皮产生的乙烯量为果肉和种子的86倍。因此，荔枝果皮的褐变速度快可能与其较强的乙烯合成能力有关(表12-2)。外源乙烯处理可以提高荔枝果皮的PPO和POD活性，而乙烯受体抑制剂1-MCP处理则可显著抑制PPO和POD的活性，抑制细胞膜透性的提高，延缓果皮的褐变，果皮花色素苷含量也会保持在较高的水平。但也有研究发现，无论是外源乙烯处理还是1-MCP处理，对采后常温贮藏荔枝果实的果皮褐变均没有显著影响。这可能是由于荔枝果皮的褐变太迅速，处理的效果显示不出来。在低温条件下，果实释放乙烯的能力明显下降，乙烯对刺激果实衰老的能力也很低。因此，荔枝果实采收后通过快速预冷把果实的温度迅速降下来，对于贮藏非常重要。在低温下，荔枝果实的乙烯释放受到强烈抑制，在5℃条件下乙烯的释放量很小，包装荔枝的薄膜袋内的乙烯浓度只有0.01 mg/kg，如此微量的乙烯在低温下对荔枝果实的代谢几乎没有影响。当果实转移到20℃的环境后，果实的乙烯释放量迅速上升，其变化与呼吸强度变化一致，这也是荔枝果实货架期短的原因。因此，乙烯对荔枝果实的影响主要是在出冷库后。

表12-2 怀枝荔枝种子、果肉及果皮的乙烯产率 单位：μmol/(kg·h)

果实状态	种子	果肉	果皮
青果	1.30	0.07	7.90
成熟果	0.04	0.01	4.30

数据源于江建平等(1986)。

二、荔枝果实采后营养成分的变化与品质劣变

荔枝果实富含多种营养成分，一般以果肉中的可溶性固形物、可滴定酸和维生素C的含量来判断果实营养价值的高低，同时也可用可溶性固形物与可滴定酸含量(固酸比)的比例来判断果实风味和成熟度。荔枝果实中所含的主要可溶性固形物为蔗糖、葡萄糖和果糖，其含量依不同品种和成熟度而异，如成熟时妃子笑果实中蔗糖含量为5.9 g/100g、总糖含量为17.4 g/100g，而糯米糍果实中蔗糖含量为11.7 g/100g、总糖含量为19.2 g/100g。荔枝果肉中所含的有机酸主要为苹果酸，不同品种所含的有机酸的成分和含量有明显差别。如三月红果实中所含的总酸为459 mg/100g，其中苹果酸为370 mg/100g，而鸡嘴荔果实中的总酸仅为218 mg/100g，其中苹果酸为170 mg/100g。荔枝果肉中维生素C含量较高，其含量与品种和成熟度有关。新鲜荔枝果实具有特别的清香，香气物质的含量及其相互之间的比例不同，构成了不同荔枝品种各自独特的香味。荔枝果实香气物质主要有萜类、醇类、醛类、酯类、酮类，其中萜类、醇类、醛类为荔枝香气的主体物质，香气浓郁的甜香型荔枝品种如妃子笑、怀枝，不仅芳香成分的种类丰富，而且醇类、烯类和酯类芳香组的含量也较高。不同的测定方法检测到的香气物质的种类不同，已从采后荔枝果实中鉴定出20～35种挥发性芳香化合物。

由于采后贮藏过程中的呼吸消耗，荔枝果实中糖、有机酸和维生素C的含量在贮藏过程中呈下降趋势，同时果皮中酸和维生素C的含量也在下降。这些物质含量的下降速度与品种、贮藏环境条件等因素有关。温度越高，果实中糖和有机酸含量的下降越快。低温贮藏可抑制荔枝果实的呼吸作用，减缓果实中还原糖、总糖、可溶性固形物及可滴定酸的消耗，延长贮藏期。糖和有机酸含量的下降，必然导致果实风味变淡，特别是贮藏后期开始腐败的果实，其营养成分的下降更为显著。在荔枝贮藏过程中，香气物质的损失似乎更加迅速，无论是常温贮藏还是低温贮藏，即使贮藏后从外观上和风味上(糖酸比)变化不大，但新鲜荔枝特有的香味却再难寻觅。

三、荔枝采后病害及其控制

引起采后荔枝果实腐烂的主要病害有霜疫病、酸腐病、炭疽病、青霉病等。其中炭疽病和霜疫病是我国荔枝果实采后为害最严重的病害。

1. 荔枝霜疫病

荔枝霜疫病是荔枝果实上最严重的病害，它不仅在贮运期间造成严重损

失，在田间花期和挂果期也会造成为害。采前若遇到阴雨连绵的天气，该病会造成大量落果、烂果，严重时损失可达30%～80%甚至100%。已受侵染的果实尽管采前外观看似完好，但在采后贮运过程中该病的暴发会造成严重的腐烂。广州地区4～6月，温度适中，如连续降雨数日，该病害便可流行。

症状：荔枝的幼果、成熟果、果柄、结果枝均可发病，但为害严重、造成大量损失的主要是接近成熟的果实和贮运期间的果实。成熟果受害时，多自果蒂处出现褐色的、无明显边缘的不规则病斑，潮湿时长出白色霉层。病斑扩展极为迅速，最终导致全果变褐、果肉腐烂，有酸腐味并流出褐色汁液。症状与酸腐病较难区别。

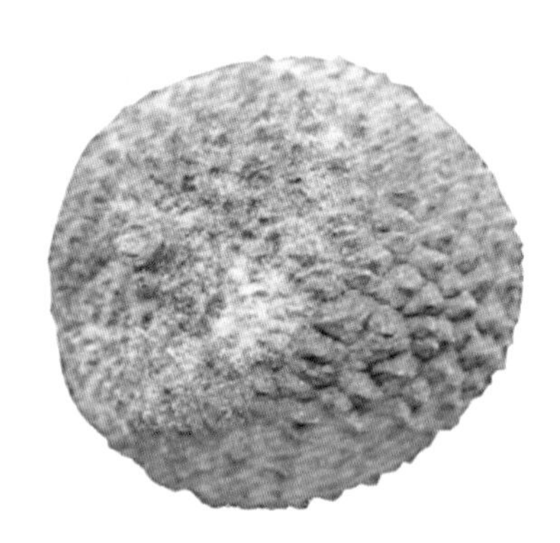

图 12-4 荔枝霜疫病症状（姜子德 摄）

病菌可在病叶和病果上越冬，翌年春末夏初产生孢子囊，借风雨传播。贮运期间的病害主要来自田间，虽外观完好但已被病菌侵入的健果，在适宜条件下继续通过接触传染。病害的发生和流行与湿度关系密切。病原菌在侵染的各个时期都要求高湿度，否则不能为害。在高湿的条件下，病原菌在11～30℃均可入侵果实，入侵果实后，最适宜的扩展温度为25℃。挂果期如遇上4～5 d以上的连续阴雨天气，该病便严重发生。在贮运期间，保湿包装有利于防止果皮褐变，但高湿环境又容易诱发严重的霜疫病。

防控方法：单靠采收后的浸药和低温环境，很难抑制荔枝贮运期间的霜疫病。防控的重点应放在采前的预防措施，主要措施有：

(1)搞好果园卫生，清除树上和地面的病果、烂果和枯枝落叶，并集中烧毁，以减少病源。

(2)开花前1周起，每隔2～3周喷1次保护性杀菌剂，共喷3～4次。杀菌剂可选25%的瑞毒霉500～600倍液、杀毒矾600倍液、80%的乙磷铝400倍液、75%的百菌清500～800倍液、70%的甲基托布津1 500倍液。或者在采前轮流喷 18.7%的烯酰·吡唑酯 1 000～1 500 倍液、71%的乙铝·氟吡胺 400～600 倍液、43%的氟吡菌酰胺·肟菌酯 1 500～3 000 倍液。

(3)采果后，可将果实立即用 500×10^{-6} 的咪鲜胺类杀菌剂药液浸泡片刻。若在防腐处理的同时进行预冷处理效果更好，方法是在 5～10℃的药液中浸泡果实 5～10 min，晾干后置于冷库中继续预冷，待果实温度降低至 7～8℃后，再在冷库内选果、包装。

2. 炭疽病

炭疽病也是导致贮运期间荔枝变褐、腐烂的重要原因之一。适宜炭疽菌生长的温度为 8～38℃。炭疽病属于潜伏侵染病害，从外表无病害症状的荔枝青果和熟果的果皮中均可发现炭疽病病菌，果实带菌率可高达 85%，这说明在荔枝生长期间普遍存在炭疽病病菌的潜伏侵染。病菌潜伏在果皮中，一般无病害症状，即使在采收时果实外观良好，在采后的贮运过程中也可能出现病害症状，且随着时间的延长病害迅速发展，导致严重腐烂。

症状：该病主要发生于果实的基部，在近成熟或成熟时发病。发病时，病斑圆形，褐色，边缘棕褐色，在黑色孢子堆中央产生橙色黏质小粒，受害果肉变味、腐败(图 12-5)。被害的幼树和弱树可形成枯梢，或小枝和叶片变褐、枯死。花穗被害，花柄变褐，导致落花、落果。

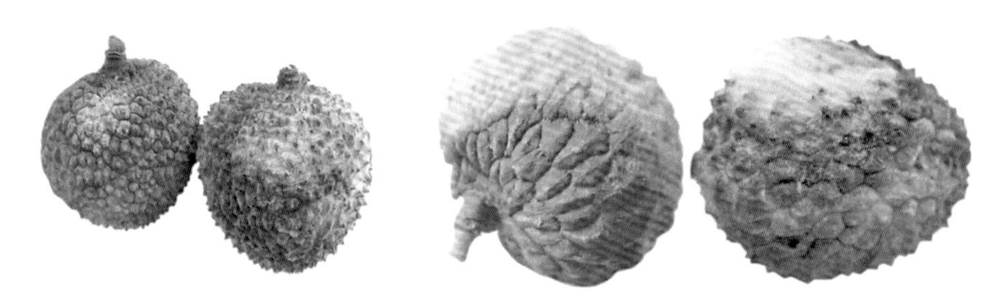

图 12-5 荔枝炭疽病果实症状(陈维信、姜子德 提供)

防治上，可在防治霜疫病时的药液中混用多菌灵或 $1\ 000\times10^{-6}$ 的托布津，两种病一起防治。由于是潜伏病害，采后防腐处理的效果不佳。

3. 荔枝酸腐病

酸腐病是一种常见荔枝果实病害，多发生于虫伤果和成熟果，是贮运期间威胁较大的病害，发病率有时达 10%以上。

症状：主要为害成熟果或虫害果，一般自果实蒂部开始发病，初始病斑为褐色不规则小斑，以后逐渐扩大至全果，使果实变褐、腐烂，果肉腐败酸臭，果皮硬化，转为暗褐色，流出酸水，病部长出白色霉层(病菌孢子)(图 12-6)。

病菌广泛分布于土壤内，借风雨或昆虫传播，在果实贮运和销售期间，

图 12-6　荔枝酸腐病果实症状(陈维信 摄)

靠病健果相互接触传染，或由伤口侵入。被荔枝蝽、爻纹细蛾和荔枝蒂蛀虫为害的果实，或者采果时受机械损伤的果实易发病，但是采收时往往不容易被发现。

防控方法：

(1)加强栽培管理，及时防治荔枝虫害。

(2)采收装运时尽量避免损伤果实及果蒂，尤其注意不要用尖头剪刀采收。应剪平果穗的果柄，以避免刺伤健果。

(3)选果后立即用药液浸果。荔枝采后防腐常用的乙磷铝、瑞毒霉、特克多、多菌灵等药剂不能控制酸腐病，要加入 $1\ 000\times10^{-6}$ 的抑霉唑或 $1\ 000\times10^{-6}$ 的双胍盐兼防酸腐病。

(4)采果后用热药液处理，可以早期发现并去除虫害果。

4. 青霉病

荔枝国际贸易中部分采用熏硫复色处理，该处理所用药剂的 pH 值通常为 0～1，属于强酸性溶液。处理过的荔枝果皮的 pH 值很低，不适宜其他真菌孢子的萌发和生长，但环境中有一类特别耐酸的青霉菌(*Penicillium commune*)却可以侵染，是复色处理后荔枝果实的主要病害。

症状：病果首先在龟裂片尖出现少许白色斑点，随后扩大成斑块，2～3 d 后病部产生白色霉层菌丝体，再由白色菌丝体上长出青色粉状分生孢子。病部扩展很快，1～2 周内可造成全果腐烂，环境湿度大时病部果皮湿润柔软易裂。早期青霉病菌仅在果实表面，不为害内果皮和果肉。病菌孢子分布很广，仓库中、各种工具上、空气中等都可以存在，靠气流传播或接触传染。贮运期间主要通过病果与其他果实接触传播，或病菌孢子飞散传播，因此，再侵染频繁。

防控方法：

(1)低温控制。青霉病随着温度的降低而延迟发生，3℃下果实 35 d 即发生青霉病，0℃下果实 65 d 才出现青霉病斑点，−1℃下果实 75 d 仍然没有发现青霉病白色斑点。因此冰温贮运对于熏硫复色或热处理复色的荔枝果实具有良好的控制青霉病的效果。

(2)杀菌剂控制。许多杀菌剂在 pH 值为 2～4 的酸性溶液中会失去抑菌效果，如特克多、抑霉唑、多菌灵等，施保功在酸性溶液中抑菌能力也有所下降，但施保克在酸性条件下抑制青霉菌的药效反而提高。在酸性培养基条件下，2 mg/L 的施保克就能完全抑制青霉菌的生长。采用 0.5～1 g/L 的施保克溶液浸泡处理防控青霉病的效果良好。

第二节　荔枝果皮褐变的生物学机制及其控制

荔枝被认为是很难保鲜的水果之一，其中一个主要原因是采后果皮的迅速褐变。果皮褐变是限制荔枝果实长期贮运、导致货架寿命短及降低果实商品价值的主要因素。采收后的荔枝果实，通常在常温下放置 1～2 d 果皮即迅速褐变，失去商品价值。荔枝果皮褐变速度之快，在其他水果中极为罕见。荔枝果皮褐变是一个复杂的生理过程，影响果皮褐变的环境因素和内在因素众多。虽然对荔枝果皮褐变过程中生理生化变化及分子生物学机制进行了大量研究，但迄今为止对果皮褐变机理仍然未能提出令人满意的解释。目前生产上控制荔枝果皮褐变的常用方法主要有二氧化硫(SO_2)处理和保持果皮含水量，当然低温贮运也有利于减轻荔枝果皮褐变，因为低温可以延缓果实的衰老。

一、荔枝果皮褐变的影响因素

1. 失水与果皮褐变

普遍认为，果皮失水是导致荔枝果皮褐变的早期因素，是引起果皮褐变的关键因子之一。在常温环境中，采后荔枝果实迅速失水。在常温没有包装的条件下，荔枝果实的失重率上升很快，1 d 内果实失重率就达 7%～8%，3 d后失重率超过 20%，此时果皮完全褐变。研究发现，荔枝果实的失重主要缘于果皮失水。荔枝果皮含水率为 68%～75%，一般在果皮失水约 20%时开始褐变，失水超过 50%时全部褐变。由失水引起的果皮褐变，从龟裂片尖开始，逐渐往龟裂片谷发展，果皮颜色由鲜红变为暗红，最后整个果皮均匀变褐。

荔枝果皮容易失水与其特殊结构(图 12-7)有关。荔枝是具假种皮水果中的代表性果树，与其他水果相比有以下特点：一是其果皮具有龟裂片突起，凹凸不平，导致其表面积比较光滑型的水果要大，与环境接触面积大，失水速度快。二是其果皮结构特殊，是由内果皮、中果皮和外果皮组成的一个完全意义上的果皮。内果皮由数层排列紧密的细胞构成，细胞较小，与果肉相隔离；中果皮细胞间隙大，细胞排列疏松，类似叶片的栅状组织，呈明显的叶性结构，细胞内含有大量的水分和花色素苷，输导组织网络分布于中果皮，并与外果皮龟裂突起的长管细胞连接，与皮孔相通；外果皮由数层厚壁细胞组成，外覆一层蜡质薄层，存在许多微裂口。果蒂部位由维管束和星状石细胞组成，细胞间隙多而大，由密到疏向外扩展。采收时果实的龟裂片上有许多微裂口，贮藏过程中微裂口进一步扩大。这样的果皮结构导致其极易失水。再就是荔枝的内果皮与果肉组织隔离，果皮与果肉之间无输导组织相连，呈现典型的“瓶胆”关系。当采收后果皮水分蒸腾散发时，尽管果肉水分充足，也难于供给果皮。果实在树体上时，果皮失水可通过果柄的输导组织得到补充，这也是荔枝果实在树体上不会褐变的原因。但在采收之后，通过果柄的水分供应被切断，导致荔枝果皮因失水而干燥萎缩、褐变。大量研究表明，无论是低温贮运还是常温贮运或销售，保持荔枝果皮的适当含水量都是至关重要的。荔枝贮运保鲜的关键措施之一就是减少果皮的失水或保持果皮的含水量。

影响荔枝果皮结构的因素很多，品种是主要因素之一。不同品种荔枝的果皮厚度明显不同，果皮龟裂片的突出程度及小突起的排列也存在差异。在小突起间存在一些明显的缝隙。果实生长发育的环境条件也影响果皮结构，生长在有机质含量较丰富的平地或水乡黏壤土或沙壤土上的荔枝果皮薄、果肉厚，而生长在山地红壤上的荔枝果皮较厚。荔枝果皮厚度也与产地有关，泰国荔枝的果皮明显较厚。随着果实的成熟，果皮逐渐变薄。套袋的果实果皮蜡质层增厚，海绵状组织有大型的薄壁细胞分布，增强了果皮的保水能力。从微观看，成熟度较低的果实，其果皮的小突起表面光滑，而成熟度较高的果皮的小突起表面褶皱，小突起受到破坏后，果面崩塌形成褶皱的蜂窝状凹陷。

目前控制荔枝采后果皮失水的措施是用薄膜保鲜袋包装。薄膜保鲜袋包装可提高袋内的相对湿度，降低果皮的失水量，延缓荔枝果皮的褐变。但保鲜袋包装保水是一种被动的办法，果皮在薄膜袋内仍然会不断蒸腾失水，直至袋内的相对湿度达到饱和。此外，由于薄膜材料具有一定的透水性，袋内的饱和水蒸气会不断外渗，还是会导致袋内果实果皮失水。因此，即使采用薄膜保鲜袋包装，荔枝果实的果皮仍然会失水。

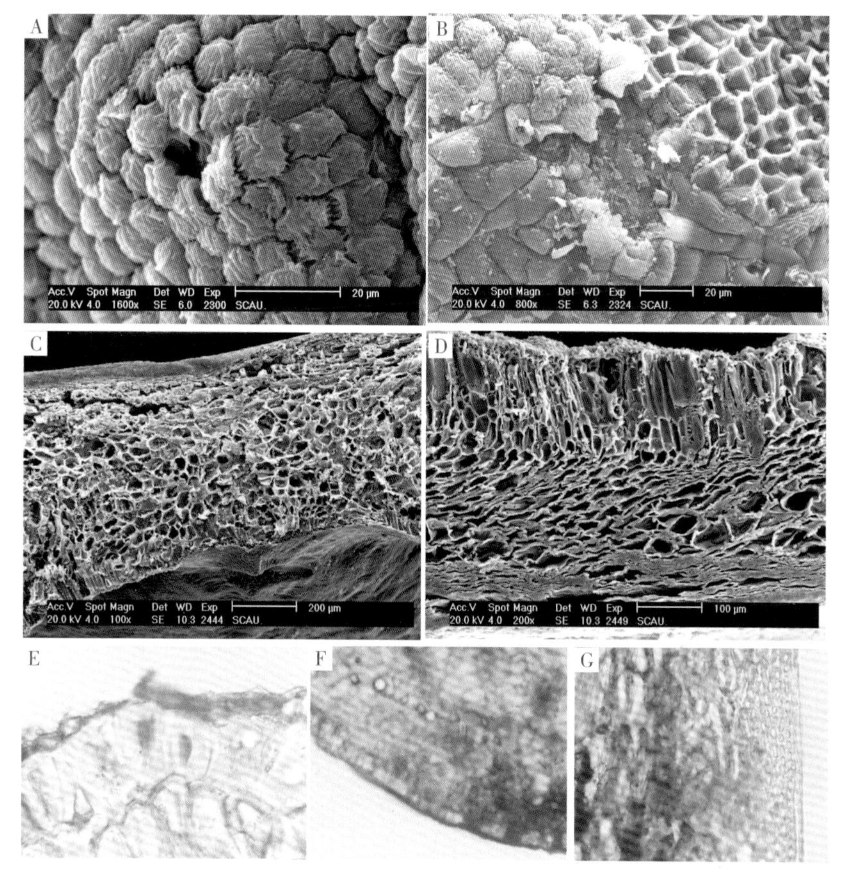

A. 糯米糍红色果皮蜡质层；B. 怀枝低温褐变的果皮蜡质层；C. 糯米糍红色果皮横切面；D. 糯米糍干褐果皮横切面；E. 荔枝外果皮细胞横切面；F. 荔枝果皮花色素苷分布；G. 荔枝内果皮纵切面

图 12-7　荔枝果皮显微图片(吴振先，2003)

2. 微生物与果皮褐变

荔枝果实营养丰富，易遭受多种微生物的侵染。由病原微生物如炭疽病引起的褐变，开始时果皮褐色病斑与果皮健部(红色)有明显的界线，病斑随着病情的发展而逐渐扩大，最后整个果实褐变腐烂(图 12-8)。多数情况下荔枝果皮首先出现不规则的褐变斑块，随后在斑块中心出现白色或灰色病斑。受霜霉病侵染的荔枝果实，多自果蒂处出现褐色、不规则、无明显边缘的病斑，潮湿时长出白色霉层，随后全果褐变。炭疽病为害的荔枝果实，采收后常温下 3～4 d 后开始出现炭疽病症状，发病初期出现近圆形褐色病斑，然后病斑不断扩大，病斑处褐变并产生白色至灰褐色霉层，最后导致全果褐变。

病原菌侵染果皮时，会造成果皮细胞结构破坏、液泡破裂，导致细胞内的氧化酶与酚类物质接触而引起酶促褐变，这实际上是果实的一种自我保护行为，因为酶促褐变过程中形成的醌类物质具有杀菌作用。

图 12-8 微生物引起荔枝果皮褐变(薛晓清 摄)

3. 冷害与果皮褐变

冷害是指冰点以上的低温对果实造成的生理伤害。荔枝果实的冷害症状为内果皮出现水渍状褐斑，外果皮出现褐变并失去光泽(图 12-9)。发生冷害时，一般整批果实出现同样的症状。荔枝果实在低于 3℃的环境中贮藏超过 15 d 就容易出现冷害症状，贮藏时间越长，冷害越严重。不同品种荔枝对冷害的敏感性有些差异，例如糯米糍果实对冷害较敏感。研究发现，荔枝果实冷害主要发生在果皮，果肉品质在冷害温度下维持得更好。由于荔枝果肉的含糖量较高，果肉的冰点温度为－3～－2℃，因此，只要控制果皮不发生褐变，荔枝可以采用冰温(0℃左右)保鲜。

图 12-9 冷害导致荔枝果皮褐变(薛晓清 摄)

4. pH 值与果皮褐变

荔枝果皮红色色素主要由花色素苷组成，3-芸香二糖矢车菊素是其主要成分，占总花色素苷含量的 94%。这些水溶性花色素苷存在于中果皮的液泡中，其呈色依赖于 pH 值，在 pH 值为 1～7 的环境中，分别呈鲜红、红橙、无色、棕色及黑褐色。由于呼吸作用首先以有机酸为底物，因此在贮藏过程中，荔枝果皮的 pH 值逐渐上升，pH 值的提高必然引起花色素苷的变色或褪色，外观上则表现为果皮的迅速褐变或褪色。由于 pH 值升高导致的果皮褐变，在褐变初期利用低 pH 值的酸溶液处理仍可恢复果皮红色，但当果皮大部分变褐后则无法再用酸处理来恢复，这时候的褐变属于酶促褐变。

二、果皮褐变机理

1. 酶促褐变

自从 1920 年 Onslow 提出水果酶促褐变的观点以来，人们就对 PPO(多酚氧化酶)促水果褐变进行了大量研究。PPO 是植物体内普遍存在的一类含铜的末端氧化酶，在有氧的情况下催化酚类物质氧化为酮，然后进一步聚合成黑褐色高聚物。早在 20 世纪 60 年代初，就有人提出了荔枝果皮酶促褐变的观点，认为 PPO 催化氧化荔枝果皮的红色色素即花色素苷形成了类黑素物质，从而导致果皮褐变。1963 年，李明启等发现荔枝果皮存在 PPO。1975 年，广东荔枝贮藏协作组也证实荔枝果皮中存在 PPO 活性，并发现糯米糍荔枝容易褐变，其果皮中的 PPO 活性较高，桂味荔枝较耐藏，其果皮中的 PPO 活性较低。有研究者初步纯化了 PPO 酶，研究了其酶学性质。但长期以来，人们未能在荔枝果皮中分离出 PPO 的天然底物，经过纯化的花色素苷不能作为 PPO 的底物，也未能在荔枝果皮中克隆到编码 PPO 的基因，直到荔枝全基因组测序之后，人们才根据基因组序列克隆到该基因。因此，PPO 是否是导致荔枝果皮褐变的关键酶受到质疑。由于果皮花色素苷含量的下降与果皮褐变具有密切关系，方方等以花色素苷为底物纯化荔枝果皮，能催化花色素苷降解和导致果皮褐变的酶，分离出高度纯化的酶蛋白，经过氨基酸序列测定，发现该酶是 LAC(漆酶)，并从荔枝果皮中分离出该酶的天然底物表儿茶素，而表儿茶素含量的变化与果皮褐变密切相关。他们比较了荔枝果实成熟及采后褐变过程中 PPO 和 LAC 基因的表达，发现 LAC 基因的表达比 PPO 基因高 1 000 倍以上，从而认为荔枝果皮酶促褐变的关键酶可能是 LAC 而不是通常认为的 PPO，LAC 虽然不能直接催化氧化花色素苷，但通过催化儿茶素等酚类物质形成酮类物质，酮类物质进一步氧化花色素苷或与花色素苷聚合形成深褐色物质，最终导致果皮褐变。值得指出的是，在一些教科书中，把

LAC 也列为广义的 PPO 中的一种。

荔枝果皮中还存在 POD(过氧化物酶)。POD 在 H_2O_2存在的条件下能催化许多酚类物质的氧化，导致组织褐变。荔枝果皮中含有较高的 POD 活性，并随着果实贮藏时间的延长，酶活性增加。因此，推测 POD 可能跟 PPO 一样，以某种方式参与了果皮的酶促褐变。然而，与 PPO 和 LAC 一样，POD 也不能直接催化氧化果皮的花色素苷，但在其他小分子酚类物质存在的情况下，可以通过氧化酚类物质而间接氧化或聚合花色素苷形成褐色物质。

2. 非酶促褐变

(1)酚类物质的自我氧化。陈文军等(1992)认为，对于采后荔枝果实在常温条件下的褐变，酚类物质的自我氧化的影响不容忽视。新鲜荔枝的果皮细胞具有完整的超微结构，酚类物质与氧化酶等分区定位，LAC、PPO 和 POD 主要在质体和细胞壁上，而酚类物质主要在液泡中，存在一定的区域性，采后荔枝果实的迅速失水或冷藏过程中的细胞老化，导致细胞区域化的解除，酚类物质从液泡中泄出，从而可与上述氧化酶接触，引起酶促褐变，但也可直接与空气中的氧接触。从有机化学的观点来看，空气中的氧能使苯酚氧化，多元酚则更易被氧化。这类褐变不需要酶的参与，与前面提到的酶促褐变有所不同。

(2)花色素苷的褪色及变色。荔枝果实的外观颜色在很大程度上取决于果皮中花色素苷的含量及其存在的状态，果皮褐变与花色素苷的含量呈显著的负相关。荔枝果皮的花色素苷以 3-芸香二糖矢车菊素为主，占其总花色素苷的 94%，另外还有 3-葡糖苷花青素、3-乙酰基葡糖苷花青素、3,5-二葡糖苷花青素、3-葡糖苷锦葵素、3-半乳糖苷花青素、3,7-二葡糖苷天竺葵素、3-芸香苷槲皮素、3-葡糖苷槲皮素等。花色素苷的一个重要特点是其呈色依赖于环境的 pH 值，例如纯化的荔枝果皮花色素苷在 pH 值为 1.47、3.30、4.69、7.01 及 7.01 以上时，分别呈现鲜红、橙、黄、棕及黑褐色，随着 pH 值的提高，花色素苷的含量也逐渐下降。如果向 pH 值低于 4.69 的花色素苷溶液中加入盐酸，就能恢复花色素苷的红色。采后荔枝果实失水或衰老，均会使果皮组织的 pH 值升高，从而导致花色素苷褪色。此外，花色素苷不稳定，在常温条件下易自我裂解。荔枝果实在常温下贮藏 3 d，果皮花色素苷含量的下降达 50%以上，因此，也可能存在一定程度的花色素苷自发降解现象。

三、果皮褐变的控制

1. 硫处理

以 SO_2(二氧化硫)为有效成分的食品防腐杀菌剂和增白剂，已在各类食品中得到广泛应用，也可用来防止荔枝果皮的酶促褐变和防腐。早在100多年前，美国就把SO_2处理用于葡萄果实保鲜，主要控制葡萄果实中的灰霉菌和其他致病微生物。由于其防腐保鲜效果好，随后在世界范围内广泛应用并沿用至今，目前国际上葡萄的保鲜仍然以SO_2处理为主。由于SO_2能抑制多种氧化酶的活性，与花色素苷形成一种更稳定的复合物，因此能显著控制荔枝果皮褐变，以色列研究者于20世纪90年代起即用于采后荔枝果实的防褐防腐。南非、马达加斯加等国出口的荔枝，也多采用硫处理技术来防褐防腐，延长货架期。

虽然硫处理对于葡萄、荔枝、龙眼等水果的保鲜效果比较明显，但也存在一定的食品安全和环保方面的问题。随着社会的进步和消费者对食品安全的高度关注，许多国家对包括SO_2在内的多种化学食品添加剂作出了禁止使用、减少应用种类、限量添加等比较严厉的控制措施。例如在我国《食品安全国家标准 食品添加剂使用标准》(GB 2760—2014)中，经表面处理的鲜水果使用SO_2气体和SO_2气体制剂时，其果肉中SO_2的残留限量为0.03 g/kg，而美国FDA标准规定的限量为0.01 g/kg。因此，采用SO_2类保鲜剂进行荔枝果实保鲜处理时，要不断优化处理工艺，尽量降低硫的残留。

采后荔枝果实硫处理主要有3种方式：一是利用SO_2气体熏蒸，二是利用SO_2气体制剂缓慢释放SO_2进行熏蒸，三是利用一些含有SO_2的亚硫酸盐的溶液进行浸果处理。

(1)SO_2熏蒸。SO_2熏蒸处理时，首先必须有一个密闭的环境作为熏蒸室，例如一个可以密封的小库房或空房间，或者用厚的塑料膜搭建一个密闭的空间，甚至可以用一个密闭的大罐子。库房或搭建的密闭空间应避免用不锈钢或其他金属材料，因为SO_2对这些材料有腐蚀作用。在熏蒸室内，还需要有硫黄点燃装置、通风系统和残余气体吸收装置等。由于SO_2对人有刺激作用，熏蒸室应建在远离居民区的空阔地方。处理时，每立方米燃烧90%的硫黄粉40～50 g，或者直接从高压钢瓶中通入80～100 g纯SO_2气体，熏蒸20～30 min至果皮红色褪去，变为亮黄色或黄绿色(图12-10)。熏蒸处理后立即用强风机将熏蒸室内的SO_2气体排入吸收池中，待气味消除后，尽快将果实移入冷库或使用冰水进行降温。硫处理后的果皮在空气中会逐渐恢复红色，虽然颜色比原来的差，但不会再褐变。为了使熏蒸后果皮的颜色尽快恢复红色，以色列、南非和马达加斯加等国采用浓度为1 mol/L的HCl浸泡熏蒸后的果实，可以让果皮更快恢复成红色，而且颜色比自然恢复的红色更深，即使果皮干后也不会再变褐。使用SO_2处理时要注意使用的量和熏蒸时间，量太大或时间过长，均会使果实受SO_2伤害，导致果皮变黑、残留量超标等问题，并可能导致果肉产生异味。

图 12-10 经 SO_2 处理后的荔枝（吴振先 摄）

（2）SO_2气体释放剂处理。有些化学物品，如亚硫酸氢盐（亚硫酸氢钠、亚硫酸氢钾）、焦亚硫酸盐（焦亚硫酸钠、焦亚硫酸钾）、连二亚硫酸钠等，在空气中吸收水分后或者在催化剂的作用下会缓慢或迅速释放出 SO_2 气体。利用这个特点，可以把它们制成 SO_2 气体释放剂用于荔枝果实在包装箱内熏蒸。称取相同质量的亚硫酸氢钠和无水硅胶，将硅胶研碎，与亚硫酸氢钠充分混合，然后用 4 层纱布或其他透气性包装材料如无纺布袋、小纸袋等分装，每袋装 5～10 g。使用时，在箱中的荔枝上垫上纸片，根据箱内荔枝果实的质量放置释放剂小袋，一般每千克果实约用 8 g。其作用原理是：亚硫酸氢钠吸水后会释放出具有较强杀菌作用和褪色作用的 SO_2 气体，无水硅胶的作用则是防止亚硫酸氢钠吸水过快而集中放出 SO_2，对荔枝果实造成伤害。有的 SO_2 释放剂在上述基础上进一步添加控释剂、填充剂等助剂，再经混合、计量包装等工艺制作完成。使用 SO_2 释放剂时要注意，如果熏蒸不均匀，很容易导致靠近释放剂部分的果实被漂白，而距离较远的果实没有作用，或者半边果实被漂白另半边保持原来的颜色，导致果实外观难看，即使浸酸后也不能恢复原来的颜色。

国内市场上有大量的葡萄保鲜制剂，如葡萄保鲜片、保鲜纸、保鲜垫等，其原理与 SO_2 释放剂一样，可以用于荔枝果实的保鲜。例如，葡萄保鲜片是以焦亚硫酸钠或焦亚硫酸钾为原料，添加释放调控剂、赋形剂、润滑剂等助剂，经混合、融合、粉碎造粒、压片、包装等工艺制成，具有释放均匀、药效长的特点。还有各种形式的葡萄保鲜纸，相对于单包 SO_2 释放剂而言，保鲜纸外形整齐美观、商品性能较好，给消费者的整体印象为水果产品的另一种装饰包装。由于保鲜纸中所含的保鲜剂位于保鲜纸平面内非热合部分的袋型方格内或涂布层，隐藏在纸塑复合材料和原纸的中间，还可在一定程度上消除消费者对添加化学药剂的疑虑。由于这些制剂主要是针对葡萄果实保鲜而开发的，在应用于荔枝保鲜时应在使用量和处理时间方面进行详细试验后才可规模化应用。

(3)亚硫酸盐溶液处理。一般使用亚硫酸氢钠、焦亚硫酸钠等可以在水中产生亚硫酸根离子的药品，利用亚硫酸根离子的强还原性将荔枝果皮漂白。如将荔枝果实浸泡在10%的焦亚硫酸钠或5%的亚硫酸氢钠溶液中约5 min，荔枝果皮红色即可褪去，变为黄绿色。这种方法虽有一定的防腐防褐效果，但不明显，一般还需添加不会与亚硫酸盐反应的杀菌剂。此外，用亚硫酸盐溶液浸泡荔枝极易导致裂果。由于这些含硫药品溶于水后会释放出SO_2，有刺激性气味，操作时应注意防护，否则会因吸入SO_2而导致不适。

2. **复色处理**

熏硫处理只能部分恢复果实的红色，果面恢复为粉红色或淡红色但不易褐变，很多果商直接出售或出口仅经过熏硫处理的荔枝果实。也有些果商为了追求漂亮的外观，在熏硫处理后进一步采取浸酸复色处理，来恢复荔枝果皮的红色。浸酸复色处理时一般用浓度为1～1.5 mol/L(pH值0.5～1)的食用盐酸或食用磷酸溶液来浸泡，处理时间约2 min，具体浓度和处理时间因品种不同稍有差异。处理后应尽快将表面的水分吹干，一段时间后果皮逐渐恢复红色。浸酸时间过长或酸浓度过高，很容易导致果皮被腐蚀，出现裂果，还有部分盐酸会渗入到果肉中并携带色素进入果肉，导致果肉变为红色或红黄色，影响果实的风味和色泽。如果酸浓度不够，则可能导致果皮受伤害而变成褐黑色。为了减轻浸酸复色处理的不利后果，有些人选择在出库销售前才进行处理。

硫处理的防腐和保鲜作用，已经得到了比较广泛的认可。但是，经过硫处理的荔枝，果实变软，果皮颜色被漂白、红色消失，结构被破坏、易破裂。虽然硫处理可以恢复部分果皮红色，但与新鲜荔枝的天然红色相比还是有较大的区别，处理后果色是一种无光泽的粉红色；果肉也由原来的晶莹剔透变成哑白色，有些还会变为红黄色。加上处理后果皮的生命力降低、结构被破坏，失去了抵抗微生物的能力，容易在贮运过程中遭到病原微生物的二次感染，尤其是容易感染青霉病，引起大量腐烂。这些对于色、香、味俱佳的荔枝来说不能不说是个缺憾，这也是目前我国国内市场难以广泛接受荔枝熏硫复色技术的原因。

尽管硫处理技术存在明显的缺陷，但它仍具有一定的市场，特别在国际市场。只要利用得当，硫处理无疑会是荔枝防褐防腐的一个有效措施。我国目前已经研制了一系列基于硫处理的荔枝保鲜制剂或保鲜技术。

3. 保持荔枝果皮的水分

当荔枝果实在树体上时，果皮失水可通过果柄的输导组织得到补充，而采后果实果皮的失水无法得到补充。荔枝果皮的特殊结构，导致了采后果皮含水量的迅速下降，果皮迅速褐变；无论是低温贮运还是常温贮运或销售，维持荔枝果皮的适当含水量都至关重要。

薄膜保鲜袋包装是目前荔枝果皮保水的常用方法。但如前所述，这种办法有其局限性，即使采用薄膜保鲜袋包装，荔枝、龙眼或红毛丹果实的果皮仍然会较快失水。

可将保留果柄或果枝的成熟新鲜荔枝果实按常规挑选并做防腐保鲜处理后，用润湿有水或保鲜液的吸水性材料包裹果柄或果枝端，或将果枝端直接插入盛有水或保鲜液的容器中，再将其放入保鲜盒或包装箱中，用保鲜膜或保鲜袋密封后室温或低温保存。这样处理，可使贮运和销售过程中果皮失去的水分通过果柄输导组织得到补充，从而保持果皮较高的含水量，维持果皮的原有色泽，延缓果皮褐变。此外，由于果实可通过果柄输导组织主动吸水，还能维持果实的生命力和抗病力，降低果实的腐烂率。

第三节　荔枝采收与商品化处理

我国荔枝总产量高，用于加工的量还不多，绝大部分荔枝仍然依靠鲜销解决出路。但荔枝产期短，采后 1～2 d 即出现褐变腐败现象，极不耐贮运，严重影响远销和出口。因此，加强和完善荔枝采后商品化处理，对于提高荔枝果实的商品价值、扩大荔枝的销售距离具有重要意义。果品采后的商品化处理包括从采收到贮运前的所有操作过程，如采收、分级、防腐保鲜处理、预冷、包装等过程。

一、采收

1. 采收成熟度的确定

荔枝果实采后易褐易腐，耐藏性差，很少可以长期贮藏。荔枝保鲜主要是满足长途运输过程中荔枝的品质维持和减少损耗，以及避免盛产期供大于求、通过保鲜贮藏来拉长销售时间，也有部分荔枝加工企业由于加工能力的限制，通过保鲜贮藏来延长加工时间。

根据不同的目标市场或加工用途，对荔枝采收成熟度的要求也有所不同。荔枝果实的成熟度既可根据其果皮颜色或果肉糖酸比来判断，也可根据谢花后天数或其生长积温来判断。不同品种荔枝，成熟度的判断标准稍有不同。生产上主要以果皮颜色来判断果实成熟度。将要长途运输或贮藏的荔枝果实，以八成熟时采收为宜，此时果实已发育完全，已能体现品种的固有特性和风味。此时荔枝果皮已基本转红，龟裂纹带嫩绿色或黄绿色，内果皮仍为白色。

以色列荔枝的采收期明显早于我国，约七成熟时就采收。无论是出口欧美还是在其本土销售，以色列均在荔枝果皮刚刚破色时就采收，此时果皮有少部分转为红色而大部分尚为淡黄色至淡黄绿色，这样的果实经 SO_2 熏蒸后呈现比较一致的白色至淡黄色。成熟度较低时采收，因为果实尚未完全长大，会影响产量，此时采收的果实风味也较酸，比较适合欧美人的口味。我国用于出口的荔枝的采收期可以考虑提早。

用于本地销售或加工的荔枝可在全红时采收，此时风味最佳。过熟后采收风味反而会偏淡，而且此时果实已进入衰老阶段，难以贮藏。对于一些成熟时滞绿或绿熟荔枝品种，其成熟度的判断比较复杂。如三月红、妃子笑等，七成熟时外果皮只有果肩部变红；八成熟时果皮约 1/3～1/2 变红，内果皮仍保持白色，此时风味最佳，甜中带点酸味；九成熟及以上时外果皮大部分变红或全红，果肉味变淡，带纤维感，不化渣，口感明显下降(图 12-11)。

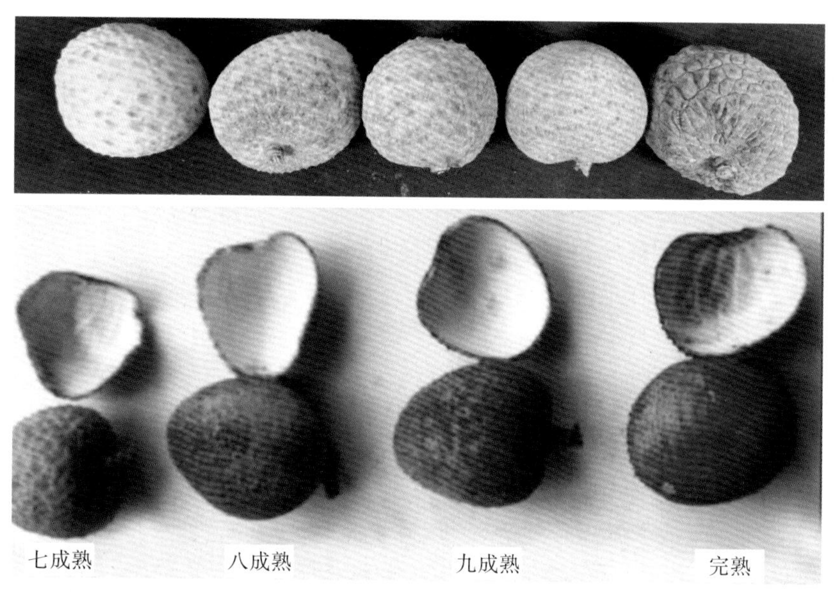

图 12-11　不同成熟度的三月红荔枝果实果皮颜色(吴振先 摄)

2. 采收方法

采收时的气候条件对荔枝保鲜效果及贮运后的货架寿命影响很大。以晴天早晨或阴天采收为宜，雨天、雨后和烈日天气均不宜采收。烈日下采收的果实带有大量田间热，难以迅速降低果温，导致果实的呼吸作用旺盛、消耗快、品质下降迅速。雨天或暴雨后采收的果实水分含量高，易裂果，贮运过程中易染病。荔枝采收季节通常雨水较多，如果在连续降雨天仍要采收时，应尽快将果实运到加工场的冷库进行清洗和防腐处理后，然后把荔枝置于通风的塑料筐内，筐上覆盖一张大塑料薄膜，使中间隆起，在冷库中过放置 1～2 d。在冷库低温环境下，荔枝果实可以蒸发部分水分，蒸发的水分从薄膜壁流走，可有效降低果实的含水量，减少裂果和腐烂。另外，放置在冷库中也是一种有效的预冷措施。

我国荔枝采收目前仍以人工为主，其优点是可以精确地掌握成熟度和分次分批采收，对果实损伤少。采摘工人要在采收前进行培训，以尽量减少采摘时果实的损伤。采摘时要轻折、轻拿、轻放，装果容器应挂在树上，不能把果穗直接丢到地面。提倡短枝采果，也就是采摘时不要折到果穗以下的枝叶，保留果穗基部下方 2～3 片叶。近年出口或供应超市的荔枝也有采用果粒采摘的方式进行单果采摘，以提高包装利用率和降低运输成本，但降低了采摘效率。为了提高采摘效率，保证安全生产，可借助采果梯、采果平台、长采果夹剪、自走式采果升降平台等工具(图 12-12 至图 12-14)进行采摘作业。果实采下后应立即在阴凉处进行初步分拣，剔除破裂果、机械损伤果、病虫果和未熟果，以减少运载量、防止病菌的接触传染。

图 12-12　利用采果梯采收荔枝
（吴振先 摄）

图 12-13　升降平台、长果剪、采果梯
（吴振先 摄）

图 12-14　自走式采果平台
（吴振先 摄）

二、挑选与分级

采后荔枝运到产地冷库或包装场后，还需要进行挑选和分级。首先是剔除病果、虫果、带褐斑果、过青或过熟果、小果和畸形果等，特别是一定要剔除干净病果和虫果(图 12-15)，否则会严重危害贮运果实。国内市场销售的荔枝一般以带枝整簇的形式处理，在本地销售的甚至还可以保留部分叶片，而出口荔枝一般要求去除枝条，采用单个果粒的形式销售。

图 12-15　采前被病虫为害的荔枝果实(吴振先 摄)

荔枝包装前还需要进行适当的分级。供应国内市场的荔枝，由于带有枝条或叶片而难以分级，一般不进行分级处理，或仅通过人工观察，根据果皮颜色和果实大小进行简单分级，这也能提高果品的档次和价值。单个果粒可按照大小或重量使用专用设备进行自动化分级。如孔径分级机就是一种自动化分级设备，这种分级机工作时让果实从不同直径的孔洞上滚过，小果在通过小孔时落下，而大果继续前进，碰到大于其直径的孔时才落下，从而实现果实按大小分级。但是这种方法很容易导致机械损伤，除了采用熏硫复色处理的果实外，生产上已很少使用。也有采用重量分级的，如出口美国的妃子笑荔枝，要求每千克果数在 38 个之内，通过随机抽取果实称重来检查果实大小是否符合要求。

三、清洗

通过清洗，在洗去果实表面的尘土、污物及残留废叶等的同时，还能大大减少果实表面的病原菌。可先用干净的自来水清洗果实(冲洗或喷洗)，有时也将果实倾入水池内清洗，如果在水中加入无毒的清洁剂，如偏硅酸钠等，去污效果会更好。为了减少病菌的交叉感染，分级生产线上常采用流动式水池清洗果实(图 12-16)。接下来是消毒，用含消毒剂的自来水清洗果实，以杀灭病菌。最常用的消毒剂是氯及氯化物，如次氯酸钠、次氯酸钙等。氯的防腐效果与有效氯的浓度、消毒液的温度和 pH 值及浸泡时间有很大关系。用含氯的消毒液清洗后还需用干净的自来水冲洗一次，以减少果实表面会导致果实褪色的次氯酸盐的含量。

图 12-16 流动式水池清洗(吴振先 摄)

四、防腐防褐处理

1. 防腐处理

荔枝采后的病害主要由真菌引起，而且大部分属于果园感病，特别是为害严重的霜疫病和炭疽病。所以，应以田间预防为主，尽量减少带病果实进入采后处理和贮运场所。采前和采后用杀菌剂处理荔枝果实，可减少荔枝贮运过程中的腐烂。生产上常用的广谱杀菌剂有特克多、伊迈唑、施保功、施保克等，浸泡处理时，特克多的浓度为 1000 mg/L，伊迈唑、施保功、施保克一般采用 250～500 mg/L 的浓度。在使用杀菌剂处理荔枝时，必须考虑有关规定对杀菌剂残留量的要求，以满足市场准入条件。

2. 硫处理

见本章第二节的内容。

3. 检疫处理

在荔枝出口时，应了解不同国家对荔枝的检疫要求。如出口日本的荔枝，需要经46.2℃的热蒸汽处理20 min，以杀灭检疫性害虫。虽然这样处理后荔枝的果皮变褐变黑，商品价值变差，但在日本国内仍可接受。出口美国的荔枝，要在1.38℃下连续处理18 d，以杀灭荔枝蒂蛀虫。但荔枝在低于3℃的温度下很容易遭受冷害，导致果皮变褐，因此这种措施的风险较大。出口澳大利亚的荔枝，可采用冷处理或蒸汽热处理。部分国家也允许采用辐射处理作为检疫处理手段，如新西兰进口澳大利亚的荔枝一般采用辐射处理。欧洲各国对荔枝虽无这些检疫处理限制，但在农药残留的控制上很严格。如果荔枝采用船运出口欧洲国家，由于采后处理再加运输时间需要40 d左右，而3～5℃的贮运温度尚不足满足这么长的运输时间，所以目前我国销往欧洲的荔枝多采用空运，数量非常有限。

五、包装

包装是荔枝商品化处理的重要环节。合理、适度的包装，不但便于贮运和销售，还有保水保鲜、防腐防损的功效，兼具美观、宣传的作用，可以大大提高果品的商品价值和市场竞争力。包装可分为贮运包装、内包装和销售包装。荔枝果实呼吸旺盛、呼吸热量大，果皮极易失水褐变，因此宜选用既能保湿又有利于散热降温的小包装或通气的中型包装。

短期常温运销的包装，主要有竹筐(篓、箩)、柳条筐、木箱、塑料箱、纸箱等，上下可衬垫草、树叶等，四周衬聚乙烯薄膜，既能保湿又有利于通风散热。用打孔的纸箱、塑料箱等包装，大小固定、外形美观，还可在表面印刷企业名称、品牌、产地等标记。包装箱的装载量以10～20 kg为宜，以利于通风散热。装载量太大易导致包装中心部位温度过高，导致荔枝的腐烂和褐变。

内包装的主要作用是保护果品免受碰伤、压伤，并减少水分的损失和病菌的接触传染。荔枝常先用0.02～0.04 mm厚的低密度聚乙烯薄膜袋分装(小包装)，再将小袋装于纸箱中运输或贮藏，这样效果较好。小包装袋的包装量不宜过多，以0.5～1 kg为宜，聚乙烯袋既可保湿又具有自发气调的作用。

目前销往国内各地的荔枝也常用泡沫箱加冰的方式包装。泡沫箱具有良好的保温保湿功能，形状规整，方便堆叠。采用该方式包装，必须先对荔枝果实进行充分预冷。预冷的方式主要有冰水预冷和冷库预冷，或者在冰水预冷迅速降低果实表面的温度后再放入冷库过夜进行深度预冷。装箱时在泡沫箱内装入冰瓶或专用冰袋，以避免冰融化时浸泡荔枝果实。冰的用量视果实预冷深度及运输距离而定。预冷透且运输距离较短时，用冰量可少一点。一般用冰量为荔枝果实重量的1/5～1/3。

熏硫复色处理过的荔枝果实，其最合适的包装方式为塑料筐、打孔纸箱或打孔塑料盒，以利于通风透气。密封的保鲜袋包装容易导致果实裂果、腐烂和果皮红色向果肉的渗入。

销售包装要美观，以吸引消费者的注意，要求包装具有漂亮的形状和色彩，材料结实，易于携带，并在包装外面标明商标、企业名称及其他宣传材料。销售包装常用的材料有纸板、塑料板，或用薄木板做成的礼品盒或箱，上有提把，便于携带。每盒装果3～5 kg。图12-17、图12-18展示的是各种形式的荔枝包装。

图12-17　超市中的小托盘包装荔枝(陈维信 摄)

图 12-18 各种类型的荔枝包装(陈维信、吴振先 摄)

六、预冷

采后及时预冷是延长荔枝贮运寿命的关键措施之一。荔枝采收于高温季节，果实本身温度就高，而荔枝的呼吸作用又特别旺盛，呼吸热很大，即使在温度较低的冷库中果温也不容易降下来。此外，将未预冷的荔枝装入冷藏库或冷藏车船，由于果温与环境温度相差太大，造成果实水分蒸发旺盛，从而导致库内湿度过大，库顶或包装箱的水汽凝结成水珠，水珠滴在荔枝果实上会造成果皮褐变，并且大大增加果实的腐烂率。因此，应通过预冷尽快使果温降至贮藏适温。经预冷的荔枝果实，果温在 24 h 内即可降到贮温，而未预冷的果实需要 50～60 h 才能降到贮温。荔枝果实从采收、包装到入库的时间越短，贮藏效果就越好。

预冷的方法有冰水冷却和冷库冷却两种。

1. 冰水冷却

由于水的热容量比空气的大得多，因此，用冷水浸泡、喷淋果品是快速预冷的一种简便有效的方法。如果水与果品表面接触充分，且冷水的温度接近 0℃，冷却速度会很快。但静止的冷水冷却效率较低，一般采取流水漂洗、喷淋或浸喷结合的办法。一般将水冷却装置做成隧道式，果品用传送带输送或依靠冷却水的流动来移动。如在隧道内喷淋 0～1℃的水，果实在隧道内的传送带上传走 25～30 min，果温可从 30℃降至 5℃左右。水冷法的优点是费用低、冷却快，一般可结合果实清洗进行。但有损伤的果品用水冷法冷却时易感染病害，设备的占地面积也比较大。

将防腐处理溶液的温度降为冰水温度，防腐、预冷合为同一过程，既省时又省力，但用药成本高，不适宜大规模生产。

也可直接在荔枝包装周围放置冰块来降温(图 12-19)，如广东省销往港澳市场的荔枝，就有在车厢顶部放冰的做法，可维持荔枝 1～2 d 的运输需要。在采用冷链出口荔枝到加拿大时，也有在集装箱顶部加放冰块的做法，这样做在维持荔枝集装箱在远洋运输过程中保持较低温度的同时，还可以增加集装箱内的湿度，但这时荔枝的包装要耐水，如用塑料箱、钙塑箱等包装，不能使用纸箱包装。

图 12-19 荔枝冰水预冷(吴振先 摄)

2. 冷库冷却

一般的冷库都可以用于荔枝预冷(图 12-20)，这也被称为冷藏间冷却法，是最常用的预冷方法。利用冷库预冷简单易行，将包装好的荔枝放置在冷库中(或冷库中的特殊预冷室)即可，冷藏车也可用于预冷。利用冷库预冷适合于各种果品的预冷，其缺点是冷却速度较慢，快的也需半天，慢的需一昼夜甚至更长时间。使用风机强制冷空气循环，可以加快冷却速度。如果将防腐处理后的选果和包装在预冷间进行，则工作的同时预冷也在自然进行。最简单的做法是，包装后迅速入冷库，先分散放置以利于散热降温，待果品温度接近贮温时才堆码。冷库预冷时果实不能直接对着风口吹，否则极易变褐。冷库内相对湿度较低，要注意库内的加湿，或者预冷到一定温度后及时包装，避免果实失水过多导致的褐变。

图 12-20 荔枝冷库预冷

第四节 荔枝的贮运与市场营销

荔枝采收后的贮运与营销是实现荔枝生产收益的最后一个环节。荔枝是一种保鲜难度很大的水果，常温条件下无任何处理的荔枝果实约 2 d 后即变质、失去商品价值，现代技术已能大大延长荔枝的贮运保鲜时间。需要指出的是，在生产实践中我们不能一味地追求荔枝果实的长期贮藏，一是这需要投入更多的人力物力，再者贮藏后的荔枝无论在品质上还是在价格上与新采的荔枝都无法相比。因此，荔枝保鲜处理主要用于短期贮藏和长途运输。

一、影响荔枝贮运的因素

1. 采前因素

(1)品种。不同品种果实的耐藏性差异较大。我国荔枝主栽品种众多，对不同品种果实的耐藏性还不完全了解，长期以来的研究及实践表明，桂味、妃子笑、怀枝等品种果实较耐藏，而糯米糍、三月红等品种果实的耐藏性较差。

(2)采前管理与气候。农业管理措施、气候、环境条件的不同，所生产的荔枝果实的耐藏性也有差异。做好采前的水肥管理、病虫害防控、减少裂果、套袋等工作，这是生产优质耐贮荔枝果实的保证，也是采后商品化处理和贮运保鲜的基础。

2. 采后因素

影响荔枝果实贮运寿命的采后环境因素，主要包括贮藏库和运输车中的温度、湿度和气体成分等条件。

(1)温度。温度是荔枝贮运的一个决定性因素。常温下即使进行防腐处理，荔枝的贮藏寿命也难以超过 10 d，在生产上难以超过 1 周。在适宜的低温条件下，即使不做任何处理，仍可贮藏 20～30 d。荔枝虽然是一种亚热带水果，但它比较耐低温，一般认为 3～5℃是荔枝的贮藏适温，低于 3℃易出现冷害、导致果皮变褐。如果荔枝在 1℃条件下贮藏 15～20 d，就会遭受不可逆的冷害而导致果实贮藏期缩短。高于 5℃，则代谢加快、贮藏期缩短。适当包装的优质荔枝果实，在 3～5℃条件下存放 25～35 d，商品率仍可达 90%以上。

(2)湿度。荔枝果皮结构特殊，采后果皮容易失水，当果皮失水达到一定程度就会变褐。失水速度与贮运环境的相对湿度密切相关。高湿环境失水速率慢，低湿环境失水速度快。当荔枝从较高温度环境移到较低温度环境，饱和水汽压差较大，失水较快。如果荔枝采收后未经预冷、没有包装，直接放入冷库中，常常很快变褐，效果甚至比在常温条件下更差，就是由于这时果实与库内的饱和水汽压差大，导致果皮迅速失水、很快变褐。为保证贮藏效果，贮藏环境中保持较高的相对湿度非常重要。可通过预冷、适宜包装、库内加湿等措施，来延缓果皮褐变。但湿度过高，特别是包装袋内出现冷凝水时，有利于微生物生长，会导致果实的腐烂。

(3)气体成分。贮藏环境的气体成分对荔枝的贮藏效果影响较大。适当降低贮藏环境的氧气含量，增加二氧化碳的含量，可以抑制果实的呼吸作用，减少果实的呼吸损耗，从而延长贮藏寿命。但是如果贮藏环境的氧气浓度过低、二氧化碳浓度过高，则果实会出现无氧呼吸，导致果实产生异味，还会促进厌氧微生物的生长和发酵，导致果实腐败变质。如果贮藏环境含有较高浓度的乙烯，则易加速果实的成熟和衰老，并促进果皮褐变。

二、荔枝贮藏方式

1. 低温贮藏

低温贮藏是目前生产上使用最多效果也较好的一种常规贮藏方法，该方法主要利用低温来抑制果实的呼吸、减少水分蒸腾并抑制微生物的活动，从而延缓果实的衰老、变质，延长果实的贮藏期。

果实经过预冷达到适宜温度后即可入冷库贮藏(图 12-21)。低温贮藏是荔枝中长期贮藏最常用的方法。通过降低环境温度，尽量抑制果实的呼吸作用和其他生理代谢，减少果实的代谢消耗，从而保存果实的营养物质。降温的同时也抑制了病原微生物的侵染活动。

图 12-21 冷库贮藏荔枝（吴振先 摄）

荔枝的最适贮藏温度为 3～5℃，在此温度范围荔枝果实贮藏 1 个月左右仍可基本保持原有的色、香、味，配以合适的包装，出库后的货架期可以有 1～2 d。如果贮藏温度低于 3℃，贮藏时间超过 10 d 时果实容易发生冷害，特别是离开低温环境后容易出现果皮变褐、果肉变味。如果贮藏温度超过 5℃，因无法有效地抑制果实的生理代谢，果实的消耗较快，贮藏期缩短。但国外也有报道，荔枝在 7℃以下的温度中贮藏时会出现冷害，这可能与荔枝的品种有关。我国荔枝的贮藏适宜温度基本都是 3～5℃。

冷库低温贮藏须注意以下事项。

（1）入库前对冷库消毒。特别是长期贮藏过其他果蔬的冷库，在换贮荔枝前一定要进行消毒，防止库内的微生物侵染荔枝导致腐烂。消毒剂可用福尔马林、漂白粉、过氧乙酸或乳酸，也可用臭氧消毒。

（2）冷库降温。在荔枝果实入库前，应先将库温降到荔枝的贮藏适宜温度（3～5℃以下）。让预冷后的荔枝一进冷库就有一个适宜的环境，以避免受到环境温度波动的影响。

（3）控制出、入库量。每天或每次的出、入库量应有一定的限制，一般为库容的 10%～20%，最好不要超过 30%，以避免由于过多货物的进、出导致大幅度的库房温度波动。

（4）库房温度的控制。假如荔枝是直接在冷库内预冷，预冷后要把分散堆放的荔枝重新堆叠码垛。为使以后降温均匀、温度恒定，堆码有一定的要求，一般码成长方形的堆，堆与堆间距 0.5～1 m，堆高不能超过风道出风口，应距风口下侧 0.2～0.3 m，离开出风口至少 1.5 m 以上，与冷库壁和库顶的间距应在 0.3～0.5 m，特别是库顶多留空间对冷空气的流通非常必要。通常冷库地面要铺垫 0.1～0.15 m 高的地台板。库内中间走道应有 1.5～1.8 m 的宽度，以方便搬运与堆叠。

(5)冷库中气体的管理。冷库需有通风装置，定时排换库内气体、引入新鲜空气。换气次数和时间视贮量多少、时间长短而定。尽量在温度较低的早晨或晚间排换空气。

(6)出库。最好使用逐步升温的方式出库，以免温度的骤升刺激果实的呼吸，引起其他生命过程的突变，以及使果实表面出现冷凝水。

不长期贮藏的荔枝，一般在预冷达到预定温度后即出库转运到市场。

2. 气调贮藏和自发气调贮藏

气调贮藏也被称为控制气体贮藏，它是根据果蔬的性质，通过人为改变贮藏环境的气体成分和比例，达到抑制果蔬代谢的最佳效果而防止果蔬变质。气调贮藏可保鲜荔枝 30～40 d(1～3℃)，使其色香味基本保持不变。气调贮藏可以明显抑制果皮的 PPO 活性。气调贮藏可以更有效地保持果肉的营养成分，提高好果率，减少贮藏后期的乙醇积累。在荔枝包装内充氮后在低温下贮藏，也可提高贮藏效果。气调贮藏的气体比例因品种而异，在 1～3℃ 的贮藏温度下，O_2浓度为 5%时，糯米糍和怀枝合适的 CO_2浓度是 3%，而桂味为 5%。当 CO_2浓度超过 8%时果实容易褐变，在贮藏 1 个月后果肉出现异味。

自发气调贮藏是利用荔枝果实的呼吸作用产生 CO_2、消耗 O_2 来改变贮藏环境中的气体比例，当 CO_2和 O_2达到一定比例时，果实的呼吸作用和其他生理代谢受到抑制，生命活动减弱，从而可以延长果实的贮藏期。需要结合低温和药物处理，自发气调贮运才能取得较好效果。能满足基本密封要求的包装环境即可实现自发气调，保鲜袋(膜)包装、泡沫箱包装等就是最常见的自发气调包装。因此，生产上大量应用自发气调包装来贮运荔枝。自发气调包装的影响因素主要有果实品种、包装方式及内包装材料的种类和厚度。如果采用聚乙烯薄膜袋包装，最适宜的厚度为 0.02～0.03 mm，太薄则抑制荔枝代谢的作用有限，同时强度不够很容易在贮运过程中损坏；太厚则易导致袋内 O_2浓度过低、CO_2浓度过高，引起果实的无氧呼吸，产生异味。

气调贮藏保鲜荔枝的效果较自发气调贮藏为好，这不但表现在好果率有所提高，而且保存后果实的风味更接近于鲜果(陈维信等，1981)。

3. 冰温贮藏

熏硫复色处理的荔枝，其果皮不再褐变，只要贮藏温度没有达到果肉冻结的温度即对果实没有伤害。因此把熏硫复色的荔枝果实置于 0～2℃ 的低温中贮藏是很安全的，贮藏时间比常规的低温贮藏或低温自发气调贮藏更长。

三、市场营销

荔枝被誉为岭南佳果之冠，久负盛名，在国内外水果市场极具竞争力。但随着栽培面积和产量的提高，再加上荔枝产期非常集中，目前已经出现了季节性过剩，销售压力很大。因此，如何打开荔枝销售渠道，使荔枝迅速分销到国内外市场，对保证荔枝生产可持续发展尤为关键。荔枝的贮运保鲜是维持荔枝采后品质、减少采后损失的重要技术措施，而市场营销则是实现荔枝经济效益的重要环节。

市场营销被认为是一种沟通行为，是将产品引入市场并被消费者接受，最终实现企业经济效益的过程。简单地说，市场营销就是要为企业和消费者搭建一个良好的沟通渠道。荔枝生产企业要实现自己的经济效益就必须生产出优质的荔枝产品，而产品利润的实现必须能保证产品顺利进入市场，让消费者了解、接受并购买产品。产品利润的实现，一是要提高产品的销售总量，二是要提高产品的利润率，利润率的提高则需要提高产品的附加值。通过市场营销可不断提高企业的社会认可度，提升品牌和产品的附加值。

1. 我国荔枝销售存在的问题

(1)鲜售为主，加工量少。我国荔枝绝大部分以鲜果销售为主，用于加工的数量很少。虽然近年各地大力发展荔枝加工业，但至今加工所消耗的荔枝数量仍然不多。荔枝盛产期集中、贮藏时间短、保鲜难度大、销售周期较短，销售时间较为仓促，成熟旺季销售压力很大。

(2)季节性过剩。采收相对集中，需求弹性太小，市场难以承受短期的大量供给。和其他农产品一样，荔枝同样面临需求弹性太小的问题。我国荔枝自最早的华南三月红品种上市到最迟的四川荔枝上市，前后仅约 3 个月时间，6 月上旬至 7 月上旬为收获旺季。

(3)出口量占比很低。目前我国荔枝生产多以户为单位分散经营，集中成片实行统一管理的大型现代化果园极少，因此产品质量差异大，鲜果的出口量占总产量的比例很低。

(4)价格不稳定。受荔枝大小年及品种不同的影响，荔枝价格年度间、不同采摘时期、不同产地的差异较大。但总体上市场价格相较其他水果高，比较效益还是比较高的。

(5)缺乏品牌。我国目前还没有形成知名度较高的荔枝品牌，消费者对荔枝品牌的认同度还不高，而且消费者对荔枝的了解也不多。如在同一个摊档上，一般消费者都只会感性地从价格、外观上去决定是否购买，很少有消费者能够区别荔枝品质的优劣。

2. 市场分析

市场分析的目的是将消费行为加以分类，以便了解市场中顾客的需求差异，发现有利的营销机会，制定切实可行的营销方案。荔枝营销，按销售地域可分为国内市场和国外市场，也可分为本地市场和外地市场；按销售方式，主要有大型批发市场、一般农贸市场、超市、水果摊点、果园直销和电商销售；按品质，可分为高档市场、中档市场和低档市场；按用途，主要有鲜果市场、礼品和保健品市场、加工原料等。下面仅分析国内市场和国际市场。

(1)国内市场。我国荔枝栽培地区主要包括海南、广东、福建、广西、四川、台湾等地，分布地域十分有限。虽然我国荔枝产量为世界第一，但是以2018年产量305万t、人口13亿计，人均荔枝占有量还不到2.4 kg，可见国内市场的潜力还很大。但由于荔枝保鲜的技术问题，以及市场开拓和销售网络建设不力等因素，荔枝的国内市场大部分尚待打开。目前绝大多数荔枝仅涌入产区外的一些大中城市及其周边地区，偏远的中小城市及农村广大地区还没有覆盖。因此，充分开拓我国中小城市的荔枝销售市场，是荔枝营销需要着力的方面。

(2)国际市场。我国是世界荔枝主产国，面积与产量均占世界的70%以上。除中国外，北半球的泰国、印度、越南等国有一定量的荔枝栽培，由于生产季节相近，对我国荔枝的销售形成了较大的竞争压力。美国、以色列等国也有少量的荔枝栽培，但与我国的荔枝没有直接的竞争关系。南半球的马达加斯加、澳大利亚、南非、留尼汪(法属)、毛里求斯也有一定量的荔枝生产，但这些地区的荔枝收获季节与我国的刚好相反，对我国荔枝并不构成威胁。从需求量看，国际市场是非常庞大的(图12-22)。目前欧洲、美国、加拿大、日本、东南亚、中东等国家或地区是荔枝的主要进口国，这些国家和地区不生产或极少生产荔枝，生活着大量华侨，对荔枝有一定的了解，当地居民也逐步了

图12-22 国外超市中的荔枝

解并接受荔枝。中国、南非、泰国、越南、印度、以色列、澳大利亚、马达加斯加、毛里求斯及留尼汪(法属)等为荔枝的主要出口国。

从总体上来看，荔枝仍然是国际市场中的小宗果品，每年荔枝鲜果的国际贸易量在5万～6万t。我国是最大的荔枝生产国，但出口量很小，中国内地每年出口的荔枝鲜果仅约1万t，主要出口地是香港，其次是美国、加拿大、日本、新加坡、马来西亚等国，西欧市场占比很低。

3. 市场定位

所谓市场定位，就是对市场进行细分和评估，选择那些能够与企业经营理念、规模、地理位置及其他资源相匹配的细分市场作为目标市场，然后根据目标市场购买者的需求而对产品内涵所作出的一种界定。有效的市场定位，可以使企业取得较高的顾客满意度和忠诚度，提高企业在市场中的竞争能力。在进行市场定位时，主要的依据有产品定位和服务定位。产品定位包括产品的质量、性能、外形、设计等。服务定位包括产品信息的咨询等。

通过目标市场选择，荔枝产品主要借助大型批发市场，采取集中大批量销售的方式，同时以一般农贸市场、超市、水果摊点、果园直销为辅。目前荔枝产地仍然把国内市场作为重点目标市场，而把国外市场作为辅助开发市场。

荔枝最大的国际市场在欧美。美国市场上的荔枝主要从我国内地和台湾、墨西哥进口，美国佛罗里达州也有荔枝生产，越南和泰国的荔枝也开始进入美国。我国荔枝从颗粒均匀度到风味口感都是最好的，但目前在美国市场上所占的份额仍很小，未来的开发潜力很大。在开发国外市场时，要了解进口国消费者的口味，一般西方人偏爱偏酸的荔枝，并不太喜欢我国消费者钟爱的糯米糍等甜度高的品种，而早熟的三月红，中熟的大造、白蜡、妃子笑，以及晚熟的怀枝等品种在国外较受欢迎。

4. 营销策略

(1)营销策略制定。应从产品、价格、渠道、促销、互动方面为荔枝产品制定相应的营销策略。企业(产业)在制定产品策略时，应全面考虑消费者对产品的总需求。现代营销认为，一个完整的产品应包括核心产品、形式产品和延伸产品三个部分，企业(产业)在制定产品策略时也应从这三个部分着手。对于荔枝产业来说，其产品策略可以以优果工程建设为基础，以荔枝标准果园建设为载体，从荔枝的保鲜贮运、新产品的开发、包装设计和售前、售中、售后服务，种植户、经销商与消费者及相关产业的互动等方面考虑，打造荔枝“全产业链”体系，推动产业升级，打造生鲜产品中知名度高的品牌，提高其在国内外市场的竞争力。

(2)营销渠道。在开拓一个新市场时，当地消费者对荔枝的认识还不足，可采用免费品尝、利用媒体(广播、电视、互联网、直播)推介等手段，也可以通过分发小册子或在媒体上发表文章，介绍荔枝的食用方法、营养食疗价值、历史文化、故事趣闻、艺术作品等，促进人们对荔枝的了解，培养潜在的消费群体。各产区开展的荔枝采摘节、荔枝产业大会、荔枝文化旅游节、荔枝直播带货等活动(图 12-23)，对荔枝的销售起到了很好的促进作用。

图 12-23　荔枝文化节庆活动(吴振先等 摄)

电商的快速发展对荔枝营销模式产生了很大的影响。荔枝的销售借助电商平台快速扩展，在北方已从过去仅在大城市销售，迅速延伸到小城市甚至广大农村地区。

参考文献

[1]吴振先，苏美霞，陈维信，等．荔枝常温贮藏技术及生理变化的研究[J]．华南农业大学学报，2001，22(1)：35-38.

[2]江建平，苏美霞，李沛文．荔枝果实在发育和采后的乙烯产生及其生理作用[J]．植物生理与分子生物学学报，1986，12(1)：95-103.

第十三章　荔枝功能成分与加工增值

荔枝是典型的具假种皮果实，以色、香、形、味驰名于世。古往今来，诗人墨客题诗作赋，对荔枝倍加推崇和赞誉。荔枝除了风味独特外，还是我国的传统药材。近年来，现代医学、食品营养学、植物化学和药理学的研究新进展为荔枝的医疗和保健功能的深入开发奠定了坚实的基础，荔枝的营养成分和功能活性正不断被揭示。

第一节　荔枝的营养与功能成分

一、荔枝果肉的营养与功能成分

荔枝果肉含有大量的营养和功能成分。据美国 USDA 发布的食品营养成分信息数据，每 100 g 荔枝鲜果肉含碳水化合物 15.2 g、能量 276 kJ、蛋白质 0.83 g、脂肪 0.44 g、灰分 0.44 g、膳食纤维 1.3 g、钙 5 mg、铁 0.31 mg、镁 10 mg、磷 31 mg、钾 171 mg、钠 1 mg、锌 0.07 mg、维生素 C 71.5 mg、维生素 B_1 0.011 mg、维生素 B_2 0.065 mg、维生素 B_3 0.603 mg、维生素 B_6 0.1 mg、总叶酸 0.014 mg、维生素 E 0.07 mg、色氨酸 0.007 mg、赖氨酸 0.041 mg、甲硫氨酸 0.009 mg。利用气质联用技术分析 10 个荔枝品种假种皮中可溶性碳水化合物、维生素 C 和 γ-氨基丁酸（GABA）的含量（表 13-1），发现可溶性碳水化合物主要是蔗糖、葡萄糖和果糖，也有一定的半乳糖、白坚木皮醇、无患子醇和肌醇；每百克荔枝鲜果肉含 8～39 mg 维生素 C；每克荔枝鲜果肉含 γ-氨基丁酸 1.7～3.5 mg，是已报道的人体所需氨基酸——甲硫氨酸的2 000～4 000 倍。

表 13-1　10 个主栽荔枝品种假种皮中营养成分的含量　　单位：mg/g FW

品种	蔗糖	葡萄糖	果糖	半乳糖	白坚木皮醇	无患子醇	肌醇	维生素C	GABA
妃子笑	65.4±0.8	33.5±4.6	40.7±4.3	10.3±0.4	6.3±0.5	1.41±0.32	0.78±0.17	0.39±0.05	2.2±0.2
白蜡	54.9±0.8	23.8±3.3	31.9±2.5	7.0±0.6	4.4±0.3	0.75±0.16	0.28±0.11	0.19±0.01	2.7±0.3
白糖罂	55.6±1.6	15.6±1.5	21.0±0.6	4.2±0.2	3.3±0.2	0.81±0.12	0.32±0.02	0.29±0.05	1.7±0.1
大红袍	45.6±3.2	37.2±4.9	41.0±3.5	5.9±0.8	4.8±0.6	1.30±0.25	0.46±0.06	0.31±0.03	2.4±0.2
紫娘喜	73.3±6.7	19.2±3.2	25.3±4.2	4.9±0.4	3.9±0.3	1.23±0.08	0.35±0.07	0.19±0.01	3.3±0.3
黑叶	52.4±3.9	31.2±4.6	41.3±5.4	8.9±1.0	1.6±0.1	0.71±0.13	0.41±0.12	0.23±0.03	3.5±0.6
桂味	53.8±5.2	30.7±4.2	41.4±4.5	9.2±0.5	4.6±0.3	1.02±0.20	0.51±0.14	0.08±0.02	2.7±0.3
糯米糍	60.4±6.3	23.3±4.3	30.4±4.2	6.8±0.6	6.4±0.3	1.51±0.16	0.71±0.08	0.12±0.02	3.3±0.3
兰竹	48.4±5.6	34.1±4.6	36.6±5.7	8.1±0.9	5.0±0.3	1.12±0.24	0.51±0.17	0.11±0.01	2.8±0.3
怀枝	39.5±6.5	31.6±0.7	41.8±0.3	9.7±0.7	3.3±0.5	1.08±0.19	0.56±0.11	0.19±0.01	2.2±0.1

表中数据源自 Wu 等(2016)。

荔枝是我国传统的药食兼用果品，据李时珍的《本草纲目》记载，荔枝有“生津、通神、益智、健气、益人颜色”的功效，常食荔枝能补脑健身，开胃益脾，干制品能补元气，为产妇及老弱者补品。然而，美国 USDA 发布的荔枝果肉的营养物质成分，很难解释荔枝果肉独特而强大的生理功能。近来，关于荔枝果肉含有丰富的肌醇甲醚、γ-氨基丁酸、多糖和酚类物质的报道及相应的生物活性检测，有助于解释荔枝果肉的营养和保健功能。

1. 白坚木皮醇

白坚木皮醇(quebrachitol)(2-methyl-L-inositol)之名源于白坚木(quebracho)，最早由法国科学家 Tanret 于 1889 年从南美洲居民用来治病的白坚木的树皮提取液中分离出来。白坚木皮醇是一种具有旋光活性的药用天然化合物，可合成无毒、无害而有特效的手性药物，用于治疗癌症、早老期痴呆症、糖尿病和艾滋病等疾病及美容保健(敖宁建，2005)。在美容护肤膏、洗发香波、洗澡香皂中加入一定量的白坚木皮醇，使用后可令人体肌肤滋润、光泽，可去皱纹，增加皮肤弹性。白坚木皮醇还具有清除氧自由基的特殊功效(邓瑶筠，1997)。白坚木皮醇可减轻 6-羟多巴胺对老鼠胎儿脑细胞悬浮系的毒性(Nobre 等，2006)，可抑制血小板的凝集(Moharam 等，

2010）。王惠聪等（2013）和 Wu 等（2016）在荔枝的叶片、树皮、果皮、果肉和种子中检测到丰富的白坚木皮醇，鲜果含量 1.6～10.8 g/kg，果肉含量较低，果皮和种子含量较高，认为白坚木皮醇可能是荔枝多种功能活性的重要活性成分之一。

2. γ-氨基丁酸

γ-氨基丁酸是一种天然存在的非蛋白质氨基酸，是哺乳动物中枢神经系统中重要的抑制性神经传达物质，参与多种代谢活动，具有降低血压、改善脑功能、增强长期记忆及提高肝、肾机能等活性（江波，2008）。大熊诚太郎（1997）的研究表明，γ-氨基丁酸与某些疾病的形成有关，如帕金森患者脊髓中 γ-氨基丁酸的浓度较低；癫痫病患者脊髓液中的 γ-氨基丁酸浓度也低于正常水平。当人体内缺乏 γ-氨基丁酸时，会产生焦虑、不安、疲倦、忧虑等情绪，已有利用天然植物原料如米胚芽等或生物技术开发制造富含 γ-氨基丁酸的功能食品配料，应用于饮料、果酱、糕点、饼干、调味料等制品中的报道（江波，2008）。在水果中广泛检测到 γ-氨基丁酸，但不同的树种含量有较大的差异，苹果、猕猴桃、火龙果的含量较低（每千克鲜重少于 10 毫克），香蕉、草莓和柑橘的含量中等（每千克鲜重几十至几百毫克），而荔枝的含量很高（每千克鲜重几千毫克）。荔枝中的 γ-氨基丁酸主要在果肉中积累，其他组织中的含量均不高，与其他中量氨基酸水平相当，荔枝果肉中的 γ-氨基丁酸含量是第二丰富的谷氨酸含量的 25～55 倍，因此，果肉中富含 γ-氨基丁酸被认为是荔枝特有功能活性的重要物质基础（Wu 等，2016）。

3. 多糖

不同植物中的多糖，由于其结构、分子量、溶解度不同，导致其药理作用各不相同。对荔枝果肉中多糖的研究有较多的报道，包括提取工艺、分离纯化、抗氧化活性等。据唐小俊等（2005）报道，三月红荔枝干果肉的多糖含量为 4.36%。Kong 等（2010）分离检测了荔枝多糖的组成，并研究了各组分的功能活性，结果表明：荔枝果肉多糖可分为 4 个组分，主要是由阿拉伯糖、鼠李糖、核糖、半乳糖和葡萄糖等糖分组成，不同组分糖的组成有一定的差异（表 13-2），这 4 种多糖组分均具有清除自由基、金属螯合和还原能力，其中组分 3 的活性最强。此后更多的现代药理学研究证实了多糖是荔枝中的主要活性成分，具有抗氧化（Huang 等，2015）、免疫调节（Huang 等，2014；Jing 等，2014）和降血糖（张钟等，2013）的作用。

表 13-2 荔枝果肉分离的 4 种多糖组分的单糖组成

组分	多糖组分 1	多糖组分 2	多糖组分 3	多糖组分 4
蛋白质/%	2.81	1.31	4.24	1.23
碳水化合物/%	79.21	85.15	93.09	96.77
单糖组成				
D-阿拉伯糖	1.95	1.00	1.30	1.60
L-鼠李糖	2.00	1.20	1.91	1.00
D-核糖	1.00	—	1.54	—
D-半乳糖	2.04	—	2.13	1.07
D-葡萄糖	1.57	1.47	1.00	1.21

注：数据源自 Kong 等(2010)。

4. 多酚类

Wu 等(2016)测定了 10 个不同荔枝品种果肉中酚类物质的含量，可溶性总酚含量每克鲜重 0.47～1.60 mg，妃子笑和大红袍含量较高，而桂味和兰竹含量较低，类黄酮是主要的酚类组分，占总酚的 56%～85%。Mahattanatawee 等(2007)检测到荔枝果肉中的槲皮素和山柰酚等黄酮类组分。Bhoopat 等(2011)研究指出，Gimjeng 和 Chakapat 荔枝果肉中的酚类物质主要是反式肉桂酸(每克提取物 9.1 mg GAE)和天竺葵色素-3-葡萄糖(每克提取物 19.6 mg GAE)，认为荔枝果肉的这些成分是其提取物具有抗氧化、抗膜脂过氧化和抗细胞凋亡的主要原因。

二、荔枝果皮的功能成分

我国传统医学对荔枝果皮有较高的评价，认为荔枝果皮性凉、味甘，有较高的医疗和保健功能，具有解表、降火、清心、理气、和血等功能，主治虚火上升、口渴、血崩、痢疾、痘疮透发不爽(王锦鸿，1997)。荔枝果皮中含有丰富的酚类物质，每千克干重含 51～102 g(Wang 等，2011)。Duan 等(2007)测出荔枝果皮中含有表儿茶素、原花青素 A_2、原花青素 B_2、原花青素 B_4、矢车菊色素-3-芸香糖苷、矢车菊色素-3-葡萄糖苷、槲皮素-3-芸香糖苷、槲皮素-3-葡萄糖苷等黄酮类色素。Zhou 等(2011)测出荔枝果皮含有高聚原花青素，其聚合度为 2～20，平均聚合度为 5.8。

Sarni-Manchado 等(2000)的研究发现，荔枝果皮富含酚类物质和多种活性成分，有良好的抗氧化和清除自由基的能力，在降血压、降血糖、抗肿瘤、防止动脉硬化、消炎镇痛、增强免疫力等方面具有一定功效。Wang 等(2011)的研究发现，荔枝果皮提取液含有大量的多酚物质，而且表现出很强的体外抗油脂过氧化的活性。对癌细胞增生扩散抑制的实验表明，荔枝果皮提取物对于肝癌和乳腺癌细胞均表现出较强的抗癌活性(Wang 等，2006)。由此可见，荔枝果皮有较高的加工利用和开发研究价值。Nishihira 等(2009)的研究发现，荔枝果皮低分子量的多酚具有改善肥胖的作用。给成熟的内脏细胞添加荔枝多酚提取物，可降低细胞内胆固醇含量，减少脂肪积累，减少脂滴大小(Kalgaonkar 等，2010)。Lee 等(2016)研究了荔枝小果多酚提取物 Oligonol，发现浓度为 25 mg/ml 的 Oligonol 可降低人类单核细胞炎症细胞活素 IL-6 和 TNF-alpha 的产生，这些细胞活素与自体免疫、发炎、心血管病和肥胖密切相关，这种抗细胞活素的作用可能是通过不涉及细胞程序性死亡的抑制 NF-kappa B 的活化实现的。

上述研究结果表明，荔枝果皮中的酚类物质具有抗氧化、抗炎、降血脂、免疫调节和抗癌等生物活性。荔枝果实(幼果期小果)低分子量的多酚类物质(Oligonol®)已有商标注册(Ogasawara 等，2009)，该产品具有广泛的抗氧化、抗衰老能力，具有促进血液循环、改善和消除疲劳、祛斑、除皱、改善代谢症候群的作用。

三、荔枝核的营养与功能成分

中药学认为，干燥的荔枝核味甘、微苦、性温，归肝、肾经，具行气散结、祛寒止痛之功效(田菊霞，2005)。现代营养学检测发现，荔枝的种仁中含淀粉 40.7%、粗纤维 24.6%、蛋白质 4.93%、镁 0.28%、钙 0.21%、磷 0.11%；种仁中脂肪含量最高的是油酸和荔枝酸，分别为 29%和 28%，其次是亚油酸，为 19%(高建华，1998)。荔枝果核的酚类和黄酮类物质丰富，已鉴定出香豆酸、原儿茶酸、表儿茶素、没食子酸、原花青素 A_1、原花青素 A_2、原花青素 B_2、没食子儿茶素、表儿茶素没食子酸酯、柚皮苷等近 20 种多酚物质，且 A 型原花青素三聚体和 A 型原花青素多聚物、多聚原花青素的平均聚合度为 15.4(马艳芳等，2016)。荔枝果核中还含有较丰富的皂苷(李关宁，2015)。

关于荔枝核的药用功效已经有大量报道，涉及抗氧化、提高免疫、抗癌、抗病毒、降血糖、调血脂等功能。其中关于荔枝果核中多酚类物质的药理和生理学活性大致与荔枝果皮相近，主要体现在抗氧化和清除自由基的能力方面。特别要指出的是，从荔枝果核中分离得到的单体化合物(2R)-柚皮素-7-*O*-3-(*O*-芸香糖苷)和(2S)-生松素-7-*O*-(6-*O*-芸香糖)具有显著的 α-葡萄糖苷酶抑制活性(Li等，2007)，可能是荔枝核发挥降血糖作用的主要有效成分。皂苷是荔枝果核特有的成分，在乳腺癌的治疗中，应用荔枝核皂苷能降低雌激素、泌乳素等性激素水平，增强机体的免疫功能，改善患者的生活质量，减轻来曲唑的不良反应(林妮等，2016)。在乳腺癌术后辅助内分泌治疗中，用荔枝核协同来曲唑，一方面可发挥其抗肿瘤作用，另一方面可减轻西药的不良反应，充分发挥中医药增效减毒的优势。李关宁(2015)的研究指出，从荔枝核中可提取荔枝核皂苷，这种皂苷可降低乳腺增生大鼠乳腺组织中ERα、ERK、VEGF的表达。林妮等(2016)证实了荔枝核皂苷对乳腺癌内分泌治疗的增效减毒作用，可以提高患者的生存率及生存质量，减少乳腺癌的复发。荔枝核皂苷可能是荔枝核发挥多种生理活性的重要功能成分，目前已有在临床中应用。

第二节　荔枝加工概况

一、加工产品

荔枝加工产品主要有荔枝干、荔枝罐头、荔枝果汁、荔枝酒。荔枝加工期短，集中在上市高峰期，正是夏季高温季节，日处理量大。近年来，随着荔枝产业的发展，荔枝加工备受重视，加工比例有了明显增加，据不完全统计，荔枝年加工比例为10%～20%，荔枝主要加工产品的年加工量及其占鲜果总产量的比例见图13-1。

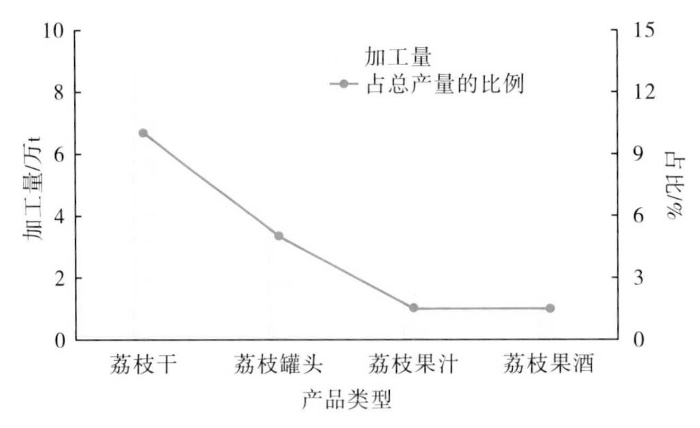

图13-1　不同荔枝加工产品的年加工量及其占鲜果总产量的比例

1. 荔枝干

荔枝干是荔枝加工量最大的产品。传统的干制加工分散于各专业户或家庭，也是目前能在短时间内处理大量原料的方法。干制后，降低了水分含量，抑制了微生物的活动，有效延长了产品的保存期。荔枝干分为“全干型”(传统荔枝干，水分含量在25%左右)和“半干型”(水分含量30%～35%)。

受进口越南荔枝干的冲击，国内市场大核品种的荔枝干已缺乏竞争力。目前加工企业(专业户)干制加工已由大核品种转向小核品种，如核小肉厚的糯米糍、桂味、鸡嘴荔等品种的荔枝干质优价高。加工技术目前则因产区、规模和设备条件的不同而异。小规模的加工一般采用传统工艺，规模化生产则采用改良的固定床热风干燥工艺，结合空气能热泵干燥提供干燥热源。

2. 荔枝罐头

荔枝罐头是荔枝加工量第二大的产品，主要产地在福建漳州市，其荔枝罐头出口量占全国的60%左右。荔枝罐头对于产地消费者吸引力不大，产品主要出口马来西亚、印尼、法国、荷兰、意大利、美国等国家。表13-3列出了2009—2018年中国荔枝罐头的出口情况。

表13-3 2009—2018年中国荔枝罐头出口量和出口金额

荔枝罐头	年份									
	2009	2010	2011	2012	2013	2014	2015	2016	2017	2018
出口量/t	22033	30059	35177	27332	30457	36718	29944	28444	26839	32105
出口额/万美元	1821	1799	2402	1990	2892	4031	3046	3322	3377	3729

罐头加工要求保留果肉完整，仍然需要依靠人工操作，效率低，属劳动密集型操作，尤其是在高温的暑假期间，劳动力成本增加，是荔枝罐头加工的瓶颈，目前还没有设备能替代人工实现自动去皮去核取得完整果肉的机械操作。此外，传统工艺生产的荔枝罐头存在质地软、颜色褐变等质量问题，已不能满足现代消费者的要求。传统工艺的巴氏杀菌是通过使用蒸汽或热水作为热源对糖水荔枝罐头进行加热杀菌，升温时间长，导致糖水荔枝罐头出现果肉过度软烂，果肉变红，成品罐头汤汁混浊等现象。荔枝罐头加工的另一难题是荔枝罐头在加热杀菌后和贮藏过程中出现变色的现象。

3. 荔枝果汁

荔枝果汁加工是荔枝深加工的主要途径之一，能有效缓解荔枝收获期短、大量原料集中上市的问题。荔枝含果汁丰富，出汁率因荔枝品种不同而异，一般可达40%～70%。通过去皮、去核、破碎、压榨、浓缩等方法，可制得荔枝的原汁、浓缩果汁、果汁饮料等荔枝果汁产品。

荔枝果壳含有大量的酚类等物质，容易污染果汁引起变色变味，因此榨汁前需要去皮(核)处理，不能带壳压榨。目前有采用人工去皮和机械去皮的方法。人工去皮去核可减少皮核物质对果汁的污染，但效率低，工序间隔长。机械去皮则存在汁液容易流失、未去壳果比例过高、果汁容易污染等问题。荔枝果汁富含还原糖、氨基酸等各种营养成分，热敏性强，杀菌和浓缩工序中热加工和贮藏过程中果汁容易发生变色、变味问题。因此荔枝果汁加工中的榨汁前去皮(核)和杀菌、浓缩热处理工序是制约荔枝汁工业化生产的关键工序和技术环节。

中国的荔枝果汁加工发展历程只有 10 多年时间。目前荔枝果汁加工能力最大的企业为广西北海国家现代荔枝龙眼产业技术体系综合试验站示范企业，具备先进的原果汁、浓缩果汁生产设备，高峰期处理荔枝 200～300 t/d，加工期约 30 d，生产原果汁和浓缩果汁。荔枝果汁加工量受产量、加工期短和原料价格的影响。目前市面所见的荔枝果汁产品，已有中国大陆企业生产的非浓缩还原汁(not from concentrate，NFC)荔枝混合果汁，中国大陆企业生产的荔枝原汁、浓缩汁和饮料，多以原料型中间产品为主。南非、泰国、印度以及中国台湾地区也有荔枝汁加工生产，品牌包括 Clover、Ceres、Dole 等。南非荔枝主要用于果汁加工，有多个大型企业和品牌参与，产品主要为荔枝与苹果或梨或葡萄汁等混合成的 100%果汁。

图 13-2 不同包装类型的荔枝果汁产品

荔枝果汁的市场推广遇到一定的障碍，主要的原因是：①荔枝汁生产中存在因加热产生的“煮熟味”，贮藏过程发生褐变和沉淀问题，令消费者难以接受。②荔枝主产地的消费者普遍认为荔枝汁没有保留鲜果的风味，而果汁生产中添加的荔枝香精并不能理想地模拟荔枝原有的风味。③俗语说“一颗荔枝三把火”在消费者心目中形成了荔枝不可多吃的印象，认为吃荔枝会上火，这也进一步影响了荔枝汁在主产地的销售。④非主产区的消费者对荔枝风味不熟悉，普遍处于尝鲜的心态，对产品的忠诚度难以保证。

果汁市场虽然在整个饮料市场的份额在不断增长，但荔枝与其他亚热带水果一样，与主流大宗的果汁如苹果、橙和葡萄等相比没有价格上的优势，在竞争中处于一定的劣势地位。而且，目前缺乏品牌企业参与荔枝果汁终端产品市场。

4. 果酒

荔枝酒根据加工方式的不同，可分为发酵酒、配制酒和浸泡酒等类型。目前以发酵酒为主。由于荔枝果酒在口感上缺乏醇厚感，制约了消费者对荔枝酒的接受。要培育荔枝酒市场，需要较长的时间。而且荔枝酒的风味与品质仍需要不断改进和提高。

近年国内年生产荔枝果酒约 1 万 t 左右，主要为干型、冰酒型发酵荔枝酒，少量荔枝白兰地和烈酒，消耗荔枝量在 3 万～5 万 t。荔枝果酒加工企业主要集中在广东产区。

5. 荔枝多元化产品

随着荔枝产业的发展，对荔枝多元化产品加工的需求也日益增加，目前包括荔枝啤酒、发酵饮料、果肉干(果脯)、果粉、果酥、荔枝红茶、荔枝多酚等多元化产品的研发和技术储备也受到业界重视。

二、问题与展望

1. 问题

荔枝加工研究滞后于荔枝生产和采后保鲜研究，主要表现在：①加工期短，荔枝加工前处理效率低，限制了规模化生产，导致加工量少，每年加工鲜果 15 万～20 万 t，仅占中国荔枝产量的 10%～15%。②加工企业规模小，尤其是荔枝干加工更是分散在千家万户。③产品精、深加工不够，仍以传统荔枝干、荔枝罐头为主。④仍多采用传统加工工艺，产品质量不能满足现代消费者的需要。⑤市场开拓不力，生产与销售脱节。需要开拓荔枝混合果汁市场。

造成荔枝加工业发展落后有多方面原因，具体来说最主要的有：①前期科研投入不足，技术积累不够。②一般都是在鲜果销售遇到困难时，才将滞销鲜果用于加工，因此，加工原料来源不稳定。③荔枝成熟期集中，且不耐贮藏，加工企业的生产时间只有 1～2 个月。④荔枝的理化性质对加工工艺要求高。⑤品牌企业参与不足。

2. 展望

从产业角度考虑，应加大、加快荔枝加工的投入，包括人力、物力以及政策的配套。

从原料的角度考虑，要求用于加工的荔枝年供应量总体稳定；价格上要求加工与鲜销品种应有所区别，应向大宗水果的苹果、柑橘加工原料价格靠近；供应期应尽可能长。为了满足加工的需要，应考虑改良和培育高产稳产、成熟期长的加工专用品种，探索与加工品种配套的高效低成本栽培技术。

从加工技术的角度，需要加快加工技术的研发和产业化应用，如非热杀菌技术、无菌罐装技术、冻结浓缩技术、膜过滤等技术在荔枝果汁、果酒加工中的应用，解决果汁风味异化、褐变、沉淀等问题。

从终端产品市场开拓的角度考虑，应加大市场引导力度，引入、创建品牌企业，结合荔枝功能成分研究的最新成果，提高消费者对荔枝功能的认知。对于消耗最多原料的荔枝果汁加工，应扩大荔枝原汁和浓缩汁作为二次原料的应用领域。作为终端的荔枝果汁产品形式，应符合国家标准《饮料通则》(GB/T 10789—2015)的要求，以荔枝混合果汁、荔枝混合果汁饮料为主，开发多元化产品。

第三节　荔枝主要加工产品及加工技术

一、干制品

1. 荔枝干

荔枝干是我国传统的荔枝加工产品。荔枝干制后，降低了水分活度，抑制了微生物的活动，有效延长了产品的货架期。荔枝干有全干型(为传统荔枝干，水分含量在25%左右)和半干型(水分含量30%～35%)之分。加工方式包括日晒和人工干制。

1)日晒法

日晒法是在自然条件下，利用太阳辐射热和干燥的热风使荔枝中水分蒸发的方法。日晒法简单易行、成本低，能在荔枝产区就地进行，尤其适合家庭制干。但日晒法干燥时间长，一般需要数十天时间才能完成干制过程，产品品质难以保证，且受气候和场地条件的限制。

用日晒法制作荔枝干时，将带枝梗的鲜荔枝薄铺在竹筛中在阳光下暴晒，每筛放荔枝 10～15 kg，隔 1 天翻 1 次，晒 20 d 左右、晒至八成干时剪去枝梗。于晴天中午将荔枝果堆积起来回湿，在常温下自身进行水分调节 3～4 d，然后将荔枝果晒至水分含量 20%左右。晾晒过程中要注意防止雨淋，避免受潮而发霉，必要时需要复干。

2)人工干制

人工干制是指在人工控制条件下使物料水分蒸发的工艺过程。利用专用干燥设备进行的人工干制，操作易于控制，时间显著缩短，产品质量和得率显著提高。人工干制荔枝干所需的时间取决于干制条件或设备，如隧道式干燥装置或固定床干燥房中采用热风连续或阶段式烘干一般需要 36～72 h。

由于荔枝果肉与果皮之间存在内果皮(膜)，这种结构极不利于果肉、果核的水分向外扩散，因此，荔枝干制不可能在短时间内达到干制终点。可采用多段组合干燥的方法，即在烘干一段时间后中断干燥，让果肉、种子的水分向果皮扩散转移，使果皮软化，这一过程称为回湿或回软，回湿后再烘干一段时间，然后经第 2 次回湿，再进行第 3 次烘干。

荔枝干的加工流程为：原料挑选→去枝梗，清洗→分级→初焙→回湿→复焙→回湿→烘干→包装→成品。

(1)原料选择。选择充分成熟、新鲜、果大完整、肉厚、果核小、干物质含量高、香味浓、涩味淡的荔枝果实作加工荔枝干的原料，采收时间宜在晴天的上午。传统荔枝干一般用怀枝和黑叶制作，优质荔枝干常用糯米糍、鸡嘴荔、桂味等制作。不同品种的荔枝其干制得率差别较大，制成 100 kg 荔枝干需新鲜荔枝 300～400 kg。

(2)预处理。先摘除枝叶、果柄，剔除烂果、裂果和病虫果。用分级机或分级筛按大小进行果实分级，使同一批次的果实尽可能大小均匀。有条件的应及时预冷降温，洗除果面灰尘等异物。采摘当天及时运到加工场所。

(3)第 1 阶段干燥。第 1 阶段干燥处理也叫“杀青”(将果肉中的氧化酶钝化)。采用改良固定床热风烘干设备进行处理，以间接加热空气或热泵空气能作为干燥介质，通过鼓风机加强其与物料的热湿交换，干燥床为可移动的网带筛或输送带。将果实装载在烘床的入口处，物料厚度为 30～40 cm，慢速移动输送带使物料铺垫均匀。装料量因设备大小而异，一次可加工鲜果 2～20 t。干燥阶段初期注意加强排湿，温度控制在 70～80℃，每 2 h 改换一次热风鼓送方向。干燥 8～12 h 后，果实水分含量由 80%下降至 60%左右。让物料回湿 12 h，让果实内部水分向外扩散。

(4)第 2 阶段干燥。经过第 1 阶段干燥和回湿，果肉和果核内部的水分逐渐向外扩散，果皮回湿后，进行第 2 次干燥。干燥温度控制在 65～70℃，每 2 h 改换热风鼓送方向，干燥时间 8～10 h，物料水分含量降至 40%左右后进行第 2 次回湿，将冷却后的物料装入果筐，在 5℃条件下存放 3～5 d。

(5)第 3 阶段干燥。经过第 2 阶段干燥和回湿，果肉和果核内部的水分进一步向果皮扩散均匀后，进行第 3 次干燥。干燥温度控制在 60～65℃，每 2 h 改换热风鼓送方向，干燥时间 6～8 h，物料水分含量下降至 30%左右后进行

第 3 次回湿，将冷却后的物料装箱，在 5℃条件下可长期存放 30 d 以上，物料的水分进一步扩散均匀。

(6)贮存、包装。干制品怕热、怕压、易虫蛀，应注意防潮、防压、防热，避免与异味物品堆放在一起。贮存过程中要进行定期检查，发现回潮时应及时复晒或复焙。半干型干制品在 5℃下可贮存 6 个月以上。出库后进行分装前需要检查干制品的质量，水分含量应控制在 30%左右，必要时进行日晒或在 50～55℃温度下进行短时干燥。可采用塑料袋包装，有条件的可进行充氮包装。应在阴凉、干燥的环境下存放和流通，以防止霉变。

传统荔枝干制品要求最终水分含量在 25%左右，半干型成品水分含量为 30%～35%。荔枝干制品要求果粒大而均匀，果身干爽，果壳完整(破壳率不超过 5%)，果肉厚，肉色淡黄，口味清甜，无烟火味。

荔枝的干制设备主要有固定床干燥烘房、输送带式干燥设备等。图 13-3 是固定床干燥烘房，干燥热源采用空气能和燃气辅助加热，荔枝物料装载在可移动的多层固定床(干燥筛)上，通过叉车进出干燥房。图 13-4 是输送带式干燥设备，荔枝直接装在输送带上，通过控制温度和时间，在干燥通道中完成荔枝的干燥。图 13-5 是带物料小车的隧道式干燥设备。

烘干房

可移动式干燥床(筛)

图 13-3　固定床干燥设施(胡卓炎 提供)

设备外观

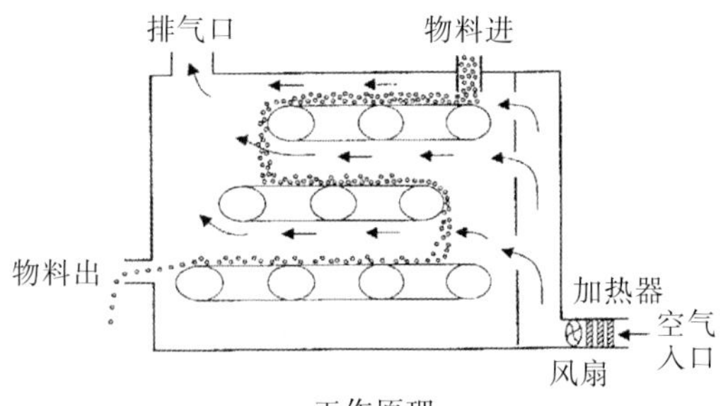

工作原理

图 13-4　输送带式干燥设备(胡卓炎 提供)

设备外观

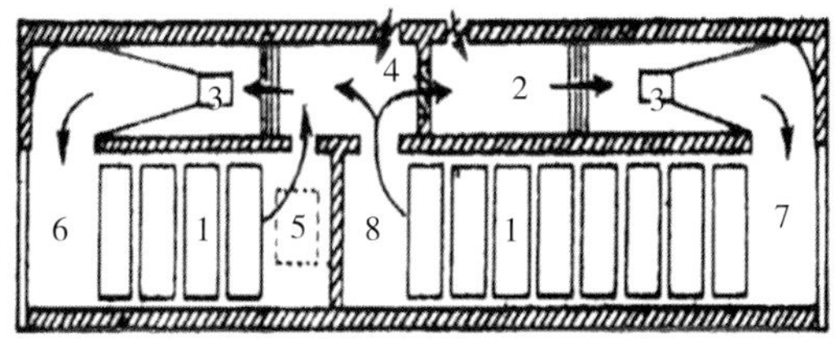

1.载车；2.加热器；3.电扇；4.空气入口；5.空气出口；6.新鲜品入口 7.干燥品出口 8.活动隔间

工作原理

图 13-5 隧道式干燥设备（胡卓炎 提供）

由于荔枝组织较为致密，使用隧道式干燥设备时，物料可从隧道低温（湿端）区进入，干燥后期处于温度较高、湿度较低（干端）的环境，这样有利于果实整体的干燥。如果干燥时先高温、后低温，容易因初期温度过高造成荔枝果皮的水分快速降低，由于果膜阻碍果肉和果核的水分向果壳传递，就会造成表面"结壳"，而后期的低温则无法使"结壳"的荔枝得到彻底干燥。如果条件允许，可采用顺流逆流组合式干燥设备，在隧道的两头同时设置加温炉，使荔枝的干燥经历从高温到低温再到高温的过程。初始的高温有利于鲜果水分的快速蒸发，中间低温段有利于果肉内部水分的扩散速度与表面水分的蒸发速度的平衡，而最后高温段有利于彻底完成整果的干燥。

为了提高荔枝干的品质，一些新设备、新工艺和新技术在荔枝干制中得到应用。如空气能热泵除湿干燥技术，它是一种利用湿度差进行干燥的新型工艺，综合运用了吸附除湿和冷冻除湿技术，用低温低露点的气流对热敏性食品进行低温脱水。

2. 果肉（脯）干

鲜荔枝经除壳、去核取肉、干制等工艺可制成荔枝果肉（脯）干。加工流程一般为：原料挑选→去枝梗、清洗→除壳、去核→预处理→铺筛→干制→包装→成品→低温贮藏。

（1）原料挑选。要选择肉厚、核小、干脆、易离核的品种，这类品种加工的果脯质感较好、易定形；不要用果肉薄、肉质软绵、表面流汁、不干脆、难离核的品种，这类品种加工的果脯很难保持既定的形状。

（2）去枝梗、清洗。用清水冲洗选好的果穗或去梗后的果粒，洗去果皮表面的尘土、病菌及各种残留物，洗后晾干。

（3）除壳、去核。可用人工或机械方式获取果肉。人工取果肉是利用专用工具除壳、去核，操作时要在果蒂处打孔，用镊子取核。机械方式是仿照人工操作，利用机械完成除壳、去核获取果肉。机械方式省工省力、效率高，但目前果肉完好率未达到实际生产要求，有待进一步改进。

(4)铺筛。将取出的果肉裂口朝上整齐排列在筛网上，果肉之间不要相互挤压，铺满一层后进行初步干制。在初步干制过程中，当果肉基本定型但还未完全定型成为半成品时，用手翻动果肉予以整形，使其成为圆形。

(5)干制。热风干燥法是目前生产荔枝果肉干的最常用干制方法。小规模加工荔枝果肉干多采用传统工艺烘炉，这也是目前使用最多的方法。烘炉干制时，用树枝等燃料加热空气，用风机将热空气输送到烘房，烘房内热空气的循环及温度控制均通过控制风机来实现。也可用高温热泵进行干制。干制的 3 个阶段：①将装有果肉的烘筛移到烘房烘架上，用 70～80℃的热空气强风排湿，使果肉表面尽快失水、果肉固化定型。烘 5～6 h 后，果肉略失水分并有一定硬度(约六成干)。②翻动果肉，将温度调至 65～70℃继续烘 5～6 h，至果肉比较干爽时，变成金黄色的准成品。③果肉烘成准成品后体积缩小，要进行拼筛，并将温度调到 60～65℃，再烘 6～8 h，最终产品色泽黄亮，含水量 15%～20%。

(6)包装。烘干停止后移出，冷却至常温后进行分级、包装，包装容器要密封、防虫、防潮。

(7)贮藏。果肉因富含果糖，干燥后容易吸湿进而变质。贮藏环境应保持较低的相对湿度，以防止“回潮”；在 4℃左右的温度下贮藏，可抑制糖类及色素物质的分解，能较好地保持果肉的颜色、形状和营养价值。

3. 荔枝果肉冻干

可采用冷冻升华干燥工艺制取果肉干。操作时先将荔枝果肉冷冻至－30℃，再将其在真空条件下进行升华干燥。该工艺获得的果肉干可以很好地保留鲜果的形状、颜色、气味、味道和营养成分。

荔枝冷冻升华制作果肉干的工艺流程是：原料挑选→人工去枝梗、清洗→除壳、去核→果肉预处理、冷结→真空升华干燥→密封包装→成品→低温贮藏。

冻干又称冷冻升华干燥、真空冷冻干燥，它是利用冰晶升华原理进行干燥的。先将物料低温冻结，使其中的水分变成固态的冰晶，保持物料在冻结状态下抽真空，再提供一定的升华热，使物料中的水分由固态冰晶直接升华为水蒸气排出干燥室，再经真空系统中的冷凝器将水蒸气冷凝后除去。

冷冻升华干燥需要较大的设备投入，生产成本高。由于没有烘晒过程形成美拉德反应产物，食用方式也与传统干制品不同。

二、荔枝罐头

荔枝罐头是第二大荔枝加工产品，目前市场上最常见的是糖水荔枝罐头。荔枝罐头是将荔枝果肉装罐后，经排气、密封、加热杀菌和冷却，使其可以在常温下长期贮藏(图 13-6)。

去皮去核

装罐

图 13-6 荔枝罐头加工(胡卓炎 提供)

糖水荔枝罐头生产的工艺流程为：原料→挑选→原料预处理→除壳、去核→整理→装罐、注液→排气→封罐→杀菌→冷却→检验、贮藏。

(1)原料挑选。挑选八至九成熟，无病斑、无腐烂，大小、形状统一，个体饱满，颜色均一的新鲜荔枝为原料。

(2)预处理。清水洗涤后用 0.1%的高锰酸钾溶液浸泡 5 min 消毒，再用流动清水漂洗 5 min。

(3)除壳、去核。可用人工方式或机械方式剥壳、去核。人工方式去核是使用打孔器在果蒂处打孔后用镊子取核。

(4)整理。挑选完好的荔枝果肉，剔除软烂、破裂、变色等不符合要求的。用剪刀剪净核屑、果膜等杂质，去除果肉中的木质化纤维。用流动水漂洗果肉，尽量减少果肉与空气接触的时间。可使用 0.1%的柠檬酸溶液浸泡护色。从荔枝剥壳、去核直至果肉装罐，时间不得超过 12 min，否则容易导致果肉变色。

(5)装罐、注液。空罐洗净后用沸水消毒，沥干水分后待用。果肉装罐量应与配制的糖水浓度相对应。装罐时糖水温度不应低于 85℃。

(6)排气。可采用热力和真空两种方法进行排气。热力排气是将荔枝以及糖液装罐后覆上罐盖，在蒸汽或者热水加热的排气箱内进行排气，加热 7～10 min，一般要求罐头中心的温度达到 70～90℃。真空排气是在真空封罐机内进行排气，在真空环境下封罐，要求 40～53 kPa 的真空度。真空排气可缩短排气时间，降低排气温度。因为真空排气过程中温度较低，可以较好地保持荔枝原本的风味、颜色、脆度，但在密封过程中容易产生暴溢现象，造成净重不足，严重时可能产生瘪罐。

(7)封罐。要在排气后趁热进行封罐。封罐要求高度密封，防止漏气。为了获得高度密封效果，须用封罐机将罐身和罐盖按二重卷边的技术标准进行密封。

(8)杀菌。在常规加热条件下 3～5 min 升温至 100℃，维持 10 min 左右。整个杀菌过程应尽量紧凑，缩短荔枝受热过程，以减少高温对荔枝品质的影响。杀菌温度和时间对荔枝罐头的变色影响很大，杀菌时间超出几分钟就可能引起荔枝红变或褐变斑点增多。因此，必须严格控制杀菌温度和时间。

(9)冷却。冷却是罐头生产中决定产品质量的最后一个环节，处理不当会造成产品色泽和风味的劣变，组织软烂，甚至失去食用价值，还可能造成嗜热性细菌的繁殖和加剧罐头内壁的腐蚀。糖水荔枝罐头常采用分段冷却的方法，用存在一定温度差的冷却水槽使罐头逐渐降温。冷却后应放在冷凉通风处，未经冷凉不宜入库装箱。

(10)检验。一般荔枝罐头需要进行 7 d 预贮藏，检查是否有因为杀菌不彻底而导致的“胖听”现象。微生物检验按照《食品安全国家标准　食品微生物学检验　商业无菌检验》(GB/T 4789.26—2013)执行。同时需对荔枝罐头进行感官指标检验，检验时将荔枝罐头滤去汤汁倒入白瓷盘中，主要指标包括色泽、滋味、气味、组织形态、杂质等。

(11)贮藏。贮藏环境必须满足防晒、防潮、防冻、整洁、通风良好的条件。要求贮藏温度为 10～30℃，要避免温度骤然升降。贮藏环境的相对湿度以控制在 75%以内为宜。

三、荔枝汁

通过去皮、去核、压榨、浓缩等方法制得荔枝的原汁、浓缩汁、果汁饮料等荔枝果汁产品，是荔枝深加工的主要方式之一。荔枝鲜果出汁率一般可达 40%～60%。

荔枝汁的加工工艺流程如图 13-7 所示。

其中的除壳、去核和杀菌、浓缩、热处理工序，是荔枝汁工业化生产的关键工序和关键技术环节。

(1)原料选择。选择充分成熟、风味浓郁的新鲜果实为原料。对比不同

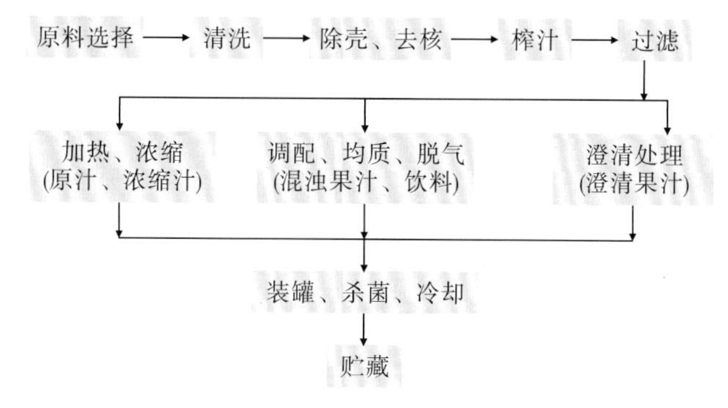

图 13-7 荔枝汁加工流程

品种荔枝的特性以及制成果汁后的理化指标，包括可溶性固形物含量、可滴定酸度、糖类分布、抗坏血酸含量、挥发性成分和感官评价等指标，表明黑叶、怀枝两个品种较适于果汁加工。不同品种的出汁率有差异，妃子笑为 60%～70%，糯米糍和桂味为 55%～65%，双肩玉荷包为 45%～55%，黑叶和怀枝为 40%～50%。黑叶、怀枝两个品种加工成果汁后的色泽、风味、品质较好。

(2)分拣。在输送带上由人工拣出杂物、烂果和病虫果。有皮带输送和滚轴输送两种输送方式。采用滚轴输送机时，铺放在滚轴上的荔枝在向前输送的过程中不断翻滚，有利于工人对荔枝的观察辨别和分拣。

(3)清洗。经过清洗，清除荔枝壳表面的污物、微生物和残留农药等。采用毛刷结合喷水的清洗方式时，荔枝从一端进入后多条毛刷滚辊带动荔枝不断翻滚，并向出口移动，直至从出口落下，在毛刷翻滚刷洗的过程中完成对荔枝的清洗。

(4)除壳。荔枝果壳含有大量的酚类等物质，容易污染果汁引起变色、变味，因此榨汁前需要除壳和去核，不能带壳压榨。目前有人工和机械两种除壳方法。人工除壳时用不锈钢钳或甲套，可减少果皮物质对果汁的污染，但效率低，一个熟练工人每小时仅可处理鲜果 10 kg。

荔枝果汁加工除壳可采用机械方式，目前使用的机型主要有对辊式撕皮剥壳机(图 13-8)和螺旋橡胶环轮夹持切割挤压除壳机。对辊式撕皮剥壳机是通过对辊相对运动将荔枝皮撕掉，再在脱核机内脱去果核，加工能力可达 3～4 t/h，除壳率在 95%以上。

螺旋橡胶环轮夹持切割挤压除壳机的工作原理是，在两条通道上荔枝由两个橡胶环轮夹持，在开口区被开口，运转至脱皮区时荔枝开口的背面受到出料轮的挤压，果肉从裂口处被挤出。每两个橡胶环轮组成一条工作通道，多个橡胶环轮可组成多条工作通道，从而提高了去皮效率。这种机型的生产

图 13-8 荔枝对辊式撕皮剥壳机(胡卓炎 提供)

能力一般为 2～3 t/h。

在实际生产中，少量的残留果壳和果蒂物质会严重影响荔枝果汁的颜色和风味。

不同产地、不同品种、不同成熟度、不同大小整齐度的荔枝果实的除壳效率有所不同，可以考虑在机械除壳后再辅以人工挑选除壳，以改善除壳效果。在除壳前对果实进行大小分级，可以显著地降低未除壳果的比例。

(5)打浆去核与榨汁。荔枝果肉在除壳后应尽快去核、榨汁，否则果汁容易褐变。常用的荔枝去核、榨汁设备是连续打浆机，除壳后的荔枝果肉用打浆机去除果核和果渣。荔枝打浆榨汁过程中要避免果核破碎，要求破碎率小于 2%。

(6)过滤。经打浆分离后的果汁含有较大的果肉微粒和纤维，要进一步过滤。首先是粗滤，通过调整二道打浆机的筛网孔径大小，分离果汁中的一些较大的颗粒。然后进行精滤，一般用高速连续离心设备进行精滤。精滤时需要对离心设备的转速进行调整，使果汁中的果肉含量符合要求。

(7)浓缩。荔枝原汁经过过滤、迅速升温和钝化酶活化后，可进入真空浓缩设备进行浓缩。由于荔枝果汁热敏性强，且加工贮藏过程中容易发生褐变，目前国际市场上浓缩荔枝汁的浓度比浓缩苹果汁和浓缩橙汁低，糖度在 33～35°Brix。浓缩荔枝汁须冷冻保藏。作为半成品销售的荔枝原汁无须浓缩，在巴氏杀菌、冷却、无菌大袋包装后即可长时间低温保藏。

(8)调配。要按照果汁产品的原果汁比例标准，用原汁或浓缩果汁加水调整果汁浓度。一般要求果汁饮料的原果汁含量≥20%。果汁饮料一般要求最终产品的糖度为 12%～13%，酸含量 0.2%～0.25%。通过加入柠檬酸把荔枝汁的 pH 值调整至 4.0 左右。此外，加入维生素 C 可以减少荔枝汁的褐变。

生产荔枝混浊果汁饮料，需要加入 Na-CMC 或果胶等稳定剂，以防止荔枝果肉分层沉淀。也可以通过添加其他果汁，如苹果汁、梨汁等，生产荔枝混合果汁或果汁饮料。

(9)荔枝混浊果汁的均质、脱气。均质的目的是防止荔枝汁中的悬浮微粒下沉，出现分层现象。常用的均质设备有胶体磨、高压均质机等。脱气是指在真空条件下除去溶解在果汁中的氧气，减少果汁的氧化和变色。

(10)澄清。可通过加入壳聚糖对荔枝汁进行澄清处理，或利用膜过滤技术得到澄清荔枝汁。目前生产上很少将荔枝加工成澄清荔枝汁。

(11)杀菌、灌装。通常采用 93～95℃/30s 对荔枝汁进行巴氏杀菌，并钝化荔枝汁中的酶类，防止酶促褐变反应引起荔枝汁褐变。杀菌后的荔枝汁要趁热装罐后密封。也可采用超高温瞬时对荔枝汁进行杀菌处理，然后迅速冷却降温、无菌灌装，这样可减少荔枝汁风味和营养成分的损失。

荔枝浓缩果汁的外包装一般用金属桶，浓缩果汁填充于内装的无菌包装袋。荔枝原汁则用大容量金属罐或塑料罐包装。果汁饮料则采用聚丙烯(PP)瓶、玻璃瓶或复合纸盒包装。

采用后杀菌工艺时，一般瓶装荔枝果汁饮料在 95～100℃条件下再加热杀菌 3～8 min。杀菌后迅速冷却至 38～40℃。杀菌后的果汁要求符合商业无菌的要求。

(12)贮藏。在－18 ℃条件下的低温贮藏可减少荔枝原汁和浓缩汁变色、变味，防止果汁质量下降。经过商业杀菌的荔枝原汁或果汁饮料应尽量在 25 ℃以下的温度进行贮藏。

经过热杀菌处理会破坏新鲜荔枝原有的风味，出现“煮熟味”，纯荔枝汁久置会褐变。解决方法有：①在真空浓缩加工环节设置香气回收设备收集荔枝原有的芳香物质，然后添加到处理后的果汁成品中。②采用高温瞬时杀菌工艺和无菌灌装技术。③采用低温杀菌方法，如高密度二氧化碳杀菌、超高压杀菌、超滤除菌等，避免加热对荔枝汁风味的破坏。

以荔枝原汁或浓缩汁为原料生产混合果汁和果汁饮料，可以改善果汁风味。荔枝主要与苹果、梨、葡萄等生产混合果汁。

已有用非热杀菌(超高压)工艺生产非浓缩还原汁(NFC)荔枝果汁。荔枝原汁或调配后的荔枝汁装入耐压容器，经 400～500 MPa 的超高压杀菌 20 min，可获得高品质荔枝汁。

南非、泰国、印度以及我国台湾地区已有成规模的荔枝汁加工产业，有 Clover、Ceres(南非)、Dole 等著名商业品牌。中国大陆也有企业开始生产荔枝汁。从技术层面，需要进一步研究荔枝汁颜色和风味的变化机理及其质量调控技术，优化工艺，以克服荔枝汁的变色、变味问题。同时要开发荔枝混合果汁和果汁饮料产品，克服荔枝汁风味单一等问题。在目前国内果汁市场竞争激烈的状况下，品牌企业参与荔枝汁的产品研发和市场开拓尤为重要。

四、荔枝酒

根据加工方式的不同，荔枝酒可分为发酵酒、浸泡酒、配制酒和蒸馏酒(白兰地)等类型，目前以发酵酒为主。

荔枝酒生产的工艺流程为：原料选择→清洗→去皮核→制汁→杀菌→接种→发酵→陈酿→澄清→过滤→装瓶→成品。

(1)原料选择。选择充分成熟、风味浓郁的新鲜果实为原料。通过对比，黑叶、怀枝两个品种比较适于生产荔枝酒。

(2)制汁。荔枝中含有大量的单宁、维生素 C、还原糖等物质，这些物质极易发生酶促褐变和非酶促褐变反应，使荔枝酒呈褐色甚至深褐色，影响酒的质量。发酵过程中的 pH 值对酒液褐变有显著影响。荔枝取汁时加入偏重亚硫酸钾(每千克果肉加 300 mg)，调整果汁 pH 值至 4.0，可溶性固形物含量 25%，可以有效地抑制有害细菌的生长繁殖，也有利于酵母的生长和发酵，生产出口感较柔和的荔枝酒。

(3)酶处理。通过使用果胶酶处理荔枝果肉，可以提高荔枝的出汁率，还可以有效降低成品酒中的蛋白质、多酚、果胶含量和色度，提高荔枝酒的澄清度。优化的果胶酶处理的条件是：pH 值 4.1，酶浓度 0.03 g/L，酶解温度 12℃，酶解时间 20 h。

(4)杀菌。将澄清果汁在 90～95℃温度条件下杀菌 10 min。

(5)接种。从接种到进入主发酵的时间不宜超过 36 h，这段时间既要保证酵母菌的增殖，还要尽可能地减少果汁和果酒混合液及陈酿期间酒液残留的氧气量，以减轻果酒氧化。采用葡萄酒干酵母发酵荔枝酒，在发酵之前可以采用二级菌种驯化的方式驯化菌种，使酵母在发酵前期能很快地适应发酵环境，缩短起酵时间。但是使用葡萄酒酵母发酵荔枝酒，产酒率不高，风味也欠佳。从土壤、荔枝中分离出多株酵母，经纯化已筛选出发酵性能优良、适用于荔枝果酒发酵的酵母。

(6)发酵。荔枝酒的发酵条件为：葡萄酒酵母含量 5%，pH 值 3.5～4.0，时间 8～10 d，温度 20～25℃。在发酵过程中，温度是影响最终产品品质的重要因素。如果温度过高，则发酵速度快，酵母衰老的速度相应也快，发酵停止早，不利于荔枝酒风味的形成和果香的保持；如果温度太低，则酵母起酵慢，可能会导致有害菌株的生产和繁殖，影响荔枝酒风味。荔枝酒用活性酵母发酵的温度宜在 10～32℃之间，也有用 10～15℃的低温发酵生产荔枝酒的。随着发酵温度的降低，酒的品质会提高。

尽管发酵过程中酒精的生成是厌氧过程，不需要氧气，但从接种酵母到发酵初期(酵母菌增值期)需要氧气，所以在发酵初期应通入适量的无菌空气。通气时间的长短对荔枝酒的品质有影响。通气时间过长，果酒的氧化程度高、酒色加深，乙醛含量也会增高。

(7)陈酿。在主发酵完成后原料中还剩余少量糖分，通过陈酿可以让这部分糖转化为酒精。此外，刚结束发酵的新酒的口感和品质均处于不稳定状态，此时不宜直接饮用，需经过陈酿促进酒液的澄清和稳定。陈酿过程中的醇化酯化，可以使酒味更香醇。将主发酵后的荔枝酒密封于小口容器中，在低温(5～10℃)下陈酿 80 d 左右，可大大改善荔枝酒的风味。

传统陈酿一般需要几个月甚至几年，时间越长酒味越香醇。使用一些现代技术可以加速陈酿。如用超声波催陈荔枝酒，在缩短陈酿时间的同时还可以改善荔枝酒香气，使其口感更醇厚和协调。

(8)澄清。荔枝酒中所含的多酚物质易与酒中的蛋白质和果胶物质发生反应，产生浑浊胶体，形成沉淀。因此，有必要对荔枝酒进行澄清。荔枝酒的澄清方法包括自然澄清法、物理澄清法和化学澄清法。

自然澄清：自然澄清可与陈酿过程同时进行。可在陈酿过程中多次转桶，转桶时保留上清液、除去沉淀物。转桶后的沉淀物称为“酒脚”，可以从收集的“酒脚”中蒸馏出荔枝酒。

物理澄清：主要指通过过滤的方法澄清荔枝酒。可利用膜孔为 0.2 μm 的聚醚砜(PES)超滤膜进行过滤，处理后的荔枝酒更加清亮、更有光泽。但超滤澄清的成本较高。

化学澄清：使用澄清剂对荔枝酒进行澄清。常用的澄清剂有 SO_2、明胶、聚乙烯聚吡咯烷酮(PVPP)、琼脂、高岭土、白蛋白、酪蛋白、硅藻土、壳聚糖等。比较了多种澄清剂对荔枝酒色、香、味的影响，认为添加 100 mg/L 的 SO_2 能降低挥发酸，改善荔枝酒的风味。SO_2 还可以控制荔枝酒的褐变过程。在发酵和陈酿过程中分批添加 SO_2 的效果优于一次性添加。使用硅藻土对荔枝酒进行澄清处理也可显著提高荔枝酒的澄清度。

用壳聚糖处理发酵液、硅藻土过滤机过滤上清液，可作为荔枝酒的澄清工艺。

(9)装瓶。最好用透光率低的玻璃瓶盛装荔枝酒，因为光照会加速荔枝酒的褐变。荔枝酒在贮运和销售过程中的适宜温度为 15℃。

荔枝酒的生产从原料到产品要经过一系列复杂的生化过程，为保证其安全性和质量品质，制定了荔枝酒生产的 HACCP 质量控制体系。荔枝酒生产过程中潜在的危险包括生物性危险、化学性危险和物理性危险。生物性危害物包括有害的细菌、酵母菌和害虫，化学性危害物包括原料中的残留化肥、农药以及生产过程中使用的洗涤剂、消毒剂，物理性危害物包括原料和产品中混有的泥沙、石块、树叶、金属等杂物。影响荔枝酒质量的关键控制点有原料质量、设备清洗、发酵控制、倒酒、过滤和澄清等。

荔枝汁多、富含糖分，具有特殊的香气，但其 pH 值相对较高。在制作荔枝酒的过程中需要调节 pH 值并控制温度，以防止发酵过程中发生腐败变质。荔枝酒在口感上缺乏醇厚感、稍为尖锐，这影响了消费者对荔枝酒的接受，这也是荔枝酒加工未来需要解决的问题。

五、速冻荔枝

对荔枝鲜果进行快速冷冻后低温贮藏，保藏期长。存在的主要问题是冻结过程中出现裂果，解冻后果皮褐变严重。

荔枝可以进行整果速冻，也可以在除壳、去核后速冻荔枝果肉。整果速冻的主要加工流程为：原料选择→清洗→护色→预冷→速冻→包装→贮藏。

(1)原料选择。选择适宜品种的优质荔枝鲜果为原料。宜选用不容易裂果的品种，如怀枝、黑叶、白蜡等，以降低速冻过程中的裂果率。成熟度以九成左右为宜。果实应饱满，果肉洁白，肉质致密，味甜微酸，香气浓郁。剔除有机械伤、流汁、腐烂的果实。应在采摘后 24 h 内加工完毕，当天无法完成加工的原料可冷藏，冷藏条件：温度 1～3℃、相对湿度 85%～90%。冷藏时间不要超过 3 d。

(2)清洗。用清水冲洗荔枝，除去表面的污物、灰尘、泥土等。清洗后放入 0.1%的高锰酸钾溶液中浸泡 3～5 min，然后用流动清水冲洗干净。亦可采用空气浮洗机清洗，通过控制空气和水的方位、流速与流量及刮板的前进速度等，使荔枝不沉到浮洗机底部。

(3)护色。一般用烫漂或护色液处理对荔枝进行护色。也有使用熏硫进行护色预处理，但这种方法存在 SO_2 残留问题，从食品安全的角度考虑，应尽量避免使用该方法。

烫漂护色是通过热烫处理来钝化荔枝果皮中的各种氧化酶，以减少氧化变色和营养物质损失。清水煮沸后放入荔枝果，再煮沸后热烫 8 s，荔枝果皮中的多酚氧化酶和过氧化物酶的活性可分别下降 65%和 25%。也可用常压蒸汽热烫 28 s，处理后荔枝果皮中的多酚氧化酶的残余活性降至 40%左右，在 −20℃冻藏 10 个月后荔枝色泽几乎没有变化。

荔枝果皮褐变的主要原因，是 pH 值的变化引起果皮中花色苷类物质被破坏而失色。浸酸(护色液)处理可以提高细胞介质的酸度，使花色素苷保持红色。热烫结合护色液处理荔枝果肉效果更佳，因为热破坏细胞膜后有利于提高酸的渗透性。可用8%～10%的柠檬酸、2%的氯化钠、1.5%～2%的亚硫酸氢钠配制荔枝护色液，将热烫处理并冷却后的荔枝整果在护色液中浸泡2 min，或者将护色液喷于荔枝的表面。

荔枝果肉的护色处理，还可采用1%的氯化钠和0.5%的柠檬酸溶液先浸泡20～25 min，然后在含0.5%的氯化钠和0.5%的柠檬酸的沸水中热烫0.5～1 min，经冷却后速冻。

(4)预冷。速冻前进行预冷可以减少速冻造成的裂果。特别是对于皮薄肉厚的如桂味、糯米糍等荔枝品种，不经过预冷的裂果率有时甚至达到40%。而预冷至0℃左右再开始速冻，裂果率会大大减少。

(5)速冻。采用单体速冻(IQF)方式进行荔枝速冻。速冻温度最好是－35℃或更低，若温度不够低，会造成冻结的荔枝在剥开果皮后出现“泡锈水”现象。目前已有通过浸渍速冻、压力移动法速冻来提升冻结速度、改善速冻荔枝品质的研究。

(6)包装。一般用聚乙烯塑料袋包装速冻荔枝。外包装用纸箱。

(7)贮藏。速冻荔枝的贮藏温度要求≤－18℃。

裂果和解冻后果皮褐变是速冻荔枝需要注意的主要问题。有研究表明，使用5%的柠檬酸＋1%的维生素C溶液对出库荔枝果皮进行涂层，并结合5℃温度下缓慢解冻，可以较好地抑制解冻后荔枝果皮的褐变、改善荔枝果实的色泽，延长解冻后荔枝的货架期。

速冻荔枝可作为二次加工产品的原料。

荔枝收获期发生逆境灾害时，速冻贮藏也可作为应急方案之一。

六、果酱

果酱类制品有果酱、果泥、果冻、果糕等。果酱是以果肉或果汁加糖及其他配料，经加热浓缩制成的一种凝胶状制品，它利用了果胶的胶凝作用。果酱呈凝胶或黏糊状，可带有细小果块，含糖量一般在50%以上，含酸量1%左右，酸甜适口，口感细腻。

带果肉的荔枝果酱的加工流程为：原料选择→预处理→护色和软化→榨汁过滤→配料→浓缩→装罐→杀菌→冷却→贮藏。

加工过程中，荔枝果肉处理和加热浓缩是关键工序。

(1)原料选择及预处理。宜选择果肉与果核接触面无褐色、果肉颜色一致、干爽、固形物含量高、风味浓的品种的成熟度适宜的荔枝为原料。剔除霉烂变质果、病虫害果后进行清洗、去皮、去核、切分等处理。

(2)护色和软化。原料进行护色处理的目的是破坏酶的活性，以防止变色和果胶水解。可用10%～30%的糖液软化果肉，脱去部分水分，缩短浓缩时间。排除原料组织中的气体。促使果肉组织中果胶的溶出，以利于凝胶的形成。软化操作正确与否将直接影响果酱的胶凝程度。如块状酱软化不足，果肉中溶出的果胶较少，造成成品胶凝不良、仍有不透明的硬块，影响风味和外观。如软化过度，果肉中的果胶会因水解而损失，同时，长时间加热使果肉色泽变深、风味变差。原料如需储备时，可采用冷冻保藏。

(3)榨汁过滤。大多数果酱类产品榨汁后不用澄清、精滤。而一些要求清澈透明的产品，则需用澄清的果汁来制作。果汁的制备可参见前面有关果汁的内容。

(4)配料。依原料的种类和产品的要求不同，一般要求果浆和果肉占总配料量的40%～55%，糖占45%～60%(可以使用一定的果葡糖浆)。果肉与加入糖量的比例约为1∶1.0～1.2。荔枝果肉自身果胶和酸的含量少，制酱时需另加果胶和酸。为使果胶、糖、酸形成恰当的比例，以有利于凝胶的形成，可根据原料所含果胶和酸的多少添加适量的柠檬酸和果胶。柠檬酸和果胶的加入量，一般以控制其在成品中的含量在0.5%～1%为宜。

配料时，应将砂糖配成70%～75%的浓糖液，将柠檬酸配成45%～50%的溶液，配好后过滤。果胶按料重加入2～4倍砂糖，充分混合均匀，再按料重加水10～15倍，加热溶解。

(5)浓缩。当各种配料准备齐全，果肉经加热软化或取汁以后，即可进行加糖浓缩。目前的加热浓缩方法主要有常压浓缩和真空浓缩两种：①常压浓缩。将原料置于夹层锅内，在常压下加热浓缩。浓缩时间要掌握好，浓缩时间过长将直接影响果酱的色、香、味，造成转化糖含量高，以致发生焦糖化和美拉德反应；浓缩时间过短，则转化糖生成量不足，在贮藏期间易产生蔗糖结晶的现象，且酱体凝胶不良。需添加柠檬酸、果胶或淀粉糖浆制品，当浓缩到可溶性固形物为60%以上时再加入。②真空浓缩。真空浓缩优于常压浓缩，因为其浓缩过程在低温下进行，产品原有的色、香、味等品质保持较好。浓缩时真空度保持在86～96 kPa，料温在60℃左右，浓缩过程应使物料超过加热面，以防焦煳。浓缩至可溶性固形物含量达到50%～60%后，升温至90～95℃，即可出料。

(6)装罐密封。果酱含酸量高，多用玻璃罐保存。装罐前应对罐进行彻底清洗和消毒。果酱出锅后应迅速装罐，一般要求在30 min内完成。密封时，酱体温度要求在80～90℃。

(7)杀菌冷却。酱体中的微生物绝大部分在加热浓缩过程中被杀死，而且由于果酱是高糖高酸制品，一般在装罐密封后残留的微生物是不易繁殖的。

在生产环境卫生条件良好的情况下，果酱密封后，只要倒罐数分钟，进行罐盖消毒即可。

如需杀菌，可用沸水或蒸汽杀菌。依品种及罐型的不同，一般以100℃温度下杀菌5～10 min为宜。杀菌后冷却至38～40℃左右，擦干罐身的水分，贴标签装箱。

制作荔枝果酱需要考虑一些限制性因素，如荔枝原料的品种是否适宜加工果酱，原料去皮、去核、切分均需人工操作，低糖(甜)果酱果胶胶凝的贮藏稳定性，贮藏期间容易褐变等。为了提高原料处理效率，应选择适宜的品种，尽可能应用机械代替手工操作；优化低甲氧基果胶胶凝作用的工艺条件；提高果酱质量和贮藏稳定性，包括提高果酱中果肉的质构特性和防析水性，研究防褐变技术等。用超高压非热杀菌技术，可获得高质量的荔枝果酱。

第四节　荔枝加工副产品综合利用

荔枝加工过程会产生多种副产品，最主要的是荔枝果皮和荔枝核，它们通常都被丢弃。荔枝果皮中含有多种活性成分，如黄酮类、多酚类和多糖类等物质。目前已有荔枝果皮和荔枝核潜在价值的研究，期望通过综合利用来提高荔枝的价值。

一、荔枝果皮的综合利用

荔枝果皮中的粗黄酮、酚酸和水溶性多糖等活性成分，使用乙醇提取法的提取效果较好(杨宝等，2004)。用酸性水提取液提取的荔枝果皮中的花青素，具有天然色素的特点，对人体无毒，对光、热、常用添加剂等都有良好的稳定性(张前军等，2000；何战胜等，2002)。

Ogasawara等(2009)发表了有关源于荔枝果皮的小分子酚类物质Oligonol(奥力高乐)的报道，该物质具有抗氧化、抗衰老、通血管、降脂减肥等功能。Oligonol在人体内的吸收率比一般的大分子多酚高5倍以上，能发挥很强的抗氧化能力。日本阿明诺公司使用新技术稳定了小分子化多酚，成功开发出“奥力高乐”商业产品。

二、荔枝果核加工利用

荔枝核中含有多糖、淀粉、皂苷、鞣质、氨基酸、脂肪酸、挥发油、聚合花色素、碳水化合物及矿物质元素等化学成分。荔枝核可入药，其性味甘、微苦，温，归肝、肾经，具有温中理气、止痛的功效。现代医学研究也表明，荔枝核具有降血糖、抑制乙肝病毒表面抗原等作用(沈文耀等，1986；邝丽霞等，1997；肖柳英等，2004)。荔枝核具有较强的抗氧化作用，对亚硝胺合成具有阻断作用，同时能有效清除亚硝酸根离子(刘爱文等，2003)。临床上荔枝核主要用于治疗糖尿病，目前其成药已有荔枝核浸膏片、荔枝核散，还可以制成茶品饮用(陈定奔，2004)。

参考文献

[1]敖宁建．橡胶树高价值副产药物资源——白坚木皮醇的开发利用[J]．云南农业大学学报，2005，20(4)：467-473.

[2]陈定奔．荔枝核抗乙肝病毒有效部位的化学成分研究[D]．桂林：广西师范大学，2004.

[3]大熊誠太郎，桂昌司，広内雅明．神経精神薬理別冊[J]．ニューロトランスミッター，1997，19：167.

[4]邓瑶筠．制药工业崭新的原料白坚木皮醇的特性及其开发利用[J]．中草药，1997，28(8)：500-502.

[5]江波．GABA(γ-氨基丁酸)——一种新型的功能食品因子[J]．中国食品学报，2008，8(2)：1-4.

[6]高建华，秦燕，林炜，等．荔枝种仁的营养成分[J]．华南理工大学学报(自然科学版)，1998，26(6)：65-67.

[7]何战胜，李贵荣，刘传湘．荔枝壳色素的提取及稳定性观察[J]．南华大学学报(医学版)，2002，30(3)：269-271.

[8]邝丽霞，罗谋论，刘源焕，等．荔枝核对正常小鼠和四氧嘧啶高血糖小鼠的降血糖作用[J]．中国医院药学杂志，1997，17(6)：256-257.

[9]李关宁，杨振淮，杨俊杰．荔枝核皂苷在乳腺癌术后内分泌治疗中的临床应用[J]．现代医院，2015，15(12)：101-103.

[10]林妮，邱玉文，官娜．荔枝核皂苷对乳腺增生大鼠雌激素受体 ERα、ERβ 及 ERK、VEGF 表达的影响[J]．中药材，2016，39(3)：659-662.

[11]刘爱文，陈忻，郑健英．荔枝核提取液对亚硝胺的抑制作用[J]．食品工业科技，2003，24(12)：27-29.

[12]马艳芳，刘敏，钟巧莉，等．荔枝的活性功能及主要功能物质研究进展[J]．现代生物医学进展，2016(3)：586-588.

[13]沈文耀，顾彩芳，杨薇，等．荔枝核对大鼠四氧嘧啶糖尿病的影响[J]．中国现代应用药学，1986(4)：8-9.

[14]唐小俊，池建伟，张名为，等．荔枝多糖的提取条件及含量测定[J]．华南师范大学学报(自然科学版)，2005(2)：27-31.

[15]王惠聪，吴子辰，黄旭明，等．无患子科植物荔枝和龙眼中白坚木皮醇的测定[J]. 华南农业大学学报，2013，34(3)：315-319.

[16]肖柳英，潘竞锵，饶卫农，等．荔枝核对小鼠免疫性肝炎的实验研究[J]. 中国新医药，2004，3(6)：7-8.

[17]杨宝，赵谋明，李宝珍，等．荔枝壳活性成分提取工艺条件研究[J]. 食品与机械，2004，20(6)：28-30.

[18]杨世军，张会香．荔枝茶多酚保健饮料的研制[J]. 食品科技，2005(10)：62-64.

[19]张前军，陈青，伍静．荔枝壳棕色素的提取及稳定性研究[J]. 贵州化工，2000(1)：19-21.

[20]张钟，黄丽花，张玲，等．荔枝肉水溶性多糖降血糖作用[J]. 食品科学，2013，34(15)：303-306.

[21]Bhoopat L，Srichairatanatkool S，Kanjanapothi D，et al. Hepatoprotective effects of lychee(Litchi chinensis Sonn.)：A combination of antioxidant and anti-apoptotic activities[J]. J Ethnopharmacol，2011，136：55-66.

[22]Duan X，Jiang Y，Su X，et al. Antioxidant properties of anthocyanins extracted from litchi (*Litchi chinenesis* Sonn.) fruit pericarp tissues in relation to their role in the pericarp browning[J]. Food Chem，2007，101：1365-1371.

[23]Huang F，Zhang R，Yi Y，et al. Comparison of physicochemical properties and immunomodulatory activity of polysaccharides from fresh and dried litchi pulp[J]. Molecules，2014，19(4)：3909-3925.

[24]Huang F，Zhang R，Dong L，et al. Antioxidant and antiproliferative activities of polysaccharide fractions from litchi pulp[J]. Food & Function，2015，6(8)：2598.

[25]Jing Y，Huang L，Lv W，et al. Structural characterization of a novel polysaccharide from pulp tissues of litchi chinensis and its immunomodulatory activity[J]. Journal of Agricultural & Food Chemistry，2014，62(4)：902-911.

[26]Kalgaonkar S，Nishioka H，Gross H B，et al. Bioactivity of a flavanolrich lychee fruit extract in adipocytes and its effects on oxidant defense and indices of metabolic syndrome in animal models[J]. Phytother Res，2010，24(8)：1223-1228.

[27]Kong F，Zhang M，Liao S，et al. Antioxidant activity of polysaccharide-enriched fractions extracted from pulp tissue of *Litchi chinensis* sonn[J]. Molecules，2010，15：2152-2165.

[28]Lee N，Shin M S，Kang Y N，et al. Oligonol，a lychee fruit-derived low-molecular form of polyphenol mixture，suppresses inflammatory cytokine production from human monocytes[J]. Hum Immunol，2016，77(6)：512-515.

[29]Li J，Jiang Y. Litchi flavonoids：isolation，identification and biological activity[J]. Molecules，2007，12(4)：745-758.

[30]Mahattanatawee K，Perez-Cacho P R，Davenport T，et al. Comparison of three lychee cultivar odor profiles using gas chromatography-olfactometry and gas chromatography-sulfur detection[J]. J Agric Food Chem，2007，55(5)：1939-1944.

[31]Moharam B A，Jantan I，Jalil J，et al. Inhibitory effects of phylligenin and quebrachitol isolated from Mitrephora vulpina on platelet activating factor receptor binding and plate-

let aggregation[J]. Molecules, 2010, 15(11): 7840-7848.

[32]Nishihira J, Sato-Ueshima M, Kitadate K, et al. Amelioration of abdominal obesity by low-molecular-weight polyphenol(Oligonol) from lychee[J]. J Funct Foods, 2009, 1(4): 341-348.

[33]Nobre Jr H V, Cunha G M A, Moraes M O, et al. Quebrachitol(2-O-methyl-L-inositol) attenuates 6-hydroxydopamine- induced cytotoxicity in rat fetal mesencephalic cell cultures[J]. Food Chem Toxicol, 2006, 44: 1544-1551.

[34]Ogasawara J, Kitadate K, Nishioka H, et al. Oligonol, a new lychee fruit-derived low-molecular form of polyphenol, enhances lipolysis in primary rat adipocytes through activation of the ERK1/2 pathway[J]. Phytother Res, 2009, 23: 1626-1633.

[35]Sarini-Manchado P, Le Roux E, Le Guerneve C, et al. Phenolic composition of litchi fruit pericarp[J]. Journal of Agricultural and Food Chemistry, 2000, 48(12): 5995-6002.

[36]Wang H C, Huang H B, Huang X M, et al. Sugar and acid compositions in the arils of Litchi chinensis Sonn.: cultivar differences and evidence for the absence of succinic acid [J]. J Hortic Sci Biotechnol, 2006, 81: 57-62.

[37]Wang H C, Hu Z Q, Wang Y, et al. Phenolic compounds and the antioxidant activities in Litchi pericarp: difference among cultivars[J]. Scientia Horticulturea, 2011, 129: 784-789.

[38]Wang X, Wei Y, Yuan S, et al. Potential anticancer activity of litchi fruit pericarp extract against hepatocellular carcinoma in vitro and in vivo[J]. Cancer Letter, 2006, 239(1): 144-150.

[39]Wang X, Yuan S, Wang J, et al. Anticancer activity of litchi fruit pericarp extract against human breast cancer in vitro and in vivo[J]. Toxicol Appl Pharmacol, 2006, 215(2): 168-178.

[40]Wu Z C, Yang Z Y, Li J G, et al. Methyl-inositol, γ-aminobutyric acid and other health benefit compounds in the aril of litchi[J]. Int J Food Sci Nutr, 2016, 67(7): 762-772.

[41]Yang Z Y, Wang T D, Wang H C, et al. Patterns of enzyme activities and gene expressions in sucrose metabolism in relation to sugar accumulation and composition in the aril of Litchi chinensis Sonn[J]. Journal of Plant Physiology, 2013, 170: 731-740.

[42]Zhou H C, Lin Y M, Li Y Y, et al. Antioxidant properties of polymeric proanthocyanidins from fruit stones and pericarps of *Litchi chinensis* Sonn[J]. Food Res Int, 2011, 44(2): 613-620.

第十四章　荔枝文化

荔枝原产我国岭南地区，素有“百果之王”“果之牡丹”“仙果”“佛果”的美誉，是中国最具影响力、文化底蕴最为深厚的果品之一。中国的荔枝栽培始于战国、秦汉，盛于唐宋，明清时期进一步扩展，历史上岭南、巴蜀和闽中是主要产区。围绕荔枝的品种、种植、保鲜、加工、进贡等科技与社会问题，产生了丰富多元的荔枝文化。

第一节　荔枝历史趣谈

一、荔枝岁贡

荔枝岁贡是中国古代文献对荔枝最早的记述，有关荔枝的大量文学作品所聚焦的题材也多与岁贡有关。据汉代刘歆撰、东晋葛洪辑的《西京杂记》记载，汉高祖刘邦称帝时(前 206—前 195 年)，就品尝过南海尉赵佗自岭南进奉的荔枝。元鼎六年(前 111 年)，西汉军队攻破南越国，自此荔枝开始岁贡。汉武帝曾命人取岭南荔枝百株移植到长安，建“扶荔宫”，并派专人打理。尽管连年移植不息，且汉武帝多次因荔枝树不活而惩处管理人员，甚至“守吏坐诛者数十”，但毕竟北方的水土、气候不适合荔枝的生长，最终还是以失败而告终。每年由岭南进贡荔枝鲜果，路途过于遥远，为了尽量保持荔枝的新鲜，运送者快马加鞭，以致“邮传者疲毙于道，极为生民之患”。到东汉和帝时期(88—105 年)，临武(今湖南东南部的临武县)长唐羌上书陈其弊，汉和帝下诏曰：“远国珍馐，本以荐奉宗庙，苟有伤害，岂爱民之本？其敕太官，勿复受献。”自此罢荔枝贡。也正是因为这次直谏，身为小吏的唐羌在历史上留下了一段廉政佳话。魏文帝曹丕曾吃过荔枝，认为不及“西域蒲桃”，结果是“世讥其谬论”。有学者也推测，当时曹魏政权的疆域版图内尚无荔枝产区，曹丕所食或许只是荔枝干。此外，荔枝也被皇帝用作献荐宗庙的祭品，《晋书》中就有相关描述：“(咸宁二年)六月癸丑，荐荔支于太庙。”

据北宋初年刘斧所辑《青琐高议》记载，隋炀帝在长安建设西苑，下令搜集天下鸟兽草木，“闽中进五色荔枝，绿荔枝，紫纹荔枝，赭色荔枝，丁香荔枝，浅黄荔枝”。唐代诗人杜牧《过华清宫》中的“一骑红尘妃子笑，无人知是荔枝来”一句流传甚广，说的正是唐代的贡荔之事。《新唐书·杨贵妃传》载：“妃嗜荔枝，必欲生致之，乃置驿传送，走数千里，味未变，已至京师。”然而关于杨贵妃所食荔枝来自何处，至今仍是一件众说纷纭的历史公案。目前看，大致有蜀中、岭南、八闽三说，至于岭南说，也有广东、广西之争论。唐代文献多记载来自岭南，到了宋代，则以四川为主流，如苏东坡就有：“永元荔支来交州，天宝岁贡取之涪(今重庆涪陵区)。”根据《舆地纪胜》等文献的记载，在涪州以西十里有妃子园，杨贵妃所食荔枝正是取自此处。荔枝的保鲜极难，从当时的交通条件来判断，多数学者更加认同“四川说”，也有学者提出杨贵妃所食的并非是鲜荔枝，应为蜜浸荔枝或荔枝干。唐代巴蜀地区的蜜浸荔枝确为朝贡之物，唐懿宗咸通七年(866 年)诏书云：“东川每年进蜜浸荔枝，道路遥远，劳费至多。自今已后，宜令停进。”

图 14-1　清人所绘《杨贵妃喜食鲜荔枝》
(《图画日报》，1910)

广州西郊荔枝湾一带是五代时期南汉国的宫苑所在，后主刘鋹每年都在此设下“红云宴”享乐。宋顾文荐《负暄杂录·荔枝》有载：“南汉刘鋹每岁设红云宴，则窗外四壁悉皆荔枝，望之如红云然。”宋代的皇帝也偏爱荔枝，目前所知最早有荔枝画传世的画家就是宋徽宗。南宋梁克家《淳熙三山志》记载：“宣和间，(福建的荔枝树)以小株结实者置瓦器中，航海至阙下，移植宣和殿。”宣和殿是北宋皇宫建筑之一，“(某年)殿前有荔枝树四株，结果甚多”。据宋代邓椿《画继》卷十记载，一次宣和殿前的荔枝结果了，孔雀在树下啄食落下的荔枝，于是徽宗赵佶就命画师们画一幅荔枝孔雀图给他评赏。他看完画师的作品后，不满地说：“你们虽画得不错，可惜都画错了，孔雀上土堆，往往是先举左脚，而你们却画成了先抬右脚。”

有关明代荔枝贡的记载较少。嘉靖皇帝朱厚熜有荔枝诗传世，其中提及了杨贵妃旧事，并有“万里固应修职贡，君王只恐扰遐方”一句，大致可见明代的皇帝汲取了历史教训，没有因此事过度扰民。到了清代，荔枝的主要贡地是福建，进贡蜜浸荔枝与荔枝树两种，时间一直延续到道光朝。雍乾年间，服务于宫廷的法国传教士殷弘绪 1736 年(乾隆元年)给友人的信件中就提道：“在北京本地，人们用装满烧酒并混合有蜂蜜和其他配料的锡罐而为皇帝运来的荔枝，确实保持了一种新鲜外表，但它们却丧失了许多味道。皇帝将此作为礼物赐给某些王公大臣们。他(雍正皇帝)甚至还善意地于 1733 年给我们送来了一些。……为了使皇帝能品尝到这种成熟的果实，人们常常在箱子中运输这些果树枝，非常巧妙地采取措施，以至于当它们到达北京时，果实已几近于成熟。”以乾隆四十七年(1782 年)为例，根据清廷档案记录，7 月 2～14 日在承德避暑山庄，福建巡抚杨魁所进的 100 桶荔枝树共结果子 473 个。鲜荔枝非常珍贵，乾隆皇帝每天从采摘的荔枝中只尝几个，其余都指名赏赐给嫔妃、亲王及大臣。道光元年(1821 年)，福建巡抚颜检上书皇帝反映，福建民众每年上贡荔枝，采办运输都很艰难，道光帝为之所动，下诏永远停止进贡，光绪二十七年(1901 年)，广东新兴县产的香荔“荔脯”(荔枝干)得以免贡。自此，历时 2 000 多年的荔枝岁贡制度终于走到了尽头。

二、闽粤荔枝之争

纵观 2 000 多年的中国荔枝文化史，闽、粤、川三地的荔枝最负盛誉，文人墨客们在品荔之余更是乐于对三地荔枝的优劣进行品评，有学者将荔枝话语权的地域转移称之为古代荔枝学的“汤浅现象”。这种现象表明的不仅仅是荔枝一物所体现出来的价值优劣，而是荔枝背后地域文化的发展和竞争，学术文化繁荣的一方往往能够掌握话语主导权。

荔枝原产岭南地区，同时岭南荔枝也最早进入文献记载，最早成为贡品。随着中国古代经济和社会发展的步伐，荔枝逐渐传播到其他地区。第一站是川渝地区，最迟在汉武帝时期传入，至唐代成为主要产区。宋代的《证类本草》有载：“蜀中之品在唐为盛。”三地之中，福建荔枝成名最晚。栽培荔枝约在三国至西晋时期传入福建，唐朝时“闽品绝未有闻”。然而到了宋代，福建却异军突起，成为最可称道、品质最高的荔枝产区，“今天下荔枝，当以闽中为第一”(北宋蔡襄《荔枝谱》之语)，福建成为荔枝的主要贡地，一直持续至明清。蔡襄的《荔枝谱》俨然是闽荔的重磅广告，它大大提升了闽荔的地位。南宋诗人王十朋宦游四川，看到杜甫读史堂前荔枝繁盛，却无谱以重声名，不禁喟叹道：“安得先生今复生，添赋夔州歌一首，要使荔枝之名长不朽。”这既是对川荔衰落的感慨，也是对蔡氏谱推动闽荔知名度的羡叹。由此可见，福建荔枝在宋代的异军突起，既是自然环境的造化，也是文人墨客渲染的结果。川荔、闽荔的崛起，使岭南荔枝无法一枝独秀。三足鼎立，就必有博弈的存在。因为福建荔枝在宋代的迅速崛起，川渝、岭南荔枝此时未免相形见绌。另外，由于产量有限、质量不高，川荔不断式微而退出竞争的舞台，只剩下岭南和福建同台竞技，这也就是聚讼千年的“闽粤荔枝优劣论”。宋代蔡襄《荔枝谱》认为，“广南州郡与夔、梓之间所出”之精好荔枝，仅仅比得上“东闽之下等”。由于蔡谱在当时和后世的极大影响力，蔡襄所标举的“闽优粤劣”遂成了文人谈论荔枝优劣的基调。

进入清代，在康熙早年的湛若水故居附近，诞生了颇负盛名的增城挂绿荔枝。在陈恭尹、屈大均等广东名士的影响下，挂绿荔枝很快为当时清朝高官、名士所知。朱彝尊，清初浙江籍著名文人，早年曾久居广州，与屈大均、陈恭尹、梁佩兰等广东名士多有交往。他先后两次到福建，曾多次品尝福州、莆田枫亭等地的福建荔枝佳品。康熙十一年(1672 年)6 月，朱彝尊在长庆寺(俗称西禅寺，位于福州西郊的怡山，其荔枝被誉为福州之最)品荔之余，写下了《题福州长庆寺壁》一文，其中有：“世之品荔枝者不一，或谓闽为上，蜀次之，粤又次之。或谓粤次于闽，蜀最下。以予论之，粤中所产，挂绿斯其最矣。而蔡君谟谱乃云‘广南州郡所出精好者，仅比东闽之下等’，是亦乡曲之论也。”朱彝尊作为当时颇具影响力的诗人，在福州长庆寺留下此言论，并对蔡襄“福建荔枝最佳”的定论提出质疑，可见其对岭南荔枝的推崇。朱彝尊的同乡、明末清初文人、曾任户部侍郎与广东布政使的曹溶有“言亦如竹垞(朱彝尊字)”。同时代的福建诗人张远年少时曾为曹溶幕僚，且与朱彝尊、屈大均、陈恭尹等多有唱和，其《荔枝纪事序》中称：“(朱彝尊)以吾闽所产(荔枝)不及粤东远甚，吾乡人闻之，殊为侧生抱不平。”康熙二十四年(1685 年)夏天，张远时在广州，“所食荔，自黑叶至挂绿无不遍。然后知二公(曹朱二人)之言未全失，亦未为尽得也”。最后评价云：“以彼下驷，胜吾下驷，吾之上驷，非尔所及，乃为定论。”张远虽然仍坚持粤荔不及闽荔，但也不得不承认：“昔蔡君谟《荔谱》脍炙人口，惜无继之者。故吾乡佳品寂寂于瘴烟霾雨之中，以致士大夫之客吾土者，退有后言，皆吾里人之责也。”尽管朱彝尊被张远等福建文人反驳，康熙三十七年(1698年)他第二次到访福州，在其《啖福州荔》诗中仍留下了“闽人夸闽粤夸粤，次第胸中我能审”之语，依然坚持已见。可以说，荔枝文化的高地，在清初年由福建转移至了广东，自朱彝尊始，闽粤荔枝之争开始进入了一个高潮，粤荔已经不甘居闽荔之下。“岭南三大家”之首的屈大均可谓是广东荔枝的专家，曾创作《广州荔支词》54首，与他唱和的岭南人士也多有创作本地荔枝词。尽管后来的闽粤文人依然多有交锋，但无疑闽荔最佳的定论已经被打破是不争的事实，闽粤之争的天平已经向广东一方倾斜。

三、国外引种荔枝

早在1 000多年以前，荔枝已经远销国内和海外。北宋时期，“闽粤荔枝食天下”。福州的荔枝，据蔡襄《荔枝谱》记载：“……悉为红盐者(荔枝干制品)。水浮陆转，以入京师。外至北漠、西夏，其东、南舟行新罗、日本、流求、大食之属，莫不爱好，重利以酬之。故商人贩益广，而乡人种益多，一岁之出，不知几千万亿。”可见荔枝早在1 000多年前就已誉满中外，是国内贸易和对外贸易的重要商品之一。中国的荔枝，最早被东南亚国家及印度引种，具体引种时间尚不可考。元代的周达观曾出使真腊(今柬埔寨)，其《真腊风土记》有载，当地的荔枝与国内的相比，“状虽同而味酸”。查阅15世纪上半叶跟随郑和下西洋的航海家巩珍所著的《西洋番国志》可知，当时东南亚各国的土产中无荔枝的记载，仅有“满剌加国(今天的马来西亚和新加坡一带)”生有“野荔枝”。有文献记载，中国荔枝栽培的外传始于17世纪末，最早是与云南接壤的缅甸。大约百年后，陆续传播到了印度、尼泊尔、孟加拉国、泰国等国家。

荔枝在中国与西方国家的交流史上占有一席之地，且这段历史与基督教在中国的传播有着非常密切的关联。荔枝的文化感染力，再加上华南地区拥有的临海区位优势、众多海外移民、对外贸易优势等因素，使得荔枝成了来华欧洲传教士最早关注的果品之一。1513年，葡萄牙人来到澳门，开启了西方国家收集、探索和研究中国植物的序幕。荔枝作为原产中国且享有盛誉的果品，很快进入了来华西方人的视野。最早关注与记录荔枝的西方人士是来华的传教士。葡萄牙传教士克路士(G. Cruz)1556年从柬埔寨来到广州，后在华南沿海地区停留了数月。他于1570年在葡萄牙出版的《中国志》是欧洲出版的第一部专述中国的著作，其中就使用了较大篇幅介绍荔枝，称美味的荔枝总是让人吃不够。著名的意大利传教士利玛窦(M. Ricci)于16世纪晚期在澳门、广州、肇庆等地传教。1615出版的《利玛窦中国札记》中有对荔枝的描述：

"中国有很多欧洲人从未见过的水果，它们全部生长在广东省和中国的南部。当地人把这些水果称作荔枝和龙眼，味道大都十分鲜美。"长期在广东传教并逝世于广州的葡萄牙传教士曾德昭(A. Semedo)1643年出版了意大利语著作《大中国志》，其中着重介绍了荔枝果实的外观："当地有些水果特别优良，如广东的荔枝。荔枝的外皮是橘色的，成熟后很漂亮地挂在树上。它像栗子的心形，去掉紧连的皮，果实如珍珠的颜色，好看更好吃。"

后来的西方传教士对荔枝的介绍更为全面，荔枝的药用价值、荔枝干、荔枝酒等均呈现在他们的笔下。丹荔累累的荔枝树是一道美丽的景观，卜弥格、达佩尔(O. Dapper)等将其绘制成图，让西方人更为直观地认知了荔枝。1643年进入中国传教的意大利人卫匡国(M. Martini)是最早详细描述荔枝的西方人之一。他于1655年在海牙刊印的《中国新图》中细致地描述了福建荔枝的树木、叶片、果实的外观及果肉的风味，并热情地称赞荔枝为"水果之王"，他提到"荔枝的种子越小，品质越优良；荔枝可以做成干制品，福建的荔枝干销往中国各地，很受欢迎；荔枝可以酿酒，但这种酒不多见。"1647年来到中国的波兰传教士卜弥格，与南明政权有着密切的关系。他于1656年在维也纳

图14-2 明末波兰传教士卜弥格绘制的荔枝图(《卜弥格文集》，2013)

出版的《中国植物志》是西方世界第一本关于中国的植物志。该书介绍了 21 种中国或亚洲的植物，并为大部分植物绘制了彩图，其中就包括荔枝。卜弥格画的荔枝图是迄今所见由西方人最早绘制的荔枝树画像之一。与前文提及的传教士相比，擅长生物学与药物学且活动范围涉及两广与海南的卜弥格，显然对荔枝了解得更全面、更深入。卜弥格的《中国植物志》中记述了不少新内容："荔枝只产于中国，而且只生长在中国南方的一些省份；果核可以入药，将其碾成粉末泡在水里喝下去，能治各种疾病；如果将果核小些的荔枝的枝丫嫁接到果核大些的树上，这种树上结出的果肉就比较多，味道也很甜；将新鲜的荔枝泡在盐水里，可以保存很多天；荔枝被认为是一种热性的水果，龙眼则比较适中。"

清康熙年间后期的"中国礼仪之争"，使清廷改变了之前对基督教传教的宽容态度，转而实施比较严厉的禁教政策，直至道光二十四年(1844)禁教令解除后，天主教在中国的传教才得以恢复。百年禁教时期，在华的西方传教士人数锐减，这也间接导致了这一时期有关荔枝的外文记载相对较少。伴随着对荔枝认知的加深，一些欧洲人尝试从中国引种荔枝，并在一些气候较为适宜的欧属殖民地获得成功。18 世纪下半叶，热衷于植物收集和引种的法国人普瓦夫尔(P. Poivre)，将荔枝等中国水果引种到地处热带地区的留尼汪岛。1775 年，克拉克(T. Clarke)将荔枝引种到牙买加。18 世纪末，荔枝被引种到毛里求斯和圭亚那。约 1853 年，曾在第一次鸦片战争中扮演重要角色、时任总督职务的英国人义律(C. Elliot)将荔枝引种到百慕大。作为一种南亚热带、亚热带作物，荔枝不可能在自然条件下在欧洲本土种植，但还是有人通过特殊手段尝试过在欧洲种植荔枝。1816 年，英国人奈特(J. Knight)使用一种"火炉"装备，成功地使引种自中国的荔枝与龙眼结了果。但这种尝试意义不大，1835 年在伦敦出版的《爱德华兹植物学名录(第七卷)》明确地说这是"欧洲独有的一个案例"。

澳大利亚和美国是西方国家中引种荔枝最成功的，原因应该是这两个国家有适宜荔枝生长的区域。伴随着淘金热时期中国移民的大量涌入，1854 年前后荔枝就被引入了澳大利亚。美国的佛罗里达、夏威夷及波多黎各等地与华南地区的纬度相近，为荔枝的引种和推广提供了必要的气候条件。19 世纪下半叶，珠江三角洲地区的大批民众前往已经工业化的美国谋生，其中一些人就将家乡的荔枝带入了美国。当时荔枝干在美国被称作"中国坚果"(Chinese nut)，在许多城市的华人商店均有销售。在尚为夏威夷王国时代的 1870 年，广东香山县籍著名华侨领袖陈芳(C. A Fong)委托运载货物的船工，将家乡的 1 株荔枝树苗运到了檀香山，但栽种后没能成活。1873 年，陈芳委托同乡郑赤将荔枝树苗连同其生长的土壤一起运到檀香山，引种成活。1898

年美国农业部成立植物引种处(Office of Foreign Seed and Plant Introduction),开始有计划地组织大批“植物猎人”前往世界各地搜猎农作物资源。迄今所见,植物引种处首次获得中国荔枝,是由莱思罗普(B. Lathrop)和费尔柴尔德(D. Fairchild)于1901年11月20日在广州采办的黑叶和糯米糍荔枝苗木。两人均为美国境外农作物引种的先驱,费尔柴尔德在1903—1928年担任植物引种处的负责人。1890—1918年在福建莆田传教的美国人蒲鲁士(W. N. Brewster),是美国引种荔枝早期最为重要的一位推动者。蒲鲁士深信,荔枝种植在美国前景光明,他先后于1903年和1906年两次自费从莆田将福建名种陈紫荔枝用船运到美国。美国的荔枝引种自此进入了快车道。以岭南大学农学院首任院长高鲁甫(G. W. Groff)、广州博济医院院长关约翰(J. M. Swan)等为代表的大批来华的传教士、生物学家、“植物猎人”、外交官,将众多中国优良荔枝品种带到美国。截至1920年,美国夏威夷、佛罗里达及波多黎各等地的荔枝种植已经实现了初步的规模化。

图14-3 第一株成功引种至美国的荔枝树(《The Litchi in Hawaii》,1917)

第二节 中国人的荔枝情

一、荔枝名称丰富多彩

荔枝原产岭南地区,宋代官修大型本草专著《证类本草》中就有“荔枝始传于汉世,初惟出岭南”的记载,海南、广东、广西不少地方野生荔枝的存在也是重要的证据。公元前2世纪后期，汉武帝文学侍从司马相如在其《上林赋》中记录了皇家宫苑上林苑中的“离支”，这便是荔枝在中国文学作品中的首次展露。“离支”，意指收获此类果实需要连带嫩枝将其从树枝上分离开。后来荔枝又被写作“荔支”“荔枝”，意指收获荔枝需要使用“刀具”将其割离“树枝”。而后人似乎并未特别注意“荔”字的含义，多将“荔”写为“荔”，以至于清初的屈大均在《广东新语》中特别强调“荔字固当从劦”。

中国人对荔枝的偏爱，最直观的表现是荔枝品种之丰富，其数量可为百果之冠。早在1 000多年前的北宋初年，郑熊的《广中荔枝谱》就记录了玉英子、焦核、沈香、丁香等22个广东荔枝品种，蔡襄的《荔枝谱》记录了32个福建品种，稍晚成书的《增城荔枝谱》更是说增城县的荔枝品种有100多个。到明末，福建文人徐𤊹的《荔枝谱》收录了103个品种。1921年，美国园艺学家高鲁甫在他的著作里也提道：“广东人说荔枝比其他水果有更多的品种。他们认为这是由于荔枝在不同的种植方法和不同的土壤条件下有改变品质的倾向。……当前在广东，列出40个或50个荔枝品种相当容易。”根据其统计，当时广东的主要荔枝品种多达49个，分别是亚娘鞋、挣爆喉、周绍玉、状元红、苧麻子、凤凰球、妃子笑、黑叶、香荔、假淮、甲由枝、挂绿、桂味、落塘蒲、麻雀春、米桂、糯米糍、糯米团、白蜡荔枝、白笋子、布袋、犀角子、三月红、砂糖荔枝、山枝、尚书怀、水浮子、水晶球、小儿拳、酸枝、宋家香、大荷包、大牛牯、大造、谭世祥、甜岩、踏死牛、塘壆、七月熟、将军荔、青皮、早荔、晋奉荔、荣麻芝、圆臀、淮枝、野山枝、玉荷包和玉冰。纵观中国荔枝的品种名称，或优雅或怪异，丰富多彩，极具诗情画意，究其来由可以发现，中国古代荔枝品种的命名法则较为多样。

(1)以果实或果核的形态和大小命名。如金线、双髻、犀角子、丁香、水晶球。金线荔枝，“实圆刺尖，有金线界其中”。双髻之名，因此种荔枝“生皆并蒂”。犀角子的果核先端略弯曲，似犀角之倒垂，宛如一小角，故而得名。丁香荔枝核如小丁香。“凝冰子，日中照之，内外洞彻，核在内半明半灭，亦名水晶球。”这类命名的荔枝品种还有牛心、丫髻、馒头、磨盘、秤锤、椰钟、鹊卵、小儿拳、踏死牛、鹅卵等。

(2)以果色命名。如虎皮、玳瑁红、朱柿、挂绿、白蜡、万里碧等。“虎皮者，红色，绝大，绕腹有青纹，正类虎斑。”“玳瑁红荔枝，上有斑点，疏密如玳瑁斑。”“朱柿，色如柿红而扁大。”“挂绿者，红中有绿，或在于肩，或在于腹。绿十之四，红十之六。”白蜡荔枝，则因其果肉略带蜡黄色而得名。万里碧，“皮色碧如中秋雨后天”。

(3)以姓氏(宋代福建的荔枝品种多有以“姓氏＋颜色”命名的)、身份命名。这类命名，多与培育者、引种者或树主有关，也有不少是因传说故事中的人物而得名，如将军荔、状元红、十八娘、何家红、尚书怀、谭世祥。据蔡襄的《荔枝谱》记载："将军荔枝，五代间有为此官者种之，后人以其官号其树，而失其姓名之传。"状元红，相传为宋元丰间状元徐铎所植，宋人曾巩的《荔枝录》中则说："状元红，言于荔枝为第一。"福建王氏有女儿排行十八，喜爱吃一个品种，故而取名十八娘荔枝。"何家红，出漳州何氏。"明代曾任吏、礼、兵部尚书的著名文人湛若水，从福建著名的荔枝之乡枫亭怀荔枝核而归，在他的故乡增城新塘沙贝培育出了广东荔枝名种"尚书怀"。谭世祥为清代端州名荔，产于高要，乃是以"种树人姓名命名之"。这类命名的荔枝品种还有蔡家香、陈紫、宋家香、方家红、游家紫、蓝家红、周家红、张官人、妃子笑、周绍玉等。

(4)以生态分布特性命名。如山枝、水枝、塘壆、洞中红等。在清代，广东民间将荔枝分为山枝和水枝两大类。荔枝种植大多不占用良田，或植于山上，或植于河湖岸边，清道光《广东通志》有载："荔枝产于大山者名山枝，产于水边者名水枝。""塘壆"在广东话中是指塘基或水塘边的小路，塘壆荔枝也是水枝的一种。洞中红荔枝，则因产自福州乌石山之宿猿洞而得名。

(5)以果实气味或口感命名。如香荔、露花荔。香荔因果肉味道甘香而得名。露花荔枝，因与一种名叫"露花草"的植物香味类似而得名。这类命名的荔枝品种还有桂味、满林香、百步香、白蜜等。

(6)以成熟时间命名。如三月红、七夕红、七月熟、中元红、中秋绿等品种。

(7)其他命名方法。一品红荔枝，"福建产之极品者"。黑叶荔枝，"荔枝叶青绿，此独黑"。水浮子荔枝，"重而不沉，以置水中，随波上下"。糯米糍荔枝是用一种岭南地区多在节庆食用的一种糯米食品来命名。妃子笑荔枝，"宜乎妃子见之而笑也"。清代顺德有一株荔枝古树，土名"尴尬"，意指果实成熟时间较为尴尬，"以其熟在黑叶之后，火山之前，故名"。玉露霜荔枝，"不摘，经冬不落"。珊瑚树荔枝，"每至熟时叶俱脱落，望之如数仞珊瑚"。

中国是生物多样性大国，蕴藏着丰富的生物遗传资源，原产我国的荔枝无疑是其中最具价值的一类。中国先民的这些命名法抓住了品种特征，听起来形象生动，为大众喜闻乐见，进而得以流传，同时也为我们展现了中国荔枝极其丰富的种质资源。纵观众多荔枝品种，陈紫、宋家香、将军荔、十八娘、新兴香荔、挂绿、糯米糍、绿罗袍等在历史上均留有美名。在宋代，福建荔枝有名字的品种已有30多个，其中名声最大的非陈紫荔枝莫属。蔡襄赞陈紫为"色香味自拔其类，天下第一"，即便当地的"富室大家"，也未必能买得到。在果实采摘之前，陈家人要先关门闭户，买家隔墙付钱，能买到就高兴异常，不会去计较价钱的高低。至于增城挂绿荔枝，朱彝尊评价其为"荔枝之最，福建佳种莫敌”。清中期著名广东学者陈澧说：“荔子之生，或山或水。爰有千族，挂绿尤美。”乾隆年间进士、任兵部右侍郎的温汝适一度因病不能食用荔枝，而他却说：“若遇挂绿，则不在此例。”1918 年，美国园艺学家高鲁甫为西园挂绿拍摄了 3 幅珍贵照片，后在其所著的《The Lychee and Lungan》(《荔枝与龙眼》)中大篇幅向西方世界推介挂绿，并先后 4 次将挂绿种苗运至美国。

图 14-4　高鲁甫等 1918 年考察增城西园的挂绿荔枝

(《岭南农学季刊》，1922)

二、荔枝文献

我国历史上有许多有关荔枝的专著，或在许多典籍中有关于荔枝的介绍，其数量在中国各类果品中名列前茅。自北宋至清代道光年间的 800 多年，就有超过 15 种荔枝谱问世，如宋代郑熊的《广中荔枝谱》(佚)、蔡襄的《荔枝谱》(存)、曾巩的《荔枝录》(存)、徐师闵的《莆田荔枝谱》(佚)、张宗闵的《增城荔枝谱》(佚)，明代徐𤊹的《荔枝谱》(存)、宋珏的《荔枝谱》(存)、曹蕃的《荔枝谱》(存)、邓道协的《荔枝谱》(存)、吴载鳌的《荔枝谱》(存)，清代曾弘的《荔枝谱略》(存)、陈定九的《荔枝谱》(存)、陈鼎的《荔枝谱》(存)、吴应逵的《岭南荔枝谱》(存)等。此外，尚有清代屈大均的《广东新语》卷 25“荔枝”、谭莹的《岭南荔枝词》、郭柏苍的《闽产录异》卷 2“荔枝”等多份文献，从不同角度、用不同方式言及荔枝的品种、栽培方法和有关的民间习俗，虽不是荔枝专著，却也是重要的荔枝文献。历史上的荔枝文献几乎全部诞生自福建和广东，足见两地荔枝的品质之佳、栽培之盛、名气之大。再者，闽粤文人“保持土风”的传统也是其因。朱彝尊就有如此的评价：“吴中之诗屡变，而闽粤犹未之改。……夫离支之为树，其柯叶无以大异于凡木，当其熏风被朱实垂，问其种以百数，虽下者，亦可敌四方之珍果焉，况夫凝冰、挂绿种之尤美者乎？顾吴越夸以杨梅，燕齐夸以频婆之果，闽粤之知味者将笑而不应。”

宋开宝四年（971 年）南海主簿郑熊所著的《广中荔枝谱》是历史上最早记述广东荔枝的专著，也是世界上最早的一部荔枝专著。北宋名臣蔡襄于嘉祐四年（1059 年）写的《荔枝谱》是现存最早的一部荔枝谱，因由皇家刊行，其在各版本荔枝谱中流传最广，还很早被译成英文、法文、拉丁文、日文等多种文字传播至海外。该书内容分为原本始、标尤异、志贾鬻、明服食、慎护养、时法制、别种类共 7 篇，不仅记述了荔枝品种的特点和栽培管理方法，还记载了当时“一家之有，至于万株”的种植规模，并提及“初着花时，商人计林断之以立券”的预购情况，是一部比较全面而系统地记述闽中荔枝的专著。成书于宋熙宁九年（1076 年）、福建人张宗闵（一说是无名氏）所著的《增城荔枝谱》，是最早的一部县域荔枝专著。该书虽然已经失传，但南宋目录学家陈振孙所撰的《直斋书录解题》等文献中有记录，书中明确记载：“增城多植荔枝……搜境内所出，得百余种。”

明代福建人徐𤊹、宋珏所著的两本《荔枝谱》，均为研究荔枝文化史的重要资料。据宋珏《荔枝谱》记载，明代福建文人“以荔会友”的风气颇盛，荔熟季节成立“荔社”，每天由 1 个成员担任主事，组织大家品荔吟诗，并至少需提供 3 000 颗荔枝。宋珏还总结了品荔的“清福三十三事”和“黑业三十四事”。助兴的 33 个“清福”事项包括：开花雨时、结实风时、次第熟、雨初过、裛露（带有露水）摘、护持无偷摘、同好至、晚凉、新月、浴罢、簪茉莉、拈重碧、微醉、科头箕踞（不戴帽子，席地而坐）、佳人剥、乳泉浸、蜜浆解、临流、对鹤、楼头、联骑出观、名品尝遍、检谱、辨核、贮白瓷盆、悬青筠笼、着白苎（粗布衣）、挂帐中、壳堆苔上、膜浮水面、色香味全、隔竹闻香、土人忽送。败兴的 34 个“黑业”事项包括：暴雨、妒风、偷儿先尝、鸟嘴啄、蜂蚁、蛀蒂、烈日中摘、断林、剥渍糖蜜、无清泉、点茶（意指“端茶送客”）、不喜食者在、数核、啖不得饱、溪水浸、腥咸解、鱼肉侧、壳上有景迹、醉饱后、市贩争价、恶咏、攫、抟、怀、藏、主人悭鄙、忌热劝莫餐、色香稍变、白晒、焙干、不识品核、无酿法、松蕾出（意指荔枝季即将结束）、树杪如晨星。

进入清代，随着新兴香荔、增城挂绿、凝冰子等粤荔的声名鹊起，广东荔枝的地位大幅攀升。清道光年间广东鹤山人吴应逵所编著的《岭南荔枝谱》是现存唯一的广东荔枝谱。该书内容分为总论、种植、节候、品类、杂事共 5 类，记载了 74 个荔枝品种，其中不少都是进入清代才产生的品种。此外，该书还汇总整理了广东的诸多荔枝习俗，如：在荔枝社日（即荔枝会、荔枝节），“有开荔社之家，则人人竟赴，以食多者为胜，胜称荔枝状头。少者有罚，罚饮荔枝酒数大白”；广东人有“赌荔”的习俗，“荔以粉与墨各涂之，入瓦罂中，共摸之，以得白者为胜”。

中国人对荔枝独有的文化情怀外国人也有描述，如美国的高鲁甫就写有：“在华南，中国人对荔枝有着非同一般的热忱，绝大多数定居在此的西方人士也加入了这个行列。”1921 年，高鲁甫在美国纽约和中国广州出版了英文著作《The Lychee and Lugan》。该书以荔枝为主（全书共有 16 章，仅第 14 章专述龙眼），可谓是当时介绍荔枝的“百科全书”，内容既包括中国荔枝的人文历史，与栽培相关的气候、温度、土壤、繁殖、品种、病虫害等内容，又介绍了西方国家相关的文献记载、引种及科学研究等情况。此外，该书还附有 69 幅插图，大部分为 1913—1920 年间广州及周边地区荔枝的相关照片，附录部分还刊载了多篇美国荔枝研究的论文、宋代蔡襄《荔枝谱》的英译版、明代宋珏《荔枝谱》卷 2“荔社”的英译版等内容。目前来看，《荔枝与龙眼》应该是世界范围内的第一本荔枝科学研究专著，它标志着当时西方世界已经对中国荔枝有了充分认知，并在科学研究领域处在了领先的位置。

三、文人与荔枝

在中国，荔枝得到了无数文人墨客的青睐，很早就成为了吟咏的对象，是文化积淀最为深厚的果品之一。荔枝作为文学意象的首次出现，是在西汉司马相如的《上林赋》中。东汉时期著名文人王逸写的《荔枝赋》是第一首荔枝题材的赋作，其中称赞荔枝“卓绝类而无俦，超众果而独贵”。南朝萧梁时期刘霁所作的《咏荔枝》则是第一首荔枝题材的诗作。此时的荔枝虽然已经成为贡品，但因其“中原不产、辽远难致”，更多地表现为“异”和“奇”，如西晋人张载在《瓜赋》中所云：“龙眼荔支，徒以希珍难致为奇。”在以荔枝为题材与意象的文学作品中，作家对荔枝的赞赏基本上停留在其纯粹的实用价值（如甜美的味道）上，自然属性很强，很少有人文情怀。

据统计，唐代荔枝题材的文学作品有 20 余首，荔枝意象 50 处左右。虽然荔枝题材的文学作品在唐代数量有限，但经过著名诗人或重要政治人物的品题，且此时荔枝与杨贵妃产生了关联，因此内容上已经较为丰富。地域上，蜀地的荔枝文学在唐代一枝独秀，岭南存续不绝却数量不多，福建的荔枝文学也开始出现。

荔枝题材文学历千年之演变，终于在宋代步入了辉煌期。两宋时期荔枝题材的文学作品，有诗歌近 250 首、词 15 首、文 12 篇。宋代荔枝文学的繁盛情况，表现在各种文体的荔枝题材的创作，如荔枝品种赋咏、荔枝组诗创作等方面，在内容与形式上体现了三大特点：荔枝珍果、仙果形象在宋代得以形成，福建荔枝文学在宋代兴起并占据了主导地位，荔枝唱和诗作成为荔枝题材文学的主要形式。到了明代，福建的荔枝文学又发展到了一个新的高峰，曹蕃、邓道协及宋珏各自编著的《荔枝谱》也收录有相当数量的文学作品。至清代，随着广东佳荔的不断涌现及文化的日趋繁荣，中国荔枝文学的中心也由福建转移到了广东。

表 14-1　荔枝文学作品概览

文献作品类型	概　况
诗	梁代 1 首；唐代 19 首，其中白居易最多，为 4 首；五代 1 首；两宋 110 首(组)，其中王十朋 23 首，苏轼 10 首，蔡襄 8 首，宋徽宗也有 2 首；元代 17 首；明代 314 首(组)，福建诗作最多，徐𤊹 28 首，谢肇淛 26 首，林古度 24 首；清代 60 首(组)，广东诗作较多，多有组诗，如屈大均的《广州荔支词》54 首，谭莹的《岭南荔枝词》60 首
词	两宋 21 首，黄庭坚、张元干均有 3 首；明代 3 首；清代 2 首
赋	汉代 1 首；唐代 1 首；宋代 3 首；元代 1 首；明代 5 首；清代 2 首
颂	宋代 1 首；明代 2 首

数据源于董运来主编的《荔枝谱》(2010)。

荔枝很难保鲜，正如白居易在《荔枝图序》中所言："一日而色变，二日而香变，三日而味变，四五日色香味尽去矣。"荔枝生于边远之地而难以获取，因此，唐代以前的中原文人往往很难品尝到荔枝的美味。自唐至清，对荔枝情有独钟的文人可谓数不胜数。

唐代著名政治家和诗人、有"岭南第一人"之称的张九龄不仅开凿了梅关古道助力岭南的开发，还作《荔枝赋》宣传广东荔枝："南海郡出荔枝焉，每至夏季，其实乃熟。状甚瑰诡，味特甘滋，百果之中，无一可比。……贵可以荐宗庙，珍可以羞王公。"自此，文人们"步王(王逸)踵张(张九龄)"，使得荔枝文学的发展步入了一个崭新的阶段。白居易于元和十四年(819 年)任忠州刺史，第二年命画工绘了一幅荔枝图，并亲自为之作序，这或是最早的荔枝画。

宋初，摄南海薄的郑熊在广州的 5 年间，"每食荔枝，几与饭相半"。大文豪苏轼咏叹荔枝的诗现存共计 10 首左右，虽然在 2 000 多首苏诗中所占微乎其微，然而其思想性、艺术性在全部苏诗中却占有重要的位置，被历来诗论家和读者所瞩目，特别是"日啖荔枝三百颗，不妨长作岭南人"一句，不啻为史上最佳荔枝推介语。被流放至海南的宋代诗僧惠洪也说："天公见我流涎甚，遣向崖州吃荔支。"两位遭流放的诗人在炎方之地日子过得虽然艰苦，却因能够饱啖荔枝而写出如此的放旷之语，足见荔枝之美味。宋代名臣李纲对荔枝同样有很深的感情，他在写作《荔枝赋》后四年，又写下了《荔枝后赋》，表示愿意以荔枝“怡性养寿，超然自得”。

明清时期，闽粤文人常在蝉鸣荔熟时节组织“红云社”“荔社”“荔子会”，品荔之余吟诗作画，颇有兰亭雅集的流风余韵。明代文人宋珏，生长于荔枝之乡福建莆田，喜荔成癖，自号“荔枝仙”，其诗云：“人生不得饱啖此(荔枝)，腰缠百万犹然贫。”他一生啖荔、论荔、唱荔、画荔，对推扬莆田荔枝作出了重要贡献。宋珏久居南京，但每年都约期回莆田品尝荔枝。出发时，亲朋相送于荔城北门，指荔子丹为归期。与妻儿告别，特别交代：“墙东一树，留以待我。”他自称天赋啖量，每日能啖一两千颗，每年荔枝季，自早熟品种吃到晚熟品种，前后 40 余日，“每年有 10 余万粒在腹中”。清初“岭南三大家”之首的屈大均是广东荔枝文学的代表性人物，也是名副其实的荔枝专家，还曾做过“荔枝小贩”。屈大均所食荔枝品种众多，“自酸而食至甜，自青黄而食至红，自水枝而食至山枝，自家园食至诸县。月无虚日，日无虚晷”。康熙八年(1669 年)秋天，屈大均结束了多年在外漂泊的生活返回广东。次年正月，继室王氏华姜因小产中风而亡，年仅 25 岁。屈大均甚感悲伤，写下了《哀内子王华姜》五言 12 首和《哭华姜》七绝 100 首，其中一首写道：“炎州虽烟瘴，珍果足娱子。子慕荔枝浆，能令颜色美。可怜及未餐，仓促归蒿里。”到了夏天，屈大均特别搜集了增城挂绿、凝冰子、小华山等佳荔祭祀亡妻，写下了悼念之作《以荔子荐华姜文》。

四、荔枝民俗与文化旅游

作为一种硬木，荔枝树木材抗酸性强、材质硬重、坚韧耐用、不怕水浸，自古就是上好的家具用材。传统上荔枝果以鲜食为主，但也有一定数量的加工制品，如荔枝干、蜜浸荔枝、荔枝酒等。荔枝干的制作有日晒和火炉烘焙两种方法，以日晒的品质较好。屈大均称荔枝酒为“酒中贤胜”，其《广东新语》中写道：“荔枝酒，土人齑持酿具，就树下以荔枝煏酒，一宿而成。”荔枝酒早在唐代就已是酒中珍品，白居易《荔枝楼对酒》中就说“荔枝新熟鸡冠色，烧酒初开琥珀春”。明代宋珏的《荔枝谱》中专列有“荔酒”一篇。目前在一些荔枝产区，荔枝干烘焙、荔枝酒加工、荔枝木家具制作等传统技艺已经被列入非物质文化遗产名录。

荔枝产区传统上有一些非常有趣的与荔枝有关的习俗。如清初林嗣环所著的《荔枝话》中提到，闽南地区有“唱荔枝”的习俗，在荔枝成熟时，果园会雇佣技术熟练的采摘工采摘，为了防止采摘者随意食荔，便要求他们采荔时不停地唱歌，唱歌停顿会被克扣工钱。1918 年，美国园艺家高鲁甫也被告知，西园挂绿的采摘也有类似情形。在清代的闽南还有“荔枝红送丈人”的习俗，即在荔枝成熟时，女婿必须摘一些荔枝送给丈人家。清中期福建文人林寿图的诗中就写道：“博得闺人今夜喜，一筐会送丈人家。”据清代施鸿保《闽杂记》的记载，闽南人还以荔枝占岁，有“山中红，田里空”的谚语，意思是说，如果荔枝收成太好，水稻必定会歉收。在广东化州县城的北郊，至今仍有“春分拜荔园”的习俗，并流传有“拜荔歌”。春分前后，荔枝树枝头挂满果蕾，果农们祈盼丰收，便备上纸宝香烛，以螃蟹代三牲入园拜荔。三炷香火点燃后，口里念念有词：“螃蟹红红，荔枝大如灯笼”“螃蟹圆圆，荔枝载满车船”……在广东增城，到了荔枝采摘时节，家有老树的果农会举行“拜树”仪式。果农把摘下的第一穗荔枝放在树下，点香后双手合十拜三拜，主要表达三重心意：拜谢神灵赐予丰收，祈求神灵保佑上落平安(树较为高大，上树采摘有安全问题)；“前人种荔，后人受益”，此时收获需要感恩祖先；祈求来年再丰收。如此拜完后，才正式开始采摘荔枝。

中国各荔枝产区的荔枝文化积淀丰厚，充分发掘和利用相关资源，可以促进这些地区旅游产业的发展。许多荔枝产区，至今仍有邀请亲朋好友到荔园摘荔尝鲜的习俗，在品尝鲜荔美味的同时体味田园风光，还可借此机会沟通感情、互通信息。在荔枝主产区，从市、县、区，到镇、村、旅游区，有众多各具特色的荔枝节。既有官方举办的大型旅游文化节，也有民间盛行的荔枝会、荔枝社日。在荔枝节庆期间，有商贸引资活动，也有文化体育活动。广东的茂名、深圳、东莞、增城、从化、斗门、博罗、惠阳、电白，福建的莆田、永春，广西的玉林、贵港、北流、合浦、灵山，四川的宜宾、合江、乐山，海南的琼山、秀英，重庆的江津等地，均有影响较大的荔枝节。

荔枝传统产区有很多荔枝古树。在广东广州的增城区、从化区、黄埔区，茂名的高州市、茂南区、电白区，广西钦州的钦北区、灵山县和浦北县，福建的福州、漳州、莆田，海南海口的羊山等地，树龄上百年的荔枝古树和荔枝园随处可见。古荔枝树既是珍贵的荔枝品种资源，也是“种荔养老、福泽子孙”传统农耕文化观念的生动体现，还是“村旁荔林，庭前荔荫”荔枝产业自然生态景观的重要标志。古荔枝树的优美生态景观和深厚文化意涵具有农业休闲旅游开发的巨大潜力。此外，多地还生长有一批具有纪念意义的千年荔枝古树，旅游价值更是不可限量。在莆田市区，有1株宋家香，为市级保护文物，据传栽植于唐天宝年间，迄今树龄已近1 300年。在广西灵山县，千年古荔树据说有几十棵之多，县城南郊有1株树龄已近1 500年的古荔树。在广东新兴县国恩寺，有1株据传为六祖慧能亲手栽种的古荔树，已有1 300多年的树龄，树下立有“六祖手植千年古荔”的碑刻。高州市根子荔枝文化旅游区拥有著名的贡园，里面长有30多棵树龄在800年以上的古荔枝树。

图 14-5 新兴国恩寺内的“六祖手植”千年古荔(赵飞 摄)

在各荔枝产区，有很多以荔枝为主题的广场、公园、旅游区、特色小镇、展览馆。在广州增城区，以西园挂绿母树为中心的挂绿广场是一处集游览观光、消费购物和休闲度假等功能于一体的城市地标；增城区还有占地 47 hm^2 的荔枝文化公园，为 3A 级旅游风景区；增城区还在着力推进正果镇荔枝沟特色小镇、仙村镇荔枝文化特色小镇的建设。1982 年创建的深圳荔枝公园位于福田区，占地 29 hm^2，是在原有的 589 棵老荔枝树和一片低洼稻田的基础上建成的。在重庆涪陵区，政府部门重视千年荔枝道和妃子园文化，在涪陵锦绣广场树立了一座“天宝荔枝”铜雕，以凸显这一地方文化名片。

近年来，荔枝农业文化遗产保护得到了前所未有的重视。海口羊山荔枝群是我国目前面积最大的野生荔枝树群，“海南海口羊山荔枝种植系统”2017 年成功获批第四批中国重要农业文化遗产。2019 年，广东增城、东莞的荔枝成功入选第五批遗产名录。此外，福建永春岵山、漳州凤凰山、霞浦三地的荔枝于 2016 年入选了全国农业文化遗产普查名录。原产中国的荔枝，是历史积淀最为深厚、最具文化影响力的一种果品，也是极具中国特色且拥有全球影响力的一种农业文化遗产。随着荔枝农业文化遗产的进一步保护与发展，相关文化与旅游产业势必将步入一个快速发展的阶段。

参考文献

[1]钱树信．离宫岁贡荔枝树[M]//《避暑山庄研究》编委会．避暑山庄研究(2015—2016)．沈阳：辽宁民族出版社，2016：65-66.

[2]《广东省志》编纂委员会．广东省志(1979—2000)・17・旅游卷[M]．北京：方志出版

社，2014.
[3]陈灿彬．地域文化的竞争：闽粤荔枝优劣论及其演进[J]. 地域文化研究，2019(4)：91-100，155.
[4]董运来．荔枝谱[M]. 海口：南海出版公司，2010.
[5]惠冬．宋代荔枝种植格局的变化与成因[J]. 中国农史，2013，32(5)：18-25.
[6]惠富平，王昇．奇果标南土——中国古代荔枝生产史[J]. 农业考古，2016(4)：182-189.
[7]李庆皋．读苏轼在惠的荔枝诗[J]. 吉林师范学院学报(哲学社会科学版)，1984(3)：39-44.
[8]梁家勉．荔枝栽培和利用的起源及其发展[J]. 华南农学院学报，1980(2)：119-127.
[9]刘志文．广东民俗大观[M]. 广州：广东旅游出版社，1993.
[10]彭世奖．历代荔枝谱述评[J]. 古今农业，2009(2)：107-112.
[11]阮其山．莆田社科丛书・莆阳名人传[M]. 福州：海峡文艺出版社，2013.
[12]王昇，李昕升．中国荔枝品种命名考辨——以妃子笑等荔枝品种为例[J]. 青岛农业大学学报(社会科学版)，2014，26(3)：76-79.
[13]薛瑞泽．汉唐时期荔枝产地的地理分布及北运[M]//陕西师范大学中国历史地理研究所，西北历史环境与经济社会发展研究中心．历史地理学研究的新探索与新动向：庆贺朱士光教授七十华秩暨荣休论文集．西安：三秦出版社，2008：234-241.
[14]杨宝霖．"霞树珠林今若何，岭南从古荔枝多"——广东荔枝小史[M]//华南农业大学农业历史遗产研究室．农史研究(第10辑). 北京：农业出版社，1990：65-82.
[15]杨茂．中国荔枝历史[J]. 南方论刊，2008(S1)：76-78.
[16]张蓓，庄丽娟．我国古荔休闲旅游产业开发的思路与策略[J]. 广西社会科学，2012(3)：59-63.
[17]张生．中国古代荔枝的地理分布及其贡地变迁[J]. 中国历史地理论丛，2019，34(1)：98-107.
[18]张效民，姚敏．丹荔雅韵[M]. 成都：四川文艺出版社，2002.
[19]赵飞．西方国家对中国荔枝的关注与引种(1570—1921)[J]. 中国农史，2019，38(2)：26-36.
[20]赵飞．一棵树的历史与文化——增城挂绿荔枝[M]. 北京：中国农业出版社，2015.
[21]赵军伟．地域・政治・审美：唐宋文人的荔枝书写[J]. 阅江学刊，2015，7(3)：141-148.
[22]福建省文史研究馆．郑丽生文史丛稿[M]. 福州：海风出版社，2009.
[23]郑志强．我国荔枝文化旅游资源现状、特性及开发思路[J]. 旅游纵览(下半月)，2013(9)：154-155.
[24]周肇基．历代荔枝专著中的植物学生态学生理学成就[J]. 自然科学史研究，1991(1)：35-47.

第十五章　妃子笑和仙进奉荔枝高效栽培典型案例

荔枝品种“妃子笑”，取名自杜牧诗句“一骑红尘妃子笑，无人知是荔枝来”，最早见于1680年左右陈鼎撰写的《荔枝谱》，是广东的古老品种，在广西、四川、福建和台湾等地也有分布。但1987年前只有零星栽培，主要是因为该品种花穗长、花量大、花期长，花穗发育和开花消耗大量营养，从而导致坐果率低甚至不结实。广东东莞市农民企业家叶钦海先生通过10多年的生产实践，最早总结出一套适合妃子笑幼龄结果树的“一抹二疏三短截”的人工疏花方法，很好地解决了长期制约这一传统名优品种大面积发展的“瓶颈”问题。随后，妃子笑在广东、海南、广西、云南和福建等地得到了大面积推广。据不完全统计，目前妃子笑的栽培面积已达7.92万 hm^2，占全国荔枝总面积的13.7%，年产量占全国荔枝总产量的23.3%，成为我国种植范围最广（南至海南陵水黎族自治县，北达四川泸州市）、面积最大的一个主推、主栽优质品种。

仙进奉是广东省农业科学院果树研究所、增城区农业技术推广中心和增城区仙村镇农业办公室从增城区仙村镇基岗村实生荔枝单株中选出的优质晚熟品种，2011年通过广东省品种审定。该品种果大、迟熟、早结丰产、优质、抗性强、耐贮、风味独特，深受种植户和消费者青睐，是近年来推广面积最大、效益最好的审定荔枝新品种，全国各荔枝主产区争相引种和推广，从2013年起连续9年入选广州市和广东省农业主导品种，广州增城区现有种植面积约1 600 hm^2，销量及价格不断飙升，产品一直供不应求，销售价格从2010年的60元/kg逐步上升到2021年的90元/kg，有望成为面积超过1万 hm^2 的主栽晚熟优质品种。

本章选取国家荔枝龙眼产业技术体系11个综合试验站覆盖区域的10个妃子笑和1个仙进奉丰产稳产示范园作为典型案例，总结每个示范园的关键技术及其种植经验。

第一节 海南北部妃子笑高效栽培典型案例

一、果园概况

白石溪果园是国家荔枝龙眼产业技术体系海口综合试验站示范园，同时也是海南省热带作物标准化生产示范园。果园位于海南海口市琼山区东昌农场(东经110.64°，北纬19.60°)，属热带海洋气候，年平均气温23.8℃，年平均日照1 752 h，年平均降水量1 724.5 mm，雨季一般集中在8～10月。土壤类型属偏酸红壤泥土质，含有极为丰富的硒、铜、锌等微量元素。果园地势比较平坦，土层深厚，土质肥沃。土壤理化性质为：土壤有机质含量3.5%，pH值4.9，碱解氮含量130 mg/kg，速效钾含量175 mg/kg，速效磷含量25 mg/kg，全氮含量1.22 g/kg。果园建立于1998年，种植品种为妃子笑，苗木是以怀枝为砧木的妃子笑嫁接苗，种植规格4m×5m，果园面积为12.3 hm^2，种植约5 600株，2001年后逐渐进入结果期。果园2015—2019年的经营指标见表15-1。

表15-1 白石溪果园2015—2019年经营指标统计

年度	总产量/t	单产/(t/hm^2)	产值/(万元/hm^2)	成本/(万元/hm^2)	利润/(万元/hm^2)
2015	165.0	13.4	12.3	7.9	4.4
2016	175.0	14.2	13.6	8.8	4.8
2017	170.0	13.8	14.3	8.9	5.4
2018	202.5	16.4	19.0	9.3	9.7
2019	240.0	19.5	20.0	9.5	10.5

值得提到的是，2014年超强台风“威马逊”和“海鸥”在海南文昌登陆，该果园位于台风登陆点附近，第三批秋梢遭到严重损坏。台风后该果园制定了灾后管理方案，果断调整为两批秋梢作为来年的结果母枝，并在花果期加强营养管理。在很多其他果园失产失收的情况下，该果园2015年取得了丰产丰收。

二、高效栽培关键技术

1. 基本物候期规律

一般情况下6月中旬进行采后修剪。6月中旬至7月中旬生长第一批秋梢，7月中旬至8月中旬生长第二批秋梢，8月中旬至9月下旬生长第三批秋梢，10月中旬进入控梢期，直至1月中旬出现"白点"。1月下旬至2月下旬花穗萌动生长，3月上旬进入初花期，中旬进入盛花期，中、下旬进入谢花期，此时幼果开始生长发育，依次经历第一次生理落果和第二次生理落果，其中第二次生理落果的高峰期在4月中旬。4月中、下旬果实进入快速膨大期，5月上旬开始少量着色，5月中、下旬果实成熟并采收，至月底采收基本结束。

2. 关键技术

(1)采后修剪。采后修剪以疏剪、短截、重剪和回缩相结合，于果实采收后7～15 d进行，大约在6月10日左右开始，全园在7 d内完成。根据果园种植密度和树冠直径大小来决定修剪位置，一般用重修剪的方法控制树冠直径大小(图15-1)，使树冠高度不超过2.5 m、冠幅不超过4 m。

(2)结果母枝培养。采后修剪后，一般培养3批次枝梢为结果母枝，结果母枝长度60～80 cm，粗度0.8～1.0 cm。加强肥水管理与病虫害防控是结果母枝培养的关键。采后肥占全年施肥量的45%～50%，以化肥和有机肥结合为主。修剪后结合果园深耕进行施肥(图15-2)，株施干鸡粪10 kg、过磷酸钙或钙镁磷1 kg、15∶15∶15的复合肥2 kg。

图15-1 妃子笑荔枝短截位置(王祥和 摄)

图15-2 挖沟施采后肥(胡福初 摄)

新梢生长期最易受食叶性害虫为害，主要害虫有尺蠖、卷叶蛾、蒂蛀虫、金龟子等，每批新梢可喷药1～2次进行防控，常用"25%的杀虫双40 ml＋90%的敌百虫20 g＋水15 kg"或"40%的乐斯本15 ml＋高效氯氰菊酯15 ml＋水15 kg"进行防治，农药要交替使用。

(3)控梢促花。第三批(末次)秋梢在10月上、中旬基本老熟，随即进入控梢阶段。采用环剥及药物控杀梢相结合控梢，一般采取“一刀多药”的模式。前期使用杀梢素对个别萌动的冬梢进行选择性触杀(图15-3)，至全园充分老熟后使用“乙烯利＋多效唑”全面控梢，并辅以药物杀梢控制冬梢的生长。在雨水较多或土壤含水量较高的年份，适当采取1次环割或螺旋环剥措施(图15-4)，环割(剥)时间根据树体情况安排在11月进行。

图15-3 用杀梢素杀冬梢(王祥和 摄)

图15-4 环剥控梢法(王祥和 摄)

12月下旬至翌年1月上旬进入“白点”期，为促进“白点”的正常萌动，宜采用适当的促花措施，如少量淋水肥、喷施细胞分裂素、叶面肥等。须结合天气情况和树体状况确定促花强度，不能盲目施大肥大水。如果促花期间突遇持续高温天气，则应停止促花措施，并适当调节花芽，以防冲梢。

图15-5 带小叶花穗(胡福初 摄)

(4)花穗处理。妃子笑花芽抽生初期常出现带叶花穗，花芽纯度不够(图15-5)，可多次喷施“乙烯利＋杀梢素”来脱小叶(图15-6)。由于妃子笑荔枝的花量较大，可采用“人工疏花＋药物疏蕾”相结合的方法进行疏花处理。在花穗长15 cm左右时进行疏花，每个结果母枝保留1～3条生长最健壮的花穗，其余予以抹除；在第一批雄花开放初期，喷施“乙烯利＋烯效唑”进行疏蕾，有减少花量、提高雌花比例、抑制“翻花”和提高坐果率等效果。

(5)保果壮果。可通过喷施生长调节剂、环割、加强肥水管理、病虫害防控等综合措施进行保果壮果。在雌花谢花后的第5 d和第30 d，分别喷施1次芸苔素内酯、氨基酸、核苷酸、矿质元素等生长调节剂和叶面营养素。在谢花后20 d左右，根据坐果及树体情况环割1刀，以减轻第三次生理落果。果期要加强

图 15-6 小叶脱落后的纯花穗（胡福初 摄）

追肥，以挂果 50 kg 的树体计算，株施平衡型复合肥 1.5～2.0 kg、过磷酸钙 1.0 kg、硫酸钾 1.5 kg，分 2～3 次施用，花期和果实发育前期偏重于复合肥，果实发育后期偏重于钾肥。果实发育期可多次施用叶面肥，间隔时间以 10～15 d为宜。此外，果实发育期要注意保持土壤合理湿度，干旱时要及时灌溉。

三、高效栽培经验总结

白石溪果园连年丰产丰收，每年的成花率和坐果率都达到 95%以上，平均单产超过 15 t，果实品质优良，深受果商青睐，每公顷产值在 15 万元左右，在当地示范带动效应明显。然而，该果园早些年也曾遭遇过诸多挫折，如梢期台风、冬季低温不足、花期持续阴雨、生理落果严重、蒂蛀虫暴发等，经常出现失产失收。

白石溪果园园主蔡兴贵说："荔枝生产每年或多或少都会遇到问题，有老问题也有新问题，应对这些问题的秘诀，在于关键时期抓好关键技术，尤其是要落实好技术细节。"白石溪果园正是不折不扣地将每一项关键技术落实到位，包括培育优质健壮秋梢、适时控梢促花、及时花芽调控、高效药物疏蕾、科学保果壮果、综合防控病虫害等，每一项关键技术都是荔枝生产的重要环节，任何一个环节没有做好都可能造成减产减收。

参加交流和培训是掌握新知识、学习新技术的重要途径。蔡兴贵表示："国家荔枝龙眼产业技术体系海口综合试验站每年都开展大量的技术交流和培训，尤其是每年春季和冬季的果园管理技术交流会，会上都会详细分析当年的生产情况和主要问题，并提出对应的管理建议，对果农帮助很大。"通过技术培训，近年来白石溪果园对蒂蛀虫预测预报、高效药物疏蕾、果实品质调控、化肥农药减施等新技术的应用已经成熟，并成为国家荔枝龙眼产业技术体系海口综合试验站的示范果园，每年都要协助海口站开展技术试验示范工作，并承办一年一度的“妃子笑荔枝扮靓技术大比拼”活动，深受广大果农的欢迎。

此外，加强果园基础数据记录也是保障果园丰产稳产的关键。翔实的果园基础数据记录有利于分析技术成败的原因，有利于总结管理经验，有利于质量安全的追溯。自2014年以来，白石溪果园在海口站的指导下，每年都详细记录果园的物候、气象因子及农事活动，为果园的高效、优质、安全生产提供了第一手资料。

第二节　海南西部妃子笑高效栽培典型案例

一、果园概况

金福岭荔枝园属于国家荔枝龙眼产业技术体系儋州综合试验站的示范园。该园位于海南儋州市南丰镇宿新村（东经109.53°，北纬19.47°），2001年建园，砧木为怀枝，种植规格4 m×5 m，种植面积约7.3 hm^2。该园地属热带季风气候，年平均降水量1 800 mm，全年雨量分布很不均匀，旱季雨季分明。5～10月为雨季，降水量占全年的84%，11月至翌年4月为旱季，降水量占全年的16%。光热充足，年平均光照在2 000 h以上，年平均气温23.9℃，最热月7月平均温度27.8℃，极端最高气温33℃，最冷月1月平均气温17.5℃，极端最低气温3.2℃。土壤pH值3.91，有机质含量10.6 g/kg，碱解氮含量42.5 mg/kg，速效磷含量27.3 mg/kg，速效钾含量104.5 mg/kg。果园2015—2019年的经营指标见表15-2。

表15-2　金福岭荔枝园2015—2019年经营指标统计

年度	总产量/t	单产/（t/hm^2）	产值/（万元/hm^2）	成本/（万元/hm^2）	利润/（万元/hm^2）
2015	110.0	15.0	9.5	8.1	1.4
2016	85.0	11.6	9.7	8.5	1.2
2017	90.0	12.3	10.2	8.0	2.2
2018	175.0	23.9	17.9	9.8	8.1
2019	140.0	19.1	19.0	12.4	6.6

二、高效栽培关键技术

1. 基本物候期规律

一般情况下在6月上、中旬进行采后修剪。6月中旬至7月中旬生长第一批秋梢，7月中旬至8月中旬生长第二批秋梢，8月中旬至9月下旬生长第三批秋梢，10月上旬进入枝梢老熟期和控梢期，直至1月上旬出现“白点”。1月下旬至2月下旬花穗萌动生长，2月底进入初花期，3月上旬进入盛花期，中、下旬进入谢花期，此时幼果开始生长发育，依次经历第一次生理落果和第二次生理落果，其中第二次生理落果的高峰期在4月下旬。4月底至5月初，进入果实快速膨大期，5月上旬开始少量着色，中、下旬果实成熟并采收，月底采收基本结束。

2. 关键技术

(1)采后修剪。采后修剪以短截和回缩为主、疏剪为辅，在全园果实采收后7 d内进行，大约在6月上旬开始，全园7 d内完成。根据果园种植密度和树冠直径大小决定修剪位置。一般果园在树冠未交叉荫蔽时进行短截，剪至第1年生枝条的10～15 cm处，交叉荫蔽时则进行回缩，目的是保证果园的通风透光和便于果园作业。

(2)结果母枝培养。修剪后一般培养3批梢为结果母枝，结果母枝长80 cm左右。通常9月底至10月初第三梢老熟。加强水肥管理和病虫害防控是培养健壮结果母枝的关键。一般采后每株每批次梢分别浅沟施1 kg尿素和0.5 kg氯化钾，浇15∶15∶15的复合肥水肥0.5 kg，同时每一批次梢喷1次叶面肥促老熟，常用“四高”(高硼、高磷、高钙、高钾)叶面肥＋爱多收或磷酸二氢钾等。在第三梢老熟前株施0.4 kg硫酸镁、70 g硫酸锌、70 g硼砂。

新梢生长期易被食叶害虫为害，主要害虫有金龟子、卷叶蛾、尺蠖等，每批次梢一般进行1～2次防控。常用的杀虫药剂配方有：“金龟子绿僵菌20 g＋4.5％的高效氯氟氰菊酯乳油15 ml＋水15 kg”“棉铃虫多角体病毒20 g＋20％的甲氰菊酯乳油5 ml＋水15 kg”“1.8％的阿维菌素乳油5 ml＋4.5％的高效氯氰菊酯乳油15 ml＋水15 kg”。

(3)控梢促花。第三梢充分老熟后进入控梢阶段，采用环剥或环割加药物控杀梢控梢。在全园枝梢未完全老熟前用“多效唑30 g＋水15 kg”处理，待全园枝梢充分老熟后进行对口环剥处理，环剥后使用乙烯利控梢。后期如遇抽发冬梢，则使用杀梢素5 ml或“杀梢促花灵2.5 ml＋水15 kg”进行杀梢，杀梢后再闭口环割1圈。11月中、下旬至12月上旬，视抽冬梢情况可用“多效唑 30 g＋乙烯利 5 ml＋杀梢素 5 ml＋水 15 kg”杀控梢。可视树势和天气情况调整以上药剂的浓度。

12 月下旬至 1 月上旬进入露“白点”期，这个阶段以促花调花为主。一般采用淋水肥、喷施细胞分裂素、喷施叶面肥等促花方式。高温多雨天气应停止促花，并适当调节花芽，以防花带叶及冲梢。一般使用少量乙烯利、微量杀梢素和多效唑进行调花。

（4）花穗处理。妃子笑花芽抽生的花穗大多带叶，花芽纯度不足，一般要使用乙烯利和摘冬梢或控梢利花脱小叶。由于花量大，在花穗少量开雄花时需人工疏除花穗，留 1 条健壮的花穗（图 15-7），然后使用疏花机短截花穗（图 15-8），短截至 15 cm 左右。为防控蒂蛀虫，扬花前进行 1 次防控，常用农药有除虫脲、灭幼脲＋核型多角体病毒，不能使用氯氰菊酯类和含有机磷的农药。

图 15-7　留 1 条健壮的花穗（洪继旺 摄）

图 15-8　疏花机疏花（洪继旺 摄）

（5）保果壮果。保果壮果措施有加强水肥管理、环剥或环割、使用生长调节剂和病虫害防控等：①施足保果壮果肥。根据往年的株产施肥情况，一般株施鸽子粪 25 kg、花生饼 3 kg、钙镁磷肥 1 kg、硫酸钾镁 1 kg、“三个 15”复合肥 1 kg，以及“三个 17”水溶性复合肥 0.5 kg。②对主干或一级分枝进行对口环剥或闭口环割保果。③防控蒂蛀虫和病害，药剂用“百泰＋甲维杀虫双＋除虫脲”。④生长调节剂和叶面肥保果，药剂用高钾叶面肥（秋实）或“2,4-D＋苯肽胺酸”，每 7 d 打 1 次药。⑤生长调节剂壮果。第二次生理落果后喷施金膨果，可与杀虫、杀菌剂一起用，后期使用氯比脲等。

三、高效栽培经验总结

几乎每个海南荔枝园的成功都是通过交“学费”换来的，金福岭荔枝园也不例外。该园园主郭晓福感慨道，通过国家荔枝龙眼产业技术体系儋州综合试验站举办的交流活动和培训，让他们少交了好多"学费"。他说："国家荔枝龙眼产业技术体系儋州综合试验站建立示范果园、开展技术交流和培训，每年都适时地开展荔枝施肥、病虫害防控、花果调控等方面的技术交流和培训，对我和广大荔枝种植户帮助很大。"通过技术培训，近年来，金福岭荔枝园对花穗处理、保果壮果、蒂蛀虫防控等新技术的应用已经成熟，并成为国家荔枝龙眼产业技术体系儋州综合试验站的示范果园，每年都协助儋州站开展技术试验示范工作。

郭晓福是这样说的：对于妃子笑荔枝的高效栽培，经过 18 年的不断摸索，在失败中吸取教训，在成功中总结心得。至今，可以说已经基本掌握了海南西部妃子笑高产栽培技术。总结起来就 3 个字：养、控、保。所有失败的教训和成功的经验都在这 3 个字里。10 多年的栽培实践中，失败的教训有 4 条：一是怕伤树，不敢控，不敢动刀环剥或环割；二是调花失败，非轻即重，把握不住量；三是保果期间不环剥，导致产量不高不稳；四是壮果期水肥不够。成功的经验总结起来有 3 条：一是栽培过程中要多观察、多学习、多总结；二是要养好树，即养好梢，合理施肥是保障丰产的基础；三是以当时当地的气候和物候为依据，进行适度的控梢调花，这是能否高产的关键。总而言之，海南西部妃子笑荔枝栽培只要做好"养、控、保"这 3 个字，离成功就不会太远！

第三节　云南高原妃子笑高效栽培典型案例

一、果园概况

位于云南红河哈尼族彝族自治州屏边苗族自治县玉屏镇卡口村（东经 103.7°，北纬 23.03°）的国安妃子笑种植有限公司，于 1995 年定植妃子笑荔枝。砧木为褐毛荔，种植面积约为 13.3 hm^2，种植规格 3 m×5 m，种植密度 660 株/hm^2。果园海拔 632～850 m，坡度 20°～35°，赤壤土，土壤 pH 值 5.5～6.5。土层深厚，疏松透气，排水良好，有机质含量≥1%。年平均气温 19～23℃，≥10℃的年有效积温 7 500～8 300℃，年降水量 900～1 200 mm。2013 年被国家荔枝龙眼产业技术体系保山综合试验站列为示范园，2015—2019 年的经营指标见表 15-3。

表 15-3 国安妃子笑种植有限公司 2015—2019 年经营指标统计

年度	总产量/t	单产/（t/hm²）	产值/（万元/hm²）	成本/（万元/hm²）	利润/（万元/hm²）
2015	153.9	11.5	27.9	8.7	19.2
2016	198.9	14.9	30.3	9.0	21.3
2017	154.8	11.6	21.1	8.6	12.5
2018	197.8	14.8	24.4	9.2	15.2
2019	131.5	9.9	22.1	9.5	12.6

二、高效栽培关键技术

1. 基本物候期规律

第一次梢萌芽抽梢期在 7 月中、下旬，第二次梢萌芽抽梢期在 9 月上、中旬；露“白点”期在 12 月下旬至 1 月上旬，抽穗期在 1 月上、中旬；初花期在 2 月下旬至 3 月上旬，盛花期在 3 月中、下旬，谢花期在 3 月下旬至 4 月上旬；初始坐果期在 4 月上、中旬，第一次生理落果期在 4 月中、下旬，第二次生理落果期在 5 月上、中旬，采前落果期在 5 月下旬；果实着色期在 6 月上、中旬，果实成熟期在 6 月。

2. 关键技术

(1)采后修剪。6 月下旬至 7 月上旬完成采后修剪，培养 2 次梢。剪除密闭枝、枯枝、弱枝及病虫枝，必要时压强扶弱。使树体通风透光，枝条分布均匀。对修剪后的枝条、果园杂草进行集中处理。

(2)结果母枝培养。用腐熟的有机肥或“农家肥 20 kg＋尿素 0.6 kg＋氯化钾 0.4 kg＋水 50 kg”浇灌，再用钙镁磷(15 t/hm²)全园撒施。第一次枝梢转绿后，用腐熟的有机肥或“农家肥 10 kg＋尿素 0.6 kg＋氯化钾 0.8 kg＋水 50 kg”浇灌。

修剪后清除枝叶，并立即对果园进行病虫预防。可选用“5%的高效氯氟氰菊酯 1 500～2 000 倍液＋50%的咪鲜胺锰盐可湿性粉剂 800～1 000 倍液”或“40%的毒死蜱 1 500～2 000 倍液＋60%的百泰 1 000～1 500 倍液”喷雾树冠、树干、内膛、树盘。果园安装杀虫灯，每 2 hm² 安装 3 台。

(3)控梢促花。在末次秋梢老熟后对主干或主枝进行螺旋式环剥，深达木质部，螺旋环剥 1.1～1.8 圈，宽度 0.3～0.5 cm；果园机械中耕时，中耕位置从树干外 0.5～1.0 m 至树冠滴水线，中耕深度 20 cm，避免伤主根；末次秋梢老熟后至露现“白点”期内果园停止灌溉。

(4)花穗处理。1月上旬前抽出的花穗，主花穗全部去除，保留1条侧花穗，开花前10 d进行短截，保留2～4条侧花穗。1月上旬后抽出的花穗，去除侧花穗，保留主花穗，开花前10 d进行短截，保留4～6条侧花穗。

(5)保果壮果。谢花后10～15 d，用腐熟的有机肥或“农家肥20 kg＋尿素0.2 kg＋氯化钾0.2 kg＋水50 kg”浇灌。谢花后20～25 d，用腐熟的有机肥或“农家肥10 kg＋尿素0.3 kg＋氯化钾0.3 kg＋水50 kg”浇灌。果穗下垂时可用腐熟的有机肥或“农家肥10 kg＋尿素0.3 kg＋氯化钾0.5 kg＋水50 kg”浇灌。

谢花后10～12 d可用“20%的除虫脲2 000倍液＋5%的高效氯氟氰菊酯1 500倍液＋90%的多菌灵可湿性粉剂2 000倍液＋0.1%的磷酸二氢钾”喷雾，谢花后18～23 d可用“75%的赤霉素$(10\sim13)\times10^{-6}$＋0.1%的磷酸二氢钾＋0.2%的氨基酸＋0.2%的极量钙(160 g/L)”喷雾，谢花后30～35 d可用“20%的除虫脲1 800倍液＋70%的甲基托布津可湿性粉剂1 500倍液＋0.1%的磷酸二氢钾＋0.2%的氨基酸＋0.2%的极量钙(160 g/L)”喷雾，果穗下垂时可用“20%的除虫脲1 500倍液＋5%的高效氯氟氰菊酯1 500倍液＋0.1%的磷酸二氢钾＋0.2%的氨基酸＋0.2%的极量钙(160 g/L)”喷雾。采果安全间隔期内用“1.5%的除虫菊水剂1 500倍液＋70%的甲基托布津可湿性粉剂1 500倍液”喷雾。

三、高效栽培经验总结

在建园初期遇到了资金短缺、技术落后等问题，差点放弃果园管理。2004年开始，经常到两广、海南学习交流荔枝管理经验。2009年与国家荔枝龙眼产业技术体系建立了合作关系，2013年荔枝基地成为国家荔枝龙眼产业技术体系保山综合试验站示范园。通过国家荔枝龙眼产业技术体系岗、站专家的长期指导，结合自身优势，该园总结出一套成熟的妃子笑荔枝栽培技术，使产量从2.7 t/hm^{2}提升至12.6 t/hm^2，单位面积产值超过15万元/hm^2。周边其他妃子笑果园，大部分产量不超过7.5 t/hm^2，少数产量可以达到9～12 t/hm^2，但是产品质量不稳定。示范园的妃子笑果大、涩味不明显、口感爽脆多汁，获“中国优质荔枝擂台赛早熟优质品种组”金奖。

该示范园的成功，主要做到了如下4点：①建立了“科研院所＋基层农技部门＋种植户＋营销企业”的合作模式。②结合海拔和气候特点适时修剪，培养合理的枝梢次数，掌握结果母枝老熟的最佳时间。③采用传统的“螺旋环割＋中耕＋控水＋机械疏花”技术培养顶芽花穗，便于管理。④采用全程水肥一体管道自流分期精量施肥系统，利用山地高差，在自流灌溉系统基础上增加化粪池和沤粪池，通过管道适时适量输送有机肥、农家肥和水溶肥。

第四节 广东廉江妃子笑高效栽培典型案例

一、果园概况

谭英棠妃子笑荔枝园位于广东廉江市青平镇青山脚村大岭山（东经109.9°，北纬21.6°），为国家荔枝龙眼产业技术体系综合试验示范果园。果园面积2 hm^2，1995年冬种植妃子笑荔枝，种植规格4m×5m。果园类型为缓坡地果园，水源缺乏，果园土壤含沙量高，pH值4.78，有机质含量11.2 g/kg，处于中下水平。最初种植苗木1 050株，种植3年后投产，7年后出现封行密闭现象。采用逐年随机间伐的方式进行果园改造，目前株行距约为5m×8m，共有496株妃子笑。树体高度维持在4～5 m，冠幅东西约5～6 m、南北约6～7 m。

1998年初始坐果，果园2015—2019年的经营指标统计见表15-4。

表15-4 谭英棠妃子笑果园2015—2019年经营指标统计

年份	总产量/t	单产/（t/hm^2）	产值/（万元/hm^2）	成本/（万元/hm^2）	利润/（万元/hm^2）
2015	41.0	20.5	15.6	6.4	9.2
2016	8.0	4.0	3.4	2.0	1.4
2017	41.4	20.7	15.8	6.8	9.0
2018	46.6	23.3	15.3	6.0	9.3
2019	46.0	23.0	27.7	8.4	19.3

注：2016年受台风“彩虹”影响减产。

二、高效栽培关键技术

1. 基本物候期规律

由于谭英棠妃子笑荔枝园目前树龄、树冠较大，采收后一般控制放2次新梢。第一次新梢一般在7月上旬抽发，8月上、中旬老熟；第二次新梢9月上、中旬抽生，10月中旬至11月上旬老熟；翌年1月下旬露“白点”，盛花期调控在3月下旬；4月上旬开始坐果，并出现第一次生理落果，第二次生理落果高峰在4月中旬，第三次生理落果高峰出现在4月下旬；果实着色期在5月中旬，收果期为6月上、中旬。

2. 关键技术

(1)采后修剪。为了尽量减少农药、人工等成本，采果后一般不进行回缩修剪，但要对树形进行改造整理，对顶部直立枝条进行回缩或锯大枝开天窗，控制树冠高度在4～5 m。此外，还要根据树体之间的密闭情况每2～3年进行一次较重的回缩修剪，防止果园郁闭。

(2)结果母枝培养。施肥是培养第二次新梢健壮结果母枝的关键，采果后不要急于施化肥，第一次新梢一般在7月上旬抽发，让枝梢自然老熟充实，期间每株树沟施鸡粪等有机肥25 kg。在第一次新梢转绿时，即7月底8月初每株树撒施尿素2.5 kg，拉长新梢生长期和新梢节间。第二次新梢一般在9月上、中旬抽发，在10月中旬至11月上旬老熟。期间每株树沟施芬兰复合肥2.5 kg(N∶P∶K＝18∶8∶22)。防虫护梢时主要做到“一梢二药”(在展叶期和叶片转绿期施用)，以防治卷叶蛾、尺蠖等为害嫩枝叶的害虫，结合防虫，可叶面喷施2～4次镁、硼等中微量元素叶面肥。

(3)控梢促花。根据树体情况，该果园一般在10月底至11月上旬喷“烯效唑(50 g/50 kg水)＋乙烯利(30～35 ml/50 kg水)”进行控杀梢，11月中、下旬用3号刀环剥1.5～2圈进行控梢促花。如冬季遇高温多雨天气，12月中旬再喷1次乙烯利(15～20 ml/50 kg水)。

(4)花穗处理。为避免花穗抽发太早，根据花穗发育情况，当花穗生长到约15 cm时(2月下旬至3月上旬)喷“烯效唑(50 g/50 kg水)＋乙烯利(10～12 ml/50 kg水)”进行控制，暂缓花芽形态分化的发育进程。雄花开放后用“龙眼丰产素(2包/50 kg水)＋乙烯利(4～5 ml/50 kg水)”再调控花穗1次。这样，在抑制花穗过早发育的同时还省去了繁重、紧张的疏花工作，盛花时间也被推迟到春分前后。

(5)保果壮果。保果壮果的主要措施包括：①病虫害防治结合壮花、保果叶面肥的喷施。开花前喷1次“康宽1 500倍液＋阿维菌素1 000倍液＋优秀硼2 000倍液”。②药物保果壮果。雌花盛开后至幼果分大小(并粒)前喷保果剂秋实(1包20 kg水)1次，雌花谢后10～20 d喷“1.8%的复硝酚钠水剂(10 ml/50 kg水)＋撒宝来细胞分裂素1 000倍液”1次，雌花谢后20～30 d喷“复硝酚钠(10 ml/30 kg水)＋撒宝来细胞分裂素1 000倍液”1次，雌花谢后40 d喷“赤霉素(1 g/40 kg水)＋高钾和高钙叶面肥500倍液”1次，重点喷果穗。③加强肥水管理，第二次生理落果前每株沟施高氮或平衡复合肥2.5 kg，果实着色前每株撒施高钾复合肥2 kg。

三、高效栽培经验总结

通过多年学习和实践，谭英棠探索出了一套有效的管理技术，能够根据树势、物候期和天气随时调整果园的管理措施，使产量逐年提升并保持在较高的水平。正常年份平均单产在 22.5 t/hm^2 左右，果大均一，果面洁净，颜色漂亮。果实品质好，耐贮运，深受客商喜爱，一般采用包园定价的方式销售，每千克比周边果园高 1 元左右。谭英棠总结了 3 条经验：①尽可能培养适时老熟的健壮结果母枝，这是第二年产量的关键。②调控花穗的发育进程和控制开花的节奏，增大雌雄花比例，中长花穗结果，这省去了繁重、紧张的疏花工作；在生理落果高峰到来前 2～3 d 使用激素和叶面肥保果。③使用安全高效低残留的农药进行病虫害防治，特别是果穗掉头后要加强病害的防治，轮流使用的农药有阿维灭幼脲、除虫脲、高效氯氰菊酯、康宽、甲维盐、苯甲嘧菌酯、烯酰吗啉、百泰、咪鲜胺等。该果园高投入高产出，在肥料、特别在叶面肥和病虫防治上投入相对较高。在花穗处理和保果技术上有独到之处，中长花穗成串结果。该园目前也存在一些问题，如缺乏稳定的灌溉水源，果树灌溉主要靠自然降雨，如遇梢期和果实发育期降雨量减少，将会直接影响产量和效益；果园树体高大，结果部位外移，给打药和摘果等作业造成一定的困难。

图 15-9　谭英棠妃子笑果园挂果情况(李伟才 摄)

第五节 广东茂名妃子笑高效栽培典型案例

一、果园概况

红妃果场位于广东茂名化州市笪桥镇(东经 110.6°，北纬 19.6°)，是国家荔枝龙眼产业技术体系茂名综合试验站的示范果园。地处亚热带大陆性气候区，年平均气温 23.8℃，年平均日照时数 1 752 h，年平均降水量 1 724.5 mm，雨季一般集中在 4～9 月。土壤类型为偏酸黄壤沙质土，富含硒、铜、锌等微量元素。果园地势比较平坦，土层深厚、土质肥沃。土壤理化性质为：pH 值 4.6，有机质 2.4%，碱解氮 84.4 mg/kg，速效钾 66.0 mg/kg，有效磷 40.3 mg/kg，全氮 1.22 g/kg。果园建于 1998 年，现有生产品种为妃子笑，砧木是 7 年生的黑叶、白蜡，种植规格为 4m×5m，面积约 15.3 hm^2，大约6 900株。高接换种后 2007 年开始进入结果期，连年丰产稳产。红妃果场 2015—2019 年的经营指标见表 15-5。

表 15-5 红妃果场 2015—2019 年经营指标统计

年度	总产量/t	单产/(t/hm^2)	产值/(万元/hm^2)	成本/(万元/hm^2)	利润/(万元/hm^2)
2015	328.9	21.5	14.80	4.80	10.00
2016	332.4	21.7	16.47	4.95	11.52
2017	346.2	22.6	18.06	4.95	13.11
2018	379.5	24.8	12.87	5.10	7.77
2019	369.6	24.1	24.11	5.25	18.86

二、高效栽培关键技术

1. 果园物候期规律概况

一般情况下，7 月 15～20 日施采后复壮肥，8 月上旬抽出第一批秋梢，9 月中旬老熟。9 月中旬抽出第二批秋梢，10 月中、下旬成熟。12 月下旬出现“白点”。1 月下旬至 2 月下旬花穗萌动生长，3 月上旬进入初花期，中、下旬进入谢花期，此时幼果开始生长发育，4 月上旬开始依次经历第一次生理落果和第二次生理落果，第二次生理落果的高峰期在4月中旬。4月下旬果实进入快速膨大期，5月中旬开始少量着色，中、下旬果实成熟、采收，至月底采收基本结束。

2. 关键技术

(1)大枝采摘。为了减少采收及采后修剪的工作量，果实采收可采用大枝采收。

(2)结果母枝培养。7月15～20日，尿素和复合肥按1∶1的比例在树盆施2～2.5 kg，以促进第一批秋梢的生长。

采用"一梢二药"的方式进行护梢，当全园新芽约有60%以上的枝条抽出3～5 cm、叶片开张时，全园喷施杀虫杀螨剂、叶面肥各1次进行护梢。

(3)控梢促花。每年的10月下旬至11月上旬，当妃子笑第二批秋梢老熟、叶片养分积累丰富时，开始进行螺旋环剥控梢促花。选择枝梢老熟的树进行螺旋环剥，枝梢不老熟的树待新梢老熟后再剥；大树选择二级分枝，小树选择主干，在枝干平直光滑处，用3号螺旋环剥刀进行深达木质部的螺旋环剥，环剥的圈数为1.6圈，螺距为6 cm。环剥5～7 d后，全园叶面喷施1次"乙烯利(14 ml乙烯利/15 kg水)＋多效唑500倍液"进行控梢促花，喷施时以叶面刚有小水珠形成而不下滑为宜。控梢后如再有新梢抽出，当抽出新梢长5～6 cm时，可用荔枝快速杀梢素(或荔枝丰产素)(6 ml/15 kg水)杀除嫩梢。

每年的11月下旬至12月中旬，全园每株树树盘撒施生石灰粉2.5～3.0 kg、堆沤腐熟的有机肥15 kg，然后在离树头80～100 cm以外进行翻土压青，将园内的杂草、枯枝、落叶及有机肥埋入地下，施肥的同时杀灭地下虫卵。

12月下旬至1月上旬，如遇天气干旱、温度较低、花穗较难抽生时，每隔7～10 d叶面喷施有机叶面肥600～800倍液进行促花，或地面灌水促花。

(4)花穗处理和壮花。妃子笑抽穗期间，如遇到高温阴雨天气出现冲梢时，可用荔枝快速杀梢素或"荔枝短花丰产素2～3 ml＋15 kg水"喷施进行脱小叶。

当全园有60%～70%的花穗抽出至长5～8 cm及花穗抽出花枝伸展、花粒明显时，全园喷施1次"杀虫杀螨剂＋杀菌剂＋叶面肥＋0.02%的硼砂"进行壮花护花。

当全园花穗抽出约5～6 cm时，疏除全园结果树的阴枝、过密枝、枯枝并集中销毁，这样做也有壮花保花的作用。

当花穗抽出5～10 cm时，全园叶面喷施1次"多效唑(15 g多效唑/15kg水)＋叶面肥800倍液"缩短花序。

当全园花穗有1/3(或少量)雄花开放时，全园叶面喷施1次"烯效唑＋叶面肥”促进坐果。烯效唑的使用浓度应根据树势的强弱而定，树势壮旺的用“烯效唑 20 g＋水 15 kg”喷施，树势中等的用“烯效唑 20 g＋水 20 kg＋叶面肥”喷施。喷施时，喷出的药液一定要雾化，喷头要距树冠叶面约 1 m，将雾珠洒到花穗上，以在花穗上形成小液珠但不下滑为宜。

如在花穗盛开时遇高温干旱或吹北风天气，则需在 8：00～10：00、15：00～17：00 各喷施清水 1 次进行洗糖，防治烧花；如遇低温阴雨天气则须摇花，防止沤花。

(5)保果壮果。盛花期放蜂可以帮助授粉，提高坐果率，一般放蜂密度为 5 箱/hm^2。谢花后 5 d，全园喷施 1 次“百泰 1 000 倍液＋生多素 1 000 倍液”进行保果。如盛花期遇低温阴雨天气、坐果较差时，则在盛花期后 3～5 d 对 6～8 cm 分枝进行对口环割，并叶面喷施“5×10^{-6}的 2,4-D＋2×10^{-5}的九二〇”进行保果。

谢花后，第一次生理落果前(果实绿豆至黄豆大时)及第二次生理落果前(果实花生米大时)全园各喷施 1 次“杀虫杀菌剂＋叶面肥”保果。根据当地蒂蛀虫的预测预报在成虫高发期喷施“杀虫剂＋叶面肥”保果(或间隔 7 d 喷施 1 次)。当果实开始掉头时，为防控荔枝霜疫霉病和荔枝炭疽病等病为害，每次喷药应加杀菌剂，直到荔枝成熟采收前 10 d 停止使用农药。喷药时药液一定要雾化，先喷树冠内膛、叶背，然后再喷树冠外围。

第二次生理落果期后，在果实花生米大时，为了保果壮果，可在雨天在树盘下撒施“15∶15∶15 的进口复合肥 1～1.5 kg＋钙镁磷肥 0.5～1.0 kg”，这里每树产果按 50 kg 计。果实掉头变色时如果实过多，可适当在雨天追施钾肥或复合肥。

三、高效栽培经验总结

近年来，红妃果场连年丰产稳产，产品品质优良，2014—2019 年平均单产超过 15t/hm^2，高产年份达到 24.75 t/hm^2。果场的荔枝成熟上市时，往往被客商以高价抢购，在当地的示范带动效应突出。果园经营者吴木胜感慨地说：“没有什么生意比种荔枝好赚(钱)，也没什么工作比种荔枝轻松。”他在省力化栽培方面的主要经验有：①采用大枝采摘，节省了采摘和修剪的工作量。②由以前的人工疏花改为药物疏花，可节省成本，提高工作效率 20%以上。③重点施好采后促梢和果实膨大期壮果这两次肥，避免重复施肥，减少施肥次数。④地面尽量由枯草及落叶覆盖，防止土壤沙化，营造良好的生态环境。

图 15-10 红妃果场妃子笑荔枝结果情况

第六节 广东汕尾妃子笑高效栽培典型案例

一、果园概况

崔保国经营的凤山红灯笼种植场建于1991年，位于汕尾市城区凤山管理区鲤鱼尾(东经115.38°、北纬22.78°)，距离汕尾火车站约15 min车程，交通便利。果园面积约6.7 hm^2，其中荔枝面积约4.1 hm^2，其余为龙眼。主栽荔枝品种分别为妃子笑和凤山红灯笼。果园为沙质土壤，平均pH值4.33，土壤贫瘠：有机质0.484%、碱解氮67.77 mg/kg、有效磷63.05 mg/kg、速效钾126.0 mg/kg、交换性钙87.43 mg/kg、交换性镁12.03 mg/kg、缓效钾41.5 mg/kg、有效锌1.084 mg/kg、有效硼0.0686 mg/kg。

该园于1991年、1993年共定植妃子笑嫁接苗(砧木为怀枝)500多株。2012—2015年采取随机间伐改造，现剩余381株，平均株行距6m×8m，种植密度210株/hm^2。2015—2019年的经营指标见表15-6，效益高出当地平均水平33.33%至2.13倍，示范效应明显。

表 15-6 凤山红灯笼种植场 2015—2019 年妃子笑荔枝经营指标统计

项目	年度				
	2015 年	2016 年	2017 年	2018 年	2019 年
单产/(kg/hm^2)	8 820	4 410	6 885	7 035	7 950
总产量/t	16.0	8.0	12.5	12.8	14.4
平均售价/(元/kg)	5.0	13.6	12.8	6.4	14.8
产值/(万元/hm^2)	4.4	6.0	8.8	4.5	11.8
总产值/元	8.0	10.9	16.0	8.2	21.4
投入/(万元/hm^2)	2.2	2.0	2.1	2.0	3.6
利润/(万元/hm^2)	2.2	4.0	6.7	2.5	8.2
当地平均利润/(万元/hm^2)	1.4	3.0	4.5	0.8	4.3

二、高效栽培关键技术

1. 基本物候期规律

该园妃子笑荔枝一般于采后 10 d 内完成修剪，7 月 10 日前后抽生第一次秋梢，8 月中、下旬抽生第二次秋梢，第三次秋梢一般于 9 月下旬至 10 月 10 日前后抽出，11 月 20 日前充分老熟；12 月下旬至翌年 2 月中旬为花芽分化期，一般于 1 月上旬露“白点”，1 月中旬至 2 月下旬为花穗抽生期，3 月上、中旬初花，3 月中、下旬盛花，3 月下旬或 4 月上旬谢花坐果，4 月中、下旬为第一次生理落果期，第二次生理落果一般在 4 月底至 5 月上旬；果实一般在 5 月底至 6 月上旬开始着色，采摘期一般在 6 月 5～20 日。

2. 关键技术

(1)采后修剪。一般于采收后 10 d 内完成。对于枝条密集、树冠较高的粗壮大树，锯除顶部直立枝或锯大枝开天窗，控制树高在 3.5～5 m；对于树冠较矮、枝条密度相对通透的树采用轻剪方式，保留 30～40 cm 老叶枝条；对种植密度大的小区，选择隔行隔株对较弱树体进行重回缩，保留中间枝条，水平枝回缩至与周边植株冠沿相距 1 m 以上，保留枝条挂果 1 年后整株间伐。

(2)结果母枝培养。该园一般培养三次粗壮秋梢作为次年的结果母枝。根据汕尾产区的气候，为保证三次秋梢能适时老熟，采后修剪及攻梢肥的施用非常关键。

第二次或第三次秋梢转绿后“定梢”，一般选留1条末次秋梢，最多2条，其余的全部疏除。11月20日前必须保证所有的末次秋梢充分老熟，对不能及时老熟的秋梢应及时喷施高氮叶面肥促其老熟。

采果后(6月下旬)撒施或沟施1次攻梢肥，一般株施“挪威高氮复合肥(26∶10∶15)1～1.5 kg+尿素0.5～1 kg”，促使第一次秋梢于7月10日前后抽出；第一次梢老熟后每株再沟施羊粪10～15 kg+钙镁磷肥1～1.5 kg，视树体强弱添加高氮复合肥0.5～1 kg。

每次秋梢抽生期是尺蠖、卷叶蛾、蓟马等食叶害虫的高发期，防虫措施很关键。一般每次新梢喷施2次杀虫药。结合病虫害防治，于第二次秋梢转绿老熟期喷施1次硼镁锌800～1 000倍液，于第三次秋梢转绿老熟期喷施1次硼酸镁。

(3)控梢促花。对末次秋梢在11月充分老熟的植株采取螺旋环剥的方式控梢，一般环剥口宽度为2～3 mm，螺旋环剥1.5～2圈，螺旋圈距6～7 cm。针对有冬梢萌动迹象的植株喷施1次控梢药剂(主要选用多效唑或市场上的商品控梢药剂)，对萌发冬梢的植株喷施杀梢药剂(主要选用乙烯利或市场上的商品杀梢素，杀梢素每瓶兑水50 kg)。

(4)花穗处理。“白点”期至开花前喷施2～3次“高磷大量元素水溶肥(10∶45∶10)1 000倍液或鱼肽叶面肥1 000倍液+细胞分裂素800倍液”；开花前1周喷施1次含硼、钙等中微量元素的氨基酸水溶叶面肥600～1 000倍液；花蕾饱满时至初花前对过长、过密花穗实施短截、疏剪处理，保留花穗长度10～15 cm，疏花以机具为主，辅以人工。

(5)保果壮果。主要保果措施有：①叶面肥壮树壮花保果。开花前喷2次“白矾药1 000倍液+志信促花水溶肥(1瓶肥+750 kg水)+鱼肽1 000倍液”，第二次生理落果后至果实成熟期喷施2次高钾氨基酸叶面肥600～1 000倍液，第一次生理落果后和第二次生理落果前各喷1次挪威钙肥2 000倍液，果实膨大期喷施1次钙加镁1 000倍液，花蕾期、第二次生理落果前后和果实膨大期各根外追施1次钾肥(硫酸钾或氯化钾，1～1.5 kg/株)或挪威高钾复合肥(1～1.5 kg/株)。②药物保果壮果。雌花大量谢花时喷施1次秋实1 000～1 250倍液，果实并粒后喷施1次细胞分裂素850倍液。③花果期适时进行病虫害防治。开花前喷施1次“高效氯氰菊酯1 000倍液或高效氯氟氰菊酯1 500倍液+咪鲜·炳森锌1 000倍液”。果实并粒期后至采收期注意霜疫霉病、炭疽病、蒂腐病、蒂蛀虫、小灰蝶、桃蛀螟等病虫害的防治，一般用药7～8次，杀菌剂包括杜邦(噁酮·锰锌)1 500倍液、百泰1 500倍液、咪鲜·炳森锌1 000倍液，杀虫剂包括高氯·马1 000倍液、高效氯氰菊酯 1 000 倍液、阿维菌素 1 500～2 000 倍液、杀虫双 600 倍液、灭幼脲 1 500 倍液、除虫脲 1 500 倍液、甲维・灭幼脲 1 500 倍液、甲氨基阿维菌素苯甲酸盐 2 000 倍液等。

三、高效栽培经验总结

1. 测土施肥养壮树体

崔保国感慨地说："我的果园土质非常瘦，这些年能保持丰产、稳产，多亏了荔枝体系的专家为我的果园进行了测土配方施肥指导。"据他介绍，他的果园建园时便发现土壤比较贫瘠，园土含有大量的沙石。荔枝苗定植后，他投入了大量的肥料(化肥为主)来改善土质、养壮树体，但收效甚微。施肥后如遇大雨，肥料会顺着沙质土冲走，树能"吃"到的肥很少；施肥期如果干旱，肥料更是发挥不了作用。后来有幸得到国家荔枝龙眼产业技术体系土肥水岗位专家姚丽贤教授的指导。通过检测，发现果园土壤酸性特强，所以近几年在冬季清园时会撒施生石灰(0.5～1 kg/株)；有机质含量少就增施有机肥，施用羊粪效果很好；钙、镁极缺，便在秋冬施基肥时同时补充钙镁磷肥，在果期喷施含钙镁叶面肥；土壤缺硼，于末次梢老熟至开花前叶面喷施含硼叶面肥。以根外追施结合叶面喷施的形式满足了树体需求，效果非常明显，实现了相对丰产稳产，效益明显高于周边果园。

2. 采后 3 次秋梢最好

关于结果母枝的培养，崔保国认为，在汕尾地区培养粗壮的 3 次秋梢作为结果母枝是最好的。以前汕尾的妃子笑基本是培养 2 次秋梢，但观察发现果实发育后期树体营养后继不足，果实偏小，果形不漂亮，商品性不好，后来借鉴海南的妃子笑种植经验，于秋梢期供足攻梢肥，培养粗壮的 3 次秋梢作为母枝，不仅单穗果量增加，果实大小和品质也有了明显提升。

3. 疏花是解决"花而不实"的关键

崔保国说："以前我们这边的妃子笑来花后都不会疏花，很多时候花很多，但开花的时候'烧花'比较严重，坐果少，甚至有的花穗一粒果都坐不住。后来认识了体系专家欧良喜研究员才知道，妃子笑属于大花量荔枝品种，花量过大就会导致花期消耗的营养过多，单粒花的质量就会下降，授粉后坐不住果，有些花蕾过于密集的花穗甚至会出现'烧花'的现象，导致坐不了果。应该在花蕾饱满后至第一批雄花零星开放期间进行疏花，前期我们主要靠人工进行花穗短截和疏剪，近几年我们引进了疏花机具代替人工疏花，效率提高了 10 多倍。疏花替我们解决了'花而不实'的困扰。"

第七节　广西钦州妃子笑高效栽培典型案例

一、果园概况

广西浦北县神湖种养专业合作社社长龙先胜的果园坐落在世界长寿之乡——浦北县江城街道办樟家村，这里气候温暖、光照充足、雨量充沛，果园地处樟家水库库区，依山傍水，土壤为花岗岩母质分化的红壤土，土层深厚、疏松，有机质含量较高，非常适宜荔枝的生长发育。果园1997年种植黑叶约4.67 hm^2、1 500株，种植规格5 m×6 m，嫁接苗，砧木为禾荔。2006年收购县直机关果园5.33 hm^2、1 500株黑叶，定植时间为1997年。由于黑叶售价低，果场经营效益不佳，经常亏损。2007年开始高接换种，将自种的黑叶改接为妃子笑，2009年又把购进的黑叶改接为妃子笑。10 hm^2妃子笑果园近年来连年丰产增收，2016年，龙先胜妃子笑获“钦州宏进第一届荔枝节”荔枝评比第一名，2017—2018年连续两年获“全国优质荔枝擂台赛”金奖。果园2015—2019年的经营指标见表15-7。

表15-7　龙先胜妃子笑荔枝园2015—2019年经营指标统计

年度	总产量/t	单产/(t/hm^2)	产值/(万元/hm^2)	成本/(万元/hm^2)	利润/(万元/hm^2)
2015	90.0	9.0	5.0	1.0	4.0
2016	92.5	9.3	8.3	1.5	6.8
2017	122.5	12.3	13.5	3.1	10.4
2018	100.0	10.0	6.6	3.0	3.6
2019	100.0	10.0	15.0	3.6	11.4

二、高效栽培关键技术

1. 及时修剪，培养适时健壮的秋梢结果母枝

龙先胜妃子笑园一般6月10日开始采收，6月下旬采收结束，采果前1周(6月上旬)或采果后马上施肥攻梢，6月25日开始修剪。“开天窗”后把外围枝适当回缩至上年第一、第二批梢，控制树冠高度在3 m以下，一般要求7月

5 日前完成全园修剪。第一批秋梢于 7 月 5～10 日抽生，8 月 10～15 日老熟(历时 35 d)；第二批秋梢于 8 月 15～20 日抽生，9 月底老熟(历时 40 d)；第三批秋梢于 9 月底至 10 月初，最迟不超过 10 月 5 日抽生，11 月 15～20 日老熟(历时 45～50 d)。

2. 灵活控梢促花

(1)药物控梢。3 批秋梢老熟后，11 月 15～20 日开始喷控梢灵(50 ml＋15 kg 水)控梢促花，用喷雾器均匀喷到叶面湿润、少量滴水为度，隔 20 d 喷第 2 次，用药量减少至 40 ml，一般可控制 25 d 左右。对零星抽生的冬梢可喷荔枝强力杀梢素(5～6 ml 药＋15 kg 水)控梢。

(2)螺旋环剥。第 1 次喷控梢促花药物后 14 d(约 12 月初)，开始螺旋环剥，螺旋环剥主枝或二、三级分枝 1.5～2 圈，树势强的树环剥 2 圈，一般的环剥 1.5 圈。两圈间距与主枝干径大小相当，深达木质部(见白)，螺旋环剥一般要求 5 d 内(12 月中旬前期)完成。

(3)及时催醒。对 1 月初未见“白点”的树要及时采取措施催醒花芽。一是喷细胞分裂素 1～2 次，使用浓度为 700 倍，隔 7 d 喷第 2 次；二是及时灌水或追施水肥，株施尿素 0.5～0.75 kg，兑水 35～50 kg；三是疏枝，及时疏去过密枝、阴枝、弱枝、病虫害枝，刺激花芽萌动。

3. 防“冲梢”，控穗疏花

当花期遇高温天气、抽生带叶花穗，在花穗上的小叶迅速生长时喷荔枝强力杀梢素(1～2 ml＋15 kg 水)杀除花穗上的小叶。

花穗伸长到 4～5 cm 时喷 1 次烯效唑(10～12 g＋15 kg 水)，控制花穗伸长，培养短壮花穗；花穗少量开雄花时喷 1 次烯效唑＋乙烯利控穗疏花，药剂配方是水 15 kg＋烯效唑 12 g＋40％的乙烯利 2～3 ml，气温超过 23℃时加乙烯利 2 ml，气温低于 23℃时加乙烯利 3 ml。用喷雾器喷至花穗湿润、少量滴水为宜，不能喷太湿。

4. 提早保花保果

(1)环割保果。妃子笑雌花开放期，对树势壮旺树，螺旋环割主枝或二、三级分枝 1.5～2 圈有利于提高坐果率。

(2)药物保果。妃子笑雌花开放后，花穗雌花枝头变褐干枯时，喷 1 次“2,4-D(1 g2,4-D＋300～400 kg 水)＋生多素 1 000 倍液”保果；并粒后使用秋实(1 包秋实＋35～40 kg 水)保果，1 周内连续喷 2 次可获得很高的前期坐果率。第二次生理落果前(果肉包至果内核 1/3)喷 1 次九二〇和生多素 1 000 倍液保果壮果，九二〇浓度为$(2～4)\times10^{-5}$(1～2 g 九二〇＋50 kg 水)。果实发育期间可结合防治病虫害保果，如每次喷农药时都加一些高效叶面肥(如澳生叶面肥)和硫酸镁、硫酸锌等微量元素，也可起到很好的保果壮果作用。使用

2,4-D保果时一般只喷药1次，使用秋实保果喷药一般不超过2次。

5. 科学施肥，攻梢保果

(1)及时施采前、采后攻梢肥。果实挂果多时在采果前1周或在采果后马上施速效肥攻梢，按挂果50 kg计，株施"凯美瑞复合肥1.5 kg+尿素0.5 kg"攻梢。采收期遇雨则随雨撒施；如无雨水，则在树冠滴水线下开浅沟或在树盘内外开挖多个(10个以上)浅穴施肥，施后盖土，以尽快抽梢，恢复树势。以后"一梢一肥"，株施复合肥1.5 kg左右。第三次秋梢抽生前再施1次攻梢肥，株施凯美瑞复合肥1.5 kg。

(2)重施有机肥。每年12月中、下旬，株施腐熟的鸡粪15～25 kg、钙镁磷肥1～1.5 kg，在树冠滴水线下对侧开挖长1.5～2.0 m，宽、深30～40 cm的环状浅沟，将肥料与土壤充分拌匀后施入并盖土。

(3)适时施稳果壮果肥。第二次生理落果后即幼果筷子头大小时追施第1次稳果壮果肥，株施复合肥1 kg，以后视挂果情况"看树施肥"，隔10 d左右增施第2次肥，果实钩头时施第3次肥，株施复合肥1.5 kg。

6. 病虫害综合防控

(1)冬季修剪清园。每年12月下旬抽穗前进行冬季修剪，剪去过密枝、纤细枝、交叉枝和严重的病虫害枝(兼催醒花芽)，全园喷1次0.8～1.0°Bé的石硫合剂清洁果园，减少翌年的病虫基数。

(2)使用药剂。每次新梢抽出4～5 cm时喷1次杀虫剂，隔10～15 d再喷第2次，主要防治尺蠖、卷叶蛾、瘿蚊、瘿螨等害虫，药剂可选用氯氰菊酯或高效氯氟氰菊酯或甲氰菊酯1 000～1 500倍液。抽穗后至开花前，喷1次阿维高氯1 200～1 500倍液+甲霜锰锌1 000～1 500倍液防治花穗期蝽象、卷叶蛾、蛀蒂虫和霜疫霉病、炭疽病为害。谢花后至果实膨大期，特别是近成熟时，要重点防治荔枝蛀蒂虫和霜疫霉病、炭疽病。霜疫霉病防治除抓好果园修剪、改善果园通风透光条件外，重点在果实着色1/3至成熟前10 d，适时喷雷多米尔1 000倍液或凯润1 500～2 000倍液或安泰生1 000倍液或代森锰锌1 000倍液防治。

(3)重点防控荔枝蛀蒂虫为害。首先要抓好荔枝蒂蛀虫的简易预测预报：在妃子笑第二次生理落果期，每天在不同方位捡300个有代表性的落地果(最好选失管果园捡果)，用报纸包好，连捡5～7 d，捡后第二天开始，每天解开报纸检查化蛹情况，逐天记录化蛹情况，蒂蛀虫化蛹最多的日期，往后推(7±1)d，便是成虫羽化高峰期，也就是蒂蛀虫的防治适期。

其次，根据国家荔枝龙眼产业技术体系钦州综合试验站每期荔枝蛀蒂虫的预测预报信息，结合自己果园的测虫情况，决定每期蒂蛀虫的羽化高峰期和防治适期，灵活及时用药喷杀成虫，重点是喷湿内膛和树冠外围，喷后第

2天中午摇树检查，如发现有成虫(大蚊虫)飞出，则需加喷1～2次，直至无成虫飞出为止。药剂选用20%的除虫脲1 000倍液+顺式氯氰菊酯1 000倍液或“唯尊”多角体1 000倍液或1.8%的阿维菌素乳液1 000～1 200倍液或毒死蜱1 000倍液喷杀，一定要注意轮换用药和农药安全间隔期，以提高防治效果。

三、高效栽培经验体会

龙先胜在国家荔枝龙眼产业技术体系专家的精心指导下，不断探索，不断实践，成为远近闻名的荔枝产业“领头羊”。其成功经验主要有：①改良品种。通过高接换种把黑叶改为妃子笑，实行“一园一果”。②采后留2批秋梢改为留3批秋梢。3批秋梢由于枝梢长、叶片多，叶绿层厚，因此积累营养多，而且由于末次梢停梢时间较短，所抽生的花穗短、小，花量不大，雌雄比例高，容易坐果；同时，抽穗迟有利于避开早春低温阴雨危害，坐果率高，容易高产稳产。而要留好3批秋梢必须及时施采前采后攻梢肥，及时修剪，一定要在7月5日前完成全园采后修剪工作，促使3批秋梢适时抽生，健壮生长，适时老熟，花芽及时分化，提高成花率。③及时催醒，控穗疏花。一定要及时采取催醒措施让花穗在12月底至翌年1月初抽出，同时在花穗少量开雄花时喷烯效唑+乙烯利控穗疏花，确保有花必有果。④科学施肥，促进高产优质。每年除重施花前有机肥外，抓住攻梢、稳果、壮果等关键时期，增施高质量的复合肥7～8次，实现高产稳产优质。⑤抓好以防治荔枝蒂蛀虫为中心的病虫害综合防控，提高品质和效益。

第八节 广西北海妃子笑高效栽培典型案例

一、果园概况

徐华福的星岛湖妃子笑果园为国家荔枝龙眼产业技术体系北海综合试验站的示范园，位于广西北海市合浦县乌家镇，2011年建园，果园面积26.7 hm^2，采用宽行窄株种植模式，种植规格为3 m×7 m。果园所处地区气候为亚热带海洋性季风气候，年平均日照总时数1 921 h，年平均气温22.4℃，极端最高气温37.7℃，极端最低气温0.8℃，年总积温8 181℃，无霜期358 d，年均降水量1 663 mm，相对湿度75%～86%。土壤为沙质土，有机质含量0.8%，pH值5.3，通透性好但保水保肥性差，全园安装了水肥一体化设施。该园2015—2019年的经营指标见表15-8。

表15-8 星岛湖妃子笑果园2015—2019年经营指标统计

年度	总产量/t	单产/(t/hm^2)	产值/(万元/hm^2)	成本/(万元/hm^2)	利润/(万元/hm^2)
2015	60	2.3	1.8	0.9	0.8
2016	200	7.5	6.7	1.4	5.3
2017	340	12.8	11.5	1.7	9.8
2018	480	18.0	10.8	2.2	8.6
2019	400	15.0	19.5	1.9	17.6

二、高效栽培关键技术

1. 基本物候期规律

在广西合浦县乌家镇，妃子笑每年12月底现“白点”，3月上旬始花，4月上旬谢花；果实5月底至6月初成熟，采后可抽生3次梢，末次秋梢在9月中、下旬抽出，10月底至11月上旬成熟。

2. 关键技术

(1)采后修剪。在北海市合浦县，妃子笑优良的结果母枝一般由3次采后梢构成。为了培养采后3次梢，采果后应让树体休养一段时间，于6月底开始进行采后修剪，在7月1日前完成。修剪时，在当年收过果的结果母枝单元留枝桩8～10 cm进行短剪，萌芽后在新梢长5～8 cm时疏枝定梢，剪口直径在1 cm以上的基枝1个剪口留2条新梢，剪口直径在1 cm以下的基枝1个剪口留1条新梢。采后培养3次梢，每次梢喷1～2次药防虫保梢，避免顶芽受伤害以保证采后梢单轴生长。末次梢控制在9月中旬至9月底抽出、10月底至11月上旬老熟，老熟后不再抽生冬梢。

(2)采后施肥。第一次采后梢老熟后至第二次采后梢萌芽前进行一次采后施肥，施肥量为株产50 kg果实的树施尿素0.75 kg、氯化钾0.75 kg，开半环状沟施肥，施后覆土。

(3)控梢促花。于末次秋梢老熟后开始控梢促花，常用的方法为环剥(割)和药物控梢促花相结合。每年在末次梢老熟后喷施1次荔丰1号300倍液控梢促花，在11月中、下旬开始在主枝上进行螺旋环剥1.5圈。

(4)花穗处理。在花穗抽出长度达到3～5 cm时，喷1次花果灵(50 g药+30 kg水)控制花穗长度，防止花穗徒长，培养短壮花穗。

(5)保果壮果。谢花后喷1次2,4-D(1 g药+250 kg水)保果。

(6)果园生草栽培。全园采用行间自然生草栽培，树盘清耕加覆盖栽培模式。每年在生长季节用行走式割草机刈割 3 次，将割下的草覆盖在树盘上，可以起到保湿作用，并逐年提高果园土壤的有机质含量。

(7)省力化栽培。本果园土质疏松，地势平坦，再加上 5 m×7 m 的宽行窄株种植规格，以及行间自然生草的种植模式，很适于机械操作。建园以来，实现了全园除草和喷药机械化，修剪和施肥半机械化。

三、高效栽培经验总结

徐华福妃子笑园与国内大多数荔枝园管理的最大区别，在于果园管理机械化程度较高，基本实现了省力化栽培，通过减少劳力投入提高经济效益。该果园距离利添生物科技发展(合浦)有限公司乌家基地较近，该基地以种植橙类为主，其前身为美国都乐公司经营的柑橘基地，果园机械化程度高。受该基地启发，徐华福果园于 2011 年建园时就采用了宽行窄株、行间自然生草的种植模式。建园后，全园除草、喷药全部机械化，修剪、施肥半机械化。

用行走式割草机割草(图 15-11、图 15-12)，一人一机 2 d 即可完成 1 次全园(26.7 hm^2)的行间割草任务，柴油用量 80 L/次，油费 400 元，人工费 200 元，1 次割草总费用 600 元(不含设备折旧成本)，全年割草 3 次，总费用 1 800 元。而人工背负式电动喷雾器完成 1 次全园喷施除草剂作业要 56 个工日，除草剂费用 1 395 元/次，人工费用 5 600 元/次，全年 3 次，全年人工费用 16 800 元，除草剂费用 4 185 元。机械割草是人工背负式喷雾除草工作效率的 28 倍，全年免除草剂费用 4 185 元，减少人工费用 15 000 元。

图 15-11　果园行间生草栽培

图 15-12　果园行间生草＋机械刈割

果园防治病虫害喷药全部实现了机械化操作。建园初期，租借利添公司乌家基地的喷雾机械来完成喷药作业(图 15-13)，后来园主徐华福仿制了一台简易喷雾机(图 15-14)。用自制喷雾机，一机一人 4 d 就可完成 1 次全园的喷雾作业，共用 4 个工日、80 L 柴油、30 t 药液；而用传统的加压打药机，需要 4 人 8 d 完成 1 次全园喷雾作业，共用 32 个工日、160 L 柴油、40 t 药液。完成 1 次全园喷雾作业，机械方式比传统方式节约 28 个工日、80 L 柴油、10 t药液。

采后修剪徐华福果园也实现了半机械化作业(图 15-15)。修剪时，在确定了树冠高度后，用修剪机械对超过规定高度的树进行一刀切式剪顶，压低树冠高度，然后人工修剪树冠其余部分，提高工作效率 1 倍以上。

图 15-13 进口行走式打药机(徐华福 提供)

图 15-14 自制行走式打药机(徐华福 提供)

图 15-15 机械修剪(压顶修剪)(徐华福 提供)

第九节 广西玉林妃子笑高效栽培典型案例

一、果园概况

邹智勇的龙荔果场位于广西北流市石窝镇上垌村，地处北回归线以南，属典型的亚热带季风气候，雨热充沛，光照充足，土壤肥沃，极适宜荔枝生长。果场始建于 1992 年，主栽品种妃子笑，苗木是以水东黑叶、怀枝为砧木的妃子笑嫁接苗，初始种植规格 3 m×3 m，1996—1997 年开始坐果，面积约

46.7 hm^2，多栽植在25°～35°的坡地，红壤土，有机质含量2.5%，pH值4.6，排水良好。因栽植密度偏大，果园出现明显郁闭，结果环境逐渐恶化，2006年采用随机间伐、隔行间伐等方式对果园进行改造，间伐后的果园约有妃子笑荔枝15 000株，种植规格为4m×6m或5m×6m，树高常年保持在2.5～3 m。龙荔果场妃子笑荔枝2015—2019年的经营指标见表15-9。

表15-9 龙荔妃子笑果园2015—2019年经营指标统计

年度	总产量/t	单产/（t/hm^2）	产值/（万元/hm^2）	成本/（万元/hm^2）	利润/（万元/hm^2）
2015	625	13.4	6.9	1.2	5.7
2016	672	14.4	13.1	1.2	11.9
2017	630	13.5	8.4	1.2	7.2
2018	777	16.7	10.0	1.7	8.3
2019	756	16.2	16.3	1.4	14.9

二、高效栽培关键技术

1. 基本物候期规律

龙荔果场妃子笑基本上控制抽生2次秋梢：第一次秋梢7月上旬抽生，8月下旬老熟；第二次秋梢9月上旬抽生，10月底至11月上旬老熟。翌年1月中、下旬露“白点”，3月底至4月上旬开始坐果。3月底至4月上旬出现第一次生理落果，出现在雌花谢花后、雄花大量开放时；第二次生理落果在4月底、5月初，出现在果子如绿豆大小时；第三次生理落果出现在果肉包底前后（谢花后50 d左右），发生在5月中旬；果实着色期在5月下旬，收果期在6月。

2. 关键技术

（1）树形培养。培养树体为“开心形”结构，树高2.5～3 m，主干约0.7 m，留3～4个主枝，基角70°左右，每个主枝上留2个侧枝，侧枝上着生结果母枝，不同级次的侧枝之间有着明显的主从关系，均匀地分布在不同的方向。

（2）结果母枝培养。采果时，在头年第一次秋梢处短截，留取一定量的叶片，促进新梢萌发。采果后，分别于采后15 d、第一次秋梢老熟后，在树冠滴水线处开挖的环形沟内株施3 kg高氮复合肥，施后覆土、浇水，促进养分吸收，为培养健壮结果母枝提供足够的营养。另外，在新梢抽生期间喷洒农药，以减少害虫对新梢的蚕食。

(3)控梢促花。龙荔果场妃子笑第二次梢基本上在10月底至11月上旬老熟，秋梢老熟后开始控水，并根据树势螺旋环割1～1.5圈，促进养分的积累，以利于成花。对于较早老熟的秋梢，喷施乙烯利＋多效唑，同时根据情况螺旋环割，抑制冬梢抽生，促进花芽分化；对于抽生冬梢的树体，喷施杀梢素杀冬梢并对树体螺旋环割。

(4)花穗处理。1月上旬，根据树势为每株树施1～2 kg平衡型复合肥，花序发育期喷施1～2次生多素、氨基酸糖磷脂，以达到壮花的目的。第一批雄花刚刚开放时，喷施乙烯利＋多效唑控穗疏花。适当人工疏除较长的花穗，保证花穗的长度不超过20 cm。

(5)保果壮果。龙荔果场保果、壮果的方法主要有环割、土施有机肥、喷施生长调节剂、喷施叶面肥、病虫害防治等。花蕾期，每株树于环形沟内施25 kg腐熟的鸡粪，以保证果实发育期间营养的长效、充足供应；谢花7 d左右，对壮旺树轻度螺旋环割1～1.5圈，老树、弱树不环割；分别在坐果初期(谢花7～10 d)、果实如绿豆大小时、果实膨大期(谢花后50 d左右)喷施芸苔素、氨基酸糖磷脂等生长调节剂和叶面肥；建立荔枝蒂蛀虫预测预报制度，分别在花蕾期、坐果初期(谢花7～10 d)、果实膨大期(谢花后50 d左右)、果实成熟期喷洒农药防治荔枝蒂蛀虫、荔枝霜疫霉病、荔枝瘿螨等病虫害。

三、高效栽培经验总结

龙荔果场妃子笑的成花率常年保持在95%左右，株产普遍在35～55 kg，产量在100 kg以上的树也很常见，龙荔果场克服了大小年问题。然而，龙荔果场的管理技术也是在不断摸索、学习中成熟的。

邹智勇说："荔枝管理是一门综合、灵活的技术，任何一个环节都不能有短板，同样的技术也要因地制宜，根据天气、树势、花果发育等情况具体实施。我们果场的坐果一度很不理想，开花前我们施用大量的肥料，希望尽可能地保住花，能够对坐果有所帮助，然而总是收效甚微。结果是，尽管结果母枝培养、保果、壮果工作做得到位，但产量仍然上不去。后来我们咨询了国家荔枝龙眼产业技术体系的专家，通过交流我们了解到，适当地推迟花期可以提高坐果率。于是我们尝试了在施足有机肥的前提下，喷施乙烯利＋多效唑，杀掉较早的一批雄花来推迟花期，最终解决了问题。"邹智勇还说："环割(剥)是传统、实用、易于掌握、操作便捷的促花、保果手段，但是技术简单并不意味着操作简单。一开始我们在开花前、坐果后会对每一株树环割(剥)，经过一段时间我们发现，环割(剥)会导致树势减弱，果实变小。在和体系专家交流中我们意识到，环割(剥)会削弱树势，严重时会造成树体衰老甚至死亡。于是我们就针对树势不同区别对待，树势较弱的轻度环割或者不环割(剥)，树势较强的适当加大环割(剥)力度。”

第十节 福建漳州妃子笑高效栽培典型案例

一、果园概况

林永兴是荔枝科技示范带头人，具有经营管理荔枝30多年的丰富实践经验和扎实的荔枝管理理论知识，他的永盛家庭农场坐落在福建龙海区双第华侨农场侨星管区。1988年刚承包时，荔枝果园8 hm^2，品种以兰竹为主。1999年开始从广东东莞市叶钦海处引进妃子笑、糯米糍等嫁接苗，2018年又引进岭丰糯和仙进奉等荔枝新品种进行高接换种。永盛家庭农场现有妃子笑荔枝2 hm^2，岭丰糯、桂味、兰竹各约1.33 hm^2，红绣球、大丁香各约0.67 hm^2，龙眼和杨梅各种植约0.33 hm^2。目前果园水、电、路等基础设施较配套，主干道水泥硬化，并配备了40 m^3和60 m^3蓄水池各1个。主栽品种妃子笑株行距为3m×4m，树高常年保持在2.5～3 m。近年来效益显著，很好地带动了周边果农，取得了较好的社会效益。永盛家庭农场1999年引进种植妃子笑荔枝，目前处于盛果期。永盛家庭农场2015—2019年的经营指标见表15-10。

表15-10 永盛家庭农场妃子笑2015—2019年经营指标统计

年度	总产量/t	单产/(t/hm^2)	产值/(万元/hm^2)	成本/(万元/hm^2)	利润/(万元/hm^2)
2015	20.6	10.3	4.1	1.7	2.4
2016	22.2	11.1	6.6	1.9	4.7
2017	26.0	13.0	7.8	2.5	5.3
2018	37.4	18.7	7.5	2.5	5.0
2019	11.4	5.7	13.8	2.0	11.8

二、高效栽培关键技术

1.基本物候期规律

采后一般控制抽生2次秋梢：第一次秋梢7月底至8月初抽生，8月底老熟；第二次秋梢9月上旬抽生，10月上、中旬老熟；露“白点”时间在翌年1月上旬；始花期在4月上旬，雌花盛开期在4月上、中旬。第一次生理落果发生在4月底至5月初，第二次生理落果发生在芒种前后。采收期在6月下旬至7月上旬。

2. 关键栽培技术

(1)采后修剪。在福建龙海双第农场，妃子笑一般在7月15日采果结束，7月下旬至8月上旬进行回缩修剪，回缩标准以上一年第一次秋梢枝节上留2～3个节眼处剪掉为宜，若剪过深会导致翌年无花。采收后推迟15 d左右进行修剪，保证抽生2次梢。第一次秋梢8月上旬发出，第二次秋梢9月上旬发出，10月中、下旬老熟。

(2)结果母枝培养。妃子笑秋梢的健壮充实直接影响到成花率和坐果率，丰产稳产树的树势要达到壮而不旺的状态，二次秋梢长度以30～45 cm为宜，粗度宜在0.8～1 cm，密生的细弱梢要在每年12月上旬疏除。

采果后10～15 d内必须株施尿素1 kg，以促抽第一次秋梢。在第一次秋梢老熟后马上再施1次肥促二次秋梢，株施19∶9∶19的速效复合肥1 kg，冬季施1次商品有机肥(25 kg/株)。

根外追肥兼保梢壮梢。在秋梢抽生5～10 cm时，用“0.2%的尿素+0.2%的磷酸二氢钾+高效氯氰菊酯(或乐斯本、毒死蜱)”喷药保梢，每次秋梢喷1～2次药，保证二次梢在10月下旬老熟。

(3)控梢促花。不管是否抽生冬梢，11月中、下旬必须喷“40 ml乙烯利+5%的烯效唑50 g+叶面营养液+50 kg水”进行控梢促花，以利形成花芽。12月中旬再用0.3 cm宽度的环剥刀在树体三级分枝处进行螺旋式环剥。若个别年份或个别树体发生冬梢，应在12月15日前用人工方法剪除。

(4)花穗处理。采用手摘或用打穗拍拍打2～4 cm长的嫩花穗，或用剪刀短截花穗末端，促抽侧穗。也可以进行化学控穗疏穗，一般在1月中、下旬左右，用“6%的杀梢素2～3 ml+50 kg水”均匀喷洒花穗，注意不宜重复喷，疏掉过多花穗和小叶。开第一批雄花时，喷“18 ml乙烯利+50 g多效唑+50 kg水”进行控穗疏花。

(5)保果壮果。根据各个关键物候期及植保站对蒂蛀虫等病虫害的预测预报掌握防病治虫保果的时间。雌花开后3～5 d，用“3×10^{-6}的2,4-D+0.1%的硼砂”进行根外追肥保果。并粒期用“5×10^{-6}的2,4-D+1 g九二〇+100 kg水+德国康朴狮马红(高氮型)1 000倍液+敌百虫800倍液+杀虫双500倍液+凯润2 000倍液”杀虫防病保果。

在果实掉头期用“1 g细胞分裂素+200 kg水”或“1 g九二〇+25 kg水”+百泰+乐斯本+德国康朴狮马红(高钾型)1 000倍液进行保果，注意预防霜疫霉病。喷后遇到大雨冲刷须见晴补喷。

采收前 15 d 用“0.1%的芸苔素 20 g+阿米妙收 1 500 倍液+50 kg 水”喷雾，注意预防炭疽病。

合理施肥可保果壮果，一般冬季施 1 次商品有机肥(25 kg/株)，谢花后株施“尿素 0.5 kg+氯化钾 0.5 kg”，芒种前根据挂果量施 1 次高钾复合肥(1 kg/株)。

三、高效栽培经验体会

永盛家庭农场妃子笑的成花率常年保持在 95%左右，产量一般在 9～18 t/hm^2，基本不出现大小年现象。永盛家庭农场的妃子笑在生产中有成功也有失败，管理技术是通过不断摸索、学习、总结而逐渐成熟的。林永兴说：“荔枝管理技术一定要跟物候期、温度、湿度等天气情况紧密结合起来，根据树势情况来确定施肥量，才能取得丰产。”

一定要在采收结束前后重施肥促第一批秋梢，特别是结果多的树，以氮肥为主，尽快恢复树势，如遇较干旱气候要适当灌溉。第二批秋梢以有机肥及高钾复合肥为主，氮肥不能太多，以防抽冬梢。11 月下旬至 12 月上旬，在末次秋梢充分老熟时，做好控梢工作。可先用药物控，视树势情况，也可进行环割或环剥。如 1 月上旬温度适合，可用“细胞分裂素+氨基酸”催醒，以促“白点”冒出。如 1 月下旬气温偏高，可考虑将第一遍花穗用药物杀除，使再促生新花穗较纯、较整齐，花穗花量少，雌花比例较高。待 2 月中、下旬第三遍花蕾尚未转褐色、还是白色时，用“乙烯利+烯效唑”进行疏蕾。待 3 月中旬雄花初开时，视花量情况用“乙烯利+烯效唑”疏花，花量少可迟杀，花量多可早杀。如局部还是花量太大，可用人工剪短花穗的办法补救。在福建龙海双第农场，妃子笑一般在 7 月 15 日采果结束，7 月下旬至 8 月上旬进行回缩修剪，回缩标准以上年第一次秋梢枝节上留 2～3 个节眼处剪掉为宜，剪得过深会导致翌年无花。采收后推迟 15 d 左右进行修剪，保证抽生 2 次梢。第一次秋梢 8 月上旬始出，第二次秋梢 9 月上旬始出，10 月中、下旬老熟。

林永兴特别强调：“在果园经营前几年，由于没有掌握好保果时间，太早保果，造成把雄能花也保了下来，营养消耗太多，坐果率低。后来通过摸索和体系专家的指导，在雄花开后第 8 d 才开始保果，这样可以获得高产。另外一个教训是，在冬季果园施有机肥时施用‘黄豆+碳铵’，引起抽生冬梢，造成第二年不开花，影响产量。还有一个教训是，在采收前 15 d 喷‘永凯润+磷酸二氢钾’保果，造成果实返青，果实不转红。通过吸取这些教训，加上体系专家的指导，我们总结提高了果园管理技术。”

第十一节 广东广州仙进奉高效栽培典型案例

一、果园概况

广州市仙基农业发展有限公司是广东省仙进奉现代农业产业园建设牵头实施的主体，公司果园位于广东省广州市增城区仙村镇产业园核心区，也是国家荔枝龙眼产业技术体系增城工作站的示范园。果园地处南亚热带海洋性季风气候区，年平均气温22.2℃，年平均日照总时数1 868 h，年平均降水量1 909 mm。果园以丘陵山地为主，土壤类型属微酸性红壤土，土层深厚，土壤肥沃。土壤理化性质为：有机质≥2%，pH值5.4～6.5，碱解氮81.8 mg/kg，速效钾81.3 mg/kg，速效磷39.9 mg/kg。果园总面积40 hm^2，其中建于2009年的8 hm^2，大约2 640株，种植规格为5m×6m，2011—2013年通过以妃子笑、桂味、糯米糍等为砧木高接换种而成，当前处于挂果盛期。2017—2021年8 hm^2仙进奉果园的经营指标见表15-11。

表15-11 仙基农业发展有限公司2017—2021年8 hm^2仙进奉果园的经营指标

年度	单产/（t/hm^2）	总产/t	单价/（元/kg）	产值/（万元/年）	成本/（万元/年）	利润/（万元/年）
2017	7.5	60.0	80	480	60	420
2018	14.3	114.0	50	570	60	510
2019	6.3	50.4	120	605	61	544
2020	11.9	95.5	82	783	153	630
2021	10.3	82.2	90	740	132	608

值得说明的是，由于2019年冬气候异常（温度偏高、湿度偏大、日照偏少）及2018年大丰收后树势相对较弱，造成果园所在地荔枝成花不足20%。在此情况下，该果园在业务部门及专家的指导下，通过及时淋水、施肥、修剪、喷叶面肥等措施，当年成花也有30%～40%，并在花果期加强营养管理和病虫防控，在很多果园失产的情况下取得了一定的产量。因为当年单价较高，最终的收入较上一年还有所增加。

二、基本物候期规律

一般情况下，6 月下旬至 7 月上旬采收，7 月上、中旬修剪，7 月中、下旬抽出第一次秋梢，9 月下旬至 10 月中旬抽出第二次秋梢，11 月中旬进入控梢期，直至翌年 1 月中旬出现“白点”。1 月下旬至 3 月中旬花穗萌动及生长，3 月下旬进入初花期，4 月上、中旬进入盛花期，中、下旬进入谢花期，此时幼果开始生长发育，依次经历第一次生理落果和第二次生理落果，其中第二次生理落果的高峰期在 4 月下旬至 5 月上旬。5 月果实进入快速膨大期，6 月中旬开始少量着色，6 月下旬至 7 月上旬果实成熟并采收。

三、高效栽培关键技术

1. 培养适时健壮的秋梢结果母枝

(1)有计划安排适宜的放秋梢次数和时间。一般安排放 2 次秋梢，最后一次秋梢放梢的最适宜时间在 9 月下旬至 10 月中旬。

(2)重施秋梢肥。果实采收后抓紧时间施肥攻放秋梢，以有机肥为主，化肥为辅。根据《广东省主要果树测土配方施肥技术》中的规定，一般挂果 50 kg 的树株施花生麸约 7.5 kg，同时配施复合肥约 1.2 kg。在滴水线附近开浅沟施或浸泡淋施。

(3)合理修剪。采后修剪以疏剪、短截、重剪相结合，剪除落花落果枝及过密枝、荫蔽枝、弱枝、重叠下垂枝、病虫为害枝。修剪时间：轻剪的树在第一次秋梢老熟后进行，重剪的树在施下攻秋梢肥后进行。全园在 5 d 内完成修剪。

(4)水分管理。遇干旱要淋水，以促进土壤肥料的分解，让根系迅速吸收，使秋梢及时抽发。遇连续雨天要及时排除积水，以避免土壤缺氧不透气，肥料分解过程中有害物质毒害根系。

(5)防虫保梢。新梢抽发 3～5 cm 时，用 5%的高效氯氟氰菊酯 2 000 倍液喷药杀虫，以保护新梢的正常生长，7～10 d 后再喷 1 次。

2. 控梢促花及冬季清园

(1)促进秋梢老熟。在 11 月还未完全转绿老熟的迟秋梢，要用淋水、喷叶面肥、修剪、短截秋梢等措施促秋梢尽快转绿老熟。

(2)控制冬梢生长。已经转绿老熟的秋梢，通过螺旋环剥(割)和喷药物控制冬梢生长。在秋梢转绿老熟后、萌芽前，先用多效唑(15%的 PP_{333})300～500 倍液喷 1 次，然后在 11 月底至 12 月上旬用“95%的比久(B9)1 000～1 200

倍液＋40％的乙烯利 15～20 ml＋水 50 kg”喷叶面控梢促花。

(3)螺旋环剥(割)。对生长特别旺盛、枝梢粗壮且肥水充足的树，在秋梢转绿老熟后采取螺旋环剥(割)(图 15-16)等措施抑制冬梢生长，促进花芽分化。一般在秋梢老熟后的 11 月至 12 月中旬进行，深度刚达木质部。

螺旋环剥

螺旋环割

图 15-16 螺旋环剥和螺旋环割(廖美敬 提供)

(4)杀冬梢。对于抽出的冬梢，可在小叶未展开时用 6％的乙氧氟草醚 4 000～5 000 倍液喷杀小叶。应选用雾化较好的喷雾器，在叶面均匀喷施 1 遍即可，注意药物的使用浓度和湿度，避免出现药害而造成大量落叶。杀冬梢后 3～5 d 再用控梢药控梢。

(5)保叶过冬。近年冬季，急性炭疽病在果园时有发生，造成部分树大量落叶，影响开花、结果。因此要注意保叶过冬，用 70％的甲基托布津 800 倍液或 10％的苯醚甲环唑 1 000 倍液喷树冠，可防范急性炭疽病的发生。

(6)冬季清园。冬季清园的目的主要是降低越冬病虫源的基数。一般地面管理是在末次秋梢老熟后，结合断根顺便把杂草、枯枝、落叶压埋，并在果园撒施 1 次生石灰。树冠管理应在入冬前，清除树冠上的病虫枝、枯枝，然后用 3.2％的阿维菌素 2 000 倍液或“5％的高效氯氟氰菊酯 2 000 倍液＋30％的氧氯化铜 600 倍液”喷施杀虫防病。树干用波尔多浆液(硫酸铜∶生石灰∶水为1∶3～5∶25)涂刷，可有效地防控荔枝干腐病(图 15-17)。

3. 壮花保果

(1)促花。如 1 月中旬花芽未萌动，可通过淋水、修剪、喷植物生长调节剂(细胞分裂素、生长素、九二〇)或叶面肥等措施促使花芽萌发。如抽出春梢但没有花芽时，可用6%的乙氧氟草醚4 000～5 000倍液杀除春梢。

(2)壮花。及时施壮花壮果肥：一般挂果50 kg的树，株施花生麸约5 kg，配施复合肥约0.8 kg。同时通过喷叶面肥及微量元素肥促进花穗生长。控花疏花壮穗：在树顶花穗长5～8 cm时喷控梢灵800～1 000倍液控制花穗徒长；当雄花始开时，在10～15 cm时用疏花机人工短截疏花壮穗(图15-18)。如出现叶多花少的"莸上花"时，可使用杀小叶药物在小叶未展开时杀除小叶。

图 15-17 冬季清园及树干涂白

(廖美敬 提供)

图 15-18 用疏花机疏花壮穗

(廖美敬 提供)

(3)保果。①促进授粉受精。采取放蜂传粉方式促进授粉受精。②防止"沤花"。摇落凋谢的花朵和积水，可以减少花穗因积水造成小花穗霉烂死亡，减少霜疫霉病的侵染。③旱天喷水。雌花盛开期如遇高温干燥天气，在9：00～10：00和16：00～17：00向树冠喷清水，增加大气湿度，可以降低柱头黏液浓度，提高坐果率。④药物保果。合理应用植物生长调节剂保果，可以提高仙进奉荔枝的坐果率。一般在雌花谢花时用"3～5 mg/L的2,4-D+生多素1 000～1 500倍液"保果。⑤疏果。谢花后30～40 d进行第1次人工疏果，每穗保留10～12个果(图15-19)，50～60 d进行第2次人工疏果，每穗保留6～8个果。

4. 主要病虫害综合防控

仙进奉荔枝的病虫害种类繁多，为害严重。其中以霜疫霉病、炭疽病、干腐病为害最严重，对生产影响最大；仙进奉荔枝的害虫主要有荔枝蝽象、荔枝蒂蛀虫、瘿螨、尺蠖等，主要是按照增城区农业技术推广中心发布的病虫预测预报进行防控。

5. 采收及销售

果实成熟后应及时采收，同时要避免过早采收造成果实品质的降低。果品分级、包装、贮运、销售或加工均按"增城荔枝"的质量标准(DB44/T 1413—2014)执行。

图 15-19 第一次人工疏果后的结果状（廖美敬 提供）

四、高效栽培经验体会

近年来，广州市仙基农业发展有限公司果园种植的仙进奉荔枝连年丰产丰收，单位面积产值都在 52.5 万元/hm^2 以上，不但在当地起到了很好的示范带动作用，还带动了很多荔枝主产区的果农种植荔枝。该公司董事长陈浩潮认为，要种好仙进奉荔枝，一是要完善基础设施建设，科学规划布局果园的水、电、路、渠。二是要合理规划株行距种植，保证植株的光合效能。三是要不断加强科技知识的学习，提高精细管理技术的水平。四是要根据荔枝生长物候期，及时抓好“适时放出健壮秋梢、控冬梢促花、病虫综合防控、适时采收”等各项工作。五是要增施有机肥，增强树体的抗逆能力，提高果实品质。

如今，仙进奉荔枝已红遍大江南北，成为助力乡村振兴、带动果农增收致富的“摇钱树”。

索　引

（按汉语拼音排序）

H

J

K

L

M

N

P

Q

R

S

T

W

X

Y

Z